# “煤炭清洁转化技术丛书”

**丛 书 主 编：谢克昌**

**丛书副主编：任相坤**

**各分册主要执笔者：**

| | |
|---|---|
| 《煤炭清洁转化总论》 | 谢克昌 王永刚 田亚峻 |
| 《煤炭气化技术：理论与工程》 | 王辅臣 于广锁 龚 欣 |
| 《气体净化与分离技术》 | 上官炬 毛松柏 |
| 《煤炭转化过程污染控制与治理》 | 亢万忠 周彦波 |
| 《煤炭热解与焦化》 | 尚建选 郑明东 胡浩权 |
| 《煤炭直接液化技术与工程》 | 舒歌平 吴春来 任相坤 |
| 《煤炭间接液化理论与实践》 | 孙启文 |
| 《煤基化学品合成技术》 | 应卫勇 |
| 《煤基含氧燃料》 | 李 忠 付廷俊 |
| 《煤制烯烃和芳烃》 | 魏 飞 叶 茂 刘中民 |
| 《煤基功能材料》 | 张功多 张德祥 王守凯 |
| 《煤制乙二醇技术与工程》 | 姚元根 吴越峰 诸 慎 |
| 《煤化工碳捕集利用与封存》 | 马新宾 李小春 任相坤 |
| 《煤基多联产系统技术》 | 李文英 |
| 《煤化工设计技术与工程》 | 施福富 亢万忠 李晓黎 |

煤炭清洁转化技术丛书

丛书主编　谢克昌　　丛书副主编　任相坤

# 煤基功能材料

张功多　张德祥　王守凯　等　编著

化学工业出版社

·北京·

## 内容简介

《煤基功能材料》是“煤炭清洁转化技术丛书”的分册之一，以煤炭为核心，介绍其作为基础原料在开发碳基新材料方面的巨大潜力。本书详细阐述了煤通过不同工艺转化为煤焦油、煤沥青等中间产品的过程，并进一步介绍了这些中间产品如何被深加工成各类高性能的煤基功能材料。书中重点介绍了煤基有机功能材料（包括光波导材料、工程塑料、光电材料、煤基药物及中间体、助剂材料等）以及煤基炭功能材料（包括针状焦、各向同性焦、石墨电极、炭纤维、储能材料、炭质吸附材料、热管理炭材料等），详细剖析了这些材料的制备工艺、应用领域及质量影响因素。同时，本书还展望了煤基功能材料的未来发展趋势。

本书总结了作者团队多项原创性研究成果，兼具前沿性和实用性，可供煤化工、材料、能源、环保等领域的研究人员、工程技术人员、产业界人士以及高校师生参考。

**图书在版编目（CIP）数据**

煤基功能材料 / 张功多等编著. -- 北京 : 化学工业出版社, 2025. 3. -- (煤炭清洁转化技术丛书).
ISBN 978-7-122-46838-3

I. TQ53;TB34

中国国家版本馆 CIP 数据核字第 2024CM8329 号

责任编辑：傅聪智　仇志刚　　文字编辑：丁海蓉
责任校对：李　爽　　装帧设计：张　辉

出版发行：化学工业出版社
(北京市东城区青年湖南街 13 号　邮政编码 100011)
印　　装：北京建宏印刷有限公司
787mm×1092mm　1/16　印张 18¼　字数 424 千字
2025 年 10 月北京第 1 版第 1 次印刷

购书咨询：010-64518888　　售后服务：010-64518899
网　　址：http://www.cip.com.cn
凡购买本书，如有缺损质量问题，本社销售中心负责调换。

定　　价：168.00 元

# “煤炭清洁转化技术丛书”编委会

马连湘　青岛科技大学教授
马新宾　天津大学教授
毛松柏　中石化南京化工研究院有限公司教授级高级工程师
倪维斗　中国工程院院士，清华大学教授
任相坤　中国矿业大学教授
上官炬　太原理工大学教授
尚建选　陕西煤业化工集团有限责任公司教授级高级工程师
施福富　赛鼎工程有限公司教授级高级工程师
石岩峰　中国炼焦行业协会高级工程师
舒歌平　中国神华煤制油化工有限公司研究员
孙启文　上海兖矿能源科技研发有限公司研究员
田亚峻　中国科学院青岛生物能源与过程所研究员
王辅臣　华东理工大学教授
王永刚　中国矿业大学教授
魏　飞　清华大学教授
吴越峰　东华工程科技股份有限公司教授级高级工程师
谢克昌　中国工程院院士，太原理工大学教授
谢在库　中国科学院院士，中国石油化工股份有限公司教授级高级工程师
杨卫胜　中国石油天然气股份有限公司石油化工研究院教授级高级工程师
姚元根　中国科学院福建物质结构研究所研究员
应卫勇　华东理工大学教授
张功多　中钢集团鞍山热能研究院教授级高级工程师
张庆庚　赛鼎工程有限公司教授级高级工程师
张　勇　陕西省化工学会教授级高级工程师
郑明东　安徽理工大学教授
周国庆　化学工业出版社编审
周伟斌　化学工业出版社编审
诸　慎　上海浦景化工技术股份有限公司

# 丛书序

2021 年中央经济工作会议强调指出："要立足以煤为主的基本国情，抓好煤炭清洁高效利用。"事实上，2019 年到 2021 年的《政府工作报告》就先后提出"推进煤炭清洁化利用"和"推动煤炭清洁高效利用"，而 2022 年和 2023 年的《政府工作报告》更是强调要"加强煤炭清洁高效利用"和"发挥煤炭主体能源作用"。由此可见，煤炭清洁高效利用已成为保障我国能源安全的重大需求。中国工程院作为中国工程科学技术界的最高荣誉性、咨询性学术机构，立足于我国的基本国情和发展阶段，早在 2011 年 2 月就启动了由笔者负责的《中国煤炭清洁高效可持续开发利用战略研究》这一重大咨询项目，组织了煤炭及相关领域的 30 位院士和 400 多位专家，历时两年多，通过对有关煤的清洁高效利用全局性、系统性和基础性问题的深入研究，提出了科学性、时效性和操作性强的煤炭清洁高效可持续开发利用战略方案，为中央的科学决策提供了有力的科学支撑。研究成果形成并出版一套 12 卷的同名丛书，包括煤炭的资源、开发、提质、输配、燃烧、发电、转化、多联产、节能降污减排等全产业链，对推动煤炭清洁高效可持续开发利用发挥了重要的工程科技指导作用。

煤炭具有燃料和原料的双重属性，前者主要用于发电和供热（约占 2022 年煤炭消费量的 57%），后者主要用作化工和炼焦原料（约占 2022 年煤炭消费量的 23%）。近年来，由于我国持续推进煤电机组与燃料锅炉淘汰落后产能和节能减排升级改造，已建成全球最大的清洁高效煤电供应体系，燃煤发电已不再是我国大气污染物的主要来源，可以说 2022 年，占煤炭消费总量约 57% 的发电用煤已基本实现了煤炭作为能源的清洁高效利用。如果作为化工和炼焦原料约 10 亿吨的煤炭也能实现清洁高效转化，在确保能源供应、保障能源安全的前提下，实现煤炭清洁高效利用便指日可待。

虽然 2022 年化工原料用煤 3.2 亿吨仅占包括炼焦用煤在内转化原料用煤总量的 32% 左右，但以煤炭清洁转化为前提的现代煤化工却是煤炭清洁高效利用的重要途径，它可以提高煤炭综合利用效能，并通过高端化、多元化、低碳化的发展，使该产业具有巨大的潜力和可期望的前途。至 2022 年底，我国现代煤化工的代表性产品煤制油、煤制甲烷气、煤制烯烃和煤制乙二醇产能已初具规模，产量也稳步上升，特别是煤直接液化、低温间接液化、煤制烯烃、煤制乙二醇技术已处于国际领先水平，煤制乙醇已经实现工业化运行，煤制芳烃等技术也正在突破。内蒙古鄂尔多斯、陕西榆林、宁夏宁东和新疆准东4个现代煤化工产业示范区和生产基地产业集聚加快、园区化格局基本形成，为现代煤化工产业延伸产业链，最终实现高端化、多元化和低碳化奠定了雄厚基础。由笔者担任主编、化学工业出版社2012年出版发行的"现代煤化工技术丛书"对推动我国现代煤化工的技术进步和产业发展发挥了重要作用，做出了积极贡献。

现代煤化工产业发展的基础和前提是煤的清洁高效转化。这里煤的转化主要指煤经过化学反应获得气、液、固产物的基础过程和以这三态产物进行再合成、再加工的工艺过程，而通过科技创新使这些过程实现清洁高效不仅是助力国家能源安全和构建"清洁低碳、安全高效"能源体系的必然选择，而且也是现代煤化工产业本身高端化、多元化和低碳化的重要保证。为顺应国家"推动煤炭清洁高效利用"的战略需求，化学工业出版社决定在"现代煤化工技术丛书"的基础上重新编撰"煤炭清洁转化技术丛书"（以下简称丛书），仍邀请笔者担任丛书主编和编委会主任，组织我国煤炭清洁高效转化领域教学、科研、工程设计、工程建设和工厂企业具有雄厚基础理论和丰富实践经验的一线专家学者共同编著。在丛书编写过程中，笔者要求各分册坚持"新、特、深、精"四原则。新，是要有新思路、新结构、新内容、新成果；特，是有特色，与同类著作相比，你无我有，你有我特；深，是要有深度，基础研究要深入，数据案例要充分；精，是分析到位、阐述精准，使丛书成为指导行业发展的案头精品。

针对煤炭清洁转化的利用方式、技术分类、产品特征、材料属性，从清洁低碳、节能高效和环境友好的可持续发展理念等本质认识，丛书共设置了15个分册，全面反映了作者团队在这些方面的基础研究、应用研究、工程开发、重大装备制造、工业示范、产业化行动的最新进展和创新成果，基本体现了作者团队在煤炭清洁转化利用领域追求共性关键技术、前沿引领技术、现代工程技术和颠覆性技术突破的主动与实践。

1.《煤炭清洁转化总论》（谢克昌　王永刚　田亚峻　编著）

以"现代煤化工技术丛书"之分册《煤化工概论》为基础，将视野拓宽至煤炭清洁转化全领域，但仍以煤的转化反应、催化原理与催化剂为主线，概述了煤炭清洁转化的主要过程和技术。该分册一个显著的特点是针对中国煤炭清洁转化的现状和问题，在深入分析和论证的基础上，提出了中国煤炭清洁转化技术和产业"清洁、低碳、安全、高效"的量化指标和发展战略。

2.《煤炭气化技术：理论与工程》（王辅臣　于广锁　龚欣　等编著）

该分册通过对煤气化过程的全面分析，从煤气化过程的物理化学、流体力学基础出发，深入阐述了气化炉内射流与湍流多相流动、湍流混合与气化反应、气化原料制备与输送、熔渣流动与沉积、不同相态原料的气流床气化过程放大与集成、不同床型气化炉与气化系统模拟以及成套技术的工程应用。作者团队对其开发的多喷嘴气化技术从理论研究、工程开发到大规模工业化应用的全面论述和实践，是对煤气化这一煤炭清洁转化核心技术的重大贡献。专述煤与气态烃的共气化是该分册的另一特点。

3.《气体净化与分离技术》（上官炬　毛松柏　等编著）

煤基工业气体净化与分离是煤炭清洁转化的前提与基础。作者基于团队几十年在这一领域的应用基础研究和技术开发实践，不仅系统介绍了广泛应用的干法和湿法净化技术以及变压吸附与膜分离技术，而且对气体净化后硫资源回收与一体化利用进行了论述，系统阐述了不同净化分离工艺技术的应用特征和解决方案。

4.《煤炭转化过程污染控制与治理》（亢万忠　周彦波　等编著）

传统煤炭转化利用过程中产生的“三废”如果通过技术创新、工艺进步、装置优化、全程管理等手段，完全有可能实现源头减排，从而使煤炭转化利用过程达到清洁化。该分册在介绍煤炭转化过程中硫、氮等微量和有害元素的迁移与控制的理论基础上，系统论述了主要煤炭转化技术工艺过程和装置生产中典型污染物的控制与治理，以及实现源头减排、过程控制、综合治理、利用清洁化的技术创新成果。对煤炭转化全过程中产生的“三废”、噪声等典型污染物治理技术、处置途径的具体阐述和对典型煤炭转化项目排放与控制技术集成案例的成果介绍是该分册的显著特点。

5.《煤炭热解与焦化》（尚建选　郑明东　胡浩权　等编著）

热解是所有煤炭热化学转化过程的基础，中低温热解是低阶煤分级分质转化利用的最佳途径，高温热解即焦化过程以制取焦炭和高温煤焦油为主要目的。该分册介绍了热解与焦化过程的特征和技术进程，在阐述技术原理的基础上，对这两个过程的原料特性要求、工艺技术、装备设施、产物分质利用、系统集成等详细论述的同时，对中低温煤焦油和高温煤焦油的深加工技术、典型工艺、组分利用、分离精制、发展前沿等也做了全面介绍。展现最新的研究成果、工程进展及发展方向是该分册的特色。

6.《煤炭直接液化技术与工程》（舒歌平　吴春来　任相坤　编著）

通过改变煤的分子结构和氢碳原子比并脱除其中的氧、氮、硫等杂原子，使固体煤转化成液体油的煤炭直接液化不仅是煤炭清洁转化的重要途径，而且是缓解我国石油对外依存度不断升高的重要选择。该分册对煤炭直接液化的基本原理、用煤选择、液化反应与影响因素、液化工艺、产品加工进行了全面论述，特别是世界首套百万吨级煤直接液化示范工程的工艺、装备、工厂运行等技术创新过程和开发成果的详尽总结和梳理是其亮点。

7.《煤炭间接液化理论与实践》（孙启文　编著）

煤炭间接液化制取汽油、柴油等油品的实质是煤先要气化制得合成气，再经费-托催化反应转化为合成油，最后经深加工成为合格的汽油、柴油等油品。与直接液化一样，间接液化是煤炭清洁转化的重要方式，对保障我国能源安全具有重要意义。费-托合成是煤炭间接液化的关键技术。该分册在阐述煤基合成气经费-托合成转化为液体燃料的煤炭间接液化反应原理基础上，详尽介绍了费-托合成反应催化剂、反应器和产物深加工，深入介绍了作者在费-托合成领域的研发成果与应用实践，分析了大规模高、低温费-托合成多联产工艺过程，费-托合成产物深加工的精细化以及与石油化工耦合的发展方向和解决方案。

8.《煤基化学品合成技术》（应卫勇　编著）

广义上讲，凡是通过煤基合成气为原料制得的产品都属于煤基合成化学品，含通过间接液化合成的燃料油等。该分册重点介绍以煤基合成气及中间产物甲醇、甲醛等为原料合成的系列有机化工产品，包括醛类、胺类、有机酸类、酯类、醚类、醇类、烯烃、芳烃化学品，介绍了煤基化学品的性质、用途、合成工艺、市场需求等，对最新基础研究、技术开发和实际应用等的梳理是该书的亮点。

9.《煤基含氧燃料》（李忠　付廷俊　等编著）

作为煤基燃料的重要组成之一，与直接液化和间接液化制得的煤基碳氢燃料相比，煤基含氧燃料合成反应条件相对温和、组成简单、元素利用充分、收率高、环保性能好，具有明显的技术和经济优势，与间接液化类似，对煤种的适用性强。甲醇是主要的、基础的煤基含氧燃料，既可以直接用作车船用替代燃料，亦可作为中间平台产物制取醚类、酯类等含氧燃料。该分册概述了醇、醚、酯三类主要的煤基含氧燃料发展现状及应用趋势，对煤基含氧燃料的合成原料、催化反应机理、催化剂、制造工艺过程、工业化进程、根据其特性的应用推广等进行了深入分析和总结。

10.《煤制烯烃和芳烃》（魏飞　叶茂　刘中民　等编著）

烯烃（特别是乙烯和丙烯）和芳烃（尤其是苯、甲苯和二甲苯）是有机化工最基本的基础原料，市场规模分别居第一位和第二位。以煤为原料经气化制合成气、合成气制甲醇，甲醇转化制烯烃、芳烃是区别于石油化工的煤炭清洁转化制有机化工原料的生产路线。该分册详细论述了煤制烯烃（主要是乙烯和丙烯）、芳烃（主要是苯、甲苯、二甲苯）的反应机理和理论基础，系统介绍了甲醇制烯烃技术、甲醇制丙烯技术、煤制烯烃和芳烃的前瞻性技术，包括工艺、催化剂、反应器及系统技术。特别是对作者团队在该领域的重大突破性技术以及大规模工业应用的创新成果做了重点描述，体现了理论与实践的有机结合。

11.《煤基功能材料》（张功多　张德祥　王守凯　等编著）

碳元素是自然界分布最广泛的一种基础元素，具有多种电子轨道特性，以碳元素作为唯一组成的炭材料有多样的结构和性质。煤炭含碳量高，以煤为主要原料制取的煤基炭材料是煤炭材料属性的重要表现形式。该分册详细介绍了煤基有机功能材料（光波导材料、工程塑料、光电材料、煤基药物及中间体、助剂材料）和煤基炭功能材料（针状焦、各向同性焦、石墨电极、炭纤维、储能材料、吸附材料、热管理炭材料）的结构、性质、生产工艺和发展趋势。对作者团队重要科技成果的系统总结是该分册的特点。

12.《煤制乙二醇技术与工程》（姚元根　吴越峰　诸慎　主编）

以煤基合成气为原料通过羰化偶联加氢制取乙二醇技术在中国进入到大规模工业化阶段。该分册详细阐述了煤制乙二醇的技术研究、工程开发、工业示范和产业化推广的实践，针对乙二醇制备过程中的亚硝酸甲酯合成、草酸二甲酯合成、草酸酯加氢、中间体分离和产品提纯等主要单元过程，系统分析了反应机理、工艺流程、催化剂、反应器及相关装备等；全面介绍了煤基乙二醇的工艺系统设计及工程化技术。对典型煤制乙二醇工程案例的分析、技术发展方向展望、关联产品和技术说明是该分册的亮点。

13.《煤化工碳捕集利用与封存》（马新宾　李小春　任相坤　等编著）

煤化工生产化学品主要是以煤基合成气为原料气，调节碳氢比脱除 $CO_2$ 是其不可或缺的工艺属性，也因此成为煤化工发展的制约因素之一。为促进煤炭清洁低碳转化，该分册阐述了煤化工碳排放概况、碳捕集利用和封存技术在煤化工中的应用潜力，总结了与煤化工相关的 $CO_2$ 捕集技术、利用技术和地质封存技术的发展进程及应用现状，对 $CO_2$ 捕集、利用和封存技术工程实践案例进行了分析。全面阐述 $CO_2$ 为原料的各类利用技术是该分册的亮点。

14.《煤基多联产系统技术》（李文英　等编著）

煤基多联产技术是指将燃煤发电和煤清洁高效转化所涉及的主要工艺单元过程以及化工-动力-热能一体化理念，通过系统间的能量流与物质流的科学分配达到节能、提效、减排和降低成本，是一项系统整体资源、能源、环境等综合效益颇优的煤清洁高效综合利用技术。该分册紧密结合近年来该领域的技术进步和工程需求，聚焦多联产技术的概念设计与经济性评价，在介绍关键技术和主要工艺的基础上，对已运行和在建的系统进行了优化与评价分析，并指出该技术发展中的问题和面临的机遇，提出适合我国国情和发展阶段的多联产系统技术方案。

15.《煤化工设计技术与工程》（施福富　亢万忠　李晓黎　等编著）

煤化工设计与工程技术进步是我国煤化工产业高质量发展的基础。该分册全面梳理和总结了近年来我国煤化工设计技术与工程管理的最新成果，阐明了煤化工产业高端化、多元化、低碳化发展的路径，解析了煤化工工程设计、工程采购、工程施工、项目管理在不同阶段的目标、任务和关键要素，阐述了最新的工程技术理念、手段、方法。详尽剖析煤化工工程技术相关专业、专项技术的定位、工程思想、技术现状、工程实践案例及发展趋势是该分册的亮点。

丛书 15 个分册的作者，都十分重视理论性与实用性、系统性与新颖性的有机结合，从而保障了丛书整体的“新、特、深、精”，体现了丛书对我国煤炭清洁高效利用技术发展的历史见证和支撑助力。“惟创新者进，惟创新者强，惟创新者胜。”坚持创新，科技进步；坚持创新，国家强盛；坚持创新，竞争取胜。“古之立大事者，不惟有超世之才，亦必有坚韧不拔之志”，只要我们坚持科技创新，加快关键核心技术攻关，在中国实现煤炭清洁高效利用一定会指日可待。诚愿这套丛书在煤炭清洁高效利用不断迈上新水平的进程中发挥科学求实的推动作用。

谢克昌

**2023 年 6 月 9 日**

# 前言

煤炭是地球上蕴藏量最丰富的不可再生资源之一，主要作为燃料、原料用于能源、化工和冶金等领域。其中，用于一次能源方向的占比约60%，用于炼焦领域的占比约15%，通过煤化工技术将煤炭转化为液态、气态等低污染能源和化工产品的不足20%。由于煤的高碳性，传统的煤炭利用模式虽满足经济与社会发展的需求，但带来了大量的二氧化碳排放以及粉尘、废气等环境污染，不符合我国碳达峰、碳中和的战略决策和绿色发展理念。因此，大力发展现代煤化工、开发煤清洁转化以及综合深加工利用技术，已成为广泛共识。

煤中有机物主要由碳、氢、氧、氮、硫等元素组成，煤炭本质上是由许多种大分子交联网络聚合物与无机矿物质组成的天然共混物，是人们难以用人工合成方法制得的有机高分子碳源。这一特点决定了以煤炭为基础原料开发碳基新材料具有巨大的潜在优势。因此，煤基新材料（新型炭材料与有机功能材料）技术的开发是加快煤炭产业绿色发展的重要方向之一。

煤可以直接用作原料来制作煤基活性炭，应用于污水处理、烟气净化等领域；也可以经干馏处理得到煤焦油、煤沥青，再经过进一步的深加工制得性能优异的储能材料、结构材料、复合材料以及耐极端环境材料和特殊功能材料等。煤的功能由燃料转变为原料继而成为材料，不仅拓宽了煤的应用领域，也实现了煤的低碳清洁转化和高附加值利用。

煤基炭材料与有机功能材料是煤低碳清洁高效利用的重要发展方向，总体上还处于起步阶段，发展绿色化、精细化、功能化以及复合化的高附加值利用新技术是提升煤基新材料行业整体经济技术性的关键。煤、煤焦油、煤沥青、煤焦油系新材料、沥青基炭材料等相关领域的知识与成果大多散见于各类工程应用类书籍，需要提升系统性和时效性。本书以煤为起点，阐述了煤作为原料可以实现的材料化、功能化应用，为煤的低碳清洁转化提供了新的、系统的思路，使读者对煤的高附加值用途有了全新的理解，便于相关领域的研究者、产业界人士与在校师生参考。

本书的编著基于著者单位在煤基新材料领域近70年的学科传承和著者团队几十年来的研究课题的成果，这些课题先后得到了国家与地方政府的立项支持，包括1项国家重大攻关项目、2项国家863计划项目、1项国家科技攻关项目、3项国家火炬计划项目、200多项省部级项目，形成了科技成果231项。特别是自主研发并产业化的煤系针状焦技术、储能材料技术、新型炭材料技术以及有机功能材料技术等，为本书撰写提供了诸多原创性素材。

本书从煤基功能材料的原料——煤开始，讲述了煤作为原料到煤焦油、煤沥青的过程、分类及应用，阐述了煤基炭功能材料（针状焦、各向同性焦、石墨电极、炭纤维、储能材料、吸附材料、热管理炭材料）、煤基有机功能材料（光波导材料、工程塑料、光电显示材料、光电信息存储材料、煤基药物及中间体、助剂材料）的制备、应用、质量影响因素和未来发展趋势等。本书由中钢集团鞍山热能研究院教授级高级工程师张功多、华东理工大学教授张德祥、中钢集团鞍山热能研究院教授级高级工程师王守凯等编著，煤基炭功能材料部分由屈滨、刘书林、郭明聪、陈雪、和凤祥、马畅、武全宇、郑海峰、宋天永、吕晗、臧娜等编写，煤基有机功能材料由王守凯、王海洋、王广兴、金丹、王静、王艳慧等编写，煤及煤基炭质吸附材料由战丽等编写，江西紫宸科技有限公司冯苏宁、李辉、姜武、李春、谢李生在锂离子电池负极材料方面参与编写并提供了大量详实的参考资料，吉林炭素有限公司贾文涛、付强等在石墨电极生产及应用方面给予了热情支持和无私帮助，大同煤业金鼎活性炭有限公司李凌澍和杨国鸿在活性炭部分提供了行业发展现状等技术信息，并在写作上给予了指导，谨向上述单位和专家老师致以深深的谢意！

由于编著者学识水平有限，疏漏之处在所难免，敬请读者批评指正。同时希望抛砖引玉，引领更多更好的关于煤低碳高附加值利用的专著问世，以促进我国煤基材料的研究、发展。

**著者**

**2024 年 5 月**

# 目录

# 1 绪论

## 1.1 概述

煤中的有机组分主要由碳、氢、氧、氮、硫等元素组成，其中碳、氢、氧含量的总和约占有机质的95%以上。煤是非常重要的化石能源，也是冶金工业、化学工业等的重要原料。目前我国煤炭利用方式具有高污染、高能耗、低效等缺点，据不完全统计，超过50%的煤炭资源直接用于工业锅炉和窑炉的燃烧，而通过煤化工技术将煤炭转化为气态或液态等低污染能源的应用比例不到20%[1]，对煤炭资源造成了极大损失和浪费。2022年谢克昌院士在接受光明日报专访时指出，要立足国情，走好具有中国特色的煤炭清洁高效利用之路。要继续做好新时期煤炭清洁高效利用这篇大文章，着力围绕先进高效燃煤发电、煤炭清洁高效转化（煤基新材料、煤基特种油品）、二氧化碳减排和利用、煤炭资源综合利用等领域开展协同攻关，这必将使“传统产业”焕发新机，成为战略性新兴产业。

从材料科学角度看，煤炭是由多种大分子交联网络聚合物与无机矿物质组成的共混物，是天然的有机碳源。煤有机大分子由缩合程度不同的芳香结构单元（通过脂环、杂环化合物、氧桥、亚甲基连接）及烷基、羟基、羧基、甲氧基等侧链组成。有机大分子在三维空间交联形成网络状结构，可能存在一些小分子通过氢键或范德华力与其共存。这就决定了煤炭经过物理或化学方法深加工后，在开发特种功能材料方面具有独特优势[2]。

2021年我国碳达峰、碳中和战略的实施，必将持续倒逼经济结构、能源结构加速转型，同时鉴于我国原油对外依存度大于70%的现状，改变传统煤炭作为燃料的模式，提高煤基化学品/材料的制备技术在煤化工中所占的地位，发展和支持煤炭资源梯级利用和提质增效是当下煤化工产业的重中之重。本书主要从煤基有机功能材料和炭功能材料两个领域介绍煤炭资源的精细化利用，以提高煤炭作为化工原料的综合利用效能，促进煤化工产业高端化、多元化、低碳化发展。

## 1.2 煤基功能材料应用现状

目前，以煤为原料制备功能材料主要分为两大类，一类是以煤为原料直接制备炭材料，如：将煤炭经破碎、筛分、成型、炭化和活化等过程制备的煤基活性炭[3]，具有孔隙发达、比表面积大、价格低廉、吸附性能优异等特点，已被应用在如污水处理、VOCs 治理、脱硫脱硝等环保领域；以无烟煤、褐煤等为原材料，经提纯、高温石墨化后采取化学气相沉积、氧化还原法等制备的煤基石墨烯[1]，具有优异的导热性能，应用于热界面材料领域；以煤炭为前驱体，在高温热处理条件下可转化为富含石墨微晶结构的石墨产品，可以替代天然石墨用作锂离子电池负极材料[4]。

另一类是以煤热解产生的煤焦油中重组分煤沥青为原料，通过对组分分级改质，制备高性能炭材料专用助剂，如黏结剂、浸渍剂、包覆剂等。通过对煤沥青的组分调控及功能改性，制备的针状焦、负极材料、炭纤维和炭/炭复合材料等[5] 高性能炭材料，应用在军工、航空航天、耐火材料、冶金、能源存储与转化等领域，是难以替代的导电材料、结构材料和功能材料，并因其科技含量高、在尖端领域应用广泛而成为世界各国争相研究应用的对象。煤基炭材料领域的快速发展，在提高煤炭资源附加值同时，可解决关键行业的“卡脖子”难题。

煤焦油中的轻组分经功能化后制备的材料具有良好的光电性能、磁性、机械强度和生物活性等特点，广泛应用于航空航天、汽车、电子、舰船、机械制造、医药等诸多领域。如利用稠环芳香化合物的刚性结构开发的树脂材料，可以大幅提高结构材料的强度和耐热性能，广泛应用于汽车舰船、航天航空等领域；煤焦油中的稠环、杂环芳烃，独特的共轭电子结构赋予其优异的光电和生物特性，可用于功能新材料、新医药的开发，如利用含有 Cardo 结构的芴可以合成一系列的新材料[6-8]，应用于塑料透镜等高分子材料、有机发光电子二极管（OLED）等导电材料和苯芴醇等医药中间体中；含有氮杂环结构的咔唑及其衍生物是制备光电及信息存储材料的重要前驱体，可制备高发光强度的发光材料、良好空穴传输性能的材料和导光导电特种高科技材料；一些含有吲哚结构的化合物本身具有天然生理活性，比如白菜中的吲哚-3-甲醇能够帮助分解雌激素，芦竹碱对胃癌细胞具有抗增殖和抗转移作用，科学家用吲哚合成色氨酸、吲哚洛尔、培哚普利等药物。

## 1.3 煤基功能材料发展趋势

煤基有机功能材料和炭功能材料是煤清洁高效利用的重要发展方向，但总体上还处于起步阶段，发展绿色化、精细化、功能化以及复合化的高附加值利用新技术是提升煤基新材料行业整体经济性亟待解决的关键问题之一。

① 煤沥青是稠环芳烃组成的复杂混合物，在分子层面可看作石墨类炭材料的基本结构单元，以煤沥青为原料合成功能炭材料有望成为制备高性能、高附加值新型炭材料的重要途径。然而煤沥青组成复杂、分子芳香性和缩合度高、热稳定性差等特点阻碍了炭材料结构的精确调控，限制了炭材料的应用范围[9]。随着材料检测技术的发展，积极探索沥青结构分析

技术，特别是对精细化结构的快速检测技术，将有利于对材料前驱体结构进行针对性设计和调控，从而获得更加优异的性能。

② 随着微观表征手段的迅速发展，对煤炭、沥青等的微观结构的认识将进一步加深，通过催化聚合、预氧化、共热解以及功能化官能团的引入等手段调变煤沥青化学组成与分子结构，结合炭化、石墨化、活化等工艺过程的微观控制技术实现多种功能性炭材料结构设计与性能调控。制备煤沥青基微纳米炭材料，大力发展煤沥青基炭材料在电化学储能、多相催化、吸附分离以及电磁屏蔽等领域的应用[9]。

③ 加强对煤炭、煤焦油组分分离提取技术的研发，发展煤液相萃取、焦油的减压分离、耦合工艺等多种技术，充分利用煤焦油中生物活性物质（吲哚、喹啉等），采用高效绿色的精细加工工艺，制备具有高附加值的生物医药材料；利用煤焦油组分的共轭富电性，利用其光电效应、热电效应和电磁效应等，制备高性能的有机光电材料、热电材料和光学材料等；利用煤焦油组分的刚性，制备高性能的耐高温材料，应用在航天航空等高端领域。

宾夕法尼亚州立大学能源研究所所长 Schobert 教授曾预言，21 世纪可能出现“碳谷”时代。中国“碳谷”，以煤炭中的“碳”成分为基础，以新技术为动力，以协调发展为目标，以碳科技产业和绿色低碳发展为方向，以新型煤化工、生物制药及新型炭材料等产业为支撑，建立拥有中国自主知识产权的“碳谷”，是我国煤化学工作者的重要使命和我国在 21 世纪的重要创新工程。本书从产业化实践出发全面系统总结煤基功能材料的研发与产业化应用（见图 1-1），以翔实的基础知识和产业化案例，系统介绍煤焦油、煤沥青、针状焦和各向同性焦等的组成、特性以及提取与制备工艺，总结煤基炭材料和有机功能材料的最新研究与应用进展，同时结合优秀的产业化案例对锂电负极材料、石墨电极、煤基活性炭、煤焦油系有机功能材料等热点煤基功能材料的工艺和应用进行深入阐述，并针对煤基功能材料领域存在的问题，对行业的发展趋势进行分析。希望本书能为煤基“碳谷”的早日到来起到抛砖引玉的作用。

## 参考文献

[1] 闫云飞，高伟，杨仲卿，等. 煤基新材料——煤基石墨烯的制备及石墨烯在导热领域应用研究进展 [J]. 煤炭学报，2020，45 (1)：443-454.

[2] 李侃社，周安宁. 煤基材料研究进展 [J]. 高分子材料科学与工程，2001，17 (4)：19-22.

[3] 邱敬贤，刘君，彭芬，等. 煤基活性炭在环保领域的应用发展综述 [J]. 中国环保产业，2019 (11)：23-28.

[4] 邢宝林，张传涛，谌伦建，等. 高性能煤基石墨负极材料的制备及其储锂特性研究 [J]. 中国矿业大学学报，2019，48 (5)：1133-1142.

[5] 姚林，薛占强. 焦化企业煤系碳素材料的发展 [J]. 燃料与化工，2019，50 (6)：1-2.

[6] Kishpaugh D, Hajagos T, Liu C, et al. Applications of fluorene moiety containing polymers for improved scintillation light yield [J]. Nuclear Instruments & Methods in Physics Research Section A-Accelerators Spectrometers Detectors and Associated Equipment, 2017, 868: 59-65.

[7] Ko C W, Tao Y T. 9,9-bis{4-[di-(*p*-biphenyl)aminophenyl]}fluorene: A high t-g and efficient hole-transporting material for electrolumine scent devices [J]. Synthetic Metals, 2002, 126 (1): 37-41.

[8] Terraza C A, Liu J G, Nakamura Y, et al. Synthesis and properties of highly refractive polyimides derived from fluorene-bridged sulfur-containing dianhydrides and diamines [J]. Journal of Polymer Science Part A-Polymer Chemistry, 2008, 46 (4): 1510-1520.

[9] 肖南，邱介山. 煤沥青基功能碳材料的研究现状及前景 [J]. 化工进展，2016，35 (6)：1804-1811.

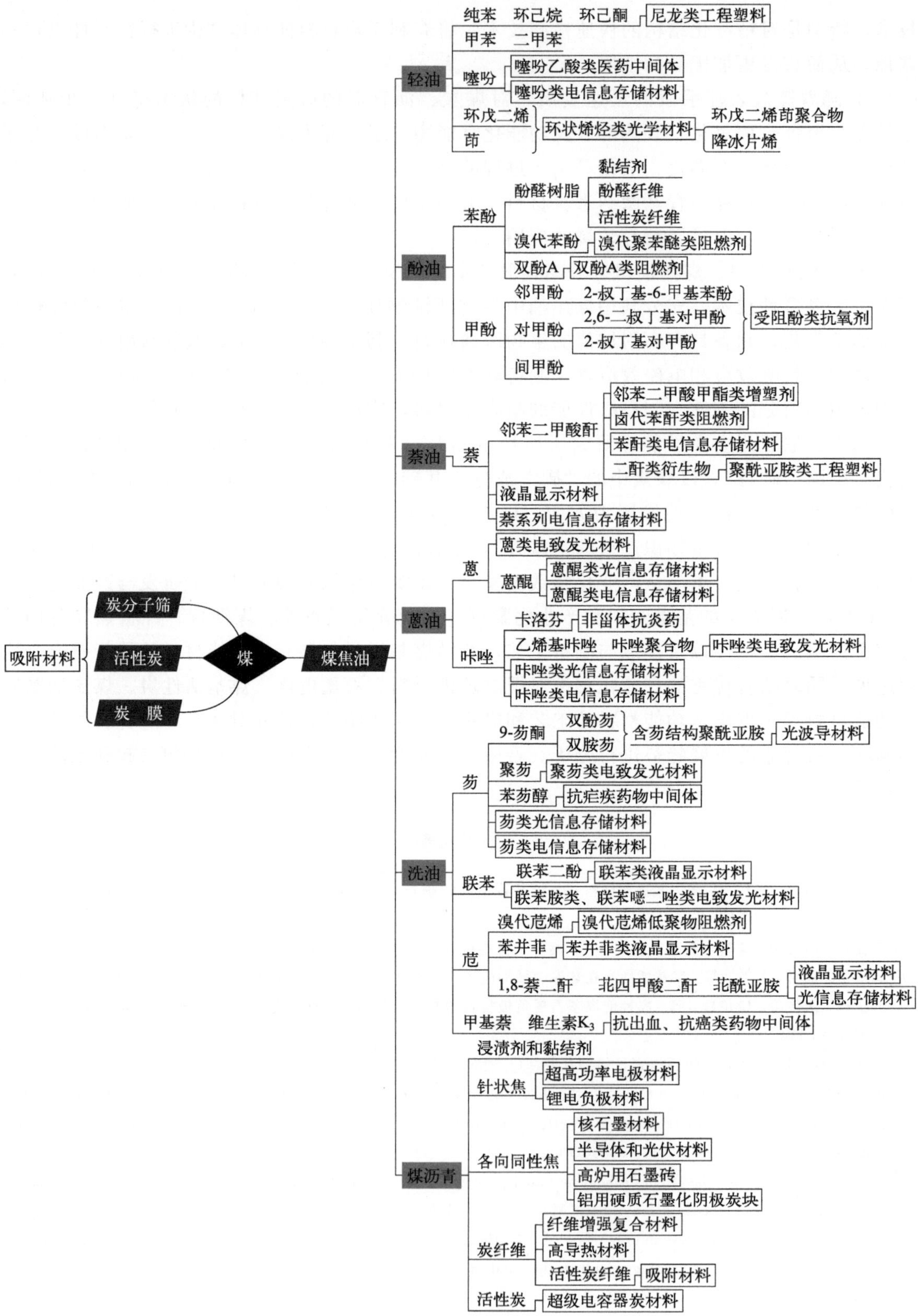


图 1-1 煤基功能材料研发与产业化应用示意图

# 2 原料概述

## 2.1 煤

煤是一种不可再生的宝贵化石资源。18 世纪末，人们就开始了对煤的研究，认为煤是由远古植物残骸浸入水中经过生物化学作用，然后被地层覆盖并经过物理化学作用而形成的有机生物岩。成煤植物及成煤条件的复杂性和多样性使煤呈现出复杂性、多样性和不均一性的特点，在世界上找不到组成、结构和性质完全相同的块煤。按照成煤植物的不同，煤主要被分成腐殖煤和腐泥煤两大类。腐殖煤是由高等植物形成的，腐泥煤是由低等植物和少量浮游生物形成的。煤炭的加工利用以储量最大的腐殖煤为主，本书中提及的煤均指腐殖煤。

### 2.1.1 煤的分类、组成及性质

成煤的高等植物的主要成分是纤维素、半纤维素和木质素，还有部分蛋白质和脂类化合物。成煤过程包括两个阶段，即泥炭化阶段和煤化阶段，如图 2-1 所示[1]。在泥炭化阶段，木质纤维素在缺氧或无氧环境中发生凝胶化作用形成凝胶化物质，在富氧环境中发生丝炭化作用形成丝炭化物质；蛋白质在泥炭化过程中消失，可能形成腐殖物质，参与成煤；脂类化合物化学性质稳定，变化不大。在煤化阶段，经历成岩作用和变质作用，凝胶化物质、丝炭化物质和脂类化合物分别转变为煤中的有机显微煤岩组分：镜质组、惰质组和壳质组。

煤的组成和结构决定其反应特性，进而决定其加工利用方式。人们在煤的岩相组分及其反应性方面的研究取得了一些突破，能够通过煤岩组分解释煤的反应性、黏结性，在一定程度上指导煤焦化、气化、液化等工业应用。但是，不同的煤岩组分由于成煤环境、成煤植物不同，其化学组成也不同。一般惰质组的碳含量最高，壳质组最低，镜质组介于二者之间；氢含量壳质组最高，镜质组次之，惰质组最低；氧含量镜质组最高，惰质组次之，壳质组最低。惰质组芳构化程度高，壳质组脂肪族成分多，芳香度比镜质组小得多，因此通过煤岩组分研究煤的反应性虽然比将煤看作单一物质深了一个层次，但仍然是宏观的。

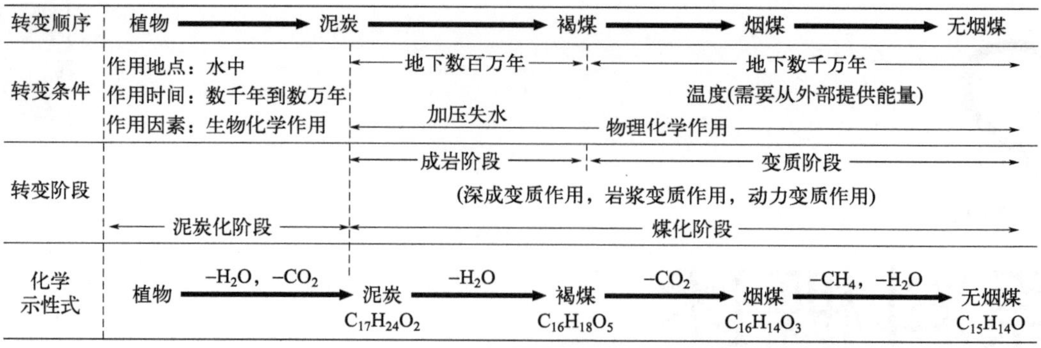


图 2-1　成煤过程图[1]

为了更好地利用煤炭资源，人们根据成煤过程，即煤化作用的程度（煤化度），将煤划分为泥炭、褐煤、烟煤和无烟煤四大类，探索了煤的结构，提出了煤的分子结构模型、结构与反应性的关系。随着现代分析仪器的发展和计算机处理能力的提高，煤的分子结构构建已从二维发展到三维，原子的数量达到几万个。

泥炭主要是由木质纤维素在有氧和无氧环境中经历生物化学作用形成的。纤维素、半纤维素在需氧细菌作用下水解转化为单糖，单糖还可再氧化分解为 $CO_2$ 和 $H_2O$。在缺氧环境中厌氧细菌使纤维素发酵生成 $CH_4$、$CO_2$、$C_3H_7COOH$ 和 $CH_3COOH$ 等。水解产物和发酵产物可与植物的其他分解产物缩合形成更复杂的物质参与成煤。木质素是具有芳香结构的化合物，具有一个芳香核，带有侧链，含—$OCH_3$、—OH、—O—和—CHO 等多种官能团。其单体以不同的链连接成三维空间的大分子，比纤维素稳定，不易水解，在富氧条件下经微生物的作用易氧化成芳香酸和脂肪酸。植物转变成泥炭后，木质纤维素减少，产生了大量的腐殖酸。腐殖酸大分子的基本结构是芳环和脂环，环上连有羧基、羟基、羰基、醌基、甲氧基等官能团。

褐煤是泥炭经历成岩作用后形成的，在此阶段主要经历了压实、脱水过程。褐煤中基本见不到未分解的植物组织残骸，以层状形式分布。1976 年，Wender[2] 首次提出了褐煤的分子结构特征：由单个芳香环通过脂肪侧链连接而成，氧以羧基、酮、酚、醇、醚和呋喃的形式存在，构建的分子模型只包含 92 个原子，分子式为 $C_{42}H_{40}O_{10}$。Philip 等[3] 以木质素、纤维素和其他组分有机物为原料通过脱氢脱氧的思想创建褐煤分子，以苯并呋喃为基本单元，结合氢化芳香环、脂肪侧链，构建了褐煤的平均分子结构（$C_{115}H_{125}O_{17}NS$），该模型首次引入杂原子 N 和 S，以及酯化脂肪烃侧链和氢键。在此之后提出的褐煤二维分子模型还有[4]：$C_{227}H_{183}O_{35}N_4S_3CaFeAl$，$C_{122}H_{146}O_{23}N_2SM_4$，$C_{161}H_{185}O_{48}N_2SM_4$，$C_{270}H_{240}O_{90}N_3S_3M_{10}$。这些模型的共同特点是将金属离子引入褐煤分子结构模型中，不同模型中芳香环的缩合程度不同，芳香环数量为 1～7 个。

20 世纪 90 年代，计算化学的出现推动了煤分子从二维模型走向三维模型。第一个褐煤三维分子模型是 Kumagai 构建的 Yallourn 褐煤，分子量 3464，以 $C_{21}H_{20}O_7$ 为结构单元，采用分子力学，在周期性边界条件下，计算分子的相对能量，通过迭代使分子能量最低，得到煤的三维结构模型，并将水分子引入分子模型中[4]。

烟煤是褐煤经历变质作用后形成的，变质作用是指地壳深处的褐煤在长时间地热和高压作用下发生化学反应，其组成、结构和性质发生变化。按照煤化度的不同，我国将烟煤划分为长焰煤、不黏煤、弱黏煤、1/2 中黏煤、气煤、气肥煤、1/3 焦煤、肥煤、焦煤、瘦煤、贫瘦煤和贫煤等。烟煤储量大，应用范围广，国内外对其结构的研究更为关注。

第一个煤分子结构模型就是 Fuchs 等[5]构建的烟煤分子结构模型（$C_{135}H_{97}O_9NS$），氢化芳香环、环戊烷醚和二苯氧酮连接 43 个环，其中包括 24 个共轭芳香环。以稠环芳烃为主，O、N、S 主要以杂环化合物形式存在，侧链少且短。之后，不同的研究者对烟煤分子模型也提出了各自的观点，烟煤经典的分子模型主要有 Given、Solomon、Wiser 等构建的模型。Given[6]构建的烟煤分子三维模型（$C_{102}H_{78}N_2O_{10}$），以苯环、萘环为主，与氢化芳香环相互连接，O 以羟基、羰基的形式存在，N 以杂环形式存在，此模型中没有 S 原子。Solomon[7]的烟煤分子模型（$C_{159}H_{136}N_2O_{18}S_2$）以 1～3 个环的芳香结构为主，通过 $C_1$～$C_2$ 脂肪烃基、—O—相连。分子结构中含有 O、N、S 杂原子，O 原子主要以—OH、—O—、—COOH、杂环形式存在，S 原子除以—SH—形式存在外，还和 N 一样以杂环形式存在。Wiser[8]构建的烟煤分子模型（$C_{182}H_{137}N_5O_{19}S_9$），以 1～5 个环的芳香结构为主，桥键主要有 $C_1$～$C_3$ 脂肪烃基、—O—、—S—。杂原子有 O、N、S，以杂环形式存在于芳香环之间或以取代基的形式连接在芳香环边缘。这几种烟煤分子模型见图 2-2。

Hill[9]构建的烟煤分子，标志着煤分子模型构建取得了跨越式发展。其构建的模型烟煤分子量达到了 10000，芳香片层最大由 12 个苯环缩合而成，含氧官能团以羧基、酚羟基、甲氧醚、脂肪醚、呋喃、醌等形式存在。氮和硫以吡啶、吡咯、噻吩、硫醇、胺、苯胺以及它们的同类物等形式存在。之后人们对煤分子的认知又上一个新台阶，认为煤是一种由分子结构不同的结构单元组成的聚集态化合物。Narkiewicz 和 Mathews[10]构建的烟煤模型 $C_{13781}H_{8022}O_{140}N_{185}S_{23}$，由 215 个独立的分子结构单元组成，结构单元的分子量在 78～3286 之间。迄今为止最大的聚集态烟煤分子模型是由美国宾夕法尼亚大学 Castro-Marcano[11]提出的，该分子模型含有 50789 个原子，728 个分子结构单元，结构单元的分子量为 100～2850，见图 2-3。

无烟煤是变质程度最高的煤种，其经历的变质作用最强。人们对无烟煤分子结构模型的研究远不及烟煤，得出的普遍结论是无烟煤分子的芳香环缩合程度比烟煤高，无烟煤中煤岩组分的差异小，氧含量、氢含量低，构建的模型以高度富集的芳香碳结构为主，结构更简单。

### 2.1.2 煤的应用

国家统计局统计结果显示，2022 年全国煤炭消费量 448246 万吨，其中火力发电煤炭消费量 237813 万吨，约占 53.1%，焦化行业煤炭消费量 69449 万吨，约占 15.5%，煤制油和煤制气煤炭消费量分别为 4046 万吨和 4710 万吨，约占 0.9%和 1.1%。可见，热解是当前煤炭非燃料利用的主要加工方式，科学合理地利用热解产物是煤清洁高效利用的关键。目前煤热解气的利用技术成熟，热解固体产物焦炭主要用于高炉冶炼。

2019 年我国低阶煤产量已占到全国煤炭总产量的 55%以上，随着煤炭主产区的西移，“十四五”期间低阶煤产量将越来越大。低阶煤的科学利用越来越受到行业的关注。将煤焦油中的轻质组分经过提纯、深加工转化成有机功能材料，重质组分和中低温热解得到的半焦经过进一步加工制成炭功能材料是提升煤炭利用价值、实现煤炭低碳转化的有效途径。

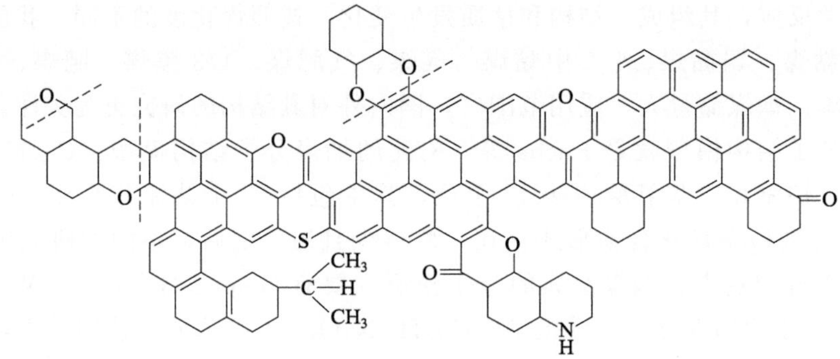

(a) Fuchs模型

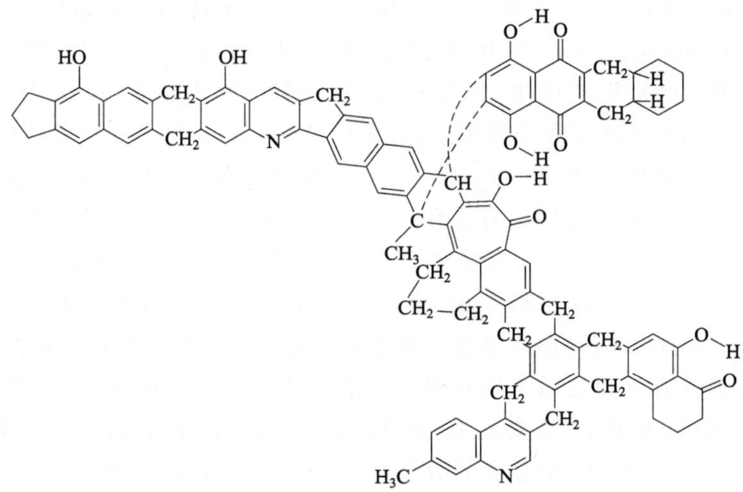

(b) Given模型

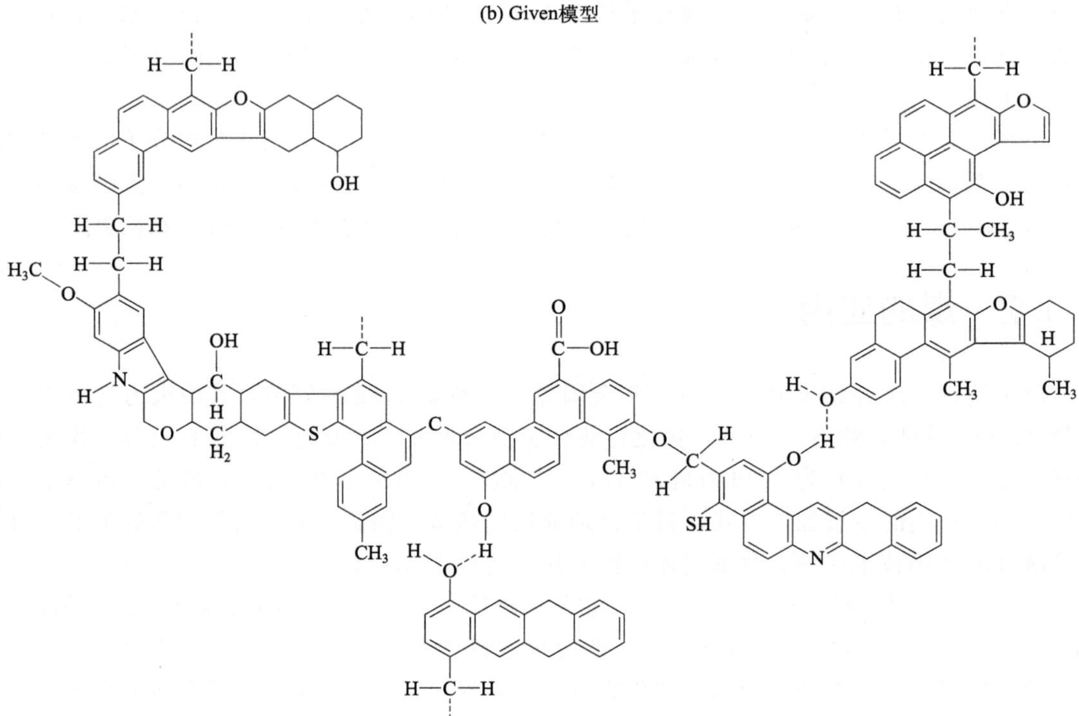

(c) Solomon模型

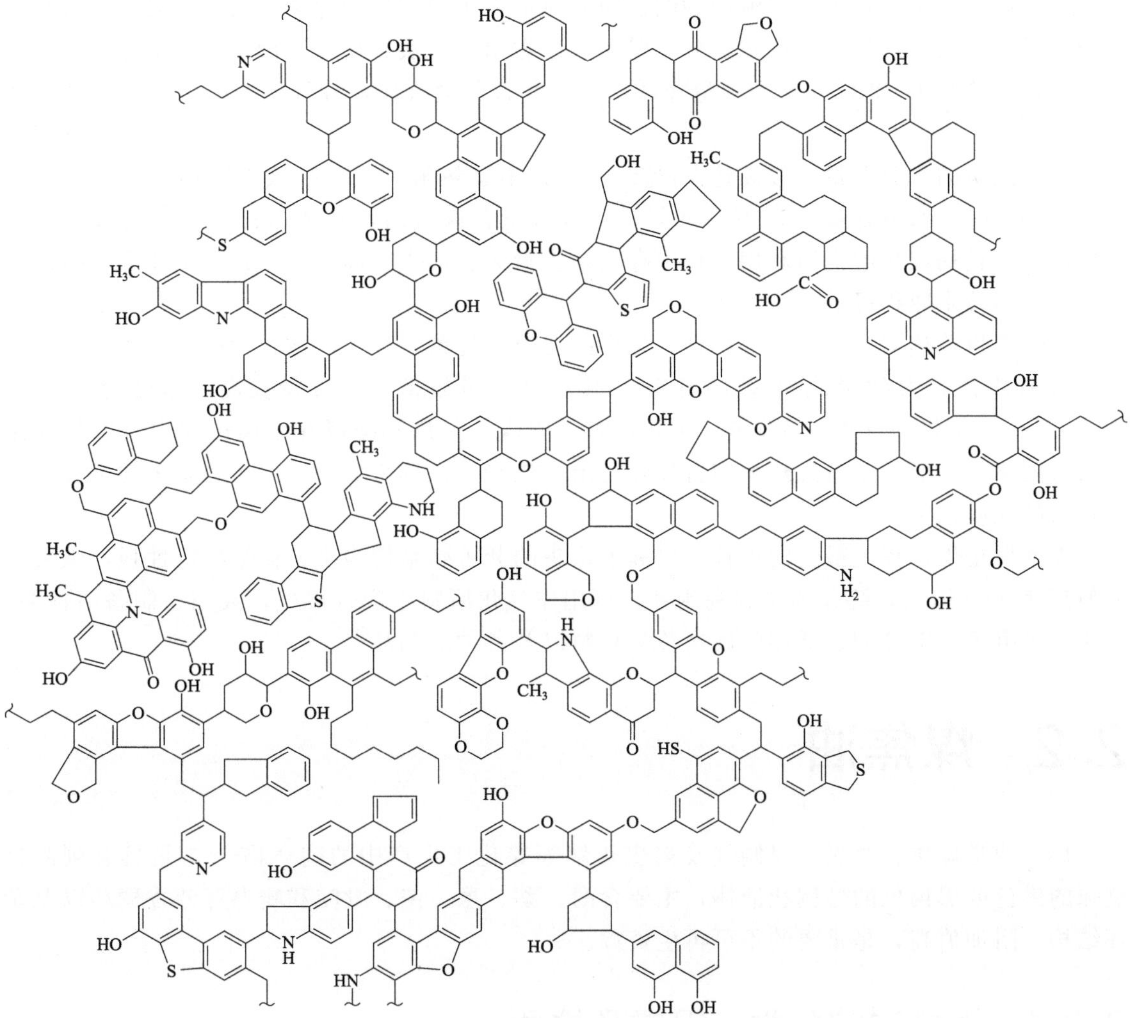

(d) Wiser模型

图 2-2　烟煤分子模型

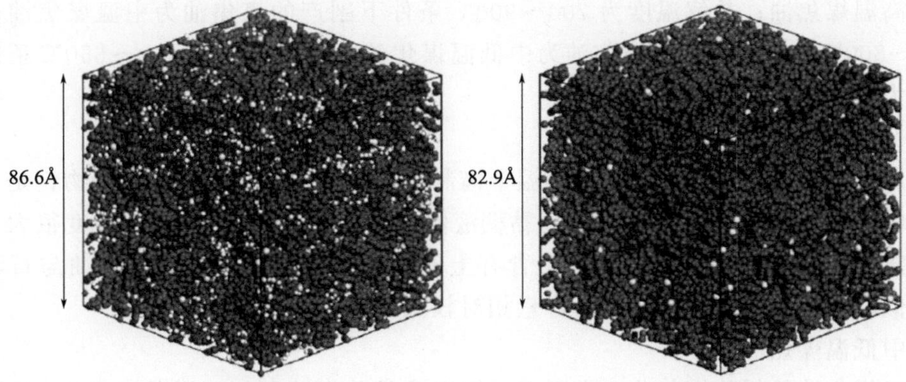


(a) 含水　　(b) 干基

图 2-3　Illinois No. 6 Argonne Premium 煤
(1Å$=10^{-10}$ m)

煤的结构直接决定了其热解产物的性质，应依据不同煤种的化学结构特点对煤炭进行分质分级科学利用。从研究者构建的分子模型可以看出，泥炭、褐煤、烟煤、无烟煤的分子结构的变化趋势是H和O元素的含量降低，C元素的含量增加，芳香环的缩合程度整体呈增长的趋势。

中国泥炭的水分含量一般高达75%～95%，不宜热解利用。一般中国褐煤的碳含量为60%～76.5%，水分含量为30%～60%，灰分含量普遍偏高，为20%～30%，有效成分含量偏低，而且褐煤热解提质利用过程中存在粉尘量大、油尘分离难等问题，工业上成熟的褐煤化工利用技术屈指可数[12]。

烟煤是目前热解利用的主要煤种。烟煤的变质程度跨越较大，芳香片层缩合程度小的由1～2个环组成，大的可能超过10个环。其水分含量较低，碳含量较高，密度为1.20～1.45g/cm$^3$。烟煤中气煤、气肥煤、1/3焦煤、肥煤、焦煤和瘦煤在干馏过程中可以软化熔融后再固化，一般用于高温热解制备高强度冶金焦炭，也称炼焦煤，副产的煤焦油是煤基功能材料的优质原料。

无烟煤是煤化程度最高的煤种，以高度富集的芳香碳结构为主，化学稳定性强，碳含量一般高达90%以上，除作为燃料利用外，可用作气化原料生产合成气，或用于制备活性炭、炭块、炭电极、电极糊、低端的硬炭负极材料以及各种炭制品[13]。

## 2.2 煤焦油

煤焦油是炼焦、兰炭、煤制气及褐煤热解等煤化工生产中的副产物[14]，是具有刺激性臭味的黑色或黑褐色的黏稠状液体，主要含酚、萘、蒽、芘、吡啶和喹啉等芳香稠环以及杂环结构，附加值高，是重要的不可再生资源。

### 2.2.1 煤焦油的分类、组成及性质

根据煤炭热解温度的不同大致将煤焦油分为四类：热解温度大于1000℃条件下副产的煤焦油为高温煤焦油；热解温度为700～900℃条件下副产的煤焦油为中温煤焦油；热解温度为600～800℃条件下副产的煤焦油为中低温煤焦油；热解温度为450～650℃条件下副产的煤焦油为低温煤焦油。

(1) 低温煤焦油

低温煤焦油主要是由褐煤和烟煤低温干馏制得，是煤受热分解的初级产物，是一种较为优质的原料油[15]。从外观上看，是黑色黏稠液体，密度在1g/cm$^3$左右，黏度很大，并且具有特殊气味。其组成极其复杂[16]，其中含有上万种有机化合物。低温煤焦油与石油原油的组成较相似，非烃类、酚类化合物的含量相对较大。

(2) 中低温煤焦油

中低温煤焦油是低阶煤气化、中低温干馏以及低阶煤改制加工过程中产生的副产品[17]，从外观上看与石油原油类似[18]，在常温下为一种黑褐色黏稠状的液体，呈玻璃相。因含有较多的高沸点化合物而具有较好的热稳定性，主要包括脂肪族、烯烃、酚属烃、环烷烃、碱

类、芳香族和硫、氧、氮元素等杂原子化合物组成的复杂化合物。中低温煤焦油中的酚类化合物以低级酚为主，可以采用化学萃取法提取低级酚作为化工原料，提取低级酚后的馏分是加氢制取高十六烷值柴油的优良原料。中低温煤焦油经加氢处理可以生产柴油、汽油等车用发动机燃料油和化学品。中低温煤焦油的主要组分见表 2-1。

**表 2-1　中低温煤焦油的主要组分**

| 化合物名称 | 占比(质量分数)/% | 化合物名称 | 占比(质量分数)/% |
|---|---|---|---|
| 苯酚 | 3.966 | 3-(1-甲基乙基)苯酚 | 0.194 |
| 苯甲腈 | 0.0077 | 2,3,5-三甲基苯酚 | 0.092 |
| 2,3-二甲基环戊烯酮 | 0.102 | 4-乙基-3-甲基苯酚 | 0.767 |
| 邻甲基苯酚 | 3.843 | 2-乙基-6-甲基苯酚 | 1.875 |
| 对甲基苯酚 | 10.144 | 2,4,5-三甲基苯酚 | 0.266 |
| 四甲基苯甲氰 | 0.128 | 2,3,5-三甲基苯酚 | 0.266 |
| 2,6-二甲基苯酚 | 0.404 | 4-乙基-2-甲基苯酚 | 0.148 |
| 2-乙基苯酚 | 0.613 | 4-(2-丙烯基)苯酚 | 0.220 |
| 2,5-二甲基苯酚 | 3.866 | 2-丙基苯酚 | 0.143 |
| 4-乙基苯酚 | 1.804 | 3-甲基-4-异丙基苯酚 | 0.107 |
| 3,4-二甲基苯酚 | 4.139 | 2-乙基-4-甲基苯酚 | 0.066 |
| 2,3-二甲基苯酚 | 0.629 | 2-甲基-6-丙基苯酚 | 0.210 |
| 2-乙基-5-甲基苯酚 | 0.077 | 3-甲基-4-异丙基苯酚 | 0.649 |
| 2-(1-甲基乙基)苯酚 | 0.082 | 重质组分 | 33.33 |
| 2,3,6-三甲基苯酚 | 0.158 | 煤沥青 | 25.000 |
| 2-乙基-5-甲基苯酚 | 0.618 | 不凝油气 | 6.667 |

(3) 中温煤焦油

中温煤焦油是直立炭化炉中温干馏过程中形成的产物，一般为黑色或者黑褐色的黏稠状液体，具有特殊的臭味，可燃并有腐蚀性，是一种高芳香度的碳氢化合物的复杂混合物，是人造石油的重要来源之一，可经高压加氢制得汽油、柴油等产品。

(4) 高温煤焦油

高温煤焦油是具有刺激性臭味的黑色或黑褐色黏稠状液体，通常由煤炼焦得到，是多环芳烃的重要来源之一[19]，其闪点为 96～105℃，自燃点为 580～630℃，燃烧热为 35700～39000kJ/kg，在 20℃下的密度为 1.10～1.25g/cm$^3$，其值随着温度的升高而降低。高温煤焦油几乎完全是由芳香族化合物组成的一种复杂化合物，含有 54%～56%的沥青，其他成分是芳香族和杂环化合物，含有的组分总数在 10000 种左右，从中分离认定的化合物约 500 种，在焦油中含量超过和接近 1%的化合物仅有 10 余种，如萘、甲基萘、氧芴、芴、苊、蒽、菲、咔唑、荧蒽、芘和甲酚的三种异构体，其量约占焦油总量的 30%[19]。元素组成以碳元素为主，约占 90%以上，氢占 5%，此外还有少量的氧、硫、氮及微量的稀有金属等。

高温煤焦油加氢制燃料油难度大，通常将其精馏分离。高温煤焦油各馏分经进一步加工，可分离出多种化工产品，广泛应用于杀菌剂、增塑剂、酚醛树脂、医药、农药、染料、工程塑料、针状焦、黏结剂等各种领域。高温煤焦油的主要组分见表 2-2。

表 2-2　高温煤焦油的主要组分

<table>
<tr><th>化合物名称</th><th>占比(质量分数)/%</th><th>化合物名称</th><th>占比(质量分数)/%</th></tr>
<tr><td colspan="2">碳氢化合物</td><td>1,2-苯并蒽</td><td>0.68</td></tr>
<tr><td>苯</td><td>0.18～0.25</td><td colspan="2">含氮化合物</td></tr>
<tr><td>甲苯</td><td>0.08～0.12</td><td>吡啶及同系物</td><td>0.1～0.11</td></tr>
<tr><td>二甲苯</td><td>0.25～0.30</td><td>吲哚</td><td>0.1～0.16</td></tr>
<tr><td>茚</td><td>0.8～0.9</td><td>喹啉</td><td>0.18～0.25</td></tr>
<tr><td>苯的高沸点同系物</td><td>0.2～0.3</td><td>喹啉同系物</td><td>0.2～0.22</td></tr>
<tr><td>四氢化萘</td><td>8～12</td><td>其他盐基物</td><td>0.7～0.8</td></tr>
<tr><td>萘</td><td>0.8～1.2</td><td colspan="2">含氧化合物</td></tr>
<tr><td>1-甲基萘</td><td>1～1.8</td><td>苯酚</td><td>0.2～0.5</td></tr>
<tr><td>2-甲基萘</td><td>0.2～0.4</td><td>邻甲酚</td><td rowspan="3">0.4～0.8</td></tr>
<tr><td>联苯</td><td>1.0～1.2</td><td>间甲酚</td></tr>
<tr><td>二甲基萘及同系物</td><td>1.2～2.5</td><td>对甲酚</td></tr>
<tr><td>苊</td><td>1.0～2.0</td><td>二甲酚</td><td>0.3～0.5</td></tr>
<tr><td>芴</td><td>0.5～1.8</td><td>高级酚</td><td>0.78～0.95</td></tr>
<tr><td>蒽</td><td>4～6</td><td>氧芴</td><td>0.6～0.8</td></tr>
<tr><td>菲</td><td>0.9～1.1</td><td>古马隆</td><td>0.04</td></tr>
<tr><td>甲基菲</td><td>1.8～2.5</td><td>苯并氧芴</td><td>0.5～0.7</td></tr>
<tr><td>荧蒽</td><td>1.2～2.0</td><td colspan="2">含硫化合物</td></tr>
<tr><td>芘</td><td>1.0～1.1</td><td>苯并噻吩</td><td>约 0.4</td></tr>
<tr><td>苯并芴</td><td>0.65～1.0</td><td>硫芴</td><td>约 0.35</td></tr>
<tr><td>䓛</td><td>0.65</td><td></td><td></td></tr>
</table>

## 2.2.2　煤焦油的应用

中低温煤焦油和高温煤焦油的性质与组成有根本的区别，应用与石油十分相似。绝大部分中低温煤焦油用作液体燃料（汽油、柴油和燃料油）和化学品的生产原料。本节中无特别说明的煤焦油均指高温煤焦油。

（1）轻油馏分及其用途

轻油馏分是指煤焦油蒸馏时切取馏程小于 170℃的馏出物，其产率为煤焦油的 0.5%～1.0%，主要组分为苯及其同系物，并含有少量的噻吩、环戊二烯、古马隆和茚等不饱和化合物及微量的萘。轻油馏分主要用于生产苯类产品如苯、甲苯、二甲苯等。

① 噻吩　又名硫茂，无色透明液体，有刺鼻气味，不溶于水，可混溶于乙醇、乙醚等多种有机溶剂，熔点为−38.17℃，沸点为 84.20℃。其结构式如下：

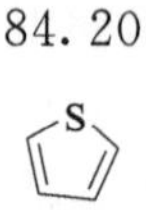

噻吩是制备噻吩乙酸的主要原料。工业提取噻吩的方法包括酸洗精馏和萃取精馏。

天然噻吩存在于煤焦油的粗苯馏分中，含量一般为0.3%～0.7%，有的甚至高达1.6%。酸洗精馏以精苯酸洗液为原料经过一次水蒸气蒸馏、一次精馏完成。萃取精馏法的关键在于萃取剂选择。效果较好的萃取剂有*N*,*N*-二甲基甲酰胺、*N*-甲基吡咯烷酮、*N*-甲酰吗啉、1,2-乙二胺、单乙醇胺、苯胺、环丁砜、乙二醇、甘醇等。

曾爱武等[20]将萃取精馏技术与精密精馏技术结合，以*N*-甲基吡咯烷酮为萃取剂，实现了焦化粗苯原料的苯精制与噻吩回收，该技术的优点是：与传统的硫酸洗涤工艺相比，整个过程不产生对环境有极大损害的酸渣及废酸，没有废物排放；提高了苯烃回收率，苯的收率提高5%以上，同时可获得纯度98.5%以上的噻吩，苯含量可达99.8%，达到焦化苯国家一级品的质量标准。与催化加氢工艺相比，该技术简化了工艺流程，降低了投资及生产成本，在得到高品质精苯的同时，又回收了高附加值的噻吩，提高了装置的效益。该技术为国家科技攻关计划引导项目“环保型焦化苯精制新工艺研究”的研究成果。

② 1,3-环戊二烯　CAS号542-92-7，无色液体，混溶于醇、醚、苯，不溶于水。熔点−85.0℃，沸点41.0℃，相对密度$d_4^{20}$（该物质20℃时的密度与4℃水的密度比值）=0.8021，折射率$n_D^{20}$=1.4429。其结构式如下：

③ 双环戊二烯　CAS号77-73-6，简称DCPD，无色结晶，有类似樟脑气味，溶于醇。相对密度0.979（20℃），沸点170℃（分解），凝固点31.5℃，折射率$n_D^{35}$=1.5061，闪点32.22℃，自燃点680℃。双环戊二烯有α-DCPD和β-DCPD二种异构体，分别为桥式（endo-DCPD）和挂式（exo-DCPD）结构。桥式异构体凝固点33℃，挂式异构体凝固点19.5℃。其中以桥式异构体为主，沸点170℃。双环戊二烯因含有双键，易于进行加成反应和自聚反应。其结构式如下：

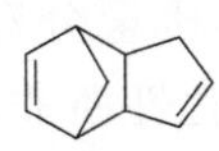

双环戊二烯的制备以轻苯馏分为原料（当单体环戊二烯高于5%时，就要闭合聚合）进行蒸馏，常压100℃下得到的为前馏分，除去前馏分后，减压（400mmHg，1mmHg=133.322Pa）100～110℃下蒸馏去除苯等馏分，釜底残留物即为粗双环戊二烯，含量为70%～75%。粗双环戊二烯在裂解罐中（400℃）汽化后在另一裂解罐中于300℃下裂解，产物经瓷环填充柱，在塔顶收集42～46℃的环戊二烯，于压力罐中−12℃以下贮存。环戊二烯在压力罐中缓慢升温，控制温度在60～120℃，聚合成双环戊二烯，纯度大于95%。环戊二烯很难保存，所以市面上没有环戊二烯销售，环戊二烯通常采用上述方法现场裂解双环戊二烯获得。

④ 茚　CAS号95-13-6，无色透明液体，不溶于水，混溶于乙醇、乙醚，可溶于吡啶、四氯化碳、丙酮、二硫化碳、松节油。熔点−1.8℃，沸点182.8℃。易氧化、聚合。其结构式如下：

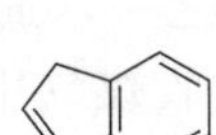

在高温焦油中，茚含量0.25%～0.3%，主要存在于沸点为176～182℃的重质苯的馏分中，古马隆和茚约占40%以上[21,22]。重质苯是茚的工业制备原料。以重质苯为原料在具有44块理论塔板的分馏塔上进行精馏，控制回流比为（15～20）：1，切取塔顶温度为180.6～181.1℃的馏分，含茚可达98%。另外一种共沸蒸馏提取茚的方法是以重质苯为原料，利用糠醛能与重苯中烃类组分形成共沸物，与茚不形成共沸物的特点来制取纯茚。

（2）酚油馏分及其用途

酚油馏分是煤焦油蒸馏时切取馏程为170～210℃的馏出物，其产率为煤焦油的2%～3%。煤焦油中大约有40%～50%的酚集中在酚油馏分中，其他主要组分还包括吡啶碱、古马隆和茚等。酚油通过减压蒸馏可以得到苯酚、间甲酚、邻甲酚、对甲酚和二甲酚等产品[23]以及吡啶碱，也可以直接用于制取古马茚树脂。

（3）萘油馏分及其用途

萘油馏分是煤焦油蒸馏时切取馏程为210～230℃的馏出物，其产率为煤焦油的11%～12%。煤焦油中大约80%～85%的萘集中在萘油馏分中，其他主要组分还包括苯并噻吩、甲基萘、各种三甲酚、二甲酚及古马隆等。

萘是最简单的稠环芳烃，CAS号91-20-3，分子式$C_{10}H_8$，纯品为具有香樟木气味的白色晶体，熔点80～82℃。其结构式如下：

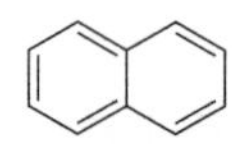

煤焦油制工业萘的工艺成熟，制备的工业萘含量只有95%，直接用于深加工时，影响下游产品的质量、生产定额的消耗和装置的连续稳定运行。为满足对萘进行深加工利用的要求，必须对工业萘进行精制提纯。通过提纯后，精萘质量分数最高达99.9%以上。工业萘的精制提纯技术主要有化学方法和物理方法。其中化学方法有硫酸洗涤法、加氢精制法、甲醛缩合法、氧化法和原位氢还原法，物理方法有结晶法和精馏法。

工业萘中的主要杂质是苯并噻吩，其质量分数为2%～3%，另外含有少量的甲基萘、不饱和化合物及灰分。苯并噻吩和萘的物化性质非常相似，采用通常的加工方法难以得到高质量分数的萘，由于工业萘中的其他杂质相对容易去除，因此工业萘精制过程的关键在于脱除苯并噻吩。苯并噻吩分子中硫原子的存在，使其在发生磺化、烷基化等化学反应时的活性比萘高，利用萘与苯并噻吩化学反应性质的不同，使苯并噻吩反应生成易与萘分离的新物质从而实现对萘的精制[24]。

国内工业萘生产企业主要集中在冶金行业，包括铁焦一体化的钢铁企业及独立焦化企业，其中宝武钢铁集团有限公司（原宝山钢铁股份有限公司和武汉钢铁股份有限公司）、鞍钢集团有限公司（原鞍山钢铁集团有限公司、攀钢集团有限公司）以及首钢京唐钢铁联合有限责任公司是主要的产萘大户。独立焦化企业如山西阳光焦化集团、山东潍焦集团焦化厂等企业的产量也很可观。精萘生产厂家仅有鞍钢化学科技有限公司（原鞍钢化工事业部）、宝钢焦化厂、首钢京唐西山焦化厂等少数企业[25]。

（4）洗油馏分及其用途

洗油是煤焦油蒸馏过程中的重要馏分之一，通常切取230～300℃的馏分。其产率占煤焦油的8%～9%。洗油可用于焦化行业吸收煤气中的苯类，多余的洗油可用于深加工提取$\alpha$-甲基萘、$\beta$-甲基萘、吲哚、联苯、苊、氧芴、芴等，这些物质都是重要的有机化工原料[26]。

β-甲基萘又名2-甲基萘，CAS号91-57-6，分子式$C_{11}H_{10}$，是一种无色单晶结晶，熔点34℃，易溶于醇、醚、苯，不溶于水。属二级易燃固体，有毒，工作场所空气中最大容许浓度为$20mg/m^3$，操作人员应戴防护用具。其结构式如下：

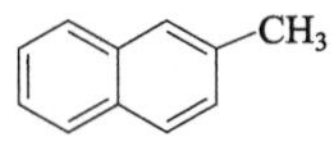

β-甲基萘是煤焦油产品中一种含量比较高、应用比较广泛的有机化工产品，是维生素$K_3$的主要有机原料。工业上通过对从炼焦洗油中富集得到的甲基萘馏分精制来制取高纯度的β-甲基萘，常用方法有蒸馏冷冻结晶法、洗涤萃取精馏法和重结晶法[27]。蒸馏冷冻结晶法以煤焦油中富集的230～245℃的甲基萘馏分（甲基萘含量为50%左右）为原料，可获得纯度≥95%的β-甲基萘。该方法生产工艺简单，操作方便，主馏分的富集度可通过改变回流比得到明显改变，得到的β-甲基萘能满足维生素$K_3$的生产需要[28]。洗涤萃取精馏法[29]和重结晶法均可获得纯度98%以上的β-甲基萘。

芴是一种多环芳烃，CAS号86-73-7，分子式为$C_{13}H_{10}$，白色片状晶体，有芳香气味，可燃，熔点为114℃，不溶于水，溶于乙醇、乙醚、苯、二硫化碳等有机溶剂。芴本身是煤焦油的分离产品之一，产量大，价格低廉，原料易得，具有特殊的刚性平面联苯结构，其衍生物表现出许多独特的光电性能及生物活性，因此芴类化合物在光电材料、太阳能电池、生物医药等诸多领域获得广泛应用[29]。苯芴醇、9-芴酮、双酚芴等多种具有Cardo结构的功能衍生材料均以工业芴为主要原料制备而得。其结构式如下：

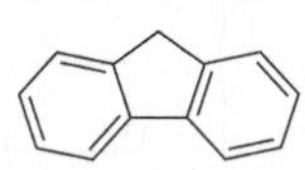

高温焦油中的芴含量为1.0%～2.0%，主要存在于洗油的芴馏分段中，通常采用相当于115块左右理论塔板的蒸馏塔进行精密分馏，回流比为15∶1，切取292～302℃窄馏分。此馏分通过冷却、结晶、离心分离，得到粗芴，再用1∶25的苯或二甲苯重结晶，则得工业芴，纯度为95%。将工业芴溶于苯中，用40%的硫酸洗涤，再经中和水洗、脱溶、重新蒸馏，馏出物用汽油和乙醇重结晶，可制得纯度为98%的精芴。

（5）蒽油馏分及其用途

蒽油馏分是煤焦油蒸馏过程中切取的300～360℃馏分。其中，一蒽油馏分是煤焦油蒸馏时切取的300～330℃馏分，其产出率为煤焦油总量的14%～20%，主要包括蒽、菲、咔唑、芘等组分。二蒽油馏分是煤焦油蒸馏时切取的330～360℃的馏分，其产出率为煤焦油总量的4%～10%，主要包括吖啶、菲啶、荧蒽、芘、苯并芴等组分。蒽油馏分可以用作生产炭黑的原料油[30]。蒽油通过聚合和缩合反应，制取低灰、低硫、低钠离子和低苯并芘含量的新型优质沥青，可以作为针状焦或炭纤维的原料[31]。

蒽是重要的化工原料，多应用于燃料、医药、造纸等领域，也可作为合成脱硫剂ADA以及合成橡胶、合成树脂、合成纤维的重要原料[32]。

菲加氢可得到全氢菲，是性能优良的燃料，可为喷气飞机提供动力。工业粗菲是制取炭黑的主要原料[33]。菲经烷化、磺化、氧化后得到的产物为烷基菲磺酸，常用来作表面活性剂[34]、有机合成中间体等，常用于电子、燃料、农药等领域[35,36]。

咔唑又名9-氮(杂)芴，CAS号86-74-8，分子式为$C_{12}H_9N$，分子量为167.20，无色单斜片状结晶，熔点为244℃，露置于紫外光线下显示强荧光和长时间磷光，易升华，碱性极弱。稍溶于乙醇、乙醚和苯，溶于喹啉、吡啶和丙酮，微溶于冷苯、冰醋酸、氯仿、二硫化碳和汽油，溶于浓硫酸而不分解，微溶于石油醚、氯代烃和乙酸。其结构式如下：

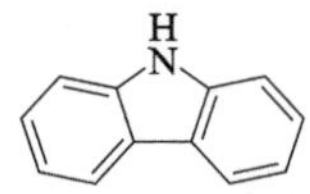

咔唑是一种含氮的杂环化合物，分子内含有较大的共轭体系，具有较强的分子内电子转移能力，这种特殊的刚性稠环结构使咔唑类化合物表现出独特的光电性能和生物活性，是重要的精细化学品中间体，可用于制作塑料、农药、杀虫剂、医药以及新型聚合物材料等。咔唑及其衍生物是卡洛芬、聚乙烯咔唑等的主要原料，随着研究和生产需求的不断增长，需求量呈逐年上升的趋势。

咔唑可以通过有机合成方法获得，也可从煤焦油中直接提取，其存在于煤焦油中蒽油馏分中，通过初馏及粗蒽的制备、粗蒽的洗涤和精制等步骤制取精咔唑，工艺流程见图2-4。也可采用中钢集团鞍山热能院专利，即耦合分离一步法获得高纯咔唑[37]。

初馏-溶剂-精馏法生产精蒽和精咔唑具有工艺流程简单、处理能力大、设备要求不高、投资较少、产品回收率高、生产灵活的特点。产品质量可以达到用户要求，经济效益显著[38]。

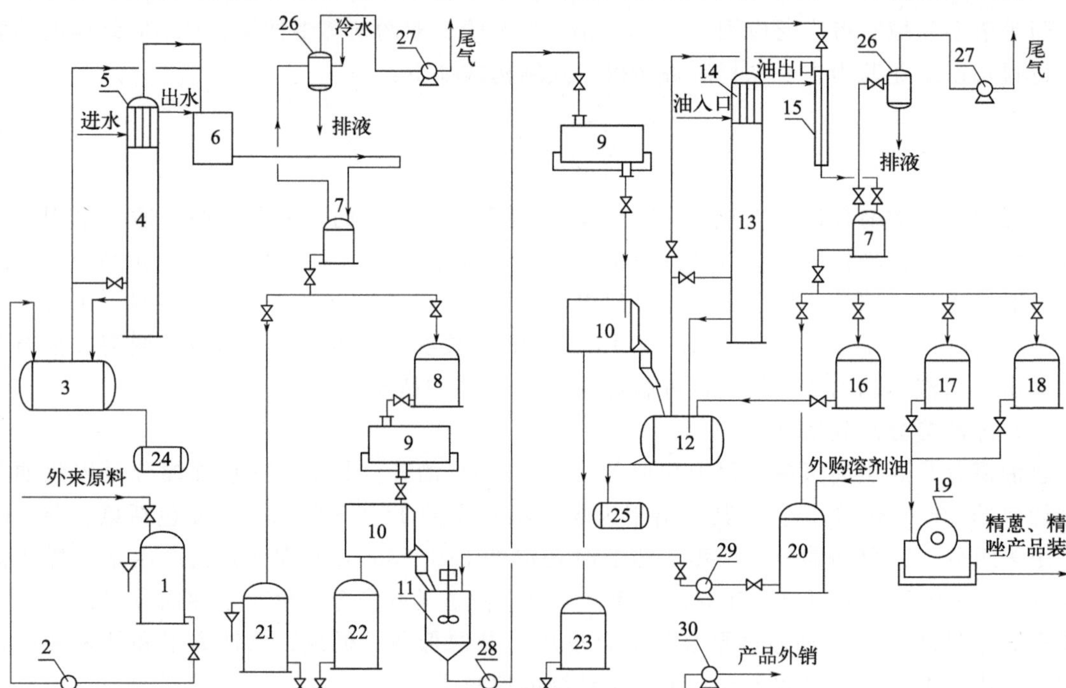


图2-4　精咔唑生产流程图

1—原料储槽；2—原料泵；3—初馏釜；4—初馏塔；5—分缩器；6—冷凝冷却器；7—真空计量槽；8—窄馏分中间槽；9—机械化结晶机；10—离心机；11—洗涤器；12—精馏釜；13—精馏塔；14—分缩器；15—冷却器；16—中间槽；17—精蒽高置槽；18—精咔唑高置槽；19—结晶机；20—溶剂油槽；21—轻油产品槽；22—脱晶蒽油产品槽；23—含菲溶剂槽；24—脱晶蒽油槽；25—残油槽；26—真空捕集罐；27—真空泵；28—渣浆泵；29—洗涤泵；30—装车泵

# 2.3 煤沥青

煤焦油沥青（简称煤沥青）是煤焦油经蒸馏分离后的残留物，是煤焦油加工过程中的主要产物，具有来源广、价格低廉等优点[39,40]。

## 2.3.1 煤沥青的分类及理化指标

煤沥青在常温下为黑色固体，密度为1.2～1.4g/cm³，因其是非晶态物质，所以没有固定的熔点。随着温度的上升，沥青会逐渐软化直至熔化，一般将沥青由固体转为软质过渡状态的温度称为软化点。

(1) 分类

根据来源不同，将煤沥青分为中低温煤焦油沥青、高温煤焦油沥青。其中，中低温煤焦油沥青约占中低温煤焦油总量的30%[17]，常温下为黑褐色固体，软化点约70℃，喹啉不溶物含量较低。我国每年有约超过一百万吨的中低温煤焦油沥青产出，绝大部分被当作燃料直接烧掉或用作基建材料，造成资源浪费和环境污染。通常所说的煤沥青是高温煤焦油加工后的产物，约占煤焦油总量的54%～56%，我国对其深加工应用研究较晚，与先进国家还有一定差距。根据软化点不同对煤沥青进行分类利用，大致可分为低温沥青（软化点约35～75℃，又称软沥青）、中温沥青（软化点约75～95℃）、高温沥青（软化点约95～120℃，又称硬沥青）。改质沥青是煤沥青中的高档产品，软化点与高温沥青相似，沥青组分含量和结焦值不同。GB/T 2290—2012规定了不同软化点煤沥青的技术指标（见表2-3）。

**表2-3 煤沥青的技术指标**

| 指标名称 | 低温沥青 | | 中温沥青 | | 高温沥青 | |
|---|---|---|---|---|---|---|
| | 1号 | 2号 | 1号 | 2号 | 1号 | 2号 |
| 软化点/℃ | 35～45 | 46～75 | 80～90 | 75～95 | 95～100 | 95～120 |
| 甲苯不溶物/% | — | — | 15～25 | ≤25 | ≥24 | — |
| 灰分/% | — | — | ≤0.3 | ≤0.5 | ≤0.3 | — |
| 结焦值/% | — | — | ≥45 | — | ≥52 | — |
| 水分/% | — | — | ≤5.0 | ≤5.0 | ≤4.0 | ≤5.0 |
| 喹啉不溶物/% | — | — | ≤10 | — | — | — |

(2) 理化指标

煤沥青的组成极为复杂，所含主要元素是碳和氢，其中碳的质量分数大于90%，氢的质量分数一般不超过5%，C/H（原子比）高于1.6。碳氢比的大小是影响其物理化学性质的直接因素，同时制备工艺对沥青的性质也有影响，如炼焦工艺、焦油蒸馏条件等。煤沥青中单一物质分离较为复杂且意义不大，通常根据其在不同溶剂中的溶解度来划分不同组分。不同组分对煤沥青性能的影响也不同，常见理化指标有软化点、结焦值、喹啉不溶物、甲苯不溶物、灰分、密度、浸润性等。

软化点是煤沥青最重要的质量指标之一[41]，可以间接反映出构成煤沥青的分子组成分布情况。软化点低，说明煤沥青中含有的轻组分较多；软化点高，说明煤沥青分子聚合度较大，中、大分子分布较多。我国测定煤沥青软化点的标准方法为环球法或脂杯法。

煤沥青的结焦值与其大分子组分含量关系较大，结焦值在一定程度上还取决于焙烧过程中的某些条件（如升温速度、加热持续时间、挥发分排出时的阻力等[42]），是评价煤沥青质量的重要依据之一。通常情况下，煤沥青的挥发分含量和大分子组成影响煤沥青结焦值的大小，即挥发分含量多、大分子含量少的煤沥青结焦值低。高结焦值煤沥青有利于提高炭材料的密度和机械强度。

黏度是煤沥青的一项重要的物理指标，主要用来表征煤沥青的流变性能。煤沥青的黏度与其可塑性有关，在一定温度范围内，黏度急剧变化，与温度呈指数关系。温度略高于软化点时，煤沥青的黏度缓慢下降，随着温度的升高，黏度下降加快，到一定温度时，黏度由于煤沥青中高分子组分发生缩聚而增大。不同软化点的煤沥青的黏度不同，高软化点的煤沥青在低温时黏度较大，但加热到一定温度以后，其黏度也会急剧下降。煤沥青在实际生产中，常用其黏度值与软化点作为对照。

喹啉不溶物（QI）是指煤沥青用喹啉萃取后的残余物，也称 α 树脂[43]，是煤沥青中的重组分，分子量为 1800～2600，主要是芳香族化合物的缩聚产物，是形成石墨晶格的原始物质，该指标是备受人们关注的黏结剂沥青的评价指标。按 QI 形成过程的不同，可将其分为原生 QI 和次生 QI。原生 QI 是煤裂解过程中形成的，多为惰性组分，与炼焦煤的种类和性质、炼焦炉的结构和状态、装煤方式、焦油分离方法等有关[44]，其分子的化学活性低，颗粒大小为 0.5～30μm。原生 QI 又包含有机 QI 和无机 QI 两部分，无机 QI 是煤中的灰分颗粒和炼焦过程中落入煤焦油中的其他无机物，在煤焦油储存过程中未能除去，而有机 QI 是炼焦时煤热解生成的热解产物缩合形成的大分子芳烃，性质与炭黑类似。次生 QI 是煤沥青在加热过程中形成的分子量更大的芳烃聚合物，以固体颗粒存在于煤沥青中。QI 组分不能对炭质骨料润湿和黏结，单独炭化时，不能软化熔融，生成各向同性的焦。在煤沥青炭化过程中，QI 组分会吸附在煤沥青中间相大分子的表面，阻碍中间相的融并，不利于形成流线型结构，多形成镶嵌结构。QI 的粒径、结构、含量等对煤沥青的黏度、结焦值以及最终制品的性能等均有不同程度的影响[45,46]。

甲苯不溶物（TI）是指煤沥青用甲苯萃取后的残留组分。煤沥青中的 TI 一般在 17%左右，主要是在炼焦和焦油加工过程中低分子芳烃发生热缩聚反应而生成的中、高分子量的稠环芳烃。TI 组分中包括喹啉可溶物（QS），甲苯不溶物-喹啉可溶物（TI-QS）部分被叫作 β 树脂，是煤沥青中的重组分，分子量为 1000～1800，β 树脂是煤沥青中起黏结作用的主要成分，是煤沥青黏结剂的主要指标，它能把炭质骨料润湿，与分散的骨料混合形成塑性糊，焙烧后把炭颗粒连成一个可以承受一定外力的刚性整体，使石墨电极具有高强度、高残炭值、耐腐蚀性及较低的气孔率等。一般认为 β 树脂含量越高，越有利于提高炭材料的上述性能，煤沥青黏结剂的质量越好。

甲苯可溶物（TS）是指煤沥青用甲苯萃取溶解的组分，也称 γ 树脂，是煤沥青中的轻组分，分子量为 200～1000，主要是在炼焦和焦油加工过程中形成的低分子芳烃，是以分散质点形式存在的单体化合物的混合物，有晶体结构，呈带黏性的深黄色半流体。甲苯可溶物在煤沥青中的功能是降低煤沥青的黏度，使煤沥青易于被炭质骨料吸附，增加糊料的塑性，有利于成型。另外，TS的存在有利于煤沥青体系保持良好的高温流动性，有利于中间相的形成[47]。

煤沥青中的灰分即无机QI，主要包括游离碳、金属粉末等。在中间相小球形成初期，它起到成核剂的作用，大大降低中间相小球体成核所需要的能量，但是在中间相小球长大的过程中，游离碳会吸附在小球体表面，阻碍小球体之间的融并，影响小球体长大，最终只能获得镶嵌型中间相结构。在热反应的过程中，原料沥青中N、O、S等杂原子的存在，会引起分子间的交联，使得煤沥青分子的平面度降低，不能进行有序的堆叠，最终只能获得各向同性炭。

煤沥青的密度反映了其分子的缩聚程度，与煤沥青的C/H（原子比）和氢含量有关，煤沥青中氢含量越高，它的密度越低。在相同条件下制取的煤焦油沥青，其密度随软化点的增高呈线性规律变化。不同软化点的煤沥青密度，随着加热温度的升高呈线性规律变化，而且彼此平行。中温煤沥青的密度约为1.20～1.25g/cm$^3$，改性煤沥青和高温煤沥青的密度均可达到1.30g/cm$^3$以上。混捏时，煤沥青密度越大，填充在骨料颗粒缝隙间的煤沥青量越多，在焙烧时，炭坯的收缩率小，使得炭坯的密度和强度得到了大幅度提高。

煤沥青的润湿性可以由表面张力大小和固-液界面接触角来表示。表面张力是表征液态煤沥青表面状态特性的量，煤沥青的表面张力随着温度的升高而减小，随着软化点的升高而增大。煤沥青的表面张力越小，表明煤沥青对炭质物料的润湿性越好。煤沥青对炭物料的润湿性的强弱还取决于煤沥青和炭物料表面之间的润湿角$\theta$，通常认为，润湿角$\theta$小于90°，润湿作用较好，在90°～180°之间，液态煤沥青就不能润湿物料。与中温煤沥青相比，在同样的温度下，高温煤沥青的接触角要大一些。因此，使用高温煤沥青作黏结剂时，混捏的温度要高一些。

## 2.3.2 煤沥青的应用

煤沥青可以用于生产各种类型的炭材料，包括黏结剂、浸渍剂、中间相沥青、包覆剂以及防水防腐材料、筑路材料等，还可以经过改质后加工成高性能产品如针状焦、炭纤维等。

（1）黏结剂

煤沥青是生产各种人造石墨和炭制品的常用黏结剂，它能很好地浸润和渗透到各种焦炭及无烟煤的表面和孔隙中，并使各种配料的颗粒成分能互相黏合形成良好塑性状态的糊料。糊料成型后的生制品，稍加冷却即硬化，保持成型时的形状，焙烧时煤沥青逐渐分解并炭化，同时把四周的焦炭颗粒牢固粘在一起，而且其炭化率高，炭化后生成的沥青焦也较易石墨化。

我国目前并没有专门的黏结剂沥青的标准，在铝用炭素材料生产过程中，黏结剂沥青的添加量一般为16%，其质量优劣直接影响预焙阳极的使用性能。所以现在用改质沥青取代中温沥青作为炭材料生产黏结剂已是必然趋势[48]。改质沥青行业标准（YB/T 5194—2015）中规定了改质沥青的技术要求，如表2-4所示。由表中可以看出，煤沥青作黏结剂时须具备高的β树脂含量，这样其黏结性能好，可以使炭材料更好地黏结在一起；高结焦值含量使炭素制品在焙烧时形成更多的黏结焦，制品的机械强度高；较高的软化点使夏季运输更方便，而且使用过程中沥青烟气较少，减少了环境污染。

**表 2-4　改质沥青的质量标准**

<table>
<tr><td rowspan="3">项目</td><td></td><td colspan="4">指标</td></tr>
<tr><td></td><td colspan="3">高温改质沥青</td><td rowspan="2">中温改质沥青</td></tr>
<tr><td></td><td>特级</td><td>一级</td><td>二级</td></tr>
<tr><td>软化点(环球法)/℃</td><td></td><td>106～112</td><td>105～112</td><td>105～120</td><td>90～100</td></tr>
<tr><td>TI(甲苯不溶物,抽提法,质量分数)/%</td><td></td><td>28～32</td><td>26～32</td><td>26～34</td><td>26～34</td></tr>
<tr><td>QI(喹啉不溶物,质量分数)/%</td><td></td><td>6～12</td><td>6～12</td><td>6～15</td><td>5～12</td></tr>
<tr><td>β树脂含量(质量分数)/%</td><td>≥</td><td>20</td><td>18</td><td>16</td><td>16</td></tr>
<tr><td>结焦值(质量分数)/%</td><td>≥</td><td>57</td><td>56</td><td>54</td><td>54</td></tr>
<tr><td>灰分(质量分数)/%</td><td>≤</td><td>0.25</td><td>0.30</td><td>0.30</td><td>0.30</td></tr>
<tr><td>水分(质量分数)/%</td><td>≤</td><td>1.5</td><td>4.0</td><td>5.0</td><td>5.0</td></tr>
<tr><td>钠离子含量/(mg/kg)</td><td>≤</td><td>150</td><td>—</td><td>—</td><td>—</td></tr>
<tr><td>中间相(≥10μm)(体积分数)/%</td><td>≤</td><td>0</td><td>—</td><td>—</td><td>—</td></tr>
</table>

(2) 浸渍剂

浸渍剂用于浸渍炭制品等，以起到降低制品孔隙率、提高密度、降低渗透率的作用。炭材料属于多孔材料，一般炭制品的孔隙率为16%～25%，石墨制品的孔隙率为25%～32%，焙烧品的孔隙率为20%～32%。大量气孔的存在必将对炭材料的性能产生很大的影响，生产中需要对焙烧制品进行浸渍密实化处理，降低制品孔隙率，从而提高炭材料制品的性能。

浸渍操作的目的是使多孔炭质材料致密化，因此要求浸入孔内的沥青应具有尽可能高的炭化收率，使浸渍-炭化（或二次焙烧）的循环次数尽可能减少，显然，作为浸渍剂的沥青，应具有良好的高温流动性和炭化残炭率[49]，同时浸渍剂沥青应有较低的软化点、较高的残炭值及较低的QI含量。GB/T 35074—2018规定了焦化浸渍剂沥青的技术指标，如表2-5所示。各炭素厂多数根据需要调制中温沥青或改质沥青作为浸渍剂沥青。对比国外的浸渍剂沥青指标，国内指标范围较宽，沥青结焦值偏低，在沥青的软化点与结焦值之间未能达到一个理想的平衡状态[50]。

**表 2-5　焦化浸渍剂沥青的技术指标**

<table>
<tr><td rowspan="2">名称</td><td rowspan="2"></td><td colspan="3">指标</td></tr>
<tr><td>1号</td><td>2号</td><td>3号</td></tr>
<tr><td>软化点/℃</td><td></td><td>80～95</td><td>80～95</td><td>80～95</td></tr>
<tr><td>TI/%</td><td>≤</td><td>8.0</td><td>9.0</td><td>10.0</td></tr>
<tr><td>QI/%</td><td>≤</td><td>0.5</td><td>1.0</td><td>3.0</td></tr>
<tr><td>结焦值/%</td><td>≥</td><td>47</td><td>47</td><td>47</td></tr>
<tr><td>灰分/%</td><td>≤</td><td>0.05</td><td>0.10</td><td>0.20</td></tr>
<tr><td>水分/%</td><td>≤</td><td>0.2</td><td>0.5</td><td>1.0</td></tr>
</table>

注：组分含量均为质量分数；水分只为生产操作的控制指标，不作为质量考核依据。

经过净化处理的浸渍沥青是炭/炭复合材料的一种重要填料。炭纤维编织体骨料经过沥青多次浸渍、炭化处理后得到的复合材料具有密度低、耐热冲击强、摩擦系数高、抗黏结及热稳定性高等诸多优点，可应用于飞机/刹车制动装置，核武器内衬以及航空发动机轴间密封，是航空航天/国防军工材料领域的首选[51-54]。此外，在医疗器械、体育用品、汽车的制动装置等领域也得到应用[55]。

(3) 中间相沥青

中间相沥青是分子量为370～2000的多种扁盘状稠状芳烃组成的混合物，又称液晶相沥青，在常温下为黑色无定形固体，密度约1.4～1.5g/cm$^3$。中间相沥青的含量和中间相区域的尺寸与沥青的软化点有关，软化点越高，中间相生长的可能性越大[56]。需要注意的是中间相周围存在的喹啉不溶物颗粒会导致其黏度变大，分子层面取向发生改变，影响中间相的炭化和炭产品的结构。因此，煤沥青制备中间相沥青时须先除去喹啉不溶物，再进行热缩聚反应生成具有各向异性的中间相小球体，根据沥青中中间相含量的差异，可应用的领域有所不同，如制备针状焦、炭/炭复合材料、中间相炭微球和高弹性模量炭纤维等。

(4) 包覆剂

煤沥青作为负极材料的包覆剂，在适宜温度下炭化后，能有效降低材料表面的缺陷位数量及其比表面积，明显改善材料的循环性能、倍率性能和低温性能。

煤沥青作为包覆沥青时，对以下指标有要求：a.喹啉不溶物含量低，防止因沥青熔融过程中堵塞石墨粉体中的孔隙，影响材料振实密度的提升；还可以防止沥青热转化过程中形成的焦偏光显微结构不好，比如同性结构含量多，从而导致焦与电解液的副反应加剧，不利于材料循环性能的发挥。b.结焦值高，避免炭化后焦的微观形貌粗糙、不够光滑，材料比表面积增大，形成的SEI（固体电解质界面）膜不稳定，循环性能变差。c.硫元素含量低，防止硫与电解液发生副反应，导致材料循环过程中容量跳水。d.磁性物质含量低，防止循环过程中出现锂枝晶，刺穿隔膜，引起电池短路，发生安全事故。e.灰分含量低，因为灰分不提供嵌锂容量，会降低材料的有效克容量。我国锂电负极材料所用包覆沥青还没有国标，行业内通用的包覆沥青指标如表2-6所示。

**表2-6 通用的包覆沥青指标**

| 项目 | 指标 | | | |
| --- | --- | --- | --- | --- |
| | A | B | C | D |
| 软化点/℃ | 150.0±5.0 | 205.0±5.0 | 255.0±5.0 | 280.0±5.0 |
| QI(质量分数)/% | ≤1.00 | ≤1.00 | ≤1.00 | ≤1.00 |
| 结焦值(质量分数)/% | 48.00±5.00 | 62.00±5.00 | 75.00±5.00 | 80.00±5.00 |
| 灰分(质量分数)/% | ≤0.10 | ≤0.10 | ≤0.10 | ≤0.05 |
| 水分(质量分数)/% | ≤1.00 | ≤1.00 | ≤1.00 | ≤1.00 |

随着煤焦化工的发展，煤焦油加工量不断增加，煤沥青市场趋于饱和，对煤沥青进行深加工，发挥其更高的附加值是未来一段时间研究的方向。将煤沥青、环氧树脂、防锈颜料、助剂和改性胺等按一定比例混配，可以得到环氧沥青涂料，这种涂料机械强度大、黏结力

高、耐化学腐蚀、耐水、抗微生物、抗油、电绝缘性好、抗植物根系等，是性能优良的防水绝缘涂料[57]，已成功应用于北京奥运会、西气东输等重大工程中。

## 2.3.3 煤沥青的生产工艺

煤沥青的加工利用水平对整个煤焦油加工工艺来说至关重要。煤沥青根据用途不同其加工方法也有区别。

### 2.3.3.1 黏结剂沥青

工业上应用成熟的方法有两类：加热聚合法和真空闪蒸法。国内主要采用加热聚合法生产黏结剂沥青，国际上多采用真空闪蒸法。根据使用的设备分为以下几种：

（1）釜式热聚合工艺

常压釜式聚合工艺（图 2-5）由我国鞍山焦化耐火材料设计研究总院［现名中冶焦耐（大连）工程技术有限公司］在 20 世纪 80 年代成功开发，先后在石家庄焦化厂、宣化钢铁集团、攀钢集团等单位建成投产。后来为提高β组分含量，开发了加压（0.3～0.5MPa）釜式热聚合技术，该技术提升β组分 2%～3%。加压热聚法在生产中又分为连续和间歇两种工艺。间歇工艺易结焦，出料釜壁上易形成焦块，清理困难，之后研发出釜式连续加压工艺。

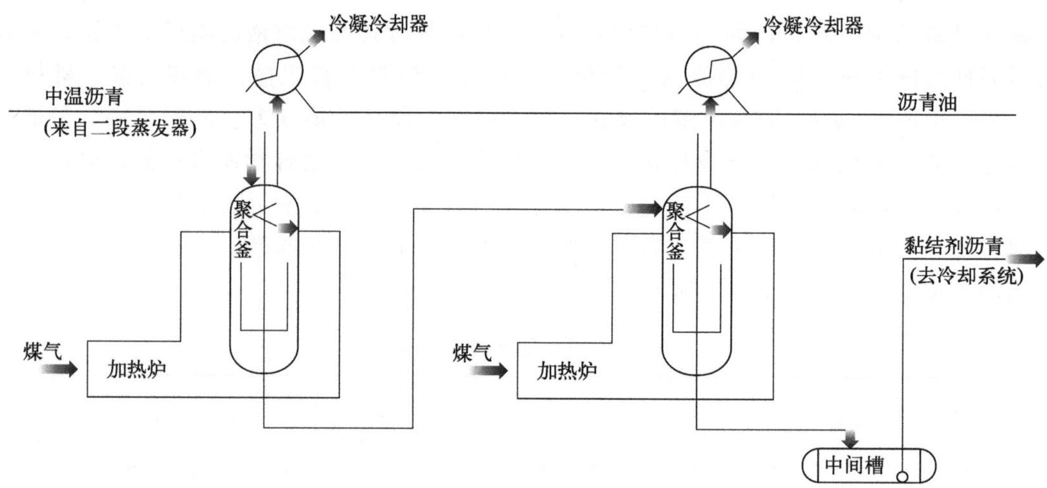


图 2-5　常压聚合法生产黏结剂沥青工艺流程

中温沥青由焦油蒸馏的二段蒸发器自流到中温沥青中间槽，用泵送到反应釜，反应釜外围有加热炉，中温沥青在此进行热聚反应，然后用泵将沥青由釜底送往闪蒸塔进行闪蒸，调整其软化点。塔底的改质沥青自流到改质沥青中间槽，然后定期流经沥青冷却器和沥青高置槽送去冷却成型。反应器和闪蒸塔底逸出的反应气体与油气分别经冷凝冷却器冷凝出液体后，自流入闪蒸油槽。尾气经两个洗涤塔进行二级洗涤后，送加热炉焚烧。常压流程是在加压流程的基础上，对沥青管线稍加改动，即中温沥青由二段蒸发器直接自动流入反应器，釜底沥青自流入改质沥青中间槽，其余和加压流程相同。工艺流程见图 2-6。

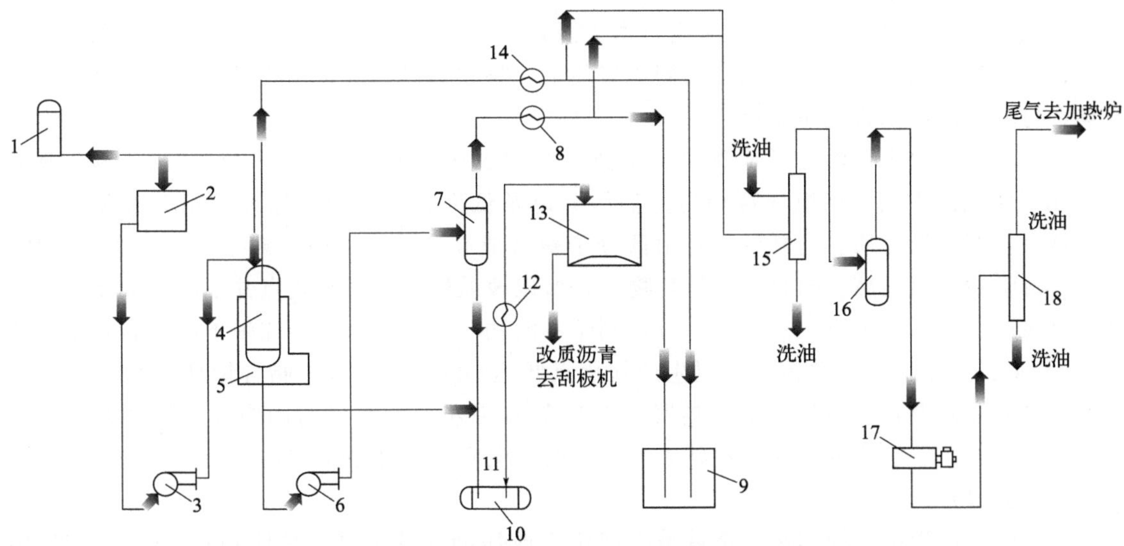


图 2-6 釜式连续加压工艺流程

1—二段蒸发器；2—中温沥青中间槽；3，6—沥青泵；4—反应釜；5—加热炉；
7—蒸馏塔；8，12，14—冷凝冷却器；9—闪蒸油槽；10—改质沥青中间槽；
11—沥青埋入式泵；13—沥青高置槽；15—真空废气中间槽；16—空罐；
17—真空泵；18—废气清洗塔

该工艺流程灵活，装置可在加压、常压下操作，也可连续、间歇生产，还可以采用两釜或三釜串联工艺，通过控制反应条件（温度、压力、搅拌速度等），可以得到不同规格的黏结剂沥青；反应釜底的搅拌可以使物料加热均匀，免于结焦；QI 和软化点分别在不同装置内进行调配，易操作控制。工业生产中，采用加压装置，可以缩短热聚时间，减轻沥青质的热裂解，保证黏结剂的质量。

（2）双炉双釜聚合工艺

先将中温沥青经管式炉 1 加热后进入反应器 1，反应 6～8h，反应温度 360～365℃，再进入管式炉 2 加热后进入反应器 2，反应 2～4h，温度 380～385℃，最后进入汽提装置，用 400℃过热蒸气进行汽提，将轻组分分离，得到黏结剂沥青。该方法第一步是低温长时间反应，提高 TI 和 β 树脂含量；第二步是高温短时间反应，在不大幅度提升 QI 的情况下，增加聚合深度，提高黏结剂沥青软化点、结焦值等。该工艺装置的经济性不佳，不适合大批量生产。

（3）带循环比聚合工艺[58]

将来自焦油装置的中温（330～340℃）沥青通过泵输送至油气分馏塔，中温沥青同沥青反应塔闪蒸出来的油气充分换热、传质（温度 360℃），使进来的中温沥青经过传质后成为软沥青（软化点 25～30℃），进入加热炉加热至 410℃，进入沥青反应塔聚合反应 8h，压力 0.4～0.5MPa，在反应塔下部通过中间沥青抽出泵进入真空闪蒸器，提高了软化点。该工艺运行良好，不易结焦，循环比可调，操作温度范围大，生产出的黏结剂沥青更适合制造石墨电极，宝舜新炭材料有限公司对比传统工艺和新工艺所得黏结剂沥青用于电极生产的区别，发现新工艺所得电极机械强度显著提升。

(4) Cheery-T 法

Cheery-T 法（简称 C-T 法）是由日本大阪煤气公司开发的新工艺，以低级产品例如煤焦油、重柴油和柏油等作原料加工精制成轻质油、炼焦煤的替代物以及经济效益高和用途大的炭素材料，改质沥青就是其中之一。

C-T 法是将脱水焦油在反应釜中加压到 0.5～2MPa，升温到 320～470℃的条件下保持 5～20h，使焦油中的有用组分特别是重油组分以及低沸点不稳定的杂环系组分在反应釜中经过聚合转变成沥青质。这样的沥青由低分子聚合成高分子，因此不溶于苯，而溶于喹啉，所以 β 树脂测定值很高；同时，热裂解物少，所以改质后的沥青软化点并不高。如将上述油品在更高压、更高温下再次热聚合，可得到苯不溶物与前者类似，而喹啉不溶物含量很低即 β 组分更高的产品。C-T 法流程可以生产软化点低达 80℃左右、β 树脂含量高达 23%以上的任何等级的改质沥青，而且产率比热聚法工艺高 10%左右。与目前国内外通用的黏结剂的生产工艺相比，C-T 法生产的沥青制成的电极的比电阻、弹性模量、抗弯强度和抗压强度等指标都明显提升。

沥青生产过程中，控制热聚条件是生产优良改质沥青的关键。总体来看，低温、低压，则热聚时间延长；高温、高压，则热聚时间缩短。过高的压力和温度，虽然可以大大缩短反应时间，但 QI 指标会明显提高。因此，在设计和生产改质沥青时，可根据实际要求来选择合适的温度、压力和停留时间，获得不同种类的沥青。

### 2.3.3.2 浸渍剂沥青

浸渍剂沥青的特点是 QI 组分含量特别低，而且既要具有良好的高温流动性和渗透性，即低黏度，又要具有尽可能高的炭化结焦残炭率。为了使浸渍剂沥青 QI 含量、软化点和结焦值匹配达到一个最佳状态，必须对沥青进行改性处理。较常用的沥青改性方法有热缩聚法、加氢法、氧化法、共炭化法和回配法等[59-61]，其中热缩聚法工艺简单，成本低廉，目前仍被许多厂家使用，是工业上生产沥青的主要方法。中钢集团鞍山热能研究院有限公司采用自制精制软沥青，先通过真空蒸馏制得中温沥青，再经热缩聚制得软化点为（108±4)℃、甲苯不溶物为（18±2)%、喹啉不溶物小于 1%、结焦值为（55±3)%的优质浸渍剂沥青。

我国目前炭材料生产通常采用添加煤焦油或蒽油的方法来调整浸渍剂沥青的软化点和黏度，煤焦油或蒽油相对于煤沥青属于低分子同类化合物[44]，适量添加起到了稀释作用，改变了煤沥青的分子组成，降低了沥青黏度，这样得到的浸渍剂沥青与焙烧制品的接触角变小，表面张力减小，利于浸渍进行，特别对气孔孔径较小的炭坯，浸渍效果要好一些。但是过多地加入煤焦油或蒽油会降低浸渍剂沥青的结焦残炭率，浸渍效果也会下降。加入煤焦油或蒽油虽然能降低浸渍剂沥青的黏度，但不能解决 QI 对浸渍效果的消极影响。焙烧后浸渍剂沥青的结焦残炭率应越高越好，结焦残炭值高，二次焙烧制品体积密度大、机械强度大、机械强度高、气孔率低，并且导电性好[62,63]。

国外炭素材料生产企业普遍采用专用浸渍剂沥青进行高压浸渍处理，几类浸渍剂沥青的质量指标见表 2-7[64-68]。由于测试标准各异，表中数据无绝对可比性。但国外浸渍剂沥青喹啉不溶物（QI）含量普遍偏低。日本浸渍剂沥青 QI 含量低于 0.1%，相当于煤系针状焦生产用软沥青的指标；美国浸渍剂沥青 QI 含量低于 3.5%。国外浸渍剂沥青的软化点（$T_{sp}$）在 70～100℃，甲苯不溶物（TI）含量在 15%～25%，结焦值（CV）在 50%左右，灰分含量在 0.01%～0.2%[64]。

表 2-7　国外浸渍剂沥青质量指标

| 国家 | $T_{sp}$/℃ | 质量分数/% | | | | 密度/(g/cm$^3$) |
|---|---|---|---|---|---|---|
| | | QI | TI | CV | 灰分 | |
| 日本(新日铁) | 86 | 0.1 | | 51 | 0.05 | |
| 日本(住友) | 108 | <0.1 | 14 | 48 | <0.1 | 1.23 |
| 日本(三菱) | 80 | 0.01～0.02 | 15～17 | 50～52 | 0.01 | 1.29 |
| 美国 | 90～94 | <3.5 | | 48～52 | 0.2～0.23 | 1.28 |
| 日本(某产品) | 73 | 0.1 | | 46 | | 1.25 |
| 日本(某产品) | 90 | 0.1 | | 49 | | 1.26 |
| 罗马尼亚 | 68～72 | 3～4 | 20～25 | 43～48 | 0.1～0.2 | |

国内外浸渍剂沥青的生产方法主要包括以下几种。

(1) 煤焦油过滤法（西欧）

该方法在煤焦油加工装置中直接生产浸渍剂沥青，工艺简单，能耗低，但对滤网要求严格，工艺条件苛刻。

(2) 煤焦油溶剂抽提法

波兰国家煤化工研究所用煤焦油溶剂抽提法制备浸渍剂沥青，该法净化效果较好，但溶剂用量较大，工艺能耗高。

(3) 热聚合法

该法根据原料路线不同还可分为：以蒽油为原料的热聚合法、Cherry-T 法、软沥青闪蒸聚合法。Cherry-T 法是比较有代表性的热聚合法，即在焦油蒸馏过程中对沥青和重油馏分直接进行聚合改质，生产改质沥青（黏结剂）和浸渍剂沥青。热聚合法生产浸渍剂沥青产品收率低，聚合温度不好控制，温度偏低时聚合效果不好，温度过高时容易产生二次喹啉不溶物[64]。

浸渍剂沥青生产的关键是对煤焦油或煤沥青进行净化处理，以脱除其中的 QI。主要方法有过滤法、离心分离法、溶剂法等。

① 过滤法　将热溶后的煤焦油经过滤器过滤直接除去 QI。

② 离心分离法　在未添加溶剂的情况下进行离心，该法对离心机的转速要求较高。

③ 溶剂法　将煤沥青或煤焦油与某种溶剂以一定比例混合溶解，形成沥青溶剂，再除去溶剂中的不溶物，进行蒸馏，得到浸渍剂沥青，溶剂回收利用。根据去除不溶物的方法又可分为溶剂沉降法、溶剂离心法、溶剂过滤法、溶剂絮凝法和溶剂抽提法。中钢集团鞍山热能研究院在开发煤系针状焦的基础上，在原料处理过程中采用溶剂沉降法脱除 QI，得到 QI 含量很低的精制软沥青，以此沥青为原料可进一步制备低 QI 含量的浸渍剂沥青。

### 2.3.3.3　中间相沥青

中间相沥青是一种具有光学各向异性的芳香类碳氢化合物的聚集体，它的形成实质上是一种相转化的过程，是各向同性转变为各向异性过程的产物。

中间相沥青的原料来源有很多种，主要有煤系沥青、石油系沥青、萘系沥青、重质油等。通常煤系沥青采用热缩聚法，萘系沥青采用催化缩聚法，石油系沥青、重质油等与煤沥青相混共炭化或直接用萃取法制备中间相沥青[69,70]。

热缩聚法：该法是在不添加任何其他物质的情况下，直接对原料进行热处理。以煤沥青为原料，在氮气气氛保护下，于430℃下恒温一定时间，得到各向异性沥青含量介于10%～65%（体积分数）的中间相沥青。实验结果表明，适宜范围内，热聚合温度越高，恒温时间越长，越有利于芳环间发生聚合反应，其中在420℃下恒温5h，可得到广域型中间相沥青。同时，提高压力、提供搅拌环境都有利于中间相沥青的形成。

催化缩聚法：该方法对原料要求较高，通常原料是纯芳烃，常用催化剂有$AlCl_3$、$HF/BF_3$等。前者作为催化剂时不能完全从沥青中回收，会影响后续炭纤维的质量；后者在作为催化剂加入时，利用芳烃制备可纺中间相沥青变得相对容易很多，主要是因为$HF/BF_3$使芳烃质子化后，该配合物攻击第二个芳烃分子，生成二聚物，重复反应生成三聚体到八聚体，进而提高了中间相沥青的收率，该工艺已经工业化。

共炭化法：该法通常是以煤沥青和石油沥青共混作为原料合成中间相沥青，它将添加剂和原料沥青一起炭化，来弥补原料缺陷，以达到改进原料性能的目的。

除此之外，还有包覆沥青，其用于对石墨材料进行修饰和改性，通过包覆与石墨材料形成核-壳结构，既保留了石墨高容量和低电压平台的特征，又使无定形碳与电解液溶剂相容性良好，扩大了电解液的选择范围。目前包覆沥青多为油系。国内煤系包覆沥青的生产量也在逐渐增大。

包覆沥青的主要作用是减少或去除材料中的喹啉不溶物，同时提高其软化点至合适的温度，以便与负极材料更好地混匀。将煤沥青与萃取剂按一定比例混匀沉降，静置一定时间后将上层轻相混合油送入蒸馏塔真空蒸馏，得到包覆沥青。

## 参考文献


[1] 谢克昌. 煤的结构与反应性 [M]. 北京：科学出版社，2002.

[2] Wender I. Catalytic synthesis of chemicals from coal [J]. Catalysis Reviews-Science and Engineering, 1976, 14 (1): 97-129.

[3] Philip C V, Anthony R G, Cui Z D. Structure and liquefaction reactions of texas lignite [M]. The chemistry of low-rank coals, 1984: 287-302.

[4] Mathews J P, Chaffee A L. The molecular representations of coal-a review [J]. Fuel, 2012, 96 (1): 1-14.

[5] Fuchs W, Sandhoff A G. Theory of coal pyrolysis [J]. Industrial and Engineering Chemistry, 1942, 34 (5): 567-571.

[6] Given P H. Structure of bituminous coals-evidence from distribution of hydrogen [J]. Nature, 1959, 184 (4691): 980-981.

[7] Solomon P R. Relation between coal structure and thermal decomposition products [J]. Advances in Chemistry, 1981, 192: 95-112.

[8] Wiser W H. Conversion of bituminous coal to liquids and gases: Chemistry and representative processes [M]. Dordrecht: Springer, 1984: 325-350.

[9] Hill G B, Lyon L B. A new chemical structure for coal [J]. Industrial & Engineering Chemistry, 1962, 54 (6): 36-41.

[10] Narkiewicz M R, Mathews J P. Visual representation of carbon dioxide adsorption in a low—volatile bituminous coal molecular model [J]. Energy & Fuels, 2009, 23 (10): 5236-5246.

[11] Castro-Marcano F, Lobodin V V, Rodgers R P, et al. A molecular model for illinois no. 6 argonne premium coal: Moving toward capturing the continuum structure [J]. Fuel, 2012, 95: 35-49.

[12] 赵奇. 中国褐煤资源清洁高效利用现状 [J]. 洁净煤技术，2018，24（2）：9-14.
[13] 赵振新，朱书全，马名杰，等. 中国褐煤的综合优化利用 [J]. 洁净煤技术，2008，14（1）：28-31.
[14] 韩兵，李慧，董丽坤，等. 高温煤焦油深加工现状分析 [J]. 内蒙古石油化工，2015，41（16）：7-9.
[15] 孙会青，曲思建，王利斌. 低温煤焦油生产加工利用的现状 [J]. 洁净煤技术，2008，14（5）：34-38.
[16] 张军民，刘弓. 低温煤焦油的综合利用 [J]. 煤炭转化，2010，33（3）：92-96.
[17] 吕君，高丽娟，朱亚明，等. 中低温煤焦油沥青组成及结构的表征 [J]. 材料导报，2016，30（8）：127-131.
[18] 亢玉红，李健，闫龙，等. 中低温煤焦油加氢技术进展 [J]. 应用化工，2016，45（1）：159-165.
[19] 马宝岐. 煤焦油制燃料油品 [M]. 北京：化学工业出版社，2011.
[20] 曾爱武，袁希钢，王吉红，等. 环保型焦化苯精制方法：中国，1686977 [P]. 2005-10-26.
[21] 曲思建，关北锋，王燕芳，等. 我国煤温和气化（热解）焦油性质及其加工利用现状与进展 [J]. 煤炭转化，1998，21（1）：15-20.
[22] 司雷霆，王志忠，薛永强，等. 煤焦油洗油中提取联苯工艺的探讨 [J]. 山西化工，2010，30（1）：14-16.
[23] 陈帮琴. 煤焦油加工技术研究 [J]. 科海故事博览・科教创新，2009（4）：131，136.
[24] 肖剑，宗弘元，陈亮，等. 工业萘的精制提纯技术 [J]. 现代化工，2012，32（8）：19-25.
[25] 孙陆晶，刘俊凯. 工业萘产业现状及前景分析 [J]. 石油化工技术与经济，2015，31（6）：6-8，13.
[26] 夏明星，白术杰，张向宇，等. 煤焦油加工的技术进展 [J]. 科技资讯，2008（13）：3.
[27] 唐文秀. 从炼焦洗油中分离提纯 $\beta$-甲基萘的研究 [J]. 石油化工应用，2018，37（10）：97-100.
[28] 陈启文，薛永强. 从洗油中提取 2-甲基萘的方法 [J]. 山西化工，2005，25（1）：20-22，48.
[29] 王守凯. 一种洗油加工工艺及其产品的应用 [J]. 湖南化工，1999，29（5）：36-37，40.
[30] 赵振林. 煤焦油加工中蒽油馏分余热的回收 [J]. 燃料与化工，2010，41（5）：60，62.
[31] Alvarez P，Granda M，Sutil J，et al. Characterization and pyrolysis behavior of novel anthracene oil derivatives [J]. Energy & Fuels，2008，22（6）：4077-4086.
[32] 王光华，鲁玉珍. 用混合酚和甲醛制备镁碳砖粘结剂的反应动力学 [J]. 粘接，1988，9（2）：1-6.
[33] 林松竹，崔巍，贾若琨，等. 高残炭硼酚醛树脂的制备 [J]. 应用化学，2017，34（6）：631-635.
[34] 张斌，孙明明，张绪刚，等. 聚硼硅氧烷改性酚醛树脂耐高温胶粘剂的制备及性能 [J]. 高分子材料科学与工程，2008，24（6）：152-155.
[35] 马艾丽，肖翔云，刘柏言，等. 耐热型酚醛/环氧导电胶的合成及应用性能研究 [J]. 中国胶粘剂，2020，29（1）：37-40，51.
[36] 张燕丽. 浅析阻燃剂的应用与发展 [J]. 科技视界，2019（30）：231-232.
[37] 王守凯，王广兴，赵巍，等. 一种采用耦合分离法从蒽油中提取咔唑的工艺：中国，109535063 [P]. 2020-09-22.
[38] Berger L，Corraz A J. Carbazoles：3896145 [P]. 1975-07-22.
[39] 常宏宏，魏文珑，王志忠，等. 煤沥青的性质及应用 [J]. 山西焦煤科技，2007（2）：39-42，46.
[40] 刘军，王少青. 我国煤焦油加工业发展状况及煤沥青应用 [J]. 内蒙古石油化工，2009，35（11）：60-61.
[41] 许斌，王金铎. 炭材料生产技术 600 问 [M]. 北京：冶金工业出版社，2006.
[42] 潘立慧，方庆舟，许斌. 粘结剂用煤沥青的发展状况 [J]. 炭素，2001（3）：33-42.
[43] Marsh H，Rodriguez-Reinoso F. Sciences of carbon materials [M]. Spain：University of Alicante Press，2000.
[44] 肖瑞华. 煤焦油化工学 [M]. 北京：冶金工业出版社，2002.
[45] 罗同仁，高克萱. 煤沥青深加工工艺与粘结剂的性能 [J]. 燃料与化工，2000，31（5）：246-250，260.
[46] 许斌，李铁虎，潘立慧，等. 喹啉不溶物对煤沥青热聚合改质影响的研究 [J]. 燃料化学学报，2002，31（5）：418-422.
[47] 冀勇斌，李铁虎，王文志，等. 煤沥青中 α、β、γ 树脂含量对中间相炭微球收率的影响 [J]. 西北工业大学学报，2006，24（3）：346-349.
[48] 赵亚楠. 初探煤沥青及其应用 [J]. 炭素，2019（3）：31-35.
[49] 许斌，潘立慧. 炭材料用煤沥青的制备、性能和应用 [M]. 武汉：湖北科学技术出版社，2002：201-203.
[50] 鲍世宁. 改质沥青的研制 [J]. 炭素技术，1985（1）：1-6.
[51] Hou X H，Li H J，Wang C，et al. Internal friction behavior of carbon-carbon composites [J]. Carbon，2000，38（15）：

2095-2101.
[52] Schmidt D L, Davidson K E, Theibert L S. Unique applications of carbon-carbon composite materials (part one) [J]. Sampe Journal, 1999, 35 (3): 27-39.
[53] 李贺军. 炭/炭复合材料 [J]. 新型炭材料, 2001, 16 (2): 79-80.
[54] 巩前明, 黄启忠, 黄伯云, 等. 炭化压力对沥青成焦形貌及航空刹车用C/C复合材料浸渍增密效果的影响 [J]. 新型炭材料, 2002, 17 (2): 23-28.
[55] 李贺军, 曾燮榕, 李克智. 炭/炭复合材料研究应用现状及思考 [J]. 炭素技术, 2001 (5): 24-27.
[56] 朱照中, 薛永兵, 王远洋, 等. 煤沥青材料的应用及其发展前景 [J]. 山西化工, 2012, 32 (3): 17-20, 54.
[57] 李建韬, 王德慧, 杨占旭, 等. 煤沥青的应用研究进展 [J]. 化工新型材料, 2017, 45 (1): 248-250.
[58] 黄诚, 程建萍, 李玉财. 石墨电极用黏结剂沥青生产新工艺 [J]. 炭素技术, 2021, 40 (1): 46-49.
[59] Fei Y Q, Korai Y, Mochida I. International symposium on carbon [M]. Japan Tsukuba: Carbon Society of Japan, 1990: 30.
[60] 宋怀河, 刘朗, 钱树安, 等. 共炭化在中间相沥青调制中的应用 [J]. 炭素技术, 1995 (5): 33-37.
[61] 褚小燕. 石墨电极产业的现状与发展 [J]. 现代冶金, 2010, 38 (1): 76-78.
[62] 许斌, 李铁虎. 炭/炭复合材料用高性能浸渍剂沥青的研究 [J]. 复合材料学报, 2003, 20 (2): 71-75.
[63] 刘占军, 史景利, 刘乃芝, 等. 共炭化制备高残炭率浸渍剂沥青 [J]. 炭素技术, 2000 (5): 1-3.
[64] 谢建明, 辛文亮. 电极浸渍沥青的开发研究和应用前景 [J]. 炭素技术, 1999 (6): 27-29.
[65] 李玉财, 苏久明, 刘涛, 等. 焦油沥青净化和浸渍剂沥青的生产 [J]. 燃料与化工, 2002, 33 (4): 189-192.
[66] 谢刚, 徐庆鑫, 李怀仁, 等. 一种高纯煤沥青浸渍高纯石墨的方法: CN, 102774830 [P]. 2012-11-14.
[67] 陈文燕, 李正斌. 石油及石油-煤沥青混合物制取浸渍剂沥青的研究进展 [J]. 中外能源, 2007, 12 (1): 71-76.
[68] 许斌, 薛改凤. 浸渍剂沥青 [J]. 炭素, 1998 (4): 39-42.
[69] 武云, 初人庆, 郭丹. 中间相沥青的制备方法研究进展 [J]. 当代化工, 2020, 49 (2): 418-421.
[70] 周颖, 安光, 王六平, 等. 中间相沥青及其应用研究进展 [J]. 化工进展, 2011, 30 (11): 2456-2460, 2531.

# 3 煤基有机功能材料

有机功能材料通常是指有机高分子材料、有机复合材料及材料助剂。本书把典型精细化学品也纳入本章。

有机高分子材料又称聚合物或高聚物，是由一种或几种分子或分子团（结构单元或单体）以共价键结合成的具有多个重复单元的大分子，其分子量可达几千甚至几百万。其中天然高分子包括天然产物纤维、蛋白质和天然橡胶等，合成高分子包括合成橡胶、合成树脂、合成纤维等。聚合物的特点是种类多、密度小、比强度大、电绝缘性优、耐腐蚀性好、加工易，可满足多种特种用途的要求。根据聚合物的性质可将有机高分子材料分为塑料、纤维、橡胶三大类；按聚合物的热行为可分为热塑性高分子材料和热固性高分子材料；依据其性能赋予的功能、用途，分类更多，如工程塑料、导电高分子、液晶聚合物、光学树脂、胶黏剂和离子交换树脂等。

有机复合材料是指多种有机高分子配以适当的助剂，通过一定方式混合或组装而成的材料。高分子化合物是有机复合材料的主要成分，决定其基本性能。

材料助剂是为提高产品质量或者为赋予产品某种特有的应用性能所添加的辅助化学品，对材料功能发挥起辅助作用，应用广泛、种类繁多，可分为增韧剂、赋形剂、抗氧剂、阻燃剂等。

精细化学品与常规化学品不同，一般具有特定应用性能，可以是单一化合物，也可以是复合物或混合物，具有技术密度高、商品性强、附加值高等特点。我国将精细化学品分为医药、农药、染料、颜料、涂料、试剂和信息用化学品、黏合剂、食品和饲料添加剂、催化剂和各种助剂、表面活性剂、化学试剂和日用化学品等。

大多数有机功能材料的重要原料来自煤焦油精馏的各段馏分，因为这些馏分中含有丰富的单环、多环芳香烃（polycyclic aromatic hydrocarbons，PAHs）组分，独特的芳香性为材料带来多种特殊的性能，这也使煤基有机功能材料的研究及应用具有极大的吸引力。

芳香烃的名字源于很多此类化合物有浓郁的芳香气味，但仅据此分类并不科学。现代芳香族划分的主要依据为休克尔规则。对于完全共轭的、单环的、平面多双键物质，具有$(4n+2)$个离域$\pi$电子（$n$为大于或等于零的整数）的分子，可能具有特殊的芳香稳定性。

以苯为例，苯环是由6个碳原子构成一个六元环，每个碳原子接一个基团，苯的6个基团都是氢原子。苯分子中 6 个碳原子分别以 3 个 $sp^2$ 杂化轨道与相邻的两个碳原子的 $sp^2$ 杂化轨道和氢原子的 1s 轨道重叠，形成 6 个碳-碳 σ 键和 6 个碳-氢 σ 键。两个 $sp^2$ 杂化轨道的夹角是 120°，使 6 个碳原子处于一个平面上，形成一个正六边形的苯环。苯环上 6 个碳原子各有一个未杂化的 2p 轨道，6 个 2p 轨道的对称轴都垂直于环的平面，并从侧面相互重叠，形成一个离域电子，在六元环平面上下形成环状大 π 电子云，即大 π 键，其电子云完全平均化，使苯环中每个碳碳键的键长和键能都是相等的，决定了苯分子的对称性和稳定性。但当苯环上有一个氢被其他基团取代时，会发生诱导效应和共轭效应，改变苯环的电子分布，使分子极化。

煤焦油中最为重要的多环芳烃是由几个苯环稠合在一起形成的更加延展的体系，也可以称作多环苯型碳氢化合物。结构中两个或多个苯环共享两个或多个碳原子，具有平面或接近平面的环状结构，键长趋于平均化，具有较高的 C/H 比值等。六电子的环状排布形成大共振能的形式使其具有与开链化合物或脂环烃不同的性质和应用，如：

① 环状大 π 电子云和较高的 C/H 比值赋予其较高的分子极性与较高的物质密度，这一点决定了苯系芳香化合物及衍生物通常在折射率、强度方面高于脂肪族化合物；环状大 π 电子云赋予其特殊的热稳定性和分子结构刚性，这些性质已被应用到工程塑料和络合物配体设计中。

② 相比于一般的不饱和化合物，多环芳烃环状 π 电子云更容易发生取代反应而不是加成反应，这种特性形成芳香化合物在功能材料合成制备技术上的特色。

③ 芳香烃所有碳原子均为 $sp^2$ 杂化，p 电子完全离域，分子具有导电性，芳香烃可嵌入高分子中，与其他分子中 π 电子或原子的剩余电子形成更大的共轭 π 电子云，可提升高分子材料的导电性。

④ 芳香性带来适度的极性，同时使芳香烃化合物具有很好的生理活性，尤其一些含杂原子的芳香化合物，其本身及其衍生物是许多天然产物的组成部分，为各式各样的生理活性物质的生产提供重要的原料资源。

⑤ 芳香烃的大 π 电子云是完全离域的，能量跃迁更加容易，使得芳香族化合物在光学、电子学、磁学及能量转换领域发挥重要作用。

煤焦油的组成和结构的多样性、复杂性及分离的难度给人们对煤的研究和利用带来很大困难，但这些困难并非无法克服。当今科学技术发展迅猛，新的分离技术与合成、加工技术不断涌现，新的应用领域层出不穷，研究工作者应该像高明的医生和娴熟的服装设计师一样，善于“对症下药”和“量体裁衣”，利用新思想、新技术，深入揭示煤焦油的分子结构及组成，根据各种化合物的性质和分布状况，开发相应的技术和产品，探索煤炭资源高附加值利用的有效途径，实现基于原子经济的接近物尽其用的思想。

在众多煤基有机功能材料中，本章选取光波导材料、工程塑料、光电材料、煤基药物及中间体和助剂材料进行介绍，以充分展示煤基原料在这些材料制备中发挥的重要作用。各类材料根据工业化成熟度以及应用方向的差异，描述内容和详尽程度略有区别。

## 3.1 光波导材料

20 世纪 70 年代，半导体激光器和光纤技术实现重要突破，以光导纤维通信、光信息处理、光纤传感、光信息存储和光信息显示等为代表的光信息科学技术得到蓬勃发展，导波光学理论和材料、器件技术也越来越成熟。根据选择的制作材料不同，将光波导大致分为以下几种：铌酸锂晶体光波导、二氧化硅光波导、Ⅲ～Ⅴ族半导体光波导、聚合物光波导。本节对聚合物光波导作案例简介。

### 3.1.1 光波导概述

（1）光波导的概念和原理

光波导（optical waveguides）是引导光波在其中传播的介质装置，又称介质光波导，这种介质称为光波导材料或导光材料。光波导概念源于1880年Wheeler首次提到的“Light Piping”一词，因为当时是通过玻璃管道介质传输光。1964年Schlosser在理论上研究了矩形介电波导，1965年Anderson构造了应用于近红外区的薄膜波导和其他的平面器件及回路，1969年Miller研究了这种技术的优点和可行性并构造了术语“集成光学”，从此，不仅有波的传输理论，而且也有了平面波导和集成光路工艺制作的发展。随着长距离传输需要、激光和光纤的发明，以及导光器件的开发，产生了“optical wave guides”，即“光波导”的概念，应用于光波导的材料也随之得到发展。

光能在光波导材料中进行传输，其原理是在不同折射率的介质分界面上，波的全反射现象使光波局限在波导及其周围有限区域内传播。所谓波的全反射现象，即当光线以一定角度从光密介质射向光疏介质时，会发生光线在界面上的全发射，光线重新折回光密介质中。如图3-1所示，当光在高折射率介质和低折射率介质界面上不断发生全反射时，光波能够限制在薄膜内以锯齿形光路传播。

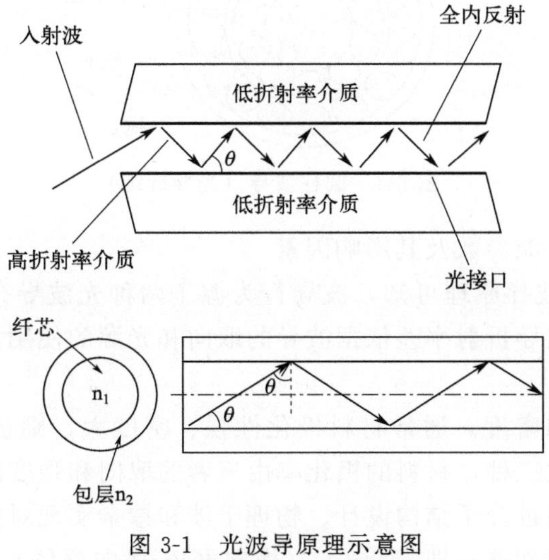


图 3-1　光波导原理示意图

$n_1$，$n_2$—折射率不同的两种介质

出现这种现象的条件是光线在界面的入射角应分别大于相应的发生全反射的临界角（$\theta$）。大于全反射临界角的光线将被限制在高折射率波导介质中，被反复折射而向前传播。

光波导大致分为两种类型：一类为平面介质（平板、薄膜）光波导和条形介质（脊、沟）光波导，如图3-2和图3-3所示，主要用于制作有源和无源的光波导元件，如导光板、激光器、调制器和光耦合器等中的一部分；另一类为圆柱形光波导，通常称为光导纤维（简称光纤），如图 3-4 所示，主要用于通信，也可做成光导纤维传感器[1]。

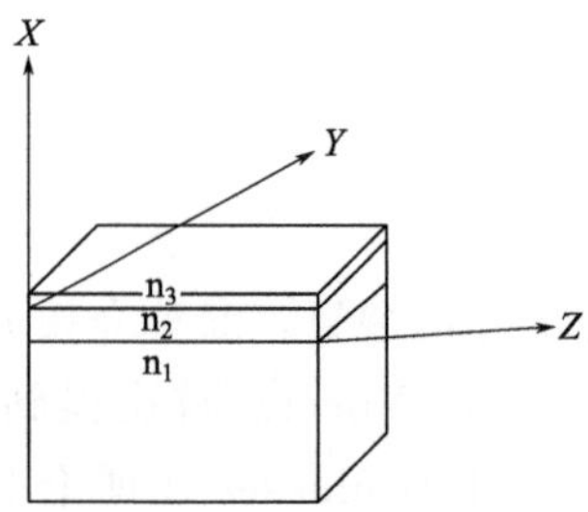

图 3-2　平板波导

$n_1$～$n_3$—折射率不同的介质

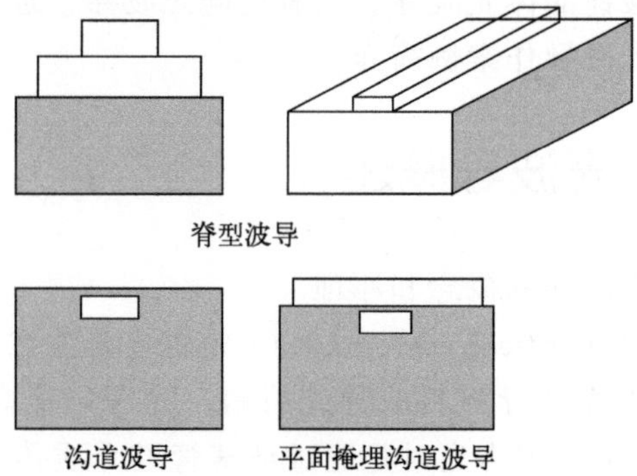

图 3-3　条形波导

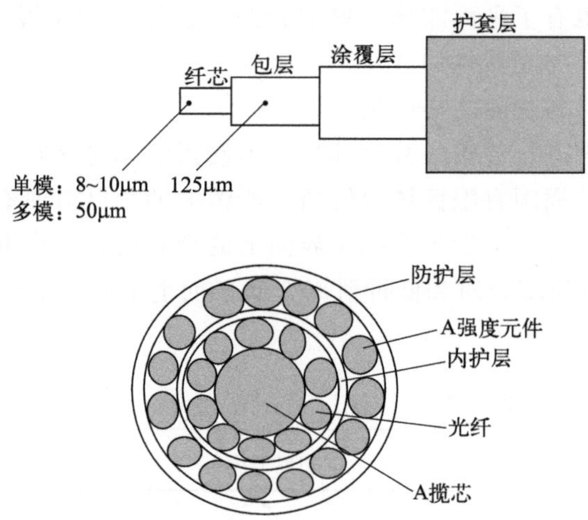

图 3-4　圆柱波导（光导纤维）

（2）光波导材料的性能参数及其影响因素

① 折射率　根据光波导原理可知，波导行为源于两种光波导介质的折射率差异，这种差异决定了波导效果。波导折射率差依据波导的取向和光源的使用波长选择。折射率与下列因素有关：

a. 材料的极化性能和密度。通常材料极化性强、密度大，则折射率大。极化分电子极化、原子极化和偶极极化三种，材料的极化率由三者的取向和强度决定。在光学部分主要涉及电子极化，因此可以通过分子结构设计、物理干涉和掺杂实现对折射率的微调。

b. 波导介质的双折射性能，即 $n_{\mathrm{TE}}$-$n_{\mathrm{TM}}$（横向电场-横向磁场）。各向异性材料的双折射性质明显，而在各向同性材料中，双折射则与材料累积应力、分子结构特点有关。

c. 热光学效应。大部分光学材料的折射率随温度变化有较大变化，用热光系数（T-O 系数）（$\mathrm{d}n/\mathrm{d}T$）表示。热光系数的大小与材料硬度有关。

d. 湿度效应。湿度可以导致折射率的变化，从而影响波导效果，其对波导外层和内层的影响是不同的。与材料吸湿性能有关，吸湿导致材料膨胀。

e. 光波波长。通常用（$dn/d\lambda$）表示，此系数与物质的分散性有关，也与材料的最大吸收波长有关，波长越大，折射率越小，可以通过分子结构设计和加工控制。

② 光损耗　光波导的前提是保证材料的透光性，透光性用光损耗表示。光损耗越低，说明透光性越好。光损耗包括吸收损耗、散射损耗（不均匀颗粒和不平整表面界面造成）和弯曲损耗，由所用材料的分子结构、晶态结构、加工效果和使用的波长决定。光的吸收是指原子在光照下会吸收光子的能量，导致光强度随穿透距离而衰减。吸收损耗的原因在于电子跃迁和化学键振动，与原子、分子结构有关，也与光的波长有关。如光导纤维聚甲基丙烯酸甲酯（PMMA）和玻璃在同一波长下吸收存在差异，PMMA 对可见光的透过性能较好，而在红外区则有强烈的选择性吸收，见图 3-5。造成散射损耗的原因是光波导材料中通常存在微米级别的颗粒、空隙、裂纹和泡孔，也有更小尺度的米利散射和瑞利散射。弯曲损耗发生在波导的弯曲部分，因为破坏了全反射条件，部分光波泄漏而产生损失。材料的极化、双折射以及外界应力和辐射等因素也会影响光的损耗。

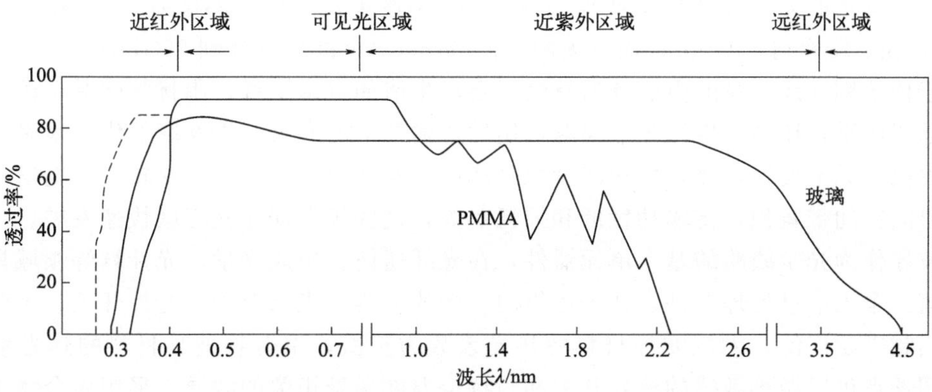


图 3-5　聚甲基丙烯酸甲酯（PMMA）与玻璃的光透过率的比较

（3）聚合物光波导材料的特点

技术上的进步是与材料的发展紧密联系在一起的。光电子学从理论上描述了超高速、大容量信息处理和传输前景的同时，也给科学家们提出了新的挑战——采用何种材料才能充分实现这种理论上的“潜力”。由此，聚合物光波导材料应运而生，并促进了光通信技术的快速发展。

制备聚合物光波导材料始于 20 世纪 70 年代。从加工、制备方面考虑，聚合物光波导材料（polymer-based optical waveguides）具有以下优势：

① 加工方便，可以采用简单的旋涂（spin coating）、挤出（extrusion）和迭片（lamination）等技术，可以使用低温工序。

② 有良好的相容性，可以选择不同的材料作基底，如石英、玻璃、聚酰亚胺、氧化硅等。

③ 可以得到厚度均匀、大面积的薄膜，有利于薄膜器件制备。

④ 与传统单模石英光纤相比，柔韧性好、价格低廉[2]。

⑤ 在精细加工方面，可以使用光刻技术，如光刻胶模板法、直接光刻法和软光刻法[3]。

从光学性能方面考虑，聚合物光波导材料通过分子结构设计，具有以下几个优点[2]：

① 损耗很低，如氟化聚合物损耗的报道只有 16dB/km（1300nm）。

② 带宽较宽，聚合物带宽可达 350GHz 的量级。

③ 双折射效应小，色散小。聚合物材料的双折射率可低至 $10^{-6}\sim10^{-5}$，色散率可达 $10^{-6}nm^{-1}$，与半导体或掺杂玻璃相比低很多。

④ 热光系数高，热传导率低。聚合物材料的热光系数要比无机玻璃的热光系数大很多，可用它来制作阵列光波导光栅、热光开关、可调光衰减器等。

⑤ 折射率可以调控。

⑥ 提高热稳定性，降低老化程度。

（4）光波导的应用

随着新兴电子行业的发展，光波导得到快速发展。利用光波导技术，结合光散射、光衍射技术，光波导在光信息获取、光信息传输、光信息处理及其他如光信息显示、照明等领域都得到了飞跃式发展。尤其是超级计算、数字处理和通信等领域，系统对带宽的要求越来越高。超级计算机的无线带宽技术架构已从 14Gbps 逐步发展到 26Gbps；快速外部设备互联技术从 8Gbps 发展到 16Gbps；而以太网（Ethernet）也逐步发展到 25Gbps。

由于传统铜导线本身的电磁辐射特性，会产生诸如电磁干扰、串扰等问题，而且频率越高，问题越严重，还会产生散热等问题，制约传输技术的发展。光互联的优点很多，如能在空间自由独立无干扰地传播，传输速度快且速度与互联通道无关，容易转变成电信号，具有极高的时间空间带宽积，传输功耗低和损耗小等，这些优点促使光互联快速发展。

光波导作为光学线路的基本单元器件，在光纤通信、集成光学、光计算等领域具有重要应用价值。全光信息处理器件，如光逻辑门、光放大器、光耦合器、光控开关、光前激光器等的应用越来越广泛。无机波导材料的热光系数为正值，聚合物波导材料的热光系数为负值，利用这点可以做热敏感的波导开关和与特定温度场景相关的波导。采用聚合物光波导材料印制电路板（图 3-6）可解决高速发展带来的带宽瓶颈问题[4]。

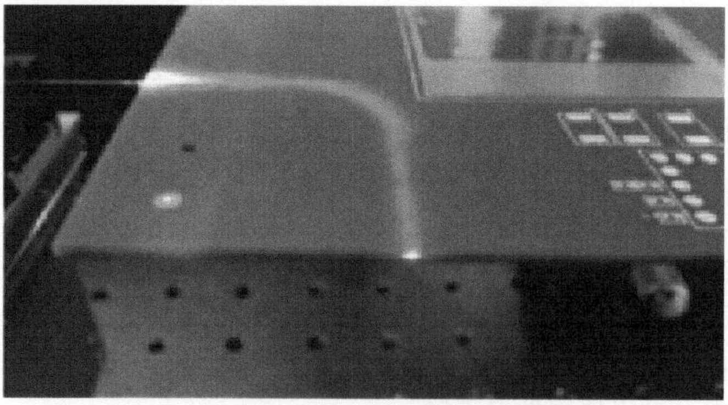

图 3-6　通过红光的光电印制电路的演示板

在其他领域，如光信息获取、新型显示器、家居照明、太阳能等领域，光波导也有很多应用（图 3-7），如导光板、光带、聚光板等，最新流行的 AR 眼镜的核心显示技术就是衍射光波导（diffractive optical waveguide）技术。光的传输特性对外界的温度、湿度和压力稳定等因素敏感，因而可制作光纤传感器，用于测量温度、压力、声场等物理量。

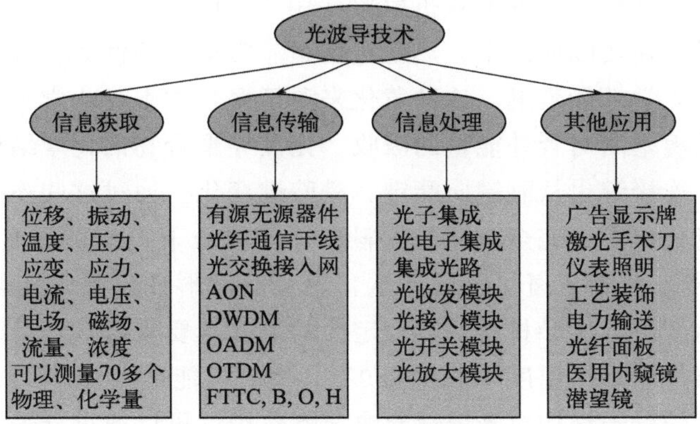


图 3-7　光波导技术应用示图

## 3.1.2 聚合物光波导材料

聚合物光波导材料非常重视分子结构设计，通过分子结构设计实现对预期的材料性能的控制，如折射率、双折射率、热光系数、湿度效应、热稳定性和光损耗等。

光波导材料的分子结构是影响材料折射率至关重要的因素，通过调节聚合物分子结构，可以实现聚合物的密度或极化率的变化，从而实现聚合物的折射率可控，一般调节范围可达到 35%。这一特性就保证了聚合物波导可以具有较小的曲率半径，对于实现大尺寸光路集成是十分关键的。通常，芳香族化合物比脂肪族化合物有更高的折射率，这是由于芳香族化合物有更高的密度和电子极化性能，尤其大 $\pi$ 键结构显著提升了芳香族聚合物的折射率。氟原子的引入会降低折射率，首先是氟取代相对氢原子增加了原子空间；其次，氟取代后相对氢原子电子极化能力更低；最后，氟取代后最大吸收发生蓝移。对于聚合物而言，因为亲水官能团的存在，会吸收湿气产生膨胀，从而影响其折射率（$n$），引入氟化、环聚烯烃和芳香结构，可以降低湿度对折射率的影响。表 3-1 列举了一些提高折射率的方法。

**表 3-1　提高折射率的方法及举例**

| 序号 | 方法 | 举例 |
|---|---|---|
| 1 | 离子照射 | 高强度照射的 PMMA 光波导对应高的折射率 |
| 2 | 电场作用 | 当电场强度在 0～20kV/cm 变化时，折射率有所提高 |
| 3 | 引入双酚 A | 引入前 $n$ 为 1.481，当引入量达到 16%（质量分数）时，$n$ 为 1.495 |
| 4 | 引入金属离子 | 当介质中具有大极化率和小分子体积的基团时，$n$ 较高 |
| 5 | 引入环状基团 | 折射率按支化链＜直链＜环状链的顺序变大 |
| 6 | 掺杂染料 | 在 PMMA 中掺杂染料（如分散红）来提高其折射率 |
| 7 | 掺杂纳米颗粒 | 在 PMMA 中掺杂纳米 $TiO_2$ 颗粒可显著提高折射率 |

具有低双折射率的聚合物波导材料可以通过分子设计来获得。一些芳香族化合物，比如含芳香分子结构的聚醚，由于沿表面方向芳香分子形成片状组织排列，聚合物表现出很高的双折射率（＞0.24），也可以通过分子设计，如引入具有 Cardo 结构的芳香族芴酮分子，获

得三维结构聚合物，可表现出极低的双折射率（$10^{-6}$～$10^{-5}$）。

聚合物光波导材料在实际使用中，热稳定性是非常重要的性质，因为聚合物受热容易变黄、老化，导致各项光学性能衰退。这种黄化来源于聚合物本身化学分子结构的影响，典型的老化源于分子中共轭基团对紫外能量的吸收。光波导聚合物的化学结构的骨架从简单的脂肪族向芳香族变化，连接键也从醚键向酯键、酰胺键变化。通过这些连接键和单体或低聚物的选择，可以降低老化程度。完全卤化的材料在任何波长下，变黄程度几乎是微不足道的，这是因为缺少 H 原子，抑制了卤化氢的产生，避免双键形成以及长期热状态下引起的缓慢氧化变黄。从加工角度讲，波导材料对热稳定性的最基本要求为：热稳定性与常规制作工艺相容（如光电集成器件的熔结温度一般在 260℃，短时可能达到 400℃）、化学稳定性好。

聚合物波导材料的分子结构对光损耗起决定性作用，可以通过分子设计调控分子能级跃迁吸收和分子振动吸收，从而降低材料的光吸收损耗，即考虑聚合物本身的吸收波长范围，避免吸收波长范围与使用的波长重叠，否则会产生波导的不稳定和光损失。构成聚合物的原子多是碳、氢、氧等，碳、氢的吸收波长来源于脂肪族氢，都处于远紫外（＜200nm）区域或能量更高的能级区域；通过化学键连接形成各种基团，例如羰基、烯基和炔基，光吸收来源于 π 键，均处于近紫外区域；这些基团通过化学键连接在一起后，所形成的非共轭分子具有相同的吸收；形成分子内共轭结构，则会造成吸收的红移，即移向较长波长位置。一般而言，共轭区域越大，最高占有轨道（HOMO）和最低空轨道（LUMO）之间的能量差越小，造成吸收光谱发生红移的程度越高。对于常见的有机共轭体系，吸收光谱常处于可见光波长区间。能量差更小的大共轭结构很难获得，这使得吸收达到近红外波长的有机材料很少见。综合两方面的考虑，聚合物一级结构能够吸收的光多处于可见光（400～700nm）区域，部分处于近红外区。值得指出的是，各种化学基团的振动吸收及它们的倍频吸收会出现在紫外及近红外的波长范围内。这种吸收虽与分子能级跃迁无关，但也是聚合物吸收光谱的一部分，对聚合物的光学性质也会造成影响[5]。

材料的加工性能也对光学性能产生间接影响，比如聚酰亚胺光损耗主要来源于分子有序排列产生的散射及吸收的增加，以及制备过程中溶剂和水溢出产生空隙所造成的散射。此外，散射和弯曲也会带来光损耗，其根源为材料加工过程中产生的应力和晶态结构的变化。所以，从分子设计角度，调控聚合物波导材料的加工性能，是降低光损耗非常重要的技术手段。

在过去的 50 年里，一些新的光波导聚合物被开发并得到实际应用，主要分为四类：氘代和卤代聚合物、聚酰亚胺、环烯烃聚合物和光刻胶型聚合物。

### 3.1.3 煤基光波导材料中间体

国内光波导材料的产业还处于起步阶段，相对比较成熟的是基于 PMMA 的家居照明产业，如导光板、光带、聚光板等。高端的新型显示用导光板，主要依靠进口，仅京东方有少量生产。在光传输领域的光纤波导方面，国内也相对成熟，主要是基于玻纤材料，具有一定规模的公司如烽火通信科技股份有限公司、通鼎互联信息股份有限公司、长飞光纤光缆股份有限公司、中天科技股份有限公司、永鼎股份有限公司、亨通光电股份有限公司等。有机光纤还处于初始阶段，而且基本是基于 PMMA 材质。用于 AR 眼镜中的衍射光波导、光信息获取器件、光信息传输器件、光信息处理器件等光波导主要依靠进口。

煤焦油具有很多天然结构带来的特性，如煤焦油芳香化合物的环状大 π 键赋予其较高的分子极性和较高的物质密度，使其衍生物具有较高的折射率、强度、刚性和特殊的热稳定性，可作为聚合物光波导材料的优选原料。其中，以环戊二烯和芴为代表，下文主要以这两个前体为例，简述环戊二烯系和芴系波导材料的中间体及聚合物，展示煤焦油化学品在光波导材料方面的应用情况和潜力。

环戊二烯是环烯烃光波导聚合物的重要起始原料之一，与传统的甲基丙烯酸酯等非环结构相比，环烯烃聚合物提供了低的吸湿性、较高的折射率、较低的双折射率、较高的热稳定性和热光系数、较低的光损耗、较好的溶解性能和工艺加工性能等。基于环戊二烯制备的用于波导的环烯烃共聚物（COC）材料已经大规模生产，主要厂家如日本 Zeon 公司、日本 JSR 公司、日本三井化学公司等。国内环戊二烯 COC 材料大部分应用于医疗器械方面。

芴是重洗馏分中的一个主要组分，也是合成优质光学材料中典型 Cardo 骨架结构的优选原料之一。Cardo 结构是在高分子主链侧出现带“圈”形单元，“圈”的原子中一个原子处于主链上，人们根据拉丁语“Cardo”（圈、环的意思）把含有这类“圈”形结构的聚合物称为 Cardo 型聚合物，此类聚合物首次于 20 世纪 60 年代由美国 3M 公司科学家提出。芴（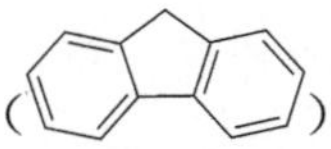）是一种特殊的联苯结构，即由一个亚甲基将两个苯环固定于一个平面上。与一般的联苯相比，芴的这种联苯结构具有更强的刚性。由此也带来了很多其他性质上的不同，如具有更好的热稳定性、更大的共轭吸收波长、更高的折射率（芴系聚合物的折射率通常大于 1.6）等。在芴的 9 位碳原子上引入取代基，作为高分子主链单元，建立 Cardo 骨架结构，可以调变共轭体系，控制聚合物聚集态结构，避免平面堆积产生的各向异性，对于降低双折射率，保证色饱和度、透光效率和溶解性非常有效。芴系光波导材料在日本已经获得广泛应用，如折射透镜、衍射光波导、光信息处理器件等。目前，生产芴系光波导材料的公司主要有日本三菱、日本帝人公司，我国的研究基本属于初级阶段。

（1）双环戊二烯系

环戊二烯是制备环状烯烃材料的基本原料，常温下以双环戊二烯形式存在，需要时热解获得。双环戊二烯可以从煤焦油的苯头馏分中提取，因石油规模大，生产环戊二烯成本低，煤焦油中的环戊二烯大部分用于直接聚合制备古马隆树脂。环戊二烯或双环戊二烯与其他烯烃聚合，即可获得环状烯烃聚合物。茚存在于煤焦油重质苯馏分中，其与环戊二烯双聚即可获得环状烯烃聚合物的中间体。

① 茚-环戊二烯双聚物　又称 1,4-亚甲基-1,4,4a,9a-四氢芴，英文简称 Ind-CPD，CAS 号 6143-33-5，无色透明液体，沸点（5mmHg）124℃。化学结构式如下：

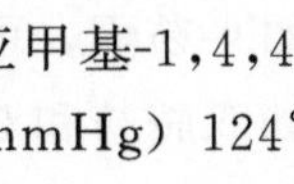

以双环戊二烯与茚为原料，双环戊二烯裂解制备环戊二烯，环戊二烯与茚加热发生 Diels-Alder 反应获得茚-环戊二烯聚合物和两个环戊二烯三聚体异构体，经过精馏，即可获得纯茚-环戊二烯双聚物，反应式如下：

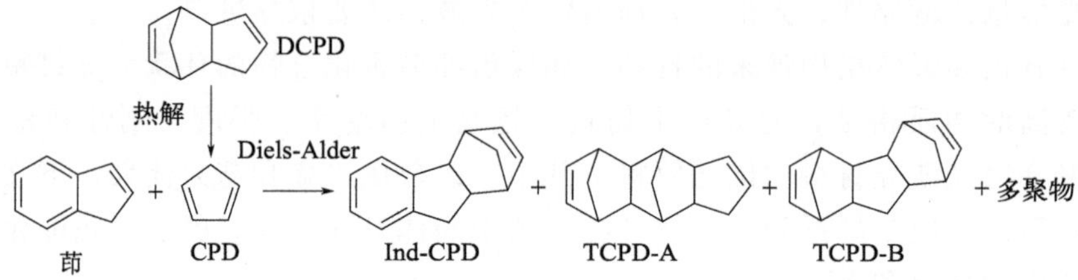


在高压反应釜中，按比例投入茚和双环戊二烯，用氮气充分置换后，升温至180℃，氮气补压至预定压力0.3MPa，双环戊二烯裂解成环戊二烯，与茚双键进行双烯加成反应，气相色谱监控反应进程。反应结束后，降至室温，减压回收未反应完的原料茚和双环戊二烯，在170～175℃/10mmHg下真空精馏，得到茚-环戊二烯产品，釜底为三环戊二烯和多聚物。目标产物的收率为80.5%，色谱纯度为99.5%[6]。

② 降冰片烯　又称双环[2.2.1]-2-庚烯，英文简称NB，CAS号498-66-8，常温下为白色透光结晶，易升华，沸点96℃，熔点42～46℃，折射率1.4475。化学结构式如下：

由双环戊二烯裂解制备的环戊二烯与乙烯发生Diels-Alder反应转化成降冰片烯，反应式如下：

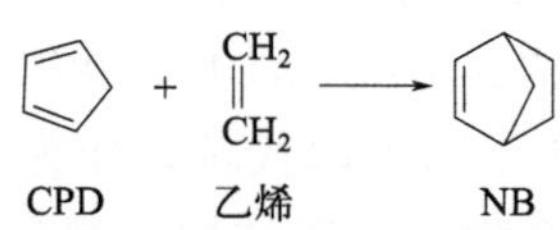


将双环戊二烯、溶剂甲基异丁基酮和阻聚剂对叔丁基邻苯二酚（TBC）溶液连续送入第一反应器，搅拌后通入部分乙烯气体，使乙烯溶解；乙烯与双环戊二烯的摩尔比为（10～50）∶1，溶剂与双环戊二烯的质量比为（0.5～2.0）∶1，阻聚剂加入量为双环戊二烯质量的0.003%，反应温度为170～190℃，持续补充乙烯，系统压力为7～11MPa，物料在反应器中停留时间为10～120min，并通过出料口连续排入第二反应器；第二反应器反应温度为200～220℃，持续补充乙烯，使系统压力为7～10MPa，物料在反应器中的停留时间为10～80min，并通过出料口连续排出，送入精制系统，回收进行溶剂及降冰片烯的精制，精制的降冰片烯含量可达99.9%以上。

（2）芴系

在芴9位碳原子上生成羰基结构，如9-芴酮，可以在酸催化下发生缩合反应，获得用于制备Cardo骨架结构聚合物的中间体，如双胺芴和双酚芴等。

① 9-芴酮　CAS号486-25-9，浅黄色晶体，不纯时有荧光，密度1.13g/cm$^3$，熔点84℃，沸点341.5℃，闪点163℃，不溶于水，能溶于醇、醚、苯、二硫化碳、四氢呋喃及丙酮等有机溶剂。其结构如下：

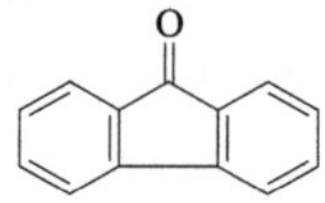


芴酮制备基本是由工业芴和氧气在催化剂作用下经氧化反应获得粗品，再经重结晶精制

得到高纯度的芴酮。反应式如下：

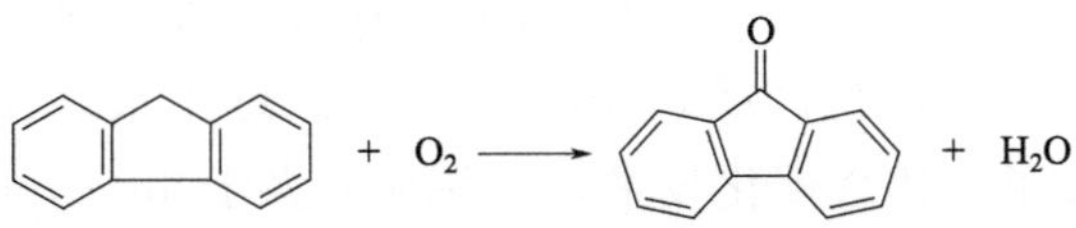


目前芴酮的制备主要有两种方法：气相氧化法和液相氧化法。

空气气相氧化法的原理是采用固定床管式反应器，芴以气态形式同空气一道通过固态催化剂床层发生反应，反应物经精制得到芴酮。目前公布的空气气相氧化法为：芴汽化后与空气的混合物控制温度高于 380℃，在 V-Fe 系固相催化剂床层中反应，可以得到以芴酮为主的混合物。芴的气相氧化反应是由平行反应和连串反应组成的复杂反应，反应过程中会放出大量的热，不仅使反应过程不易控制，还会造成过度氧化，而且反应时间长，反应温度高，催化剂制备昂贵。相比之下，液相氧化法具有反应温度低、反应选择性高、转化率高，以及芴酮纯度高（>99%）、产率高（>85%）的优点。

中钢集团鞍山热能研究院有限公司针对传统液相氧化法中极性溶剂水溶性强、产品中过氧化副产物控制不稳定和色度差等问题，自主研发的高效固体催化法，具有体积产率高、成本低、环境污染小等特点，迅速占领国际市场，并逐步成为国内光学树脂用 9-芴酮产品的最大供应商，产业规模达到 2000t/a。

② 9,9-双(4-氨基苯基)芴(双胺芴)　CAS 号 15499-84-0，白色固体，熔点 237～239℃，密度 1.245g/cm³。双胺芴制成的聚合体具有 Cardo 结构，由其合成的芴基聚酰亚胺树脂具有优良的耐热性能、较高的折射率、较低的双折射、良好的溶解性能和透明性。双胺芴的结构式如下：

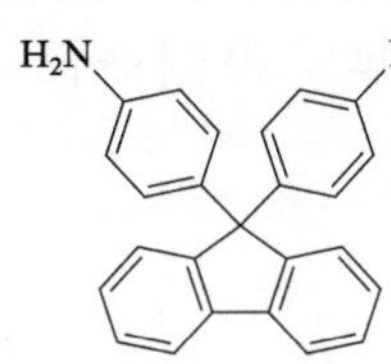


芴酮和苯胺或苯胺盐酸盐在催化剂作用下经缩合反应合成双胺芴，其反应式如下：

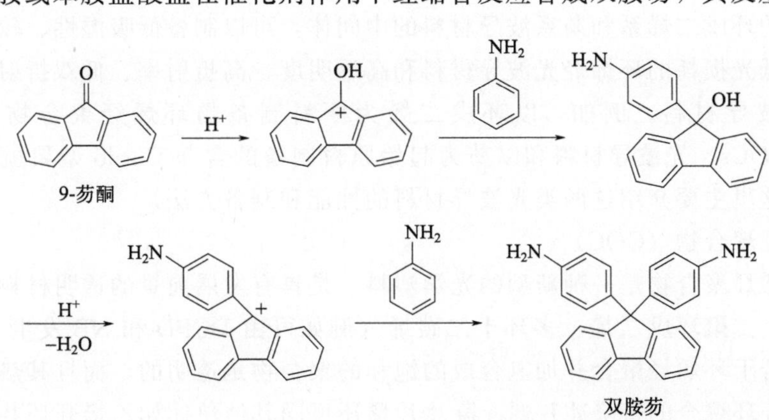


在氮气保护下，向装有分水器的反应釜中加入芴酮、苯胺盐酸盐以及甲苯，搅拌下缓慢升温至 120℃，反应 30min 后分出分水器中产生的绿色液体，维持该温度继续反应 3h 后分出分水器中产生的水，然后缓慢升温至 135℃，维持该温度反应 1.5h，当分水器中不再有水

产生时即可停止反应。将反应后的物料冷却至60℃左右，向混合溶液中加入10%（质量分数）的氢氧化钾溶液，调节pH值为9，趁热搅拌15min，然后进行抽滤，滤饼经过水洗后用甲苯进行重结晶，得到纯米白色产品，收率为94%。近年来，针对工艺中酸、碱过程带来的含胺废水问题，开发了固体酸催化技术，产品纯度大于99%，收率84.5%[7,8]。

③ 9,9-二(4-羟苯基)芴(双酚芴)　CAS号3236-71-3，白色粉末，熔点224～226℃，密度1.288g/$cm^3$。双酚芴制成的聚合体属于Cardo聚合体，可用于制作耐热材料、分离膜及光学材料等。芴树脂的特点是透明度高、折射率高、双折射低、耐热性好，溶于溶剂后成型性优良。双酚芴的结构式如下：

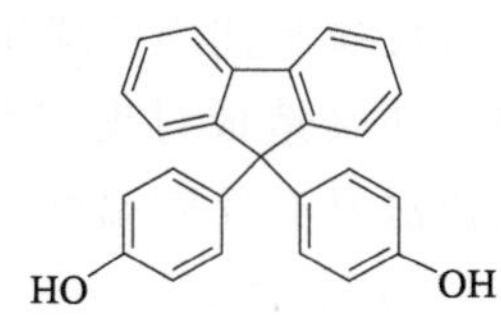

以苯酚和9-芴酮为原料，在路易斯酸催化作用下，经缩合反应合成双酚芴，其反应式如下：

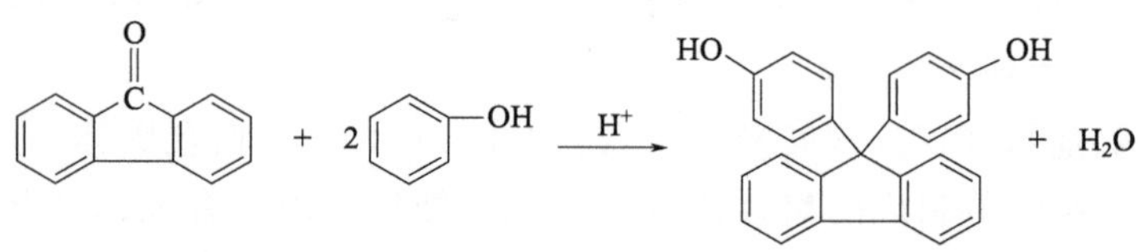

固定芴酮投料比为$n$(苯酚)∶$n$(芴酮)＝5∶1，催化剂巯基丙磺酸的量为芴酮量的20%(质量分数)，在80℃下反应5h。制得的粗品经重复水洗后，再加混合溶剂洗涤、过滤、蒸馏脱除溶剂，经两次重结晶后，真空烘干得到产品，双酚芴的收率为93.4%，纯度为99.3%以上[9]。

### 3.1.4 煤基光波导材料

利用前述的环戊二烯系和芴系波导材料的中间体，可以制备低吸湿性、较高折射率、较低双折射、较低光损耗的环烯烃光波导材料和高透明度、高折射率、低双折射、良好耐热性的Cardo型光波导材料。例如，以环戊二烯为原料制备的环烯烃聚合物（cyclic olefin copolymers，COCs）光波导材料和以芴为起始原料制备的含芴Cardo型聚酰亚胺（PI）型光波导材料。这里主要介绍这两类光波导材料的性能和制备方法。

（1）环烯烃聚合物（COC）

非晶性环烯烃聚合物是一种新型的光学塑料，是具有发展前景的透明材料之一，其单体包括降冰片烯、二聚环戊二烯、多环十二碳烯（例如可由DCPD和NB发生Diels-Alder反应制得）等。若干环烯烃聚合并加氢合成的饱和的聚合物是透明的，而且其热稳定性能及其他性能优于仅开环聚合的聚降冰片烯。降冰片烯还可同其他单体如乙烯开环共聚，形成共聚物，其催化剂类型为过渡金属化合物与烷基金属组成的齐格勒型催化物。若开环共聚生成的共聚物仅由碳、氢两种元素组成，则为非极性烯烃聚合物，而若开环聚合物中含有酯基等极性基团，则为极性烯烃聚合物。

环烯烃聚合物具有一系列的特性，如低吸湿性、高抗水性、低双折射率、高光学透光率、大阿贝数、高热变形温度。典型商用透明 COCs 主要有 Zeonex（日本 Zeon 公司）、ARTON（日本 JSR 公司）和 APL（日本三井化学公司）。以 ARTON 树脂为例，它是日本合成橡胶公司（JSR）于 20 世纪 90 年代开发成功的高耐热、高透明、非晶态无定形热塑性聚合物，其主要单体为双环戊二烯，ARTON 是以降冰片烯结构为分子主链骨架结构，在分子链中又引入分子极性基团，因而加大了分子链间的作用力，在一定程度上抵消了因极性基团而引起的吸水性，并提高了聚合物的玻璃化转变温度（$T_g$），其 $T_g$ 高达 171℃，又因其结构中不含有不饱和双键，故在短波长处吸收小，在紫外线和可见光区有优异的透光率，其透光率达 90%，当入射光为自然光时，ARTON 材质波导输出光几乎为自然光（可见光），而 PC（聚碳酸酯）材质波导因 PC 链中含有苯环和双键，在短波长处有明显的吸收，故其出射光看起来略发黄。

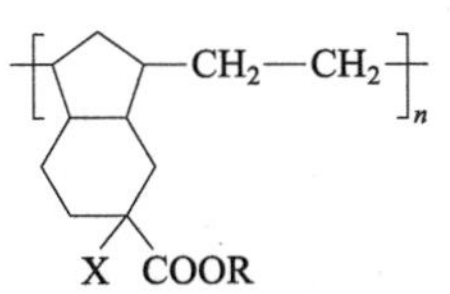


表 3-2 列举了 ARTON 和 Zeonex 的产品性能，并同时列举了 PC 和 PMMA 的特性供对比。

**表 3-2 ARTON、Zeonex、PC 和 PMMA 的特性对比**

| 性能 | 测试方法 ASTM | ARTON | Zeonex | PC | PMMA |
|---|---|---|---|---|---|
| 密度/($g/cm^3$) | D792 | 1.08 | 1.01 | 1.20 | 1.19 |
| 折射率($n_D^{25}$) | D542 | 1.51 | 1.53 | 1.58 | 1.49 |
| 透光率/% | D1003 | 92 | 91 | 90 | 93 |
| 阿贝数 | D542 | 57 | 52 | 30 | 58 |
| 光弹性系数/($10^{-12}m^2/N$) | — | −4.1 | 6.3 | 90 | −6.0 |
| 玻璃化转变温度/℃ | DSC | 171 | 140 | 150 | 93 |
| 热变形温度/℃ | D648 | 162(18.2MPa) | — | 140 | 81 |
| 饱和吸水率/% | D570 | 0.4 | <0.01 | 0.4 | 2.0 |
| 成形收缩率/% | TSR | 0.4～0.8 | — | 0.5～0.7 | 0.5～0.7 |
| 弯曲强度/($10^8N/m^2$) | D790 | 1.23 | 1.0 | 0.98 | 1.08 |
| 弯曲弹性模量/($10^5N/m^2$) | D790 | $2.94\times10^4$ | 2.4 | $2.35\times10^4$ | $3.63\times10^4$ |
| 拉伸强度/($10^7N/m^2$) | D638 | 7.35 | — | 6.27 | 6.86 |
| 断裂伸长率/% | D638 | 15 | — | 120 | 10 |
| 介电强度/(kV/mm) | D149 | 28.9 | — | 30 | 20 |
| 熔融速率/(g/10min) | JISK671 | 42(280℃×10kg) | — | 61 | — |

从表 3-2 中可以看出，ARTON 树脂因其链由饱和烷烃构成，其透光率、阿贝数和光弹性系数等光学性质方面同性能优异的 PMMA 相当，ARTON 亦具有光弹性系数小的特性，原因在于其结构中没有芳香基，单体分子结构中极化率各向异性小，不易产生双折射。一般

聚合物的 $T_g$ 值高，则其加工黏度高，不易加工。但 ARTON 却是一例外，在熔融加工过程中，一方面 ARTON 熔融黏度受剪切速率影响大，在高剪切速率范围内，它显示出很好的流动性，而且因加工产生的双折射率很小；另一方面 ARTON 因含有极性基团，相对具有较好的黏附性能，因此可采用熔融共挤出方式加工耐热 ARTON 波导。

同时，ARTON 树脂具有比 PMMA 明显低的吸水率，从而明显降低了由水导致的折射率的变化。表 3-3 列举了 ARTON 树脂和 PMMA 因吸水率不同而产生的折射率的变化，从中可以看出 ARTON 树脂的吸水率从饱和吸水量的 25%增加至 100%时，其折射率变化仅为 $4\times10^{-4}$，而 PMMA 的吸水率从饱和吸水量的 25%增加到 58%时，其折射率的变化量却为 $37\times10^{-4}$。因而在实际潮湿环境使用过程中 ARTON 树脂将比 PMMA 有更好的稳定性。

**表 3-3　折射率因吸水率的不同而产生的变化（测试温度：25℃）**

| 吸水率占饱和吸水量的值/% | | 25 | 50 | 58 | 100 |
|---|---|---|---|---|---|
| ARTON 树脂 | 实际吸水率/% | 0.11 | — | — | 0.44 |
| | 折射率 | 1.5116 | — | — | 1.5112 |
| PMMA | 实际吸水率/% | 0.42 | 0.90 | 1.15 | — |
| | 折射率 | 1.4898 | 1.4894 | 1.4861 | — |

煤焦油中有双环戊二烯和茚等可聚合组分，是制备环烯烃共聚物的潜在原料。中钢集团鞍山热能研究院有限公司在相关方面曾做过探索性研究工作[6]：以煤焦油中可聚合组分茚为原料，与环戊二烯通过 Diels-Alder 加成反应，制备 1,4-亚甲基-1,4,4a,9a-四氢芴环状降冰片烯单体，通过 $Sc(CH_2SiMe_3)_3(THF)_2$ 催化剂，与乙烯共聚制备环烯烃共聚物。其环状单体的插入率为 35%～40%，$T_g$ 为 140～170℃，光学性能优异，透过率大于 90%，折射率为 1.58，双折射率小于 1。

制备步骤如下：茚与双环戊二烯在氮气气氛下进行加成反应，粗产物经过精馏，得到聚合级 1,4-亚甲基-1,4,4a,9a-四氢芴。具体制备过程参见本书 3.1.3 节茚-环戊二烯双聚物（1,4-亚甲基-1,4,4a,9a-四氢芴）合成工艺。

通过三烷基钪配合物 $Sc(CH_2SiMe_3)_3(THF)_2$ 与取代的环戊二烯之间的酸碱反应获得相应的四氢呋喃（THF）配位的单茂双烷基钪配合物。具体工艺如下：在手套箱中，称取 $ScCl_3$ 放入带有磁力搅拌子的反应瓶中，加入一定量的四氢呋喃，密封后于 80℃下搅拌 12h 进行活化。称取 $LiCH_2SiMe_3$ 的四氢呋喃溶液，并将其逐滴加到活化后的 $ScCl_3(THF)_3$ 白色悬浊液中，反应 30min 后，真空抽去溶剂 THF，用正己烷萃取，并将萃取液置冰箱内冷冻，副产物析出后过滤，母液抽干溶剂，得到白色固体 $Sc(CH_2SiMe_3)_3(THF)_2$。称取三甲基硅基四甲基环戊二烯 $C_5Me_4H(SiMe_3)$ 的正己烷溶液，室温下滴加到 $Sc(CH_2SiMe_3)_3(THF)_2$ 的正己烷溶液中，搅拌反应 2h 后，减压浓缩，放入 −30℃冰箱中过夜，重结晶得到无色晶体 $Sc(CH_2SiMe_3)_2(C_5Me_4SiMe_3)(THF)_2$，产率为 78%。

在手套箱中，高纯氮气抽排四次带有磁力搅拌子的圆底玻璃烧瓶。氮气置换后，加入甲苯溶剂和 1,4-亚甲基-1,4,4a,9a-四氢芴，搅拌保证体系混合均匀。再将瓶内抽真空三次，通入乙烯气体直至饱和，最后加入有机硼化合物和主催化剂开始反应。用乙醇溶液终止聚合反应，固体产物用乙醇洗涤，在 60℃烘箱中真空干燥 6h。反应式如下：

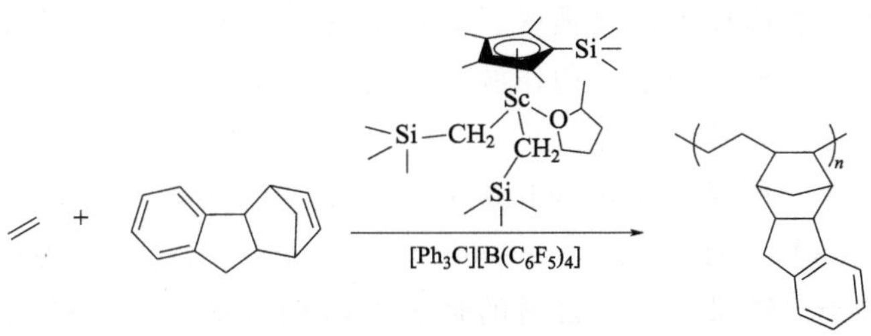

煤焦油富含蒽、吲哚、氧芴和苯并噻吩等稠环芳烃组分，在特定催化剂下可与环戊二烯发生 Diels-Alder 反应，制备含有杂环的降冰片烯单体，进而制备 COCs 树脂材料，应用在光学材料、生物医药及食品包装等领域。如天津大学李悦生课题组[10] 以蒽为原料，通过与降冰片二烯进行 Diels-Alder 聚合反应，制备 exo-1,4,4a,9,9a,10-六氢-9,10-苯并-1,4-亚甲基蒽（HBMN）环状降冰片烯结构单体，在 Ti/[$Ph_3C$][$B(C_6F_5)_4$] 催化下，乙烯与 HBMN 共聚，HBMN 插入率为 30%（摩尔分数）时，聚合物 $T_g$ 达到 207℃。材料的光学性能优异，透过率大于 90%，并且有很好的机械加工性能，乙烯与含蒽结构环状降冰片烯的聚合反应如下：

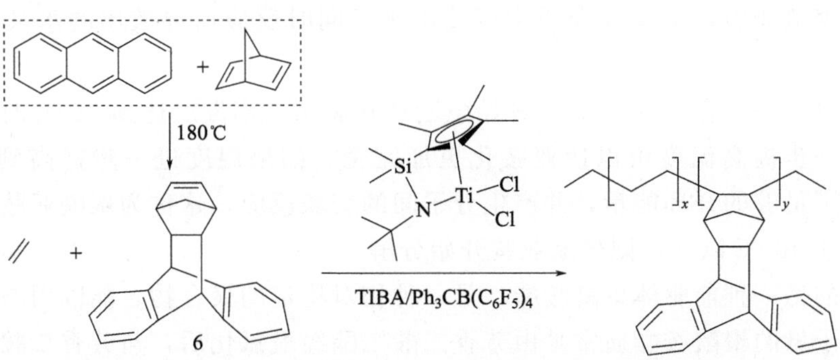

在 COC 树脂材料中，共聚物中各单体的组成和结构对共聚物的性能有十分显著的影响，相对于 α-烯烃和环烯烃而言，COC 材料优异的光学、力学及电学性能主要取决于聚合物主链中大环状单体结构及其排列方式，因此国内外十分重视环状烯烃单体的研究。

（2）聚酰亚胺波导材料

聚酰亚胺（PI）是一类聚合物的总称，理论上它们可以由任何一种二酐和二胺在一种适宜的溶剂里合成，分子特征为主链上含有酰亚胺环。其中以含有酞酰亚胺结构的聚合物最为重要，含马来酰胺结构的特殊结构聚酰亚胺通常称为双马树脂，化学结构如下：

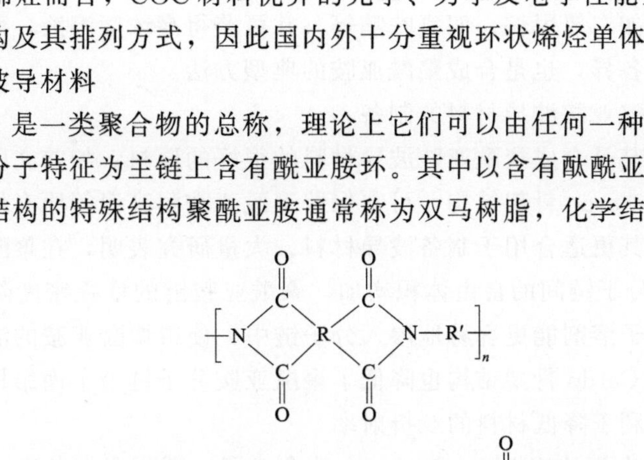

聚酰亚胺是一类具有高模量、高强度、低吸水率、耐水解、耐辐射、优异绝缘性及耐热氧化稳定性的材料。正如前文所述，用作波导材料，聚酰亚胺具有耐热、低光损、折射率可调、低介电常数、低膨胀系数等优点。

聚酰亚胺主要是以二酐类（dianhydride）及二胺类（diamne）单体为原料，进行缩聚后形成聚酰胺酸（PAA），再经高温（>300℃）缩合后固化（又称为亚胺化，或称环化或熟化），形成 PI 高分子。缩聚一般在合适的强极性溶剂（如二甲基甲酰胺、二甲基乙酰胺、*N*-甲基吡咯烷酮、吡啶、二甲基亚砜等）中进行。也有四酸和二胺法、二酸二酯和二胺法、卤代苯酐法，目前主要是二酐和二胺法。反应式如下：

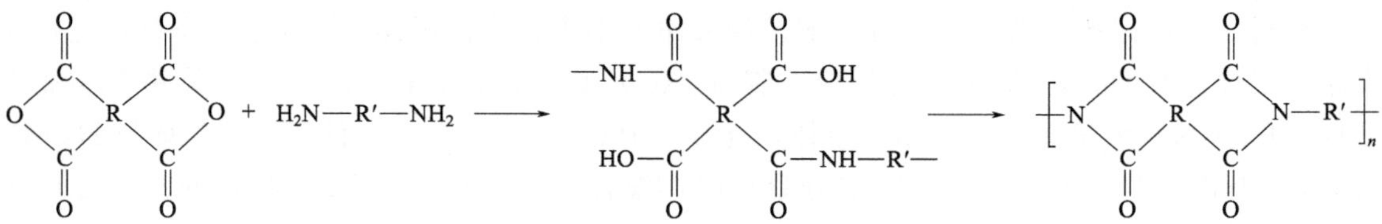

二酐与二胺的反应是放热反应，反应温度低有利于提高分子量。当温度过高时，部分聚酰胺酸转化成聚酰亚胺，从反应介质中沉淀出来，同时反应所释放出的水又引起聚酰胺酸水解。

热亚胺化过程一般在 120～150℃开始急剧环化脱水，当温度达到 250℃时亚胺化反应已基本完成，进一步提高温度可以使亚胺化更加完全。如果温度进一步提高到 350～400℃，则亚胺环获得了足够的开环能量，并产生分子间的交联反应，这称为聚酰亚胺的二次化学转化。若温度高达 400℃以上，则聚酰亚胺开始分解。

聚酰亚胺的另一种前驱体聚酰胺酯，是一种相对稳定的聚合物，能以固态或溶液形式长期存放。高分子量的聚酰胺酯通常是由芳香二酸二酯经酰氯化后，与芳香二胺进行溶液缩聚或界面缩聚制得；聚酰胺酯受热或在有机碱的催化下发生酰亚胺化反应生成聚酰亚胺，但脱掉的小分子化合物是醇或烯烃而不是水。中间体聚酰胺酯的溶解性好于聚酰胺酸，可溶于常用低沸点有机溶剂，如二氯甲烷、四氢呋喃等，并可获得高浓度溶液，而且可通过改变酯基结构使聚酰胺酯性能各异，也是合成聚酰亚胺的典型方法。

（3）典型煤基聚酰亚胺波导材料的制备

煤焦油中特有的芴是合成聚酰亚胺波导材料的很好的原料。如前文所述，在芴的 9 位碳原子上引入芴侧环的 Cardo 骨架结构，可在保留聚酰亚胺耐高温等原有优点的同时，提高聚合物的光学性能，使其更适合用于制备波导材料。大量研究表明，在聚酰亚胺分子链中引入 Cardo 骨架结构，使分子链间的自由体积增加，聚酰亚胺链的堆积密度降低，可以提高聚酰亚胺的透明性，小分子溶剂能更容易地渗入分子链中，使得聚酰亚胺的溶解性提高，改善材料的加工性能；同时 Cardo 骨架结构也降低了聚酰亚胺分子链沿平面结构方向的堆积，防止各向异性的形成，有利于降低材料的双折射率。

加拿大 Carleton 大学的 Cristina Badarau 等合成了一系列含有芴型 Cardo 骨架结构的聚酰亚胺。其折射率和双折射率可通过两种单体比例进行调节，$n_{TE}$ 在 1.5454～1.6313 内可调，$n_{TM}$ 在 1.5329～1.6283 内可调，双折射率随之在 0.0125～0.0030 之间变化。5%热失重（氮气下）范围为 334～414℃[11]。含芴 Cardo 结构聚合物的制备过程如下：

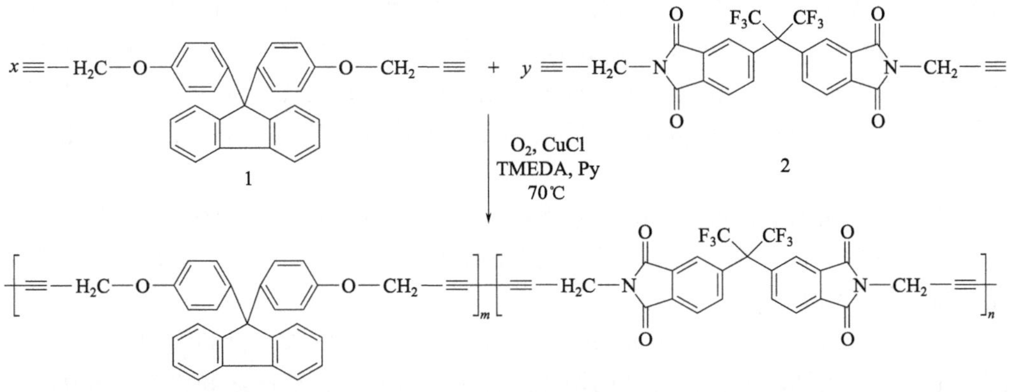

带有芴 Cardo 结构的含氟聚酰亚胺在制作低绝对热光系数的波导材料方面也有明显优势。如前文所述，聚合物的热光系数是非常重要的指标，波导材料的工作原理是光在两种折射率不同的透明介质界面往复全反射。举例来说，通常这些透明复合材料是由玻璃纤维或玻璃带和作为黏结剂的聚合物一起构成的，复合材料的光透过率取决于玻璃纤维或玻璃带的折射率与聚合物折射率的匹配。但随温度变化每种材料的折射率也是变化的，如果两种材料的折射率随温度的变化不一致，就有可能引起折射率的错配，也就降低了这种复合材料的光学透过率。当然，也有少数情况，利用这种错配，设计基于特定温度范围的波导材料。

有机固体聚合物的折射率主要取决于聚合物自身分子组成和分子密度。与玻璃不同，环境温度变化时，聚合物更明显地发生伸缩及密度变化，导致聚合物的折射率发生变化。因此，聚合物的硬质结构是有利于热光系数降低的。但通常硬质结构聚合物的溶解度低，导致其加工性能差。

玻璃热光系数 $dn/dT$ 在 $(1\sim10)\times10^{-6}$℃$^{-1}$，聚合物的热光系数 $dn/dT$ 一般在 $[(-100)\sim(-300)]\times10^{-6}$℃$^{-1}$，好的环氧聚合物的 $dn/dT$ 大约为 $-200\times10^{-6}$℃$^{-1}$。假如绝对热光系数小于 $100\times10^{-6}$℃$^{-1}$，甚至小于 $50\times10^{-6}$℃$^{-1}$ 的聚合物的马赛克材料能够获得，那么在 $-40$℃至125℃工作范围内，透明度就能得到明显改进。

聚酰亚胺的平均分子量在3000～300000，最优可达到30000～60000，在25～80℃范围内，绝对热光系数在 $30\times10^{-6}\sim120\times10^{-6}$℃$^{-1}$，最优可达到 $30\times10^{-6}\sim600\times10^{-6}$℃$^{-1}$。聚酰亚胺的玻璃化转化温度 $T_g$ 通常在100～300℃，最优可稳定在180～250℃。其他方面，聚酰亚胺在400～700nm 内有很好的光学透过率，可以达到80%～99%，最优可以达到95%～99%（633nm）；折射率在1.50～1.70，最优可以达到1.55～1.65（633nm）。此外，聚酰亚胺还具有低介电常数、低吸湿性，很适合用于制作透明复合材料和光学器件。

美国专利[12]介绍了一种材料，该材料的结构单元由含氟二酐和具有芴 Cardo 骨架结构的二胺组成，具有很好的光学透明度和低绝对热光系数（$|dn/dT|$）。该材料适合应用于光透明纤维复合材料（OTFCs）、光透明带复合材料（OTRCs）和光通信装置等中。

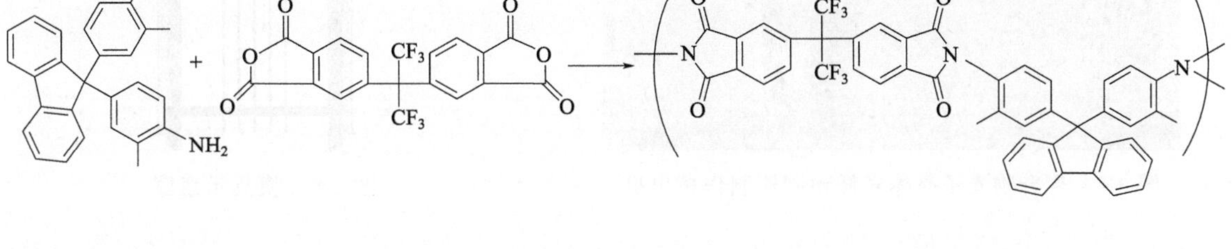

在60℃下，溶解2,2′-双(3,4-二羧酸)六氟丙烷二酐（6FDA）和9,9-二(4-氨基-3-甲苯基)芴于二甲基甲酰胺中，浓度15%，惰性气体保护下，搅拌24h后，甲苯加入由此产生的溶质酸溶液中，形成共沸，脱出亚胺化过程中生成的水，亚胺化反应于150℃下进行，反应12h，获得的亚胺液可在1500r/min条件下、60s内旋涂在硅片上，于205℃下烘焙180s，得到均匀薄膜。

获得的薄膜经棱镜耦合仪（Metricon Model 2010）测定折射率和热光系数，在633nm、25℃下，折射率为1.66，在25～80℃下热光系数为$-85\times10^{-6}$℃$^{-1}$，能够满足透明复合材料和光学器件的应用要求。

聚合物光纤是由高分子材料制成的一种光纤，具有良好的柔韧性和可塑性，广泛应用于光通信、光传感等领域。聚合物光纤的制造工艺主要有两种：挤压法和界面凝胶法。

挤压法主要用于制造阶跃折射率分布塑料光纤。将盛有完全聚合高分子材料的容器加温至拉丝温度，并用干燥的氮气从容器的上端对已熔融的聚合物加压，该容器底部小嘴便挤出一根塑料光纤芯，同时使挤出的纤芯外再包覆一层低折射率的聚合物，就制成了阶跃型塑料光纤。一般情况下，其传输带宽可达10GHz/km，玻璃光纤的传输损失比为0.2dB/km，聚合物光纤的传输损失比约为1～2dB/km。

下面以光子晶体光纤的制造为例介绍挤压法聚合物光纤的制造工艺。

采用热挤出成型法制造光纤预制棒，主要有前期准备、开始挤出、冷却定型、脱模四个步骤。首先将COCs颗粒料放进挤出机干燥1h，去除颗粒料中吸附的水分子，然后把用聚二甲基硅油擦拭过的模具在200℃下热处理2h，冷却下来之后将模具擦干净，接着将模具装在挤出机上（见图3-8、图3-9），设置好各加热区的温度，预热1h，开始把熔化的COCs原料挤入模具。等模具充满后关闭原料加热区，等温度冷却到室温时，把预制棒从挤出机上取下来，在脱模机上卸模，就得到了预制棒。预制棒的拉伸工艺主要由加热炉的温度、预制棒送棒速度、牵引速度、预制棒直径以及光纤直径决定。通过调整牵引速度和送料速度的大小，可以精确控制太赫兹光纤直径。拉制光纤时一般采用纵向温度梯度分布式的加热模式对预制棒加热，达到拉伸温度之后，预制棒发生形变，在自身重力及悬挂重物的作用下，局部出现颈缩区，这时利用牵引轮导向，就产生一定直径的光纤。具体操作如下：把预制棒挂在高度为11.7m的特种拉丝塔内，设置炉区温度为250℃，等温度恒定之后预热数小时，在重力作用下，当棒子开始变细时就开始加牵引力拉丝，设置合适的送料速度和拉伸速度，就可以得到芯径为4mm的光纤。

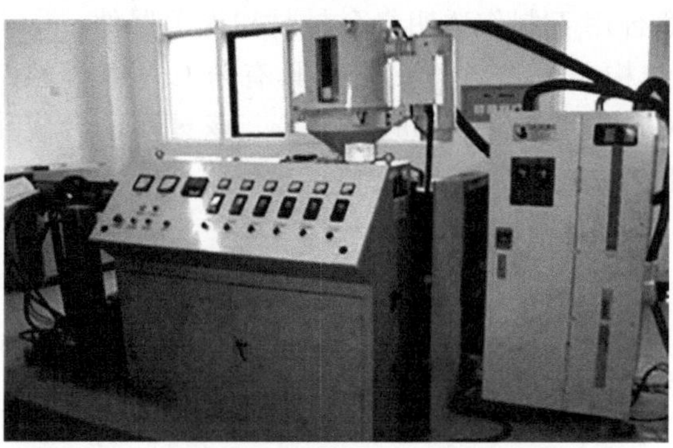

图3-8 聚合物光子晶体光纤预制棒制作挤出机

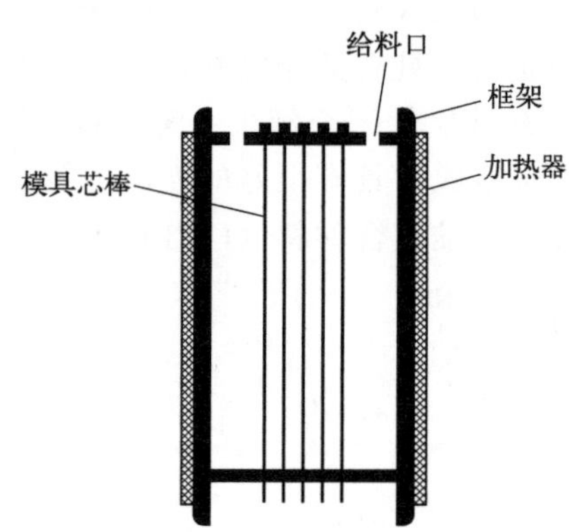


图3-9 模具示意图

## 3.1.5 光波导材料发展趋势

传统的光学聚合物[13]多为热塑性材料，存在热稳定性差、折射率不易调节、在光通信波段吸收损耗偏高等缺陷，限制了其在光通信波段的广泛应用。国内外研究者开发了许多新型的光学聚合物，有些甚至实现了商品化。这类新型光学聚合物主要是低传输损耗聚合物，如PMMA衍生出来的氟代/氘代聚甲基丙烯酸酯、耐高温聚酰亚胺（PI）的氟代衍生物、交联含氟聚芳醚、环烯烃聚合物、氟代聚硅氧烷、含氟聚酯类以及光刻胶材料等。

氘代和卤代聚甲基丙烯酸酯具有高的传输速度、低的双折射率、好的加工性能，氘化聚合物波导的传输损耗比原聚合物波导有明显的降低，而且氘化聚合物波导的光传输损耗窗口也移向了长波长区，某些氘化聚甲基丙烯酸酯聚合物存在吸水率较大的缺陷，可通过F取代H，制备具有低吸水性的氟化氘化聚合物。

聚酰亚胺具有耐高温的特性，在＞300℃情况下仍具有稳定性，长时耐热温度可达380℃，因此可以满足一些场景对波导材料热稳定性的需求，比如直接在芯片上的应用。聚酰亚胺为不溶性有机物，掺氟后可有效提高其溶解性，从而满足波导制备的工艺要求。掺氟后的聚酰亚胺在近红外范围内具有低光损失的特点，近红外的传输损耗约为0.3dB/cm，达到实用要求。此外，聚酰亚胺在很宽的范围内可实现光折射率的调控，单就共聚物的含氟量而言，其折射率和含氟量相关，含氟量愈高折射率愈小，所以波导芯层和包层都可以采用聚酰亚胺。此外，含氟聚酰亚胺薄膜还有很好的热阻抗、低介电常数、低膨胀系数、随着含氟量增加而降低的吸湿率（吸水性）、低成本等优点，目前有一些品种已商品化。

环烯烃聚合物相对聚甲基丙烯酸酯具有高温稳定性、较高的折射率、较低的双折射率、低吸湿性、较好的软化性能和溶解性能、较高的热光系数和较低的光损耗等。Dow Chemical开发的多氟环丁烷（XU35121）和日本几家公司开发的COCs，如日本Zeon公司的Zeonex、日本JSR公司的ARTON、日本三井化学公司的APL，均属于这类聚合物，主要单体为双环戊二烯。环烯烃聚合物在光学领域为光学元件的首选材料，已被广泛应用在镜头、光学薄膜及DVD（高密度数字视频光盘）碟片基材、大型显示器背光导光板、小型显示器前光导光板、光学半导体、光纤和分析化学仪器用池和槽等中。用作AR/VR光学镜片[14]，也能有效实现AR/VR设备的轻薄化，并提供有益的光学性能。而关键单体2-降冰片烯（NB）有90%为日本和德国所垄断。国内企业若想要突破聚环烯烃的生产，降冰片烯类单体的合成是无法绕开的关口。为打破国外技术垄断、实现国产化，目前，国内已有多家企业投入聚环烯烃材料的产业化进程研究中，阿科力、拓烯科技、鲁华泓锦已开展项目建设，山东益丰生化、万华化学等企业正在关注和实施相关技术研发，华为也曾发布过《环烯烃聚合物、环烯烃聚合物单体和光学制品的制作方法》的专利。

聚硅氧烷中含有（—Si—O—）主链，具有比普通（—C—C—）主链聚合物更优异的热稳定性，是耐热型光波导材料的另一种选择。为了减少聚硅氧烷在近红外区域的传输损耗，需要利用氘或氟来取代聚硅氧烷分子链中的氢。张军志[15]以二苯基硅二醇、十二氟庚基丙基三甲氧基硅烷、甲基丙烯酸氧丙基三甲氧基硅烷为前驱体，经溶胶-凝胶法制备出了含氟聚硅氧烷树脂，其折射率为1.52，1.552μm波长处的光损耗降低到了0.36dB/cm，经UV（紫外）固化和热固化后含氟聚硅氧烷的$T_d$在250℃以上，表现出良好的耐热性能。

光刻胶型聚合物是具有光刻胶性质的聚合物，作为结构材料经光刻工艺后可获得光波导。光刻胶（又称光致抗蚀剂）是指通过紫外线、准分子激光、电子束、离子束、X 射线等光源的照射或辐射，其溶解度发生变化的耐蚀刻薄膜材料。利用其进行光化学反应，将光刻胶涂覆在半导体、导体和绝缘体上，经曝光、显影后留下的部分对底层起保护作用，然后采用蚀刻剂进行蚀刻就可将所需要的微细图形从掩模版转移到待加工的衬底上。如果直接用具有光刻胶性质的聚合物作为结构材料制作光波导，既能使光波导器件的制作工艺大大简化，又能降低制作费用。此项技术在波导制作领域应用已成为新趋势。Amane Mochizuki 等[16]合成了引入含氟单体的聚酞亚胺光敏材料并成功地制备出了光波导结构，这种材料的光损耗降到了 0.4dB/cm（1550nm 波长处）。

通过光光集成、光电集成等方式，利用光波导器件高速的传输能力以及电子元器件成熟的技术和工艺，可以研究制造出性能优良、功能强大的通信元器件。

聚合物光波导具有电光耦合系数高、电学和机械性能好、加工集成方便等优点，目前国内外都在积极开发聚合物光波导器件。研究方向主要集中在：进一步降低聚合物材料的光损耗，提高其热稳定性和光学性能；进一步提高光波导器件的加工精度和尺寸稳定性，减小光集成器件的极限尺寸；进一步提高光波导器件的性能，开发新型的光波导器件，拓展新的应用领域。

## 3.2 工程塑料

工程塑料是在工程中可作结构材料或代替金属制造机器零部件等的塑料，是可在较宽的温度范围内承受机械应力、在较为苛刻的化学物理环境中使用的高性能的高分子材料。以塑代钢、以塑代木已成为国际流行趋势，其技术发展水平受到政府层面的重视，已被列为国家中长期科技发展纲要中高新技术的重点选项。

煤焦油、煤液化粗油可以生产出具有竞争力的化工原料。用这些原料制作的高分子结构片段含有单环或多环芳香族化合物，其中某些结构是很难从石油中获取的。这些芳香族化合物的结构片段赋予了高分子材料某些优于金属材料的性能，使从煤焦油中提取的芳香族化合物在工程塑料的合成中扮演了重要角色。

### 3.2.1 工程塑料概述

（1）工程塑料的性能和指标

工程塑料所具有的优良的综合性能，常用以下方面来描述：

① 热性质　玻璃转变温度（$T_g$）及熔点（$T_m$）高；热变形温度（HDT）高；长期使用温度高（UL-746B）；使用温度范围大；热膨胀系数小。

② 机械性质　高强度、高机械模数、低潜变性、强耐磨损及耐疲劳性。

③ 耐化学药品性　耐酸、碱、盐、溶剂和其他化学物质的浸蚀、氧化、溶胀。

④ 抗电性　具有优越的电绝缘性能、极小的介质损耗以及优良的耐电弧特性。

⑤ 耐燃性　在火焰和较高温作用下不燃烧。

⑥ 耐候性　在应用环境下具有较好的耐受能力。能够经受气候条件的考验，如光照、冷热、风雨、细菌等造成的综合破坏。

⑦ 尺寸稳定性　在机械力、冷热或其他外界条件作用下，其外形尺寸不发生变化。

（2）各工程塑料的化学构造

各工程塑料的化学构造不同，所以它们的性能，如耐药品性、摩擦特性、电特性等有所差异。工程塑料除了聚碳酸酯等耐冲击性大外，通常具有硬、脆、延伸率小的性质。为解决这个问题，工程上经常采用不同化学构造的材料进行复合，以提高所需的材料性能。例如，热固性工程塑料的耐冲击性较差，如果添加 20%～30%的玻璃纤维，则它的耐冲击性将有所改善。不同工程塑料的成型性也不同，有的适用于任何成型方式，有的只能以某种成型方式进行加工，就造成了应用上的局限。

（3）工程塑料的分类及应用

工程塑料种类繁杂，一般以化学结构命名分类。如聚酰胺（尼龙，polyamide，PA）、聚碳酸酯（polycarbonate，PC）、聚缩醛（polyacetal、polyoxymethylene，POM）、聚酯（PET、PBT）、聚苯醚（polyphenylene oxide，PPO）、聚苯硫醚（polyphenylene sulfide，PPS）、聚芳基酯、聚酰亚胺（PI）、聚双马来酰亚胺（polybismaleimide）、聚砜（PSF）、聚醚砜（PES）、聚醚醚酮（PEEK）、聚醚酰亚胺（PEI）等。此外，改善硬度及耐寒性后的聚丙烯可列入工程塑料的范围中。上述品种中，聚酰胺、聚碳酸酯、聚对苯二甲酸丁二醇酯和聚苯醚的应用最广泛，见图 3-10。

图 3-10　工程塑料在生活中的应用

PA 具有抗拉强度高、耐磨、自润滑性好、冲击韧性优异、刚柔兼备的独特性能，其加工简便，效率高，密度小（只有金属的 1/7），可以加工成各种制品来代替金属，广泛应用于汽车及交通运输业。典型的制品有泵叶轮、风扇叶片、阀座、衬套、轴承、各种仪表板、汽车电器仪表、冷热空气调节阀等零部件，其中汽车工业的消费比例最大，大约每辆汽车消耗尼龙制品达3.6～4kg。

PC既具有类似有色金属的强度，同时又兼备延展性及强韧性，耐冲击强度极高，透明度极好，可任意着色，被广泛用于制作各种安全灯罩、信号灯、体育场的透明防护板、高层建筑采光玻璃、汽车反射镜和挡风玻璃板、飞机座舱玻璃、摩托车驾驶安全帽等。

PBT是一种热塑性聚酯，非增强型的PBT与其他热塑性工程塑料相比，加工性能和电性能较好。PBT的玻璃化转变温度低，模具温度在50℃时即可迅速结晶，加工周期短，被广泛应用于电子、电气和汽车工业中，如电视机的回扫变压器、汽车分电盘和点火线圈、办公设备壳体和底座、汽车外装各种部件、空调机风扇、电子炉灶底座等。

PPO是由2,6-二取代基苯酚经氧化偶联聚合而成的热塑性树脂，一般呈土黄色粉末状。1964年，美国通用电气公司首先以2,6-二甲基苯酚为原料实现聚苯醚的工业化生产。其最大的特点是在长期负荷下具有优良的尺寸稳定性和突出的电绝缘性，使用温度范围广，可在－127～121℃范围内长期使用；又具有优良的耐水、耐蒸汽性能，制品具有较高的拉伸强度、抗冲击强度、抗蠕变性、耐磨性和电性能。在机电工业中可制作齿轮、鼓风机叶片、管道、阀门、螺钉及其他紧固件和连接件等，可代替不锈钢制造外科医疗器械，还用于制作电子、电气工业中的零部件，如线圈骨架及印制电路板等。

PI被誉为“二十一世纪最有希望的工程塑料之一”，是高分子材料的研究热点。PI是指分子结构主链中含有酰亚胺结构的高分子聚合物，高性能PI的主链大多以芳环和杂环为主要结构单元。PI具有最高的阻燃等级（UL-94）、良好的电气绝缘性能、机械性能、化学稳定性、耐老化性能、耐辐照性能、低介电损耗，而且这些性能在很宽的温度范围（－269～400℃）内不会发生显著变化，有“解决问题的能手”之称，其性能居于高分子材料金字塔的顶端，以薄膜、纤维、光敏材料、泡沫、气凝胶和复合材料形态被应用于显示器、轨道交通、船舶、汽车、航空航天、防火、光刻胶、电子封装、风电等领域。

在各类以化学结构命名的工程塑料中，聚合物的化学结构片段中含有芳香族化合物的高分子通常也称为芳香族高聚物。由于芳香环的存在，增加了规整性分子链的极性，使其柔性降低，结晶性能提高。按其功能与用途大体上分为以下四大类：

① 通用芳香工程高聚物　主要为聚乙烯对苯二甲酸酯（PET）、聚丁烯对苯二甲酸酯（PBT）、聚乙烯萘酯（PEN）、聚芳基化合物（PAR）、聚碳酸酯（PC）、聚二甲基氧化苯（PPO）、聚砜（PSF）、聚醚醚酮（PEEK）等。PET聚酯的强度、韧性好，耐磨，可制造轮胎、齿轮、建筑构件，还可制胶卷、磁带，特别是软饮料瓶等；PBT具有优良的热性质和机械性质，其制品可耐140℃温度，耐冲击、抗变形，是坚固的工程塑料，并可加工成高聚物合金。

② 耐热塑料　主要有聚酰亚胺（PI）、聚亚胺砜（PIS）、聚苯并咪唑（PBI）和聚酯等。PI可耐400℃高温，在宇航、电子、核动力和汽车工业中广泛应用。如用于各种密封件、轴承、齿轮、活塞、刹车与制动装置上的聚合物，是由均苯四甲酸二酐和二(4-氨基苯)醚合成制得的，属高附加值产品。

③ 液晶高聚物（LCP）　它是指某些高聚物在熔融状态或溶液状态下是液态晶体。它具有很高的强度，在宇航、电子、运输等领域代替金属与陶瓷。LCP可制成目前最轻的18层增强纤维防弹内衣。

④ 功能高聚物　具有某种特殊功能的高分子材料，包括高聚膜材料、离子交换树脂、

光导高聚物等。主要应用在工业上气、液混合物的分离中以及生物和医药部门等一些专业性领域。

## 3.2.2 工程塑料的化学结构与性能

各工程塑料的化学构造不同，其性能有所差异。不同化学结构的工程塑料具有怎样的性能，可从构效关系中寻找答案。

关于化学结构对性能的影响分析在许多功能材料书籍中已有详细的介绍，本书仅就构效关系的一般规律做概括性介绍。元素组成、官能团结构、分子的链结构（骨架链结构和分子量分布）、骨架结构、分子微观结构、超分子结构与聚集态结构、宏观结构，统称为化学构造层次。

（1）构成工程塑料的元素组成

元素是构成物质的基础。常见的元素有碳、氢、氧、氮、氯、硫、溴、碘，而其他元素如氟、硅、磷、硼、锡等，在塑料高分子中并不常见，属于非典型元素。

元素是影响工程塑料性能最基本的因素之一。工程塑料的阻燃性能与塑料分子中含有的阻燃元素及其相对含量有关，其中，卤系阻燃剂受热分解产生卤化氢（HX），卤化氢消除高分子材料燃烧反应产生的活性自由基，从而减缓或终止燃烧的链式反应，达到阻燃的目的，并且因较高的阻燃速率、低廉的价格而得到广泛的应用[17]。

氟塑料是塑料分子式中部分或全部氢原子被氟原子所取代的链烷烃聚合物，因为含有氟元素而对工程塑料性质进行了优化，具有其他聚合物所不具备的多方面综合性能。比如由于C—C共价键通常处于C—F共价键的保护之中，也就是说其他原子很难接近C—C键之间的电子云，被F原子的电负性排斥，不跟绝大多数已知的强化学性试剂如强酸强碱、水和各种有机溶剂反应，具有强耐腐蚀性。同理，F原子也赋予氟塑料防水性、不黏性，以及优异的介电性和自润滑性等。

除此之外，还有许多含有各种元素的工程塑料，添加不同的元素能调整工程塑料最基本的性能，也是最有效的研究方法之一。如常见工程塑料中的有机硅高分子、聚酰亚胺，特种塑料中的有机硼高分子等。这类高分子含有的硅-氧键、硼-氧键、硼-氮键等的键能大于碳-碳键，因此具有较好的热稳定性，如有机硅被应用于耐热封装领域。

（2）工程塑料所含官能团

分子官能团决定了分子的物理和化学性质，官能团是由分子中有限的元素通过共价键、配位键等组合而成的特殊结构。工程塑料中的官能团有羟基、羰基、羧基、氨基、酰胺等。

工程塑料千变万化的复杂性质，更多地取决于材料分子中的官能团结构。工程材料大多是由小分子通过高分子化得到的，其性质主要依赖于结构中的小分子官能团的性质。从另一个角度讲，官能团结构决定了分子的主要化学性质，如氧化还原性质、酸碱性质、分子间性质、亲电和亲核性质以及配位性质等。材料的物理化学性质源于构成它的小分子，也与官能团密切相关，比如材料的亲油和亲水性、溶解性、磁性和导电性等。应用于工程塑料性能的研究之中，通常利用引入的官能团来改善溶解性能、降低玻璃化转变温度、改变润湿性和提高机械强度等。

(3) 分子的链结构

分子的链结构是工程塑料大分子结构中的一个重要部分，其骨架的链段结构和分子量分布对工程塑料的性质有着重要影响。工程塑料大分子一般都是由结构相同或相似的结构片段连接而成的，这种结构片段及其连接方式和形态称为链段。链结构包括化学结构、连接方式、几何异构、立体异构、端基结构和交联结构等，又有嵌段结构、无规共聚结构等，本书就不再赘述。

工程塑料大分子的分子量分布也属于分子链结构分析层次的重要内容，通常影响工程塑料的强度、耐磨性以及耐苛刻环境性等。如超高分子量聚乙烯与普通的聚乙烯相比较，因其具有 300 万～600 万的分子量，从而具有足够的强度，以达到其他低等聚合产品所不可能具备的耐磨损和抗冲击能力，在许多极限的条件下适用性非常好。

(4) 高分子骨架结构

高分子骨架是功能高分子材料区别于功能小分子的主要标志，对工程塑料的性质起到决定性影响。通过比较可以发现，带有同样官能团的高分子化合物的化学和物理性质不同于其小分子类似物，引入高分子骨架后产生的性能差别被定义为高分子效应。由于很多工程塑料都是以功能小分子为基本结构，通过聚合制备得到的，因此从高分子的结构、性能以及理论方面分析研究高分子骨架效应，对于深入研究现有工程塑料的构效关系，开发新型复合工程塑料具有重要意义。在高分子材料中表现较为突出的有以下几种高分子骨架效应：

① 溶解度下降　高分子骨架的引入，使分子量增大，分子间力增强，最直接的作用是使其溶解度显著下降，特别是交联型高分子，在溶剂中只能溶胀，而不能溶解。

② 高分子骨架的机械支撑作用　大部分功能高分子材料中的功能基团是连接到高分子骨架上的，起支撑作用的高分子骨架对功能基团的性质和功能产生许多重要影响。

③ 高分子骨架的模板作用　模板作用是指利用高分子骨架的空间结构，包括构型和构象，在其周围建立起特殊的局部空间环境，在有机合成和其他应用场所提供一个类似于工业上浇注过程中模板的作用，这种作用与酶催化反应有相近的效应。

④ 高分子骨架的稳定作用　由于引入高分子骨架之后分子的熔点和沸点均增大，其挥发性大大减小，扩散速度随之降低，这样可以提高材料对某些敏感性小分子试剂的稳定性。

根据工程塑料聚合物的化学形态，可以将高分子骨架分成两种：一种是线性聚合物，即聚合物有一条较长的主链，没有或有较少分支；另一种是交联聚合物，是线性高分子链通过交联反应生成的网状大分子。

在工程塑料线性聚合物高分子中主要有以下几种骨架应用较为广泛。以聚乙烯、聚苯乙烯、聚醚等为代表的饱和碳链型聚合物，通常采用加聚反应制备，其特点是链的柔性好；以聚酯、聚酰胺骨架为代表的杂链型聚合物，通常采用缩聚反应制备，特点是强度较高；以多糖为代表的大分子，多数是天然高分子或经过改造修饰的天然高分子，常见的如改性纤维素和甲壳质衍生物，特点是生物相容性较好；以聚吡咯、聚乙炔、聚苯胺等为主链的，带有线性共轭结构的聚合物，具有电子传导性质，可以采用电化学或化学聚合法制备；以聚芳香内酰胺为主链的梯形聚合物，一般具有超常的力学性能，可以制备主链型高分子液晶。

工程塑料交联聚合物的分子骨架主要为米花状聚合物和大网状聚合物。米花状聚合物是在不存在任何引发剂和溶剂的条件下，对含双键单体和少量交联剂进行加热聚合得到的米花状颗粒。它具有不溶解性、多孔性和较低的体积密度，由于这种树脂在大多数溶剂中不溶胀、不溶解，因此，只能在非溶胀状态下使用，树脂中存在的微孔可允许小分子通过。大网状聚合物是三维交联的网状聚合物，是在线性聚合物的基础上加入交联剂进行交联反应制备的。这种聚合物的组成和结构比较清晰，但是机械强度低。

(5) 微观结构

工程塑料的微观结构是指分子在空间上呈现的棒状、球状、片状、螺旋状或无定形形态，不同微观结构具有不同的应用性能。其中棒状分子在液晶领域的应用非常广泛，在一定条件下，这些分子的长轴都可以形成互相平行且有特定规则的排列，从而使液晶在平行和垂直于分子长轴方向的物理性能，如折射率、介电常数等表现出各向异性；球状高分子一般为超支聚合物，其熔体黏度比分子量相同的线性聚合物低得多，一般在纳米领域应用最多，例如界面化学、微胶囊技术等；片状结构分子主要应用于热敏电阻电极领域；螺旋状工程塑料有着奇特的性能和潜在应用价值，螺旋结构的高聚物能用于分子识别、作为手性催化剂催化不对称反应、作为手性固定相用于手性分离、存储数据以及作液晶显示材料；无定形结构的工程塑料在不同温度范围内，大分子运动的程度不同，因此呈现出三种不同的力学状态，即玻璃态、高弹态与黏流态。如常见的 PVC（聚氯乙烯）就是典型的无定形结构。

大分子的微观结构主要取决于工程塑料的分子间力，如范德华力、氢键力和静电力等，也与工程塑料分子周围的环境有关。工程塑料大分子的微观结构直接影响材料的渗透性、机械性、结晶度、溶解性能、溶液强度和熔体强度等。

(6) 超分子结构

工程塑料的超分子结构又称聚集态，有晶态和非晶态结构之分。工程塑料的超分子结构直接影响工程塑料的物理性质，决定其应用领域，如吸附性、渗透性、透光性和机械强度等。

工程塑料高分子的分子量很大，分子组成不同，分子间的相互作用方式复杂，导致分子链聚集在一起的形态也不同。聚合物的聚集态结构主要包括晶态、非晶态、液晶态和取向态等，其中最重要的是晶态和非晶态。

不同聚合物具有不同的结晶行为，可由完全非晶结构变化到高度结晶结构，但很少有能 100% 结晶的聚合物，对于大多数聚合物来说，可以同时具有结晶区和非结晶区（图 3-11）。早期的“缨状胶束模型”理论认为一根高分子链可以同时穿过结晶区和非结晶区，在结晶区中分子链相互平行排列，在非结晶区中分子链缠结卷曲无规排列。一些结晶的重要指标可以评价其应用价值，如结晶度、晶区大小、晶体结构以及取向程度等。

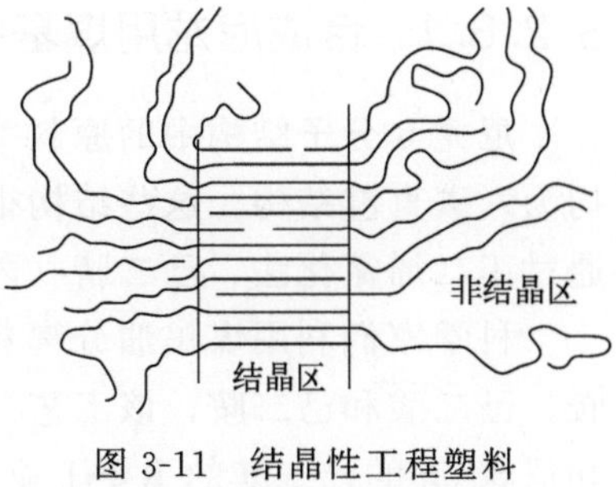

图 3-11　结晶性工程塑料高分子的结晶区和非结晶区

(7) 宏观结构

工程塑料的宏观结构包括材料的立体形状、宏观尺寸、组合形式、复合结构等，如：高分子聚合物的多孔结构、膜形结构、管形结构、中空纤维结构以及层状结构、超分子结构、微胶囊结构和包覆的核壳结构等，这些结构与其应用领域有密切关系。有具体用途的材料又有相应的宏观结构形态描述，如高分子膜材料的膜厚、孔径和孔形，高分子泡沫支撑材料的孔形、孔率和孔径等都属于这一范畴。

### 3.2.3 典型煤基工程塑料中间体

煤焦油是工程塑料的重要原料之一。在众多工程塑料中，尼龙是利用煤焦油芳烃六元环特点合成的材料的典型代表；聚酰亚胺是利用煤焦油组分芳香性特征合成的芳香族高聚物的典型代表。本书选取这两种典型工程塑料作为案例，展示煤焦油化学品对工程塑料的价值。

尼龙（nylon），学名为聚酰胺，卡罗瑟斯及其研究小组于1937年由己二胺和己二酸经聚缩合反应制成的聚六甲基己二酰胺，即尼龙66，是最早商业化的高分子合成纤维。1937年纺织了第一双尼龙丝袜，杜邦公司在1938年取得该专利权，并以“Nylon”为商品名。德国法本公司（I. G. Farben）的施拉克于1938年提出由己内酰胺（caprolactum，CPL、PA6）合成聚己酰胺纤维即尼龙6的专利，并取得商品名“Perlon”。之后随着聚酰胺纤维工业的发展，多种聚酰胺纤维陆续商业化，行业以“尼龙”为此类材料的命名，并以二胺和二酸单体的碳原子数值来命名尼龙系列产品的名称。有聚丁二酰己二胺，即尼龙46；聚辛酰胺，即尼龙8；聚壬酰胺，即尼龙9；聚十二甲基己二胺，即尼龙612；聚十一酰胺，即尼龙11等。尼龙类材料具有许多优越的性能，如耐磨性、耐热性、吸湿性、断裂强度、耐疲劳性、弹性回复率。另外，根据实际要求，尼龙很易进行增强、增韧、阻燃、填充和合金等改性加工。尼龙材料虽然种类多，但仍以尼龙6与尼龙66为主，其生产量占聚酰胺纤维的95%以上。这两个品种的生产与煤焦油中的苯有着密切关系，也是本节介绍的对象。

前文已经阐述，聚酰亚胺结构是由含二酐和含二氨官能团的单体聚合而成的，其中含芳环和杂环的结构单元可以提高材料的机械、耐热等方面的性能。基于煤焦油中的芳香组分制备具有特殊结构的芳香二酸和二酸酐，如2,6-萘二甲酸、1,4,5,8-萘四甲酸及其二酸酐、邻苯二酸酐等，可用于新型聚酰亚胺工程塑料的生产。其中，以煤焦油提取的萘制邻甲基苯酐衍生的二酐是应用最为广泛的中间体之一，因此，本节以邻甲基苯酐为起始原料，介绍系列中间体和几个聚酰亚胺材料及其制备常识。

#### 3.2.3.1 合成尼龙用煤基中间体及制备

尼龙6分子结构中的原料为己内酰胺，尼龙66分子结构中的原料是己二胺和己二酸，均为六碳直链结构。这些结构很难由石油化工的脂肪族原料加工获得，目前仅有己二胺可以通过丁二烯氰化法、己二腈（丙烯腈电解二聚法）加氢还原法实现产业化。

科学家们利用煤焦油分离粗苯的六碳环特点，以其为原料成功研究并分别制备己内酰胺、己二酸和己二胺，该工艺具有资源丰富、成本低的优势，是目前生产尼龙6的己内酰胺和尼龙66的己二酸的主要工业化技术，也有部分己二胺应用此工艺特点生产。在这个产业链条中主要涉及四个中间体，即环己酮、己内酰胺、己二酸和己二胺，下面分别做简单介绍。

（1）环己酮

环己酮，分子式$C_6H_{10}O$，CAS号108-94-1，无色透明液体，熔点$-45℃$，密度$0.95g/cm^3$，沸点155.6℃，闪点43℃，微溶于水，可混溶于醇、醚、苯、丙酮等多数有机溶剂。化学结构式如下：

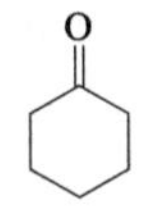


环己酮是一种重要的有机化工产品，是制备己内酰胺和己二酸的主要中间体。1893 年，A. Bayer 采用庚二酸和石灰干馏首先合成了环己酮。1943 年，德国 I. G. Farben 公司建成了苯酚加氢法合成环己酮生产装置。1960 年，德国巴斯夫公司采用环己烷氧化法建成大型环己酮生产装置，使环己烷氧化技术得以迅速发展，并促进聚酰胺纤维产业的大规模发展。20 世纪 80 年代，日本旭化成株式会社开发了环己烯水合法制环己酮工艺，提高了产品纯度，降低了能耗和环境压力。

世界上环己酮工业生产工艺主要有苯酚加氢法、环己烷液相氧化法和环己烯水合法。

① 苯酚加氢法　该工艺是最早应用于工业化生产环己酮的工艺，早期分为两步：第一步苯酚加氢为环己醇；第二步环己醇脱氢生成环己酮。20 世纪 70 年代成功开发出一步加氢法合成环己酮的新工艺，分为气相和液相两种方式。工业上主要采用气相法，该工艺采用 3～5 个反应器串联，温度为 140～170℃、压力为 0.1MPa，收率可达 95%。苯酚加氢法生产的环己酮质量较好，安全性高，但由于苯酚价格昂贵，并使用了贵金属催化剂，使环己酮的生产成本较高，因此该工艺的应用受到了很大的限制。

② 环己烷液相氧化法　该方法是目前环己酮生产中主要采用的方法，生产商主要包括美国杜邦、美国孟山都以及法国的罗地亚公司（原罗纳公司）。该工艺以环己烷为原料氧化获得环己酮和环己醇混合物（醇酮油，俗称 KA 油），分离出环己醇，再经脱氢转化为环己酮。主要优点是技术成熟，产品收率及纯度都比较高，但工艺流程较复杂。其工艺流程见图 3-12。

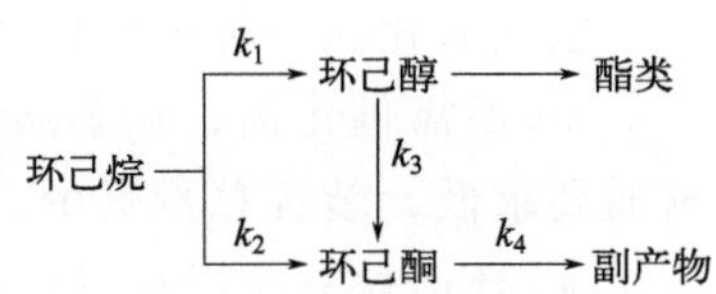


图 3-12　环己烷液相氧化法工艺流程

目前工业生产中环己烷液相氧化法有两条氧化工艺路线：一种为无催化氧化工艺；另一种为催化氧化工艺。

a. 无催化氧化法。无催化氧化法制备醇酮工艺是法国罗纳公司于 1968 年前后发表的，并采用该工艺路线在法国夏朗贝建厂，规模为 10 万 t/a。1973 年，我国辽阳石油化纤总厂引进了该技术，建设 4.3 万 t/a 醇酮生产装置，后扩产至 20 万 t/a。

工艺分为两步：第一步为环己烷在 160～170℃ 的条件下直接被空气氧化为环己基过氧化氢；第二步为在碱性条件和催化剂作用下，环己基过氧化氢分解为环己醇和环己酮的混合物（醇酮油，俗称 KA 油）。各生产厂家工艺条件见表 3-4。

**表 3-4　无催化氧化法环己烷液相氧化制环己酮工艺条件**

| 生产厂家 | 工序 | 温度/℃ | 压力/MPa | 保留时间/min | 催化剂 | 反应器类型 | 环己烷转化率/% | 环己醇、环己酮选择性/% |
|---|---|---|---|---|---|---|---|---|
| Rhone Poulenc | 氧化 | 170～180 | 1.82 | 15～30 | 无 | 槽式 | 4 | 84 |
| Rhone Poulenc | 过氧化物分解 | 150 | 1.82 | 15～30 | V、Ru、Mo | 槽式 | 4 | 84 |
| Stamicarbon | 氧化 | 160～180 | 1.2 | 15～60 | 无 | 塔式 | 3.5 | 80～83 |
| Stamicarbon | 过氧化物分解 | 85 | 0.4 | 15～60 | 醋酸钴 | 塔式 | 3.5 | 80～83 |

无催化氧化工艺的特点是环己烷在不加催化剂情况下氧化得到中间产物环己基过氧化氢，环己基过氧化氢再经催化分解得到KA油，由于在氧化过程中不加任何催化剂，故氧化产物环己基过氧化氢比较稳定，不易被分解，副产物也较其他方法少，而且不存在结焦和浆状物料处理问题，生产装置可连续运转。实践证明这种生产工艺技术先进、实用，工艺成熟可靠，便于操作，具有较好的经济性，一般转化率在5%左右，醇酮产品选择性约为84%。该方法的缺点是工艺路线较长，投资较大，能耗较高。

目前有代表性的工艺有法国罗地亚公司的贫氧氧化工艺和荷兰帝斯曼公司的空气氧化工艺。贫氧氧化工艺的技术特点是采用贫氧氧化环己烷，操作压力和温度高；环己基过氧化氢在酸性条件下分解，设备材料多为不锈钢。空气氧化工艺的技术特点是采用空气氧化环己烷，操作压力和温度低，增加了皂化工序，环己基过氧化氢在碱性条件下分解，设备材料多为碳钢。两种工艺路线的比较见表3-5。

**表3-5　贫氧/空气氧化工艺比较（以每吨醇酮计）**

| 指标 | 产品质量 | 反应温度/℃ | 反应压力/MPa | 环己烷消耗/t | 碱耗(100%)/t |
|---|---|---|---|---|---|
| 空气氧化 | 99.90% | 160～165 | 1.1～1.2 | 1.012 | 0.1255 |
| 贫氧氧化 | 97.00% | 180～200 | 2.0～2.2 | 1.055 | — |

空气氧化法与贫氧氧化法相比，具有以下优点：

ⅰ.所需催化剂、化学品种类及数量少，工艺流程相对简单，设备台数明显减少，设备材质要求低，装置总投资少。

ⅱ.环己烷氧化过程操作压力和温度低，可明显改善装置的安全性，降低空气压缩机电力消耗。

ⅲ.氧化反应器与分解反应器无需特殊机械处理，长期运行不结渣；系统配置特殊的碱液分离系统，使装置能长周期运转，无需定期停车清洗。

ⅳ.装置产生的酸性废水和分解过程中的废液最终混合送至废碱焚烧装置焚烧，在辅助燃料的作用下，利用废碱液中的有机组分的热值副产蒸汽。装置排放的废水数量较少。

b.催化氧化法。因催化剂不同分为钴盐法和硼酸或偏硼酸法。

ⅰ.钴盐催化氧化法制备醇酮生产工艺始于20世纪40年代，由美国杜邦公司开发并最早投入工业生产，50年代中期实现工业化，美国杜邦和孟山都、德国巴斯夫相继采用此工艺生产醇酮。目前这种生产方法在世界醇酮生产中仍占主要地位，我国早期的工厂多采用该法生产醇酮。该工艺一般采用环烷酸钴、硬脂酸钴、油酸钴、辛酸钴、环烷酸钴铬复合物等钴盐为催化剂，采用空气氧化环己烷获得KA油。过氧化物氧化法制备环己酮的化学反应式如下[18]：

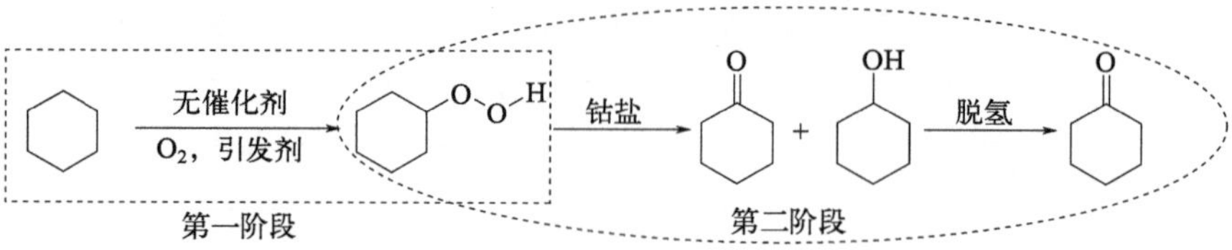


为了减少环己醇、环己酮被氧化生成羧酸，提高醇酮产品的选择性及收率，必须控制环己烷的转化率和产物的停留时间。一般操作条件为温度160℃左右，压力1.1MPa左右，停

留时间小于 50min，此时环己烷转化率可达 6%，醇酮产品的选择性在 80%左右。该工艺对设备的要求低，但该反应过程中产生的羧酸易与催化剂反应，生成羧酸钴盐，残留在设备及管道上，结渣堵塞管道和阀门，降低装置开车周期，消耗增高。各生产厂家环己烷氧化的工艺条件见表 3-6。

**表 3-6 钴盐催化氧化法氧化环己烷制环己酮的工艺条件**

| 生产厂家 | 温度/℃ | 压力/MPa | 保留时间/min | 反应器类型 | 1mol 环己烷转化率/% | 1mol 环己醇、环己酮选择性/% |
| --- | --- | --- | --- | --- | --- | --- |
| BASF | 145 | — | — | 槽式 | 4 | 77 |
| Inventa | 160～165 | 1.01～1.22 | 30～50 | 槽式 | 1 | 89～91 |
| Dupont | 160～180 | 1.01～1.22 | — | 塔式 | 4～6 | 77～80 |
| Stamcarbon | 150～160 | 0.81～0.91 | — | 槽式 | 3～5 | 76～78 |
| VikerZimmer | 174 | 2.13～2.53 | 10 | 塔式 | 4～5 | 75～83 |
| PetrocarbonDev. | 157～162 | 0.96 | — | 塔式 | — | 85～89 |

ⅱ.硼酸催化氧化法是 20 世纪 60 年代中期由美国 S.D.公司开发的环己烷催化氧化生产工艺，其特点是采用硼酸或偏硼酸作为催化剂，采用空气氧化环己烷制备环己酮、环己醇。在氧化时，硼酸与环己基过氧化氢生成过硼酸环己醇酯，然后转变为硼酸环己醇酯。硼酸也可以直接和环己醇反应生成硼酸环己醇酯和偏硼酸环己醇酯。反应式如下：

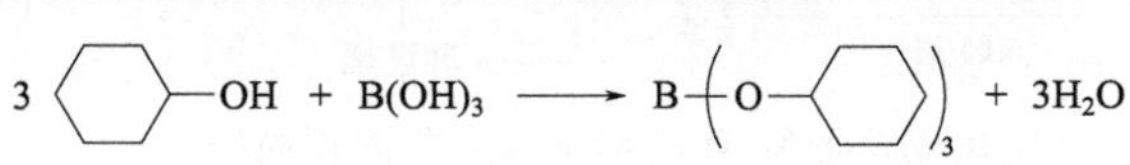

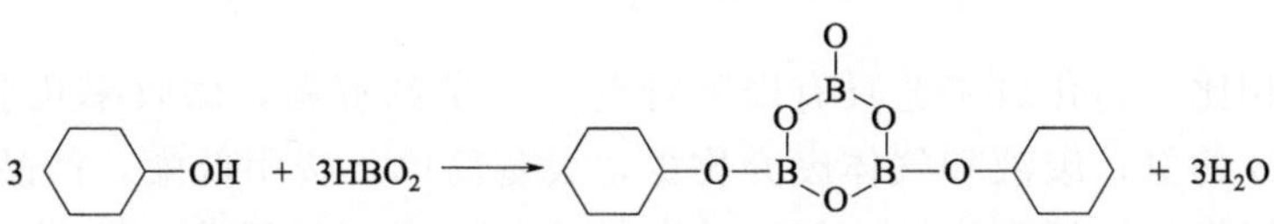

环己醇成酯以后具有抗氧化性和热稳定性，防止了进一步氧化。反应温度 165～170℃，压力 0.91～1.21MPa，反应时间 120min 时，环己烷转化率可达到 10%～12%，醇酮选择性提高到 90%。硼酸氧化法增加了水解工序和硼酸回收工序。在水解工序中硼酸环己醇酯分解为环己醇和硼酸，形成两相，硼酸留在水相中，两相分离后，水相送到硼酸回收工序，使硼酸结晶出来，再经热处理转化为偏硼酸循环用于氧化反应。硼酸氧化的反应产物十分复杂，水解后的有机相也必须经过进一步处理去除杂质，工艺复杂，设备较多，生产操作及控制难度大，投资较高。此外，在环己烷氧化过程中易生成浆状产物，沉淀结渣造成设备及管道堵塞，清除特别困难，致使生产操作连续性和生产时间难以保证。

③ 环己烯水合法　该法包括环己烯水合制环己醇和环己醇脱氢制环己酮两个反应单元，其核心在于第一单元的环己烯水合制环己醇，反应式如下：

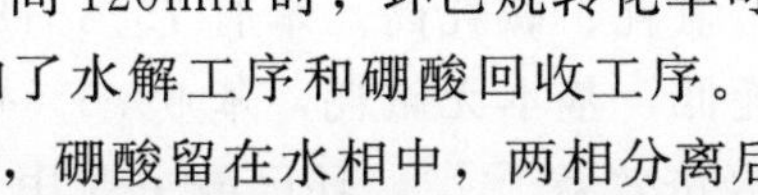

水合反应是在高硅沸石 ZSM-5 水合催化剂作用下发生的，环己烯的单程转化率为 10%～15%，环己醇的选择性可达 99.3%。早在 20 世纪 40 年代菲利浦石油公司就发现，在常温下硫酸作催化剂可使环己烯水合制环己醇。沸石分子筛由于具有适宜的酸性及很好的机械强度和热稳定性而成为近年来烯烃水合用催化剂的研究重点。日本旭化成公司于1983年开发了固体酸分子筛催化剂的环己烯水合工艺，并于1986年公开了高效水合分子筛催化剂的制备专利。

上述三种生产环己酮的方法代表了环己酮发展的历史和技术进步过程。苯酚加氢法受资源和成本制约逐渐退出舞台。环己烯水合法其实质是旭化成在苯全部加氢制得环己烷，再氧化制环己醇、环己酮工艺基础上，针对苯加氢过程中易产生环己烯的特点而开发并成功工业化的技术。1972年，杜邦公司的Dringkard等发现，在含锌盐的碱水溶液中以 $RuCl_3$ 作催化剂进行苯部分加氢反应，环己烯的收率能达到32%，环己烯水合工艺才逐渐受到关注。日本旭化成于20世纪80年代成功地开发出新型苯部分加氢催化剂，采用改进的钌系催化剂使环己烯收率提高到60%，并于1988年10月在水岛建成了世界上第一套苯部分加氢-环己烯水合的生产线。神马集团在1995年引进了旭化成技术，并在1998年成功试车生产。后期神马集团与郑州大学合作，研究了加氢催化剂及其最佳操作条件与工艺过程，确定了核心技术参数，在120～160℃、4～6MPa、钌催化剂的条件下进行不完全加氢反应制备环己烯，苯的转化率为50%～60%，环己烯的选择性为75%～85%，环己烷的选择性为20%。旭化成苯加氢-环己烯水合工艺流程简图见图3-13。

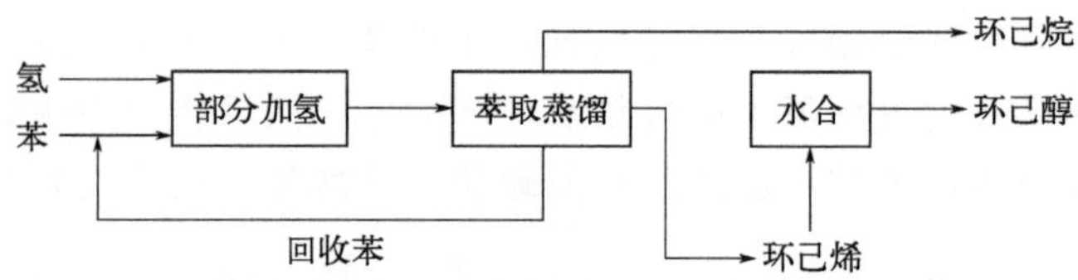


图3-13　旭化成苯加氢-环己烯水合工艺流程简图

与传统工艺相比，旭化成工艺具有以下特点[19]：节约资源，碳收率几乎为100%，比传统方法可节省1/3的氢；废液和气体废弃物少，设备简单，费用低廉，产品中杂质少；反应条件温和，几乎不发生结垢和腐蚀，能连续运转几年。中国神马集团引进的65kt/a尼龙66装置，其中的环己醇装置采用旭化成工艺，已于1998年投料试车。

环己烷氧化法综合收率低，氢耗、碱耗高，苯有75%～82.9%转化为KA油；环己烯法综合收率高，质量最高，氢耗低，基本无碱耗，苯99.5%可转化为KA油，而且环己酮占80%以上，具有更加显著的经济效益[20,21]。环己酮主要用于己内酰胺生产中，己内酰胺装置对环己酮的质量要求见表3-7。

**表3-7　己内酰胺装置对环己酮的质量要求**

| 物质 | 环己酮 | 环己醇 | 水 | 不挥发物 | 链烷酮 |
| --- | --- | --- | --- | --- | --- |
| 质量分数 | ≥99.8% | ≤0.1% | ≤0.1% | ≤0.02% | ≤50mg/kg |
| 物质 | 醛 | 酸值 | 脂值 | 色度 | — |
| 质量分数 | ≤50mg/kg | 10mg/kg | 10mg/kg | ≤10APHA | — |

注：高于环己酮国家标准GB/T 10669—2001的一级品要求，主要指标为链烷酮、醛。

环己酮能促进聚酰胺纤维产业的大规模发展，其核心在于苯加氢制备环己烷或环己烯的成功产业化，尤以煤化工获得的粗苯价格低、供应稳定，成为市场的主要选择，所以，这里有必要介绍一下苯加氢工艺。对尼龙行业来说，苯加氢获得的产品是环己烷和环己烯，环己烯在上文已叙述，以下主要是介绍苯加氢制备环己烷。

工业生产中，环己烷的生产方法主要为苯加氢法和石油烃馏分的精制法。石油馏分中分馏精制获得环己烷，但产量有限，纯度不高，要制得 99.9%以上的环己烷相当困难。苯加氢法是环己烷的主要生产方法，包括气相法和液相法。常用的催化剂有 Pt、Pd 和 Ni 等。

气相法苯加氢制备环己烷的工艺步骤：氢气和苯混合后送入热交换器加热蒸发呈气相，操作压力为 3.0～3.5MPa。氢气和苯的物质的量之比为 3.5～8，混合气体在 200～250℃下通入装有具有高温特性的催化剂的第一段多管反应器，再在 160℃左右通入装有具有低温特性的催化剂的第二段多管反应器，反应热用管外冷却剂吸收除去。反应产物经冷凝后，分离器除去未反应氢气即得产品环己烷。

气相加氢采用固定床，工艺相对简单，投资相对较小，应用厂家较多。工艺特点是对氢气纯度要求较低，两种原料混合均匀，原料苯的转化率和产品收率均很高，但反应激烈，易出现“飞温”现象，操作不易控制。随着国产催化剂的进步，副产蒸汽压力已经有较大提高，产品质量明显提高。气相苯加氢法的典型工艺有：贝克森法（Bexane)、美国阿科（ARCO)、UOP、霍德赖法（Houdry）和海德拉法（Hytoray）等。我国中石化南京化学工业有限公司曾引进此工艺，工艺流程见图 3-14。

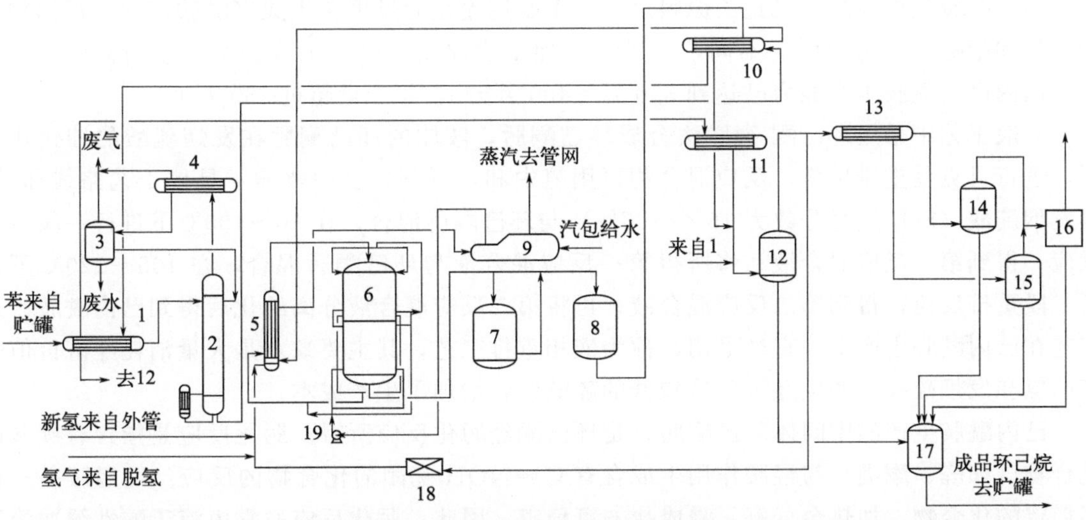


图 3-14　苯加氢制环己烷工艺流程

1—苯进料热交换器；2—苯干燥塔；3—苯水分离器；4—苯干燥塔冷凝器；5—苯蒸发器；6—加氢前反应器；7—脱硫反应器；8—加氢后反应器；9—废热锅炉；10—苯预热器；11—成品冷凝器；12—环己烷冷却器；13—后冷却器；14—分离器；15—油水分离器；16—吸附系统；17—环己烷缓冲罐；18—热油循环泵；19—氢气循环压缩机

液相法苯加氢制备环己烷的工艺步骤：氢气经干燥之后与苯分别进入装有镍催化剂的主反应塔中，借助于泵的循环作用，使固体催化剂保持悬浮状态，并用换热器除去反应热，液相加氢温度控制在 180～200℃，同时生成低压蒸汽，苯几乎可完全加氢。从主反应塔出来的反应产物再通入装有镍催化剂的固定床补充反应塔，补充反应塔流出物经冷凝后在高压分离塔中进行闪蒸，闪蒸气体可循环回主反应塔，闪蒸液送稳定塔，从稳定塔塔顶除去氢气和其他的溶解气体，塔底产物即为产品环己烷。液相加氢压力一般维持在 2.0～3.0MPa，以保证主反应器中液相的稳定。在此压力下，由液相蒸发带走的反应热约占总反应热的 20%，其余的由器外换热器移走。

液相苯加氢工艺相比气相加氢工艺而言，反应稳定、缓和，转化率和收率也很高，副产蒸汽压力相对较高，但液相反应必须有后反应，能耗也较高，液相反应的氢气利用率为85%。其典型工艺有IFP法、Arosat法和BP法，国内代表性厂家有辽阳石化分公司等。

环己烷在我国主要用于生产己内酰胺和己二酸，2020年统计，我国环己烷消耗总量达到270万t左右，其中80%以上用于生产己内酰胺和己二酸。我国环己烷的总生产能力超过350万t/a，呈现供过于求的局面，企业开工率不高，盈利困难。国内主要生产企业有山东鲁西化工股份公司、神马集团和巨化集团等。

(2) 己内酰胺

分子式是$C_6H_{11}NO$，CAS号105-60-2，熔点68～71℃，沸点270℃，闪点152℃，密度1.05g/cm$^3$，外观为白色粉末或结晶体，有油性手感，具有薄荷及丙酮气味，溶于水、氯化溶剂、石油烃、环己烯、苯、甲醇、乙醇、乙醚。结构式如下：

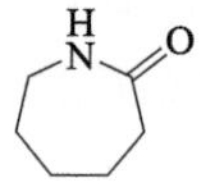

己内酰胺是重要的有机化工原料之一，主要用途是通过聚合生成聚酰胺切片，根据切片的质量和指标、应用领域的不同，可进一步加工成锦纶纤维、工程塑料、塑料薄膜。2020年，国内己内酰胺生产能力已达到350万～400万t/a，年产量超过250万t。

一般工艺中采用环己酮-羟胺法合成环己酮肟，液体的环己酮肟在发烟硫酸的催化作用下，进行贝克曼重排反应，反应混合物再用氨中和，可制备己内酰胺。具体工艺路线如下：将发烟硫酸（$SO_3$质量分数为15%～25%）与环己酮肟混合，在90～100℃下进行一段重排反应，得到第一反应混合液；将所得第一反应混合液与环己酮肟混合，在105～120℃下进行二段重排反应，得到第二反应混合液；再将第二反应混合液分离纯化后得到己内酰胺。此工艺在己内酰胺生产中一直被沿用，称为液相重排工艺，其主要缺点是大量消耗经济价值较高的氨和发烟硫酸，产生经济价值较低的硫酸铵，增加了生产成本。

己内酰胺生产的中间体环己酮肟，是环己酮经肟化反应所得。肟化反应是指含有羰基的化合物（如醛、酮类）与羟胺作用生成含有C═NOH基团的化合物的反应。纯羟胺是一种不稳定的化合物，加热会分解，需成盐方可稳定。因此，肟化反应通常由溶于酸性缓冲溶液中的羟胺和环己酮接触，生成环己酮肟。经过几十年的发展，主要有4种工艺方法：一是瑞士Inventa公司开发、德国法本公司改进的拉西法[22,23]（硫酸羟胺法，HSO法）；二是德国BASF公司和瑞士Inventa公司开发的氧化氮还原法（NO法）；三是荷兰DSM公司开发的磷酸羟胺法（HPO法）；四是意大利埃尼化学（EniChem）公司开发的环己酮氨肟法（HAO法）。

拉西法（HSO法）：自1908年，德国和美国分别开始采用HSO法生产硫酸羟胺。瑞士Inventa公司是瑞士Emsgrivory公司前身HOVAG公司1947年注册的一家负责研发和专利申请的公司。1943年，德国IG公司以苯酚为原料，并采用改进的HSO法生产硫酸羟胺进行环己酮肟化反应，实现了己内酰胺的工业化[24]，之后日本宇部兴产株式会社也采用此工艺生产己内酰胺。其主要工艺过程为：由氨氧化制备氮氧化物，由氨水吸收二氧化碳制备碳酸铵，然后用碳酸铵溶液吸收氮氧化物制备亚硝酸盐，再将亚硝酸盐、氨水和二氧化硫进行反应，生成羟胺二磺酸盐，羟胺二磺酸盐水解生成硫酸羟胺盐，硫酸羟胺溶液再与环己酮进行肟化反应生成环己酮肟。拉西法是最传统的生产工艺，其技术成熟、生产稳定、安全性好、成本较低。缺点是羟胺制备、环己酮肟化过程中均产生大量低价值的硫酸铵，生产流程较长，而且能耗高，三废排放量大。HSO 法的生产过程较为烦琐，其反应路线见图 3-15。

氧化氮还原法（NO 法）是美国道-巴登公司、德国巴斯夫公司及荷兰 DSM 公司等主要采取的技术，目前仍是己内酰胺最主要的生产方法之一。其主要工艺过程为：以氨为原料，以铂、铑为催化剂，在纯氧条件下进行转化生成一氧化氮，然后将一氧化氮与氢气一起通入含有铂催化剂的硫酸水溶液中进行加氢反应，一氧化氮被还原成羟胺并与硫酸生成硫酸羟胺，硫酸羟胺与催化剂分离后与环己酮进行肟化反应，生成环己酮肟。一氧化氮还原法避免了在羟胺制备中产生硫酸铵，而且工艺成熟、生产稳定、容易操作、羟胺及环己酮肟的质量较好，但是需要使用贵金属催化剂，设备投资较大，一氧化氮存在安全性问题，而且肟化过程中副产硫酸铵。其反应路线见图 3-16。

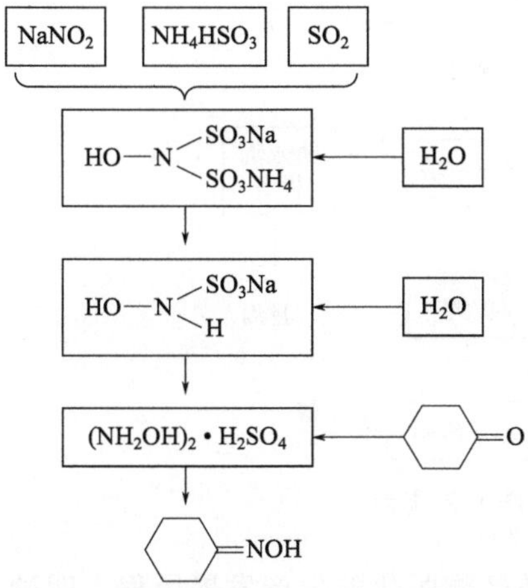

图 3-15　HSO 法生产环己酮肟的反应路线

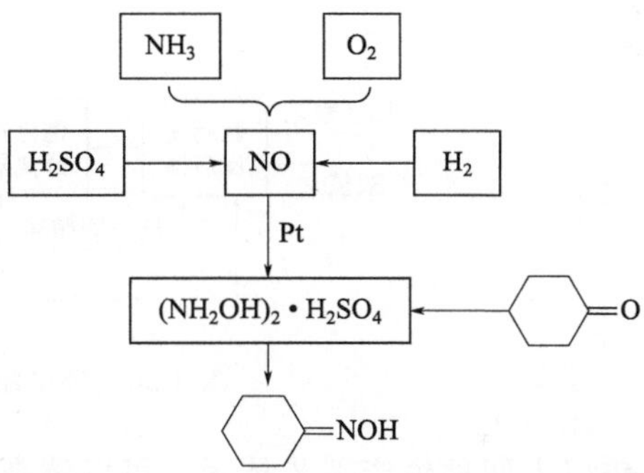

图 3-16　NO 法生产环己酮肟的反应路线

磷酸羟胺法（HPO 法）是荷兰国家矿业公司（帝斯曼，DSM）在 1977 年开发的方法，是最主要的环己酮肟化生产方法之一。其主要工艺特点为：以氨为原料，氧化生成一氧化氮和二氧化氮，用含有磷酸、硝酸、铵根和羟胺的无机缓冲盐工艺液吸收，然后在负载于活性炭上的铂、钯催化剂存在下，将缓冲液用氢气还原制备磷酸羟胺。磷酸羟胺与环己酮发生肟化反应生成的环己酮肟的凝固点很高（88℃），因此肟化反应以甲苯作溶剂，可获得较高的转化率。反应后再使用甲苯将环己酮肟萃取出来，蒸发去除甲苯，得到酮肟。HPO 法的特点是环己酮肟化阶段无副产硫酸铵，环己酮消耗低，环己酮肟质量好，而且产品质量稳定，但生产过程较复杂，操作控制比较严格，工艺路线长，设备投资大，并且需要贵金属催化剂。其反应路线如图 3-17 所示，工艺流程如图 3-18 所示。

环己酮氨肟法（HAO 法）是 1987 年意大利埃尼化学公司提出的液相环己酮氨肟化方法，即在环己酮的存在下，用双氧水和钛硅分子筛催化剂将氨氧化成羟胺，再与环己酮反应得到环己酮肟，可获得较高的收率。该工艺的主要特点是羟胺制备和羟胺与环己酮反应生成环己酮肟在同一反应器中进行，缩短了工艺流程，而且肟化阶段无副产硫酸铵，也不需要贵金属作催化剂，因此投资和生产成本较低。反应总方程式见图 3-19。生产工艺流程见图 3-20。

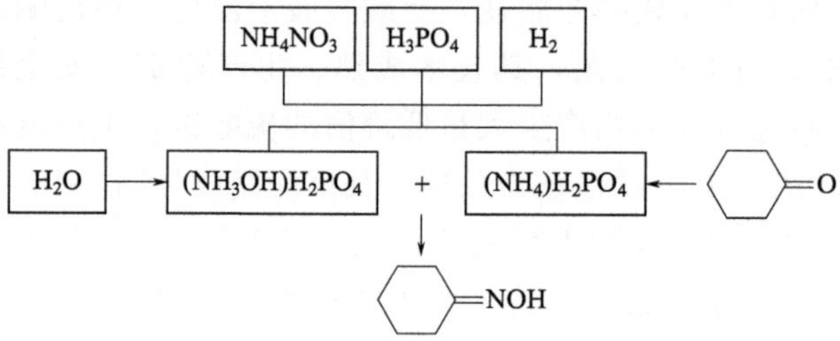


图 3-17　HPO 法生产环己酮肟的反应路线

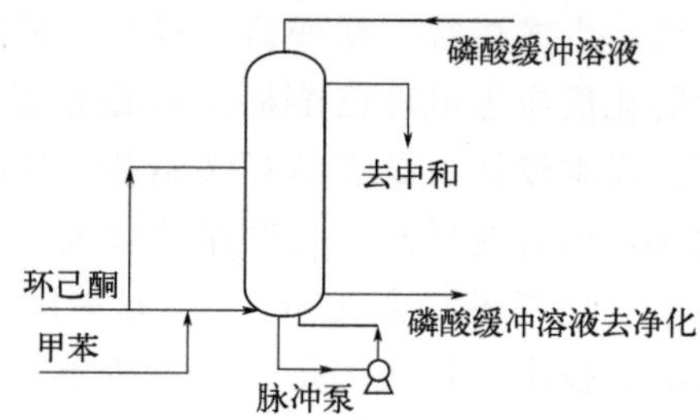


图 3-18　HPO 法生产环己酮肟的工艺流程

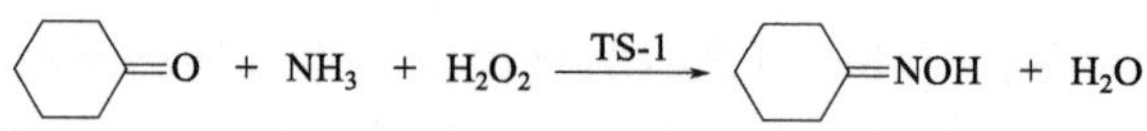


图 3-19　HAO 法生产环己酮肟反应总方程式

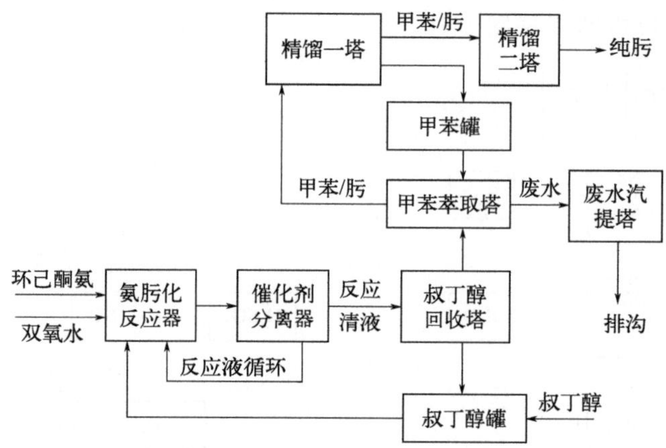


图 3-20　环己酮氨肟法生产工艺流程

比较以上四种生产工艺技术，可以清晰地认识环己酮肟化的生产发展历程。四种方法虽各有不同，但又有相似之处，不难得出，HAO 法生产环己酮肟具有更高的原子利用率、更好的技术优势、更符合绿色化工的要求和更好的发展前景，这一技术已成为环己酮肟生产的主流工艺。国内中石化巴陵石化是最早进行氨肟化技术实施的企业，并形成部分知识产权。

1999 年，中石化巴陵分公司与石油化工科学研究院合作，成功开发了环己酮氨肟化制环己酮肟的新工艺，和埃尼化学公司各自拥有相关的专利和技术。该工艺包括反应、溶剂回收、萃取、精馏和汽提等工序，氨肟化成套工艺反应转化率高，过程简单，采用环己酮、双氧水、氨为原料，以自己开发的钛硅分子筛为催化剂，以叔丁醇为溶剂，一步合成环己酮肟，而且条件温和，环境友好。环己酮转化率及环己酮肟选择性均可达 99.5%以上，双氧水利用率为 90%，催化剂单程寿命为 610h。

(3) 己二酸

己二酸又名肥酸（adipic acid，ADA)，分子式 $C_6H_{10}O_4$，CAS 号 124-04-9，熔点 152℃，白色结晶，微溶于水，易溶于乙醇。化学结构式如下：

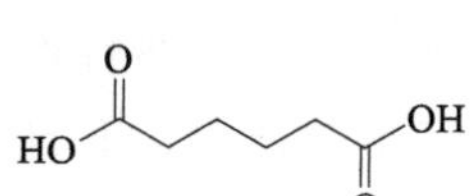

己二酸是脂肪族二元羧酸中最有应用价值的二元酸之一，能够发生成盐反应、酯化反应、酰胺化反应等，并能与二元胺或二元醇缩聚成高分子聚合物，如生产锦纶 66 和尼龙 66 工程塑料、聚氨酯泡沫塑料和增塑剂，此外还可用于生产高级润滑油、食品添加剂、医药中间体、香料、香精控制剂、新型单晶材料、塑料发泡剂、涂料、杀虫剂、黏合剂以及染料等，用途十分广泛。

自 1937 年美国杜邦公司开始工业化生产己二酸以来，世界上己二酸的生产发展很快。目前生产厂家有英威达公司、罗地亚公司、德国 BASF 公司、Radici（兰帝奇）化学公司以及日本旭化成公司等。随着亚洲多套己二酸新建或扩建装置的建成投产，全世界己二酸的总生产能力已超过 500 万吨，其中亚太地区是己二酸最主要的生产地区。

我国己二酸的生产起步较晚，但发展很快。2005 年我国己二酸的总生产能力仅为 19.7 万吨/年；近十年来，除 2017 年以外，基本处于正增长的趋势；2021 年产能达到 274 万吨，较 2020 年增长 7.8%，年产量 200 万吨左右（见图 3-21），处于产能过剩状态。2024 年全球己二酸产能超过 580 万吨，其中中国产能占比约 60%。目前主要生产企业是山东华鲁恒升集团、河南平顶山神马集团、重庆华峰化工集团、辽阳石化公司、山东洪业化工有限公司、新疆天利高新股份公司、山东博汇集团公司等，前三家企业产能均在 20 万吨以上。

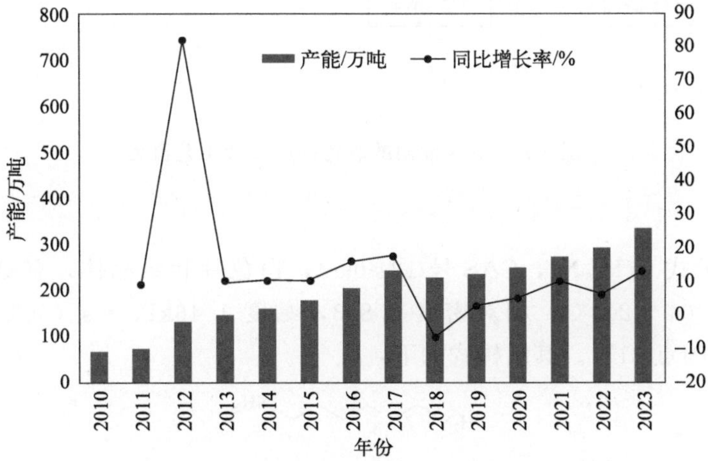


图 3-21　2010～2021 年国内己二酸产能增长对比图

目前，己二酸的合成方法包括环己烷法、环己醇法、环己烯法、丁二烯法以及生物氧化法。工业上主要采用环己烷法（或称 KA 油法）和环己烯法（又称为环己醇法）两种方法，KA 油法生产技术成熟，是世界上大多数生产己二酸的厂家采用的主要工艺方法，大概 70%的己二酸是通过环己烷法生产的，30%左右的己二酸通过环己烯法生产，而且环己烯法的生产路线大部分在中国。如图 3-22 所示，两种合成工艺的产业链类似，主要原料均为苯、氢气、氧气和硝酸，区别在于中间产品不同，环己烯法的中间产物是环己醇，环己烷法的中间产品是 KA 油（环己醇和环己酮的混合物）。

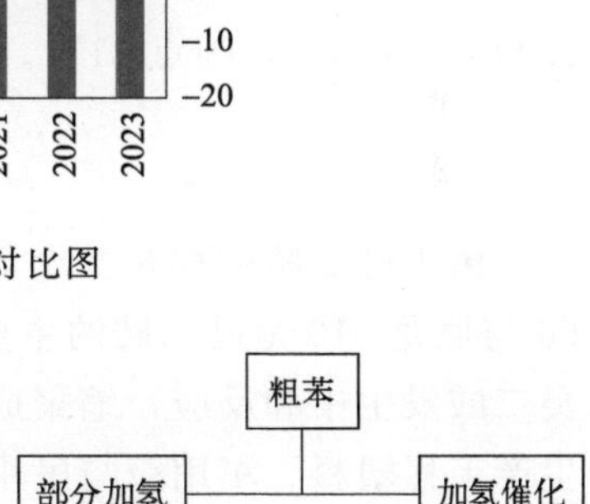


图 3-22　己二酸的环己烯法和环己烷法的生产路线

KA 油的生产前文已经介绍过，这里只对 KA 油的氧化进行阐述。工业上 KA 油或环己醇（环己烯水解产物）氧化制备己二酸主要采用硝酸氧化的工艺流程：在 0.1%～0.5%

铜与 0.1%～0.2%钒作催化剂的催化下，用 60%$HNO_3$ 在 60～80℃、0.1～0.9MPa 下氧化 KA 油，KA 油的总转化率为 100%，ADA 选择性约 95%。该法的主要副产物是戊二酸和丁二酸。其中，催化剂铜和钒各有作用：钒适合低温，其优点在于使生成的中间体选择性地转化成己二酸，从而提高反应收率；铜适合高温，其优点是对副产物戊二酸的生成及对环己酮转化成二异亚硝基环己酮有抑制作用。其工艺流程如图 3-23 所示。

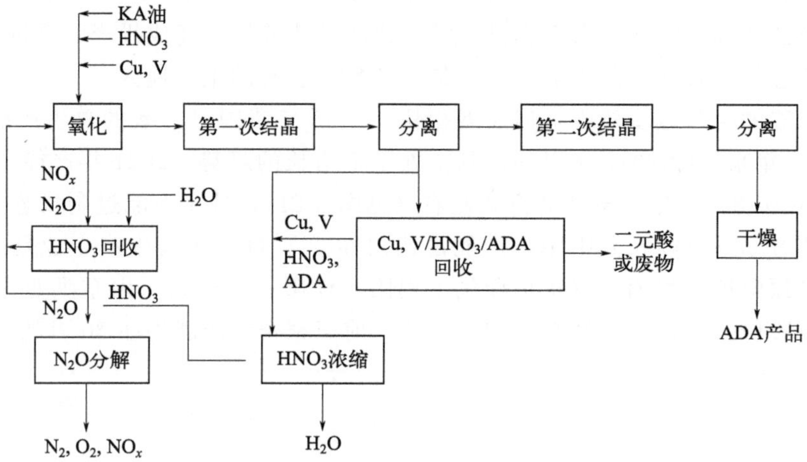


图 3-23　KA 油硝酸氧化制己二酸工艺流程

(4) 己二胺

己二胺，分子式 $C_6H_{16}N_2$，CAS 号 124-09-4，白色片状结晶体，有氨臭，可燃，熔点 41～42℃，沸点 204～205℃，相对密度 0.883，黏度 1.46kPa·s (50℃)，折射率 $n_D$ = 1.4498 (40℃)，闪点 81℃。其结构式如下：

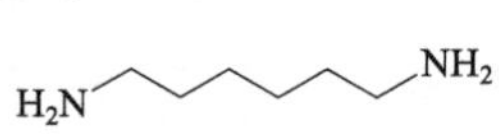

由于己二胺中存在 2 个氨基，因此，可根据反应物的不同，得到多种化学产品。尼龙 66 与尼龙 610 是己二胺的主要生产产品：与己二酸发生中和反应，缩聚成尼龙 66 产品；与癸二酸发生中和反应，缩聚成尼龙 610 产品。在尼龙 66、尼龙 610 产品中加入功能助剂等生产工程塑料、军用级与民用级纤维等产品，该产品具有很强的拉伸性、耐候性，可以替代传统金属材料，用于制作机械零件、机械受力元件、日常使用的汽车轮胎内部抗拉伸的纵向纤维、体育用品中抗拉伸纤维等。

己二胺的生产方法主要有己二酸氨化法、丁二烯直接氰化法和丙烯腈电解法等。三种方法的不同之处在于己二腈的制备方法，相同的是均是通过己二腈加氢获得己二胺。加氢工艺大同小异，不是成本和技术的影响因素，基本工艺是：在雷尼镍催化剂存在下，在 90℃和 2.8MPa 压力下，于乙酸中加氢得到己二胺。己二腈的制备是整个行业的核心，被业界称为"尼龙产业的咽喉"。国外对己二腈生产技术和产品实行深度垄断与全面控制，并采用配给制供给。美国英威达是世界上己二腈的主要供应商，此外还有美国奥升德、德国巴斯夫、日本旭化成、美国杜邦、比利时联合化学等公司，产能合计为 180 万吨以上。2018 年，华峰集团已在重庆涪陵基地采用自主研发的苯法（即己二酸法）工艺生产己二腈技术，开始设计建设10万吨己二腈项目，其中5万吨/年装置于2019年10月实现达产并稳定运行，在此以前，我国己二腈100%依赖进口。但对于每年40万吨且备受抑制的己二腈需求而言，5万吨的年产能仍然远远不够。全球己二腈巨头奥升德功能材料公司在连云港建设20万吨/年己二胺项目于2021年5月环评公示。2022年3月中国化学天辰齐翔丁二烯法己二腈开车成功。三种己二腈工艺方法简述如下：

① 己二酸氨化法　该法为20世纪60年代末法国罗纳·普朗克化工部（现罗地亚公司）开发的。反应机理简单，己二酸和氨反应，首先生成己二酸二铵盐，铵盐脱水转化为酰胺，酰胺继续脱水生成己二腈。整个反应进程可分为中和反应和脱水反应两个步骤，脱水反应需较高的活化能，反应温度较高，副反应较多，多在脱水催化剂作用下进行。

以己二酸（苯加氢制备方法前文有述）为原料，先在磷酸三丁酯等脱水催化剂存在下，于280～300℃温度下进行氨化、脱水，得到己二腈。其反应方程式如下：

$$HOOC(CH_2)_4OOH + 2NH_3 \longrightarrow H_2NOC(CH_2)_4CONH_2 + 2H_2O$$

$$H_2NOC(CH_2)_4CONH_2 \xrightarrow{\text{催化剂}} NC(CH_2)_4CN + 2H_2O$$

辽阳石化装置生产己二腈时己二酸连续液相氨化法曾是主要生产方法，但由于能耗高、流程长、原料己二酸当时的成本高，装置已于2002年停产。面对多煤少油的国情及国内煤制己二酸过剩市场，继续完善己二酸法制己二腈有着现实意义。

② 丁二烯直接氰化法　由美国杜邦公司在20世纪70年代初在原有的丁二烯氯化氢化法基础上开发，此技术被国外公司所掌握。丁二烯直接氰化法工业生产己二腈以过渡金属（镍、钌、铑等）络合物为催化剂，在一定温度和压力下，分三个步骤：一级氰化、异构化、二级氰化。其方程式如下：

一级氰化：$CH_2{=}CH{-}CH{=}CH_2 + HCN \longrightarrow$

$$\underset{(4\text{-PN})}{NCCH_2CH_2CH{=}CH_2} + \underset{(3\text{-PN})}{NCCH_2CH{=}CHCH_3} + NCCH_2C(CH_3){=}CH_2$$

异构化：$NCCH_2C(CH_3){=}CH_2 \longrightarrow 4\text{-PN} + 3\text{-PN}$

二级氰化：$4\text{-PN} + 3\text{-PN} + HCN \longrightarrow NC(CH_2)_4CN$

总方程式：$CH_2{=}CH{-}CH{=}CH_2 + 2HCN \longrightarrow NC(CH_2)_4CN$

在一定温度、压力下，将溶剂、丁二烯、催化剂、氢氰酸加入氰化反应器中，发生一级氰化反应后，反应液过滤回收催化剂，进入蒸发器初步回收未反应的丁二烯，再进入蒸馏塔回收余下丁二烯；回收的催化剂、丁二烯返回氰化反应器继续参与反应；蒸馏塔塔顶采出的2-甲基-3-丁烯腈进入异构化反应器在催化剂的作用下进行异构化反应，得到4-烯戊腈（4-PN）和3-烯戊腈（3-PN），与蒸馏塔塔底采出的4-PN和3-PN一起送至己二腈反应器，发生二级氰化反应后，精制得到己二腈产品[25]。

③ 丙烯腈电解法（或称丙烯腈电解二聚法）　由美国孟山都公司于20世纪60年代开发成功（该业务后被收购成立奥升德公司），之后德国巴斯夫、日本旭化成、比利时联合化学公司相继采用并略有技术改良。丙烯腈阴极氢化二聚生成己二腈的机理已被详细地研究过，认为在过程的第一阶段丙烯腈结合两个电子和一个质子，第一阶段形成的阴离子与第二个丙烯腈分子相作用，而后二聚阴离子与氢离子反应生成己二腈。其方程式如下：

第一阶段：$CH_2{=}CHCN + H^+ + 2e^- \longrightarrow {}^-CH_2CH_2CN$

第二阶段：$CH_2=CHCN+^{-}CH_2CH_2CN \longrightarrow NCC^{-}H(CH_2)_3CN$

$NCC^{-}H(CH_2)_3CN+H^{+} \longrightarrow NC(CH_2)_4CN$

总反应式：$2CH_2=CHCN+2H^{+}+2e^{-} \longrightarrow NC(CH_2)_4CN$

丙烯腈电解法分为隔膜式电解法和无隔膜式电解法。隔膜式电解法又分为孟山都公司开发的溶液法和日本旭化成改良的乳液法两种。无隔膜式电解法的电解液为乳液状态，丙烯腈仅在阴极反应。

隔膜式电解法是丙烯腈电解后的复相阴极液进入汽提塔，塔顶得到的共沸混合物进入分离器中，分离得到油相和水相，油相经精馏分离出丙烯腈返回电解槽，水相蒸馏出有机相进入前述油相中。汽提塔塔底溶液经分离提纯得己二腈半成品，精制得到己二腈产品。

无隔膜式电解法[26] 是将丙烯腈溶于磷酸钾和氢氧化四乙基铵的水溶液中后电解，得到的混合物送入分离器中分离水相和油相，油相送入精制系统精制，最终得到己二腈产品，水相返回含有磷酸四乙基铵的电解槽继续使用。

三种工艺路线相比较[27]，丙烯腈电解法反应条件温和、污染小、流程短、投资少，但技术集成度高、难度大，需要解决腐蚀性强、电解能耗大的问题；己二酸氨化法技术相对成熟、原料丰富，但工艺路线长、成本高；丁二烯直接氰化法工艺路线短、投资少、污染小、产品收率高，但技术复杂，使用剧毒的氢氰酸存在安全风险。

### 3.2.3.2 合成聚酰亚胺用典型煤基中间体及制备

由煤化工所得工业萘制成的苯酐是聚酰亚胺重要的二酐原料。自 20 世纪 70 年代起，国外一些公司以苯酐氯化获得的单氯苯酐为原料，开发出多种新型聚酰亚胺工程塑料，其中氯苯酐引起了人们的关注，陆续研发出联苯二酐、双醚类二酐、硫醚类二酐、氧醚二酐等系列二酐型苯酐衍生物，并开展了许多新合成方法及新应用的研究。下面选取几个重点衍生物做介绍。

(1) 3-氯苯酐和 4-氯苯酐

3-氯苯酐（3-CPA），分子式 $C_8H_3ClO_3$，CAS 号 117-21-5，熔点 123～126℃，沸点 313℃，密度 1.594g/cm$^3$，无色片状固体，常温条件下无毒无味。用作染料、医药及农药中间体，同时又是合成聚酰亚胺的原料。结构式如下：

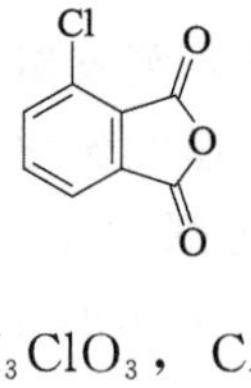

4-氯苯酐（4-CPA），分子式 $C_8H_3ClO_3$，CAS 号 118-45-6，沸点 299.8℃，密度 1.594g/cm$^3$，白色结晶粉末。用于医药、农药中，用作染料生产中间体、植物生长调节剂和高性能增塑剂生产的中间体，也是聚酰亚胺工程塑料的重要原料。结构式如下：

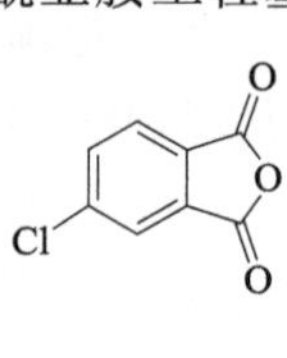

制备氯代苯酐的方法包括苯酐次氯酸钠氯化法、一氯代邻二甲苯空气催化氧化法、苯酐

气相氯代法、一氯代四氢或六氢苯酐芳香化法、发烟硫酸作溶剂氯气直接与苯酐进行氯代法、碱水溶液作溶剂氯气直接与苯酐进行氯代法。工业上主要采用后两种方法。反应式如下：

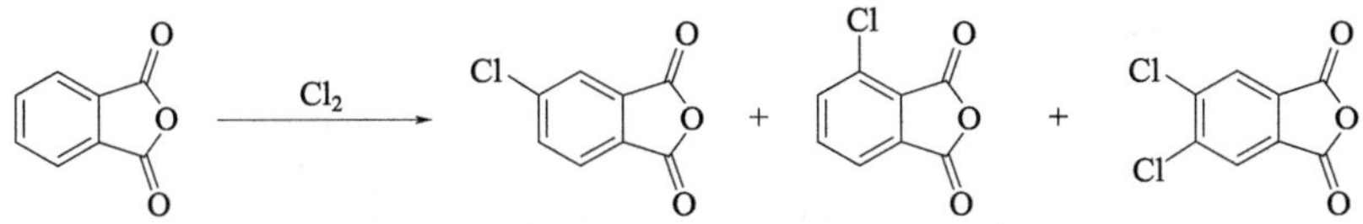

以碱性反应为例，主要过程如下：在水中加入氢氧化钠和邻苯二甲酸，反应液 pH 值保持在 4～5.7 之间，温度在 50～80℃范围内，通入氯气 2h，析出固体 4-氯苯邻苯二甲酸，收率为 97.5%。母液分析结果表明，未反应的邻苯二甲酸质量分数为 3.4%，4-氯邻苯二甲酸为 1%，3-氯邻苯二甲酸为 5.4%，2-氯邻苯二甲酸为 10.0%。母液通过精制可以获得 3-氯邻苯二甲酸。

近年来发展了熔融条件下以固体酸催化连续氯气氯化法[28]，其工艺过程如下：在苯酐溶解釜中加入固体苯酐及催化剂（三氯化铝），保温 150～160℃，进行熔融，加入反应釜中；分段向连续反应器中通入氯气，苯酐和氯气的摩尔比为 1∶(0.5～0.8)，反应温度控制在 200℃左右，得到的混合物经精馏后分别切取 3-氯苯酐和 4-氯苯酐馏分。分段通氯气，可以降低局部氯气的浓度，减少二氯苯酐生成，单氯收率可达到 57%。连续反应除了 4,5-二氯苯酐副产物外，还检测到 3,5-二氯苯酐，通过减压精馏可以分离得到三氯苯酐和二氯苯酐。苯酐和氯气的摩尔比高于 1∶0.5 时，苯酐剩余量明显增加。

周兆良等[29]采用改进的次氯酸钠法，即以苯酐（PA）为原料、水为介质，用氢氧化钠中和生成邻苯二甲酸单钠盐（PANa），向混合体系中通氯气，苯环亲电取代制得纯度 72% 的 4-氯邻苯二甲酸单钠盐（4-CPANa）。然后通过酸化、脱水、精馏得到纯度大于 98.5%的 4-氯邻苯二甲酸酐（4-CPA）。化学反应式如下：

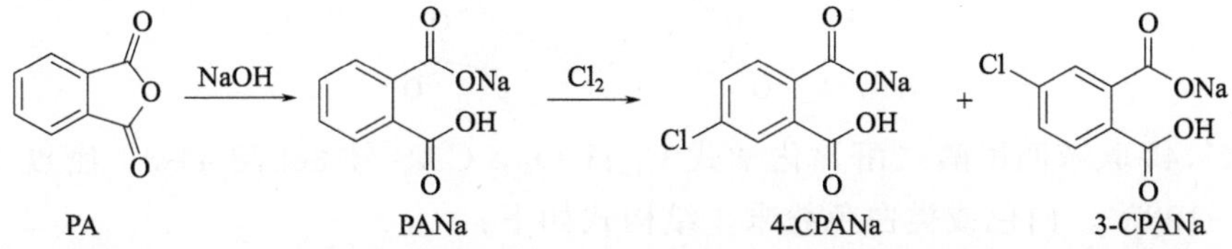

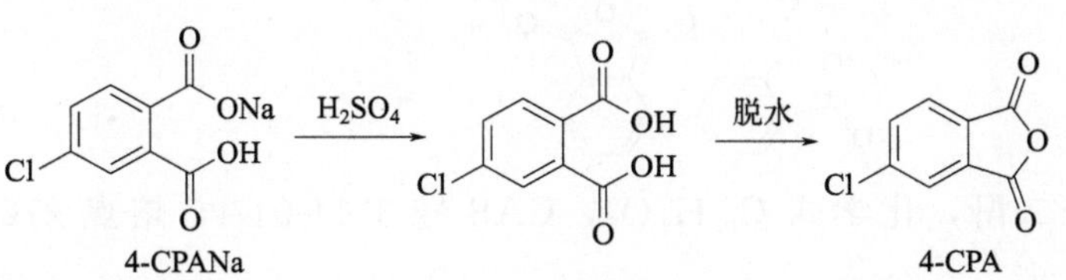

向反应釜中加入苯酐和水，加热至 90～95℃，缓慢加入固态碱，调节 pH 值为 4.5 ～ 5.5 。降温至 50℃，以 30～50L/min 的速度通入氯气，随着反应的进行，pH 值降低，逐渐添加 NaOH ［30%(质量分数)溶液］ 维持反应体系的 pH 。当苯酐转化率达到 84%～85% 时，停止通氯气，继续保温反应 1h。离心分离，干燥得产品。干燥后的产品以 10%～25% 的硫酸酸化，加入二甲苯回流脱水，回流 6～8h 后蒸出二甲苯，对氯代苯酐粗品进行真空精馏。工艺路线中 pH 4.5 ～ 5.0、反应温度 55 ～65℃、反应时间 180～220min 为最佳反应条件，可获得较高的反应收率和较好的选择性。产品提纯采用精馏分离法，较佳精馏参数为：压力 6～7kPa，回流比 200～300 。工艺流程见图 3-24。

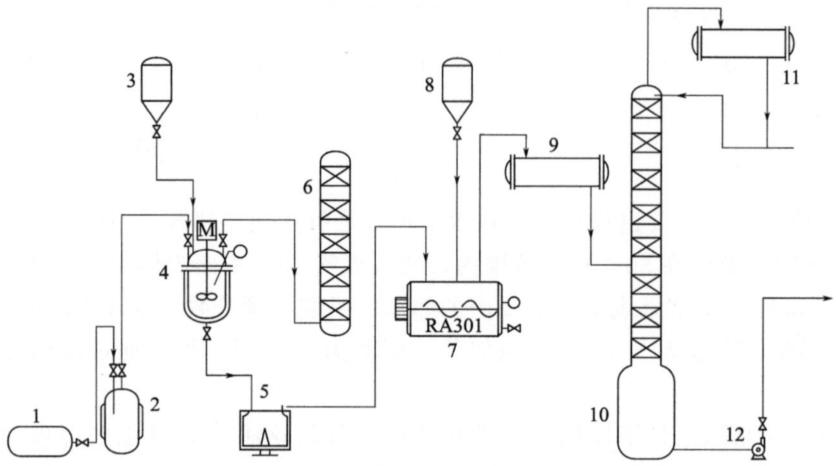


图 3-24　4-氯邻苯二甲酸酐工艺流程

1—氯气钢瓶；2—氯气缓冲槽；3—氢氧化钠高位槽；4—搪玻璃反应釜；5—离心机；6—尾气吸收釜；7—酸化釜；8—硫酸高位槽；9，11—冷凝器；10—精馏塔；12—泵

（2）联苯二酐

联苯二酐或称二异苯并呋喃四酮，有三种异构体：3，3′，4，4′-联苯四羧酸二酐（s-BPDA）、2,3,3′,4′-联苯四甲酸二酐（a-BPDA）和 2，2′，3，3′-联苯四甲酸二酐（i-BPDA）。各异构体的基本性质和结构介绍如下。

3,3′,4,4′-联苯四羧酸二酐，化学式 $C_{16}H_6O_6$，CAS 号 2420-87-3，密度 1.625g/cm$^3$，熔点 299～305℃，白色结晶粉末。结构式如下：

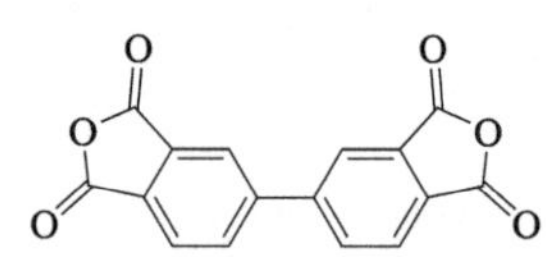

2,3,3′,4′-联苯四甲酸二酐，化学式 $C_{16}H_6O_6$，CAS 号 36978-41-3，密度 1.625g/cm$^3$，熔点 196～198℃，白色或类白色粉末。结构式如下：

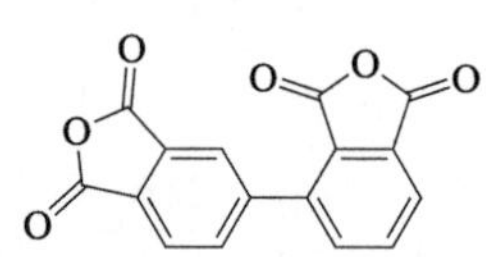

2,2′,3,3′-联苯四甲酸二酐，化学式 $C_{16}H_6O_6$，CAS 号 3711-04-4，熔点 272～273℃，白色粉末。结构式如下：

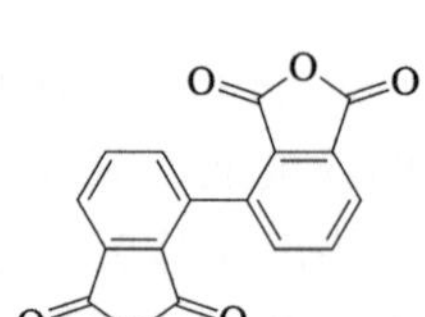

BPDA 及其衍生物主要用于合成高性能的联苯型聚酰亚胺材料，是耐热温度较高的工程塑料，广泛用于信息、电子和航空航天等高科技产业。相关的合成和应用研究，尤其结构与

材料性能之间的构效关系研究，引起广泛重视。

BPDA的制备属于偶联反应，2,2′,3,3′-联苯四甲酸二酐和3,3′,4,4′-联苯四羧酸二酐的制备方法相同，但2,3,3′,4′-联苯四甲酸二酐采用上述方法制备时，只能获得混合物。纯2,3,3′,4′-联苯四甲酸二酐是氯二甲苯通过格氏反应合成四甲基联苯后氧化获得的。以3,3′,4,4′-联苯四羧酸二酐（s-BPDA）为例，阐述制备方法，其合成路线如下：

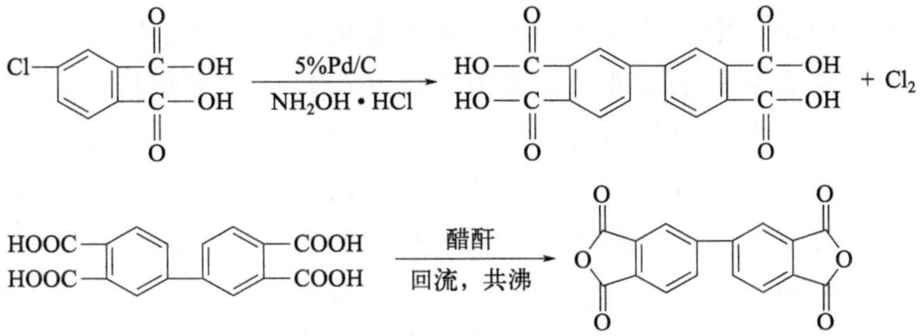

具体过程如下[30]：搅拌情况下向反应釜内通入氮气5min，然后加入氢氧化钠的水溶液和4-CPA，搅拌溶解后加入钯炭（5%），加热至90℃时慢慢滴加盐酸羟胺的水溶液，滴毕后继续保温4h，冷却过滤后将滤液加热至90℃，滴入浓盐酸，搅拌，趁热过滤，滤饼用1%的稀盐酸洗涤3次，抽干，真空干燥，制得联苯四甲酸，纯度大于98%，收率为65%左右。

向反应釜内加入3,3′,4,4′-联苯四甲酸及醋酐，机械搅拌下加热至回流共沸（约120℃），回流反应4～5h后降至室温，过滤出白色固体，用少量冰醋酸洗涤，抽干，干燥，最后得产物3,3′,4,4′-联苯四甲酸二酐，收率>85%，纯度≥99%。

因钯炭属于贵金属催化剂，制备联苯四甲酸的偶联反应也可以使用以三苯基膦（$PPh_3$）为配位体的镍络合物作催化剂，以锌粉为还原剂，以碘化钠为促进剂进行。使用复合催化剂后，对收率和质量略有影响。

(3) 二苯醚四甲酸二酐

二苯醚四甲酸二酐（ODPA）有三种异构体：3,3′,4,4′-二苯醚四甲酸二酐、2,3,3′,4′-二苯醚四甲酸二酐和2,2′,3,3′-二苯醚四甲酸二酐。其中应用较多的是3,3′,4,4′-二苯醚四甲酸二酐。

3,3′,4,4′-二苯醚四甲酸二酐，或称4,4′-二苯醚四甲酸二酐，分子式$C_{16}H_6O_7$，CAS号1823-59-2，熔点225～226℃，为白色或微黄色粉末状结晶物。结构式如下：

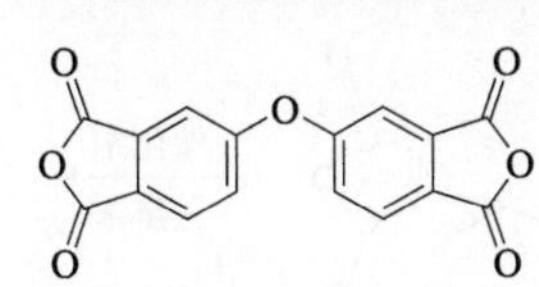

2,3,3′,4′-二苯醚四甲酸二酐，分子式$C_{16}H_6O_7$，CAS号50662-95-8，熔点180℃。结构式如下：

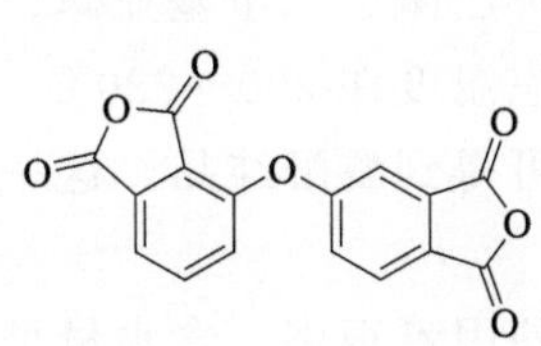

2,2′,3,3′-二苯醚四甲酸二酐，分子式 $C_{16}H_6O_7$，CAS 号 50662-96-9，白色结晶体。结构式如下：

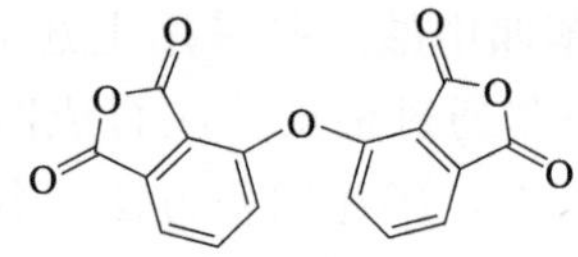

与联苯四酸二酐相比，用二苯醚四甲酸二酐制备的聚酰亚胺，因主链中引入柔性醚键降低了软化温度，树脂的成型加工性能有显著改善。在耐热性工程塑料中，用二苯醚四甲酸二酐制备的聚酰亚胺占有极为重要的位置，是目前热塑性工程塑料中耐热性最好的品种之一。

二苯醚四甲酸二酐的制备有苯酐硝化路线、氯苯酐与羟基苯酐反应缩合路线、卤代苯酐缩合路线、卤代苯酐与碱反应缩合路线等。前两种方法污染重、杂质多、收率低，目前很少用于工业化生产；后两种方法收率高、纯度高，是合成单醚双酐的合理途径。

卤代苯酐缩合法是卤代苯酐与碱金属化合物在反应介质和催化剂存在下，卤代苯酐上的卤原子作为离去基团产生一个醚桥的空位，并发生了亲核反应，从而制备二酐的方法[31]。其最佳温度范围是 170～210℃，反应可以无溶剂，选用溶剂为无活性基团的高沸点溶剂，合适的相转移催化剂有四苯基溴化磷、四苯基氯化磷、四丁基溴化磷、三苯基磷和三苯基亚磷酸盐等。反应方程式如下：

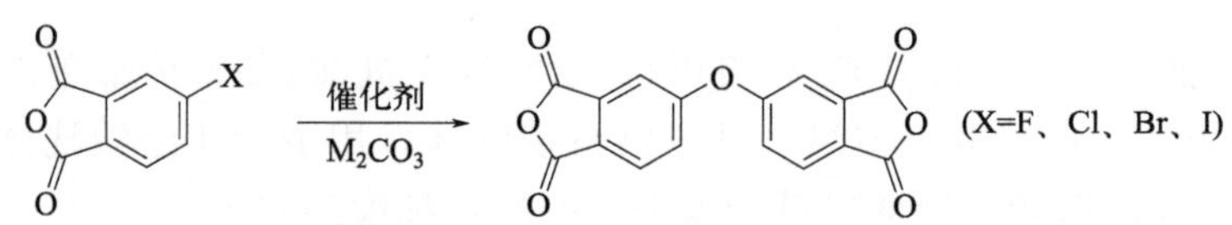


卤代苯酐与碱反应缩合法是卤代苯酐与氢氧化钾或氢氧化钠两步反应合成单醚酐的新方法。第一步是卤代苯酐与氢氧化钾或氢氧化钠水溶液在 70～100℃下，pH 值控制在 9.5 左右，生成相应的卤代邻苯二甲酸钾盐或钠盐，然后进行分离、干燥；反应产物与卤代苯酐在二氯苯或三氯苯溶剂中，以溴化四苯基膦为相转移催化剂进行反应合成 ODPA[31]。反应方程式如下：

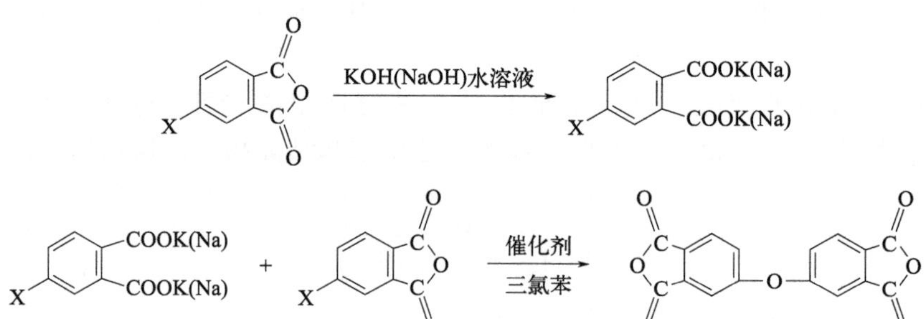


以氯代苯酐为原料合成醚酐，以相转移催化剂作为主催化剂，加入羧酸及盐、过渡金属盐等助催化剂，以 1,2,4-三氯苯、环己酮、二甲基亚砜、环丁砜等溶剂中的一种或混合溶剂为反应介质，氮气保护下，控制反应温度在 200～220℃，反应时间 15～20h，可以得到醚酐粗产品。醚酐粗产品经真空升华，可得到醚酐纯品。这一路线原料易得，成本较低，更适于工业化生产。

在生产醚酐过程中，影响反应的因素很多。含水量是反应过程中最关键的因素，这是取得较高反应收率的必要条件，环境湿度也对反应有很大的影响。反应温度的控制也是影响反应的敏感因素之一。由于反应放热，反应温度又较高，对反应温度的控制不易进行，但温度的波动对反应有较大的影响。醚酐生产设备及流程见图 3-25。为了防止加料过程中水分进入，采用密闭式可调速螺旋加料器，采用快开口加料形式，选用特殊出料口防止出料口堵塞。搅拌反应釜的搅拌桨上配备除沫器，以消除反应过程中产生的泡沫。

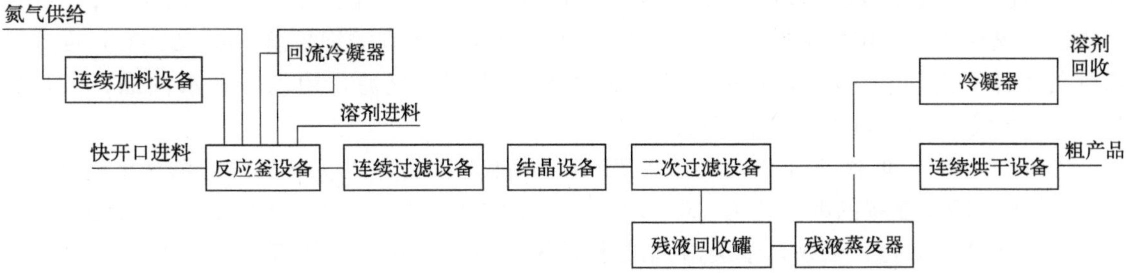


图 3-25 二苯醚四甲酸二酐生产设备及流程

（4）二苯硫醚四甲酸二酐

二苯硫醚四甲酸二酐有三种异构体：3,3′,4,4′-二苯硫醚四甲酸二酐、2,3,3′,4′-二苯硫醚四甲酸二酐和 2,2′,3,3′-二苯硫醚四甲酸二酐。三种异构体中以不对称的 2,3,3′,4′-二苯硫醚四甲酸二酐具有代表性，本节仅对其做简单介绍。

2,3,3′,4′-二苯硫醚四甲酸二酐，分子式 $C_{16}H_6O_6S$，CAS 号 138322-31-3，熔点 207～209℃，密度 1.665g/cm$^3$。结构式如下：

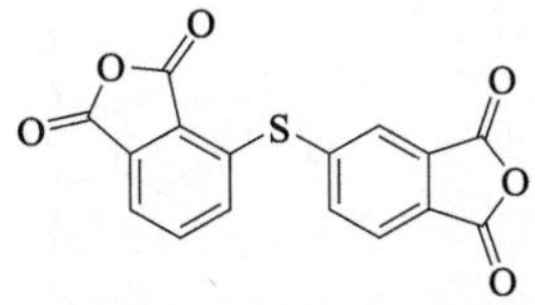

硫原子的引入，提高了聚酰亚胺树脂的强度和电性能，又保留了氧醚的韧性，可以作为复合材料的基体树脂、工程塑料。其制备方法主要分三步进行，合成路线如下[32]：

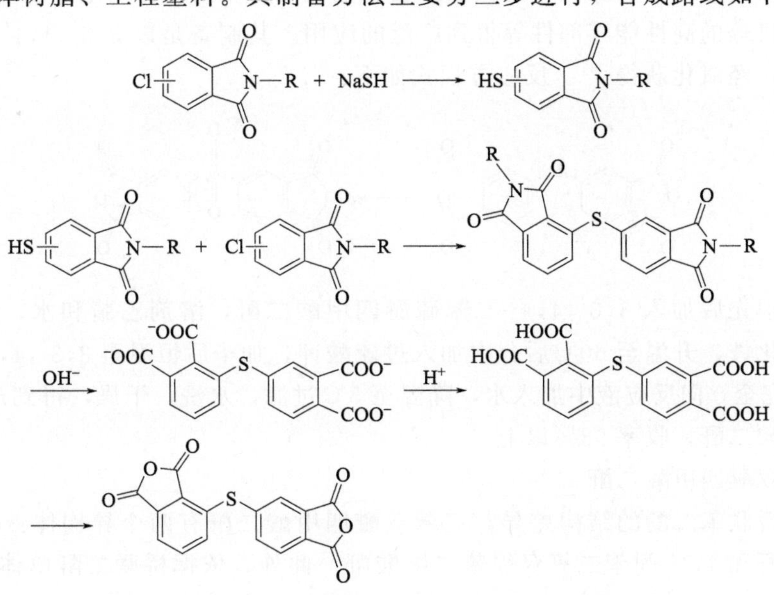

① 将N取代3-(或4-)氯代邻苯二甲酰亚胺在极性非质子溶剂中与（1～3）∶1摩尔比的硫氢化钠、（0.5～2）∶1摩尔比的无水碳酸钾在70～150℃下通氮除氧后，搅拌0.5～4h，冷却后将反应物倒入浓度为10％～30％的盐酸水溶液中，过滤，将粗产品溶于浓度为3％～20％的碳酸钾溶液中，经盐酸酸化，过滤，滤饼用蒸馏水冲洗，干燥得N取代3-(或4-)硫基邻苯二甲酰亚胺。

② 将N取代3-(或4-)硫基邻苯二甲酰亚胺在极性非质子溶剂中与（1～2）∶1摩尔比的4-(或3-)氯代邻苯二甲酰亚胺、（0.5～2）∶1摩尔比的无水碳酸钾控温130～200℃，在充满氮气的条件下搅拌4～10h，将反应物倒入乙醇或水中，过滤，用乙醇和水洗涤，干燥得*N*,*N*′二取代-2,3,3′,4-二苯硫醚四酰亚胺。

③ 将*N*,*N*′二取代-2,3,3′,4-二苯硫醚四酰亚胺在浓度为20％～30％的氢氧化钠水溶液[氢氧化钠与四酰亚胺的摩尔比为（6～10）∶1]中加热回流4～8h，水解为二苯硫醚四甲酸四钠盐，经盐酸酸化，浓缩，苯类溶剂除水后热过滤，冷却，收集析出的晶体，烘干得2,3,3′,4′-二苯硫醚四甲酸二酐。

上述合成工艺简单，并且纯度高，熔点207～209℃，产率＞70％。

（5）二苯基砜四甲酸二酐

二苯基砜四甲酸二酐有三种异构体，本节仅以3,3′,4,4′-二苯基砜四甲酸二酐为例介绍。3,3′,4,4′-二苯基砜四甲酸二酐分子式 $C_{16}H_6O_8S$，CAS号2540-99-0，熔点283℃，密度1.755g/cm$^3$，其分子结构式如下：

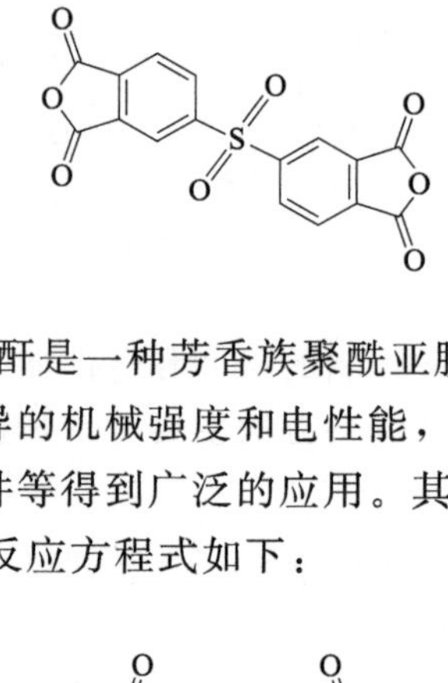

3,3′,4,4′-二苯基砜四甲酸二酐是一种芳香族聚酰亚胺单体材料，以其制备的聚酰亚胺，具有耐热性、耐药品性，以及优异的机械强度和电性能，用其制作的电子制品、各种工业机械、汽车、飞机等的高性能零部件等得到广泛的应用。其制备是以3,3′,4,4′-二苯硫醚四甲酸二酐为原料，经氧化获得[33]。反应方程式如下：

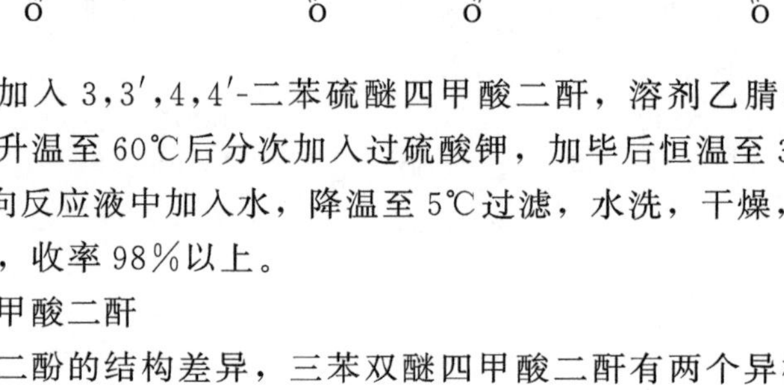

向反应釜中先后加入3,3′,4,4′-二苯硫醚四甲酸二酐，溶剂乙腈和水，催化剂硝酸铈铵、四丁基碘化铵，升温至60℃后分次加入过硫酸钾，加毕后恒温至3,3′,4,4′-二苯硫醚四甲酸二酐反应完全，向反应液中加入水，降温至5℃过滤，水洗，干燥，得到产品3,3′,4,4′-二苯基砜四甲酸二酐，收率98％以上。

（6）三苯双醚四甲酸二酐

根据中间桥联苯二酚的结构差异，三苯双醚四甲酸二酐有两个异构体：4,4′-对苯二氧双邻苯二甲酸酐和4,4′-间苯二氧双邻苯二甲酸酐。此外，依据桥联二酐单体的苯环上取代位置的不同，有 3,3′-位、3,4′-位和 4,4′-位取代的三种同分异构体。

最常见的是 4-取代苯酐和间甲酚或对甲酚的缩合产物，即 3,3′,4,4′-三苯(对)双醚四甲酸二酐，分子式 $C_{22}H_{10}O_8$，CAS 号 17828-53-4，密度 1.566g/cm³，熔点 251～252℃。结构式如下：

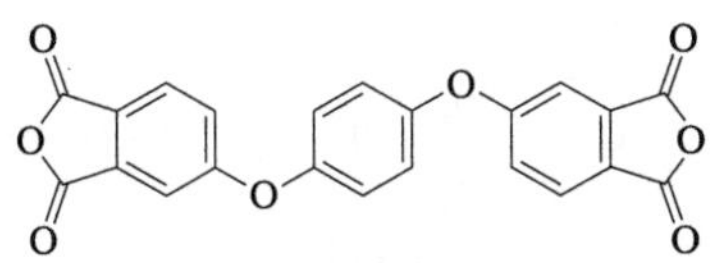

2,2′,3,3′-三苯(间)双醚四甲酸二酐，又名 3,3′-间苯二醚二酐，分子式 $C_{22}H_{10}O_8$。其分子结构式如下：

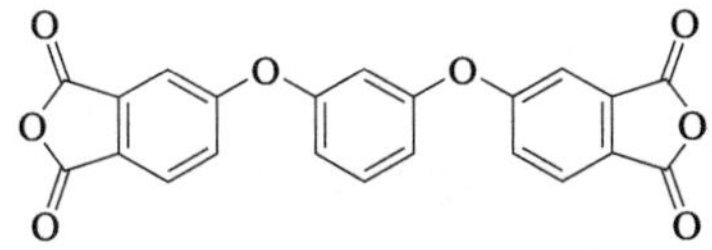

三苯双醚四甲酸二酐的合成方法除原料二酚和苯酐的取代基位置不同外，其他大同小异。这里介绍 3,3′-间苯二醚二酐的一种合成方法[34]，反应方程式如下：

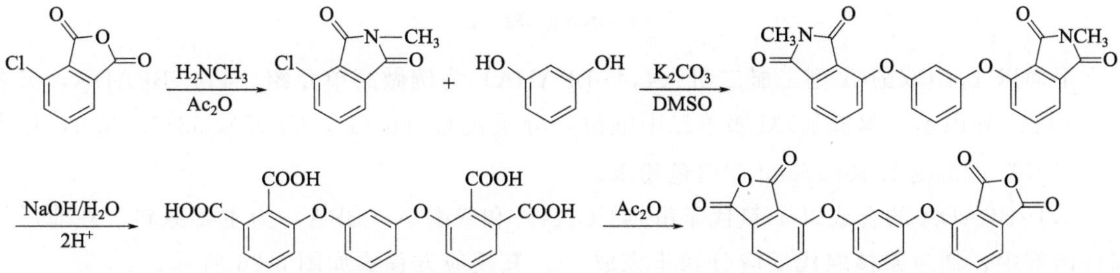


① *N*-甲基-3-氯代邻苯二甲酰亚胺的合成　为提高 3-氯代邻苯二甲酸酐的偶联活性，对其进行了甲胺化处理。首先，将 3-氯代苯酐加入反应釜中，加入冰醋酸，在 50℃下搅拌溶解，随后滴入浓度为 40%的甲胺溶液，用甲苯蒸馏分水结束后，冷却至 10℃以下，固体析出后经过滤干燥，得 *N*-甲基-3-氯代邻苯二甲酰亚胺白色晶体。

② 3,3′-间苯二醚二酐的合成　将间苯二酚和碳酸钾加到二甲基乙酰胺和甲苯的混合溶剂中，在氮气下搅拌加热至回流分水至基本无水蒸出，继续蒸出部分甲苯后降温至 60℃以下，加入上述 *N*-甲基-3-氯代邻苯二甲酰亚胺，在 110～120℃下搅拌反应 20h 后冷却至室温，过滤，干燥，滤饼用乙醇洗涤 3 次，滤液合并回收，再用水洗涤 2 次后，于 100℃下干燥后得双酰亚胺，收率为 75%，熔点 273.5～274℃；将双酰亚胺和氢氧化钠水溶液加热回流至不再有甲胺放出，再回流 6h 后冷却至室温，用乙酸酸化至 pH 值为 1，过滤，将滤饼在 15%的盐酸中煮沸 30min，冷却过滤，水洗 6 次，在 100℃以下烘干，得到四酸，收率 92%，将四酸在乙酸酐中回流 30min 得到 3,3′-间苯二醚二酐，收率 93%。

(7) 双酚型二醚二酐

常见的双酚型二醚二酐前体有双酚 A 型二醚二酐、双酚 F 型二醚二酐和双酚 S 型二醚二酐等。常见的为如下四种结构：

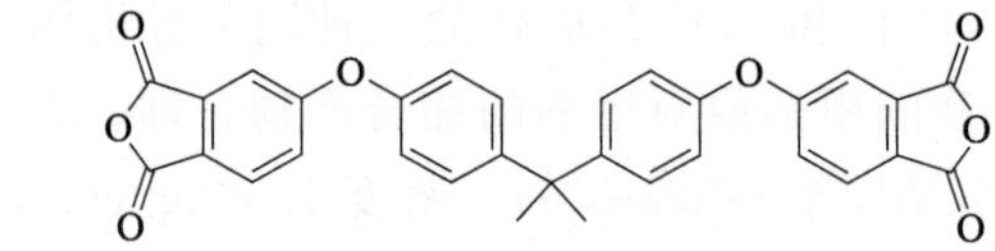

4,4′-双酚A型二醚二酐

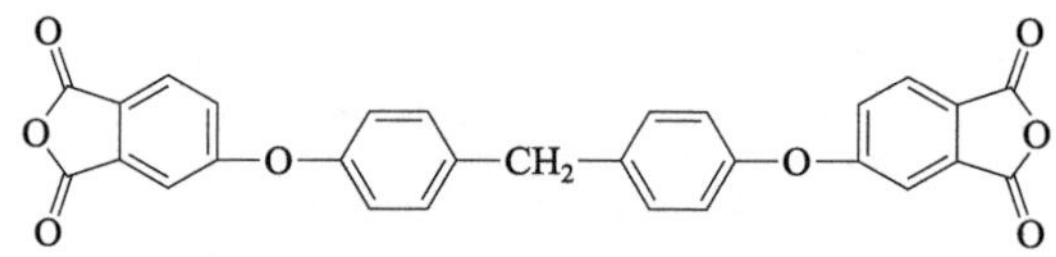

4,4′-双酚F型二醚二酐

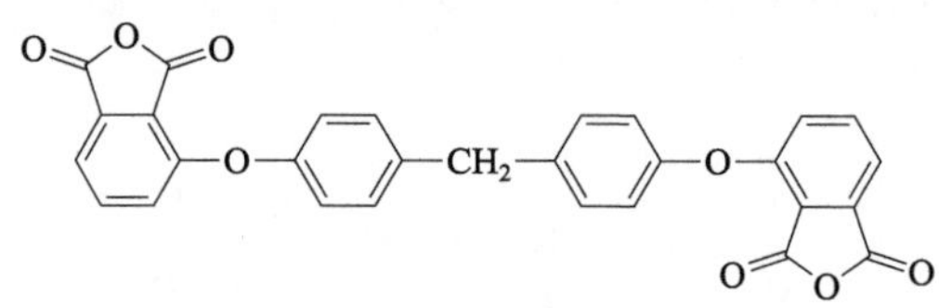

3,3′-双酚F型二醚二酐

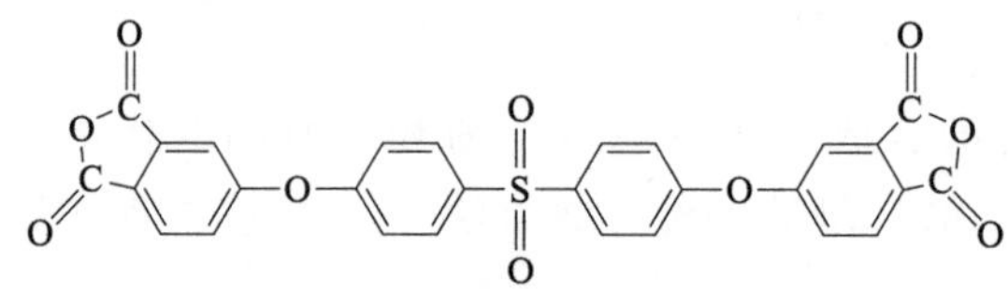

4,4′-双酚S型二醚二酐

下面以4,4′-双酚A型二醚二酐（4,4′-BPADA）为例做简单介绍。4,4′-BPADA，又名4,4′-(4,4′-异丙基二苯氧基)双邻苯二甲酸酐，分子式 $C_{31}H_{20}O_8$，CAS号38103-06-9，熔点184～187℃，密度1.406g/cm³，白色粉末。

4,4′-BPADA的合成以4-氯代苯酐（4-CPA）和双酚A（BPA）为主要原料，在非质子极性溶剂中，通过亲核取代反应分四步完成[35]。其反应方程式如图3-26所示。

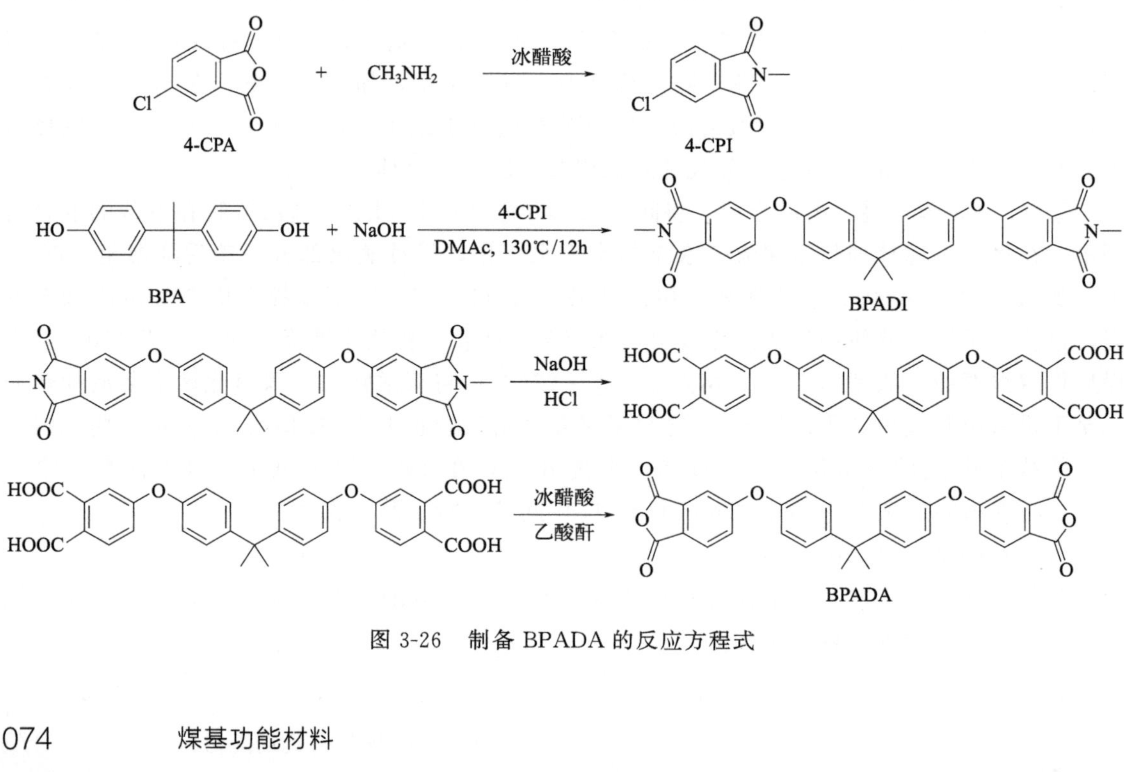


图3-26　制备BPADA的反应方程式

① 在搅拌下将 4-CPA、冰醋酸加入反应器中，待 4-CPA 完全溶解后缓慢加入 40%的甲胺水溶液，加热回流 5h 后反应液自然冷却至室温，析出大量白色针状晶体，减压抽滤并水洗、烘干得 4-氯代邻苯二甲酰亚胺（4-CPI）。

② 将 BPA、NaOH 加入 *N*,*N*-二甲基乙酰胺（DMAc）和二甲苯的混合溶剂中，开始搅拌并通入 $N_2$，缓慢升温至 130℃反应 4h 后蒸发除去二甲苯，待体系降至室温后，加入上述制备的 4-CPI，回流反应 12h，将反应液沉析于大量水中，生产出大量黏稠物，经乙酸乙酯重结晶，过滤，并用无水乙醇冲洗后烘干，得到白色粉末状双酚 A 型二醚二酰亚胺（BPADI）。

③ 向反应器中加入上步得到的 BPADI、NaOH 和水，搅拌下加热回流反应 36h，再向反应液中缓慢加入稀 HCl 至 pH 值为 2，产生大量黏稠白色沉淀，过滤，加水冲洗得透明絮状物后再滴加稀 HCl，抽滤、烘干得双酚 A 型二醚四酸粗产品。

④ 将上述四酸粗品加入冰醋酸和乙酸酐的混合溶剂中回流反应 12h，热过滤去除不溶物，滤液冷却结晶得大量白色粉末，减压抽滤并以大量蒸馏水洗涤得最终产物 4,4′-双酚 A 型二醚二酐，产率约为 57.4%。

## 3.2.4 典型煤基工程塑料的制备

（1）典型煤基聚酰胺类工程塑料

聚酰胺作为半结晶型热塑性聚合物的典型代表，是五大工程塑料（聚酰胺、聚甲醛、聚碳酸酯、聚苯醚、热塑性聚酯）中产量最大、品种最多、用途最广的聚合物材料，其中聚酰胺 66（尼龙 66）和聚酰胺 6（尼龙 6）由于具有优良的性能而成为应用最广泛的品种之一。其强度、延展性和耐热性达到平衡，而且具有非常宽的加工工艺窗口，因此可用于复杂的薄壁部件到大型厚壁外壳的加工制造；尼龙 66 和尼龙 6 很容易与填料、纤维、内部润滑剂和抗冲改性剂进行复合，提高性能、拓展应用场景，如纤维增强的尼龙 66 和尼龙 6 的物理强度可以提高 5 倍，使用抗冲改性剂制得的尼龙 66 和尼龙 6 的延展性可与聚碳酸酯媲美。

① 尼龙 6 生产工艺　CAS 号 25038-54-4，熔点 220℃，密度 1.13g/cm$^3$。分子式如下：

$$\left[ HN(CH_2)_5CO \right]_n$$

尼龙 6 的熔点较低，而且工艺温度范围很宽。它的抗冲击性和抗溶解性比尼龙 66 要好，但吸湿性也更强。

尼龙 6 是由己内酰胺单体在高温下聚合制得。在高温聚合时，体系内多个反应同时进行：己内酰胺单体在高温下发生水解反应得到氨基己酸；氨基己酸在高温下发生缩聚反应制得尼龙 6；氨基己酸与己内酰胺加成缩合也可获得尼龙 6。反应方程式如图 3-27 所示。

② 尼龙 66 生产工艺　即聚己二酰己二胺，CAS 号 32131-17-2，熔点 253℃，相对密度 1.04～1.14。溶于强给质子溶剂，可溶于乙酸和苯酚。分子式如下：

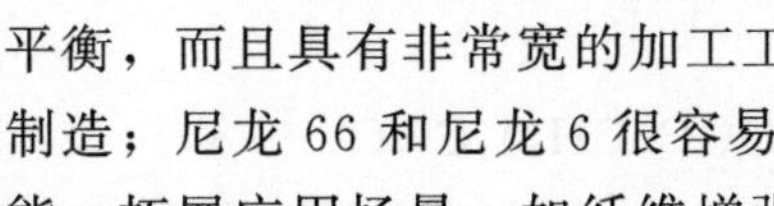

尼龙 66 综合性能好，具有强度高、抗疲劳强度高、刚性好、耐磨性好、摩擦系数低、

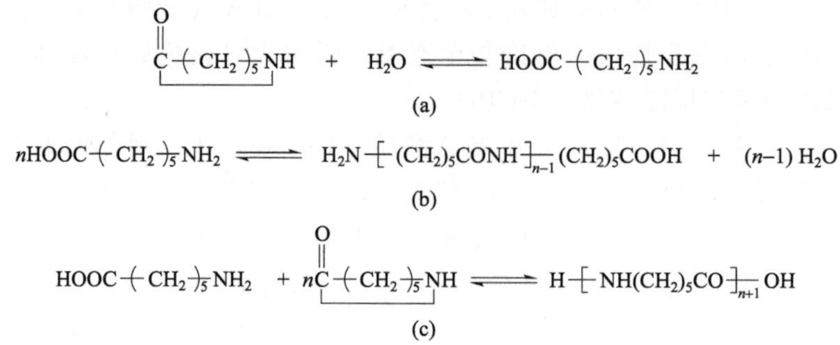

图 3-27 尼龙 6 合成工艺反应方程式

(a) 水解反应；(b) 缩聚反应；(c) 加成反应

电绝缘性好、抗冲击、耐燃、耐油及耐化学品等优点。通常用于制造中等载荷、无润滑或少润滑条件下工作的耐磨受力传动零件，使用温度<100～120℃。常制成圆柱状粒料，作塑料用的尼龙 66 的分子量一般为 1.5 万～2 万。

1935 年，美国杜邦公司以己二胺和己二酸为原料发明尼龙（聚酰胺）66，并于 1939 年将其以纤维形式商业化。随后尼龙 66 聚合技术的研究备受关注，熔融聚合、固相聚合、界面聚合等典型逐步聚合方法均被成功应用于尼龙 66 的合成。其中己二酸己二胺盐（尼龙 66 盐）是各种方法制备尼龙 66 的关键单体。尼龙 66 制备过程简述如下：以等摩尔二元胺与二元酸为原料，将二者的乙醇溶液在 60℃以上的温度下搅拌混合，中和成盐后析出，经过滤、醇洗、干燥，制得尼龙 66 盐，最后配制成 63%左右的水溶液，供缩聚使用。反应方程式如下：

$$H_2N{\leftarrow}CH_2{\rightarrow}_6NH_2+HOOC{\leftarrow}CH_2{\rightarrow}_4COOH \longrightarrow H_3^+N(CH_2)_6NH_3^+\cdot{}^-OOC(CH_2)_4COO^-$$

尼龙 66 盐的缩聚需在高温下进行，伴随着水的脱除，生成线型高分子量尼龙 66。反应方程式如下：

$$nH_3^+N(CH_2)_6NH_3^+\cdot{}^-OOC(CH_2)_4COO^- \longrightarrow {\left[NH(CH_2)_6NHCO(CH_2)_4CH\right]}_n+(2n-1)H_2O$$

生产工艺分间歇法和连续法两种。连续法适合大规模生产，世界上生产尼龙 66 主要采用连续法。间歇法仅在两种情况下采用：一是生产特殊或试验品级；二是在生产能力为 4500t/a 以下的小装置中。

图 3-28 为尼龙 66 连续生产工艺流程。

将浓度为 63%的尼龙 66 盐水溶液从贮槽中用泵打入静态混合器，加入少量己二胺的乙酸溶液（聚合度调节剂），进入蒸发反应器，由夹套中的联苯加热至 232.2℃，氮气保护，在 1.72MPa 压力下蒸发，停留时间为 3h。由节流阀将水蒸气释放至冷凝器，冷凝液收集于冷凝液槽中，回收己二胺。蒸发反应器出口的物料含水量约 18%。

来自蒸发反应器的物料进入两个平行的管式反应器，由管外的联苯加热至 285℃。根据需要可在适当位置加入添加剂。在管式反应器中的停留时间约 40min，出口压力 0.28MPa，反应完成 98.5%。反应过程中生成的水蒸气保留在熔体中，在分离器中闪蒸出去。分离器中的螺旋输送机把熔体向下输送至成品反应器，同时从熔体中挤出水蒸气。来自分离器的水蒸气在冷凝器中冷凝，收集于冷凝液槽，贮存于贮罐中作为废水排放。来自分离器的熔体进入成品反应器，在真空（真空度 40kPa）下保持 271℃，停留时间依所需产品而定，对于通常的注射级为 50min，产品的数均分子量为 18000 左右。

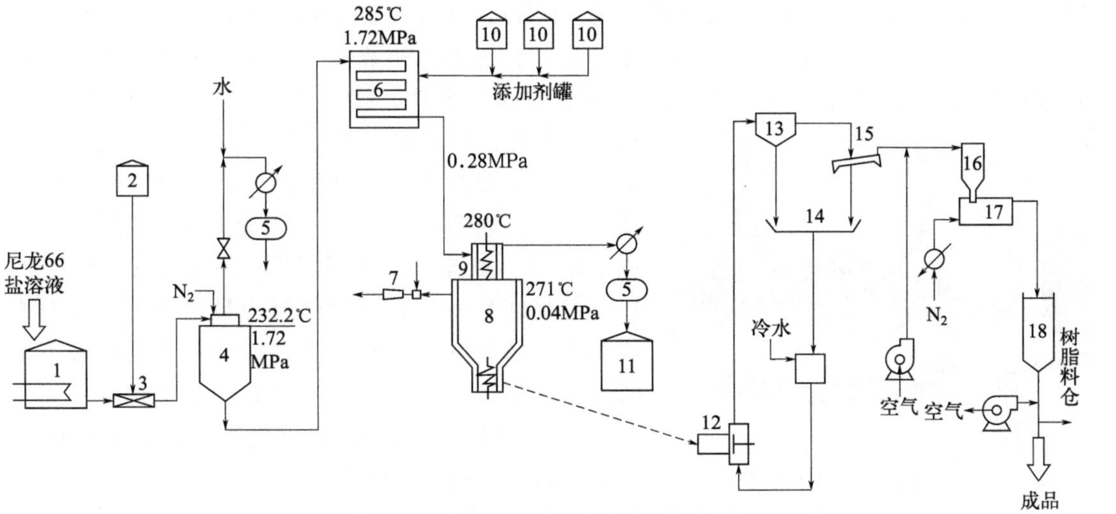


图 3-28　尼龙 66 连续生产工艺流程

1—贮槽；2—乙酸罐；3—静态混合器；4—蒸发反应器；5—冷凝液槽；6—管式反应器；7—蒸汽喷射器；8—成品反应器；9—分离器；10—添加剂罐；11—冷凝液贮槽；12—挤压机；13—造粒机；14—脱水筛；15—水预分离器；16—进料斗；17—流化床干燥器；18—树脂料仓

成品反应器底部的尼龙 66 熔体由挤压机挤出后铸带切粒。为了除去水分，粒子先流过水预分离器，再经脱水筛脱水。湿切片用压缩空气提升到进料斗，再送入流化床干燥器，用热的氮气保持流化状态，使切片干燥，干切片由干燥器顶部进入树脂料仓。

图 3-29 为尼龙 66 间歇生产工艺流程。

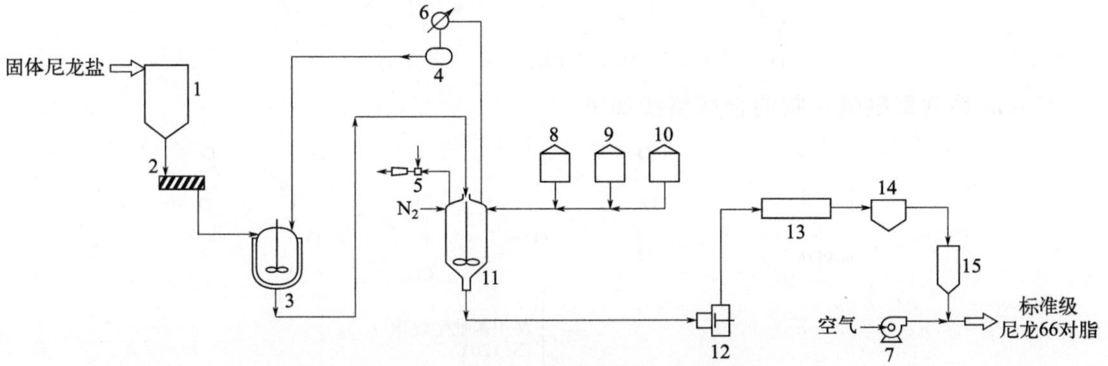


图 3-29　尼龙 66 间歇生产工艺流程

1—尼龙盐贮槽；2—螺杆输送机；3—溶解釜；4—冷吸物接收罐；5—蒸汽喷射器；6—热交换器；7—鼓风机；8—乙酸罐；9，10—添加剂罐；11—反应器；12—挤出机；13—水浴槽；14—切粒机；15—树脂贮罐

将尼龙 66 盐的水溶液和适量乙酸加入浓缩釜中，在加压下加热到 150℃左右，使尼龙 66 盐浓缩至 80%左右。再将浓缩液加入聚合釜中，加热至 220～250℃，压力达 1.5～2.0MPa，保持 2h 进行初步缩聚。然后逐步放气，使压力在 2h 左右下降至接近常压，而温度则逐步上升至 270～280℃。接着抽真空，使真空度逐步提高，经 1h 左右真空度达 93～100kPa，在该真空度下保持 45min，聚合结束。用 $CO_2$ 将聚合物压出，经冷却、铸带、切粒、干燥，得成品。

（2）典型煤基聚酰亚胺类工程塑料

聚酰亚胺工程塑料依热性质不同可分为热固性和热塑性两大类，也可根据结构不同分为聚均苯四甲酰亚胺（PMMI）、聚醚酰亚胺（PEI）、聚酰胺-酰亚胺（PAI）等。

PMMI 热变形温度高，电性能优良，可用于制造特种条件下的精密零件，如耐高温自润滑轴承、鼓风机叶轮、密封圈、液氨接触的阀门零件、喷气发动机燃料供应系统零件；PEI 具有优良的机械性能、电绝缘性能、耐高温和耐磨性、耐辐照性能，而且熔融流动性好，成型收缩率低，可用注射和挤出成型，具有焊接性能，在汽车、电子电器、航空、医疗器械等产业得到广泛应用；PAI 的强度是当前非增强塑料中最高的，而且具有较高的热变形温度、良好的耐烧蚀性和高温高频下的电磁性，对金属和其他材料有很好的粘接性能，主要用于轴承、齿轮等零件中，还可用作飞行器的烧蚀材料、透磁材料和结构材料（图 3-30）。

图 3-30 聚酰亚胺工程塑料零件

本节在前文所述的煤基聚酰亚胺前体基础上，介绍几个典型案例。

① 双酚型聚酰亚胺的典型工程塑料案例　美国 GE 公司 1982 年初将商品 Ultem 系列聚醚酰亚胺（PEI）产品投入市场[36]，它属于一种低成本、低玻璃化转变温度的热塑性聚酰亚胺材料，最低熔体黏度小于 1000Pa・s，可以用于注射成型，目前已经达到万吨级的规模。PEI 是由双酚 A 型二醚二酐（BPADA）与间苯二胺缩合而成的，其前体 BPADA 来源于 4-氯代苯酐或 4-硝基苯酐。Ultem 基本结构如下：

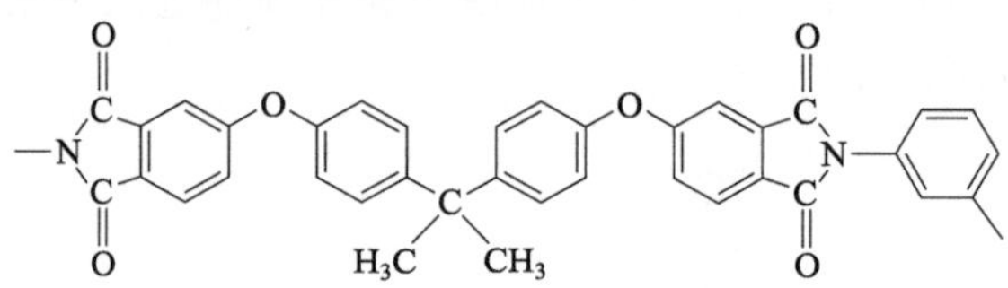

Ultem 系列聚醚酰亚胺的合成路线如下：

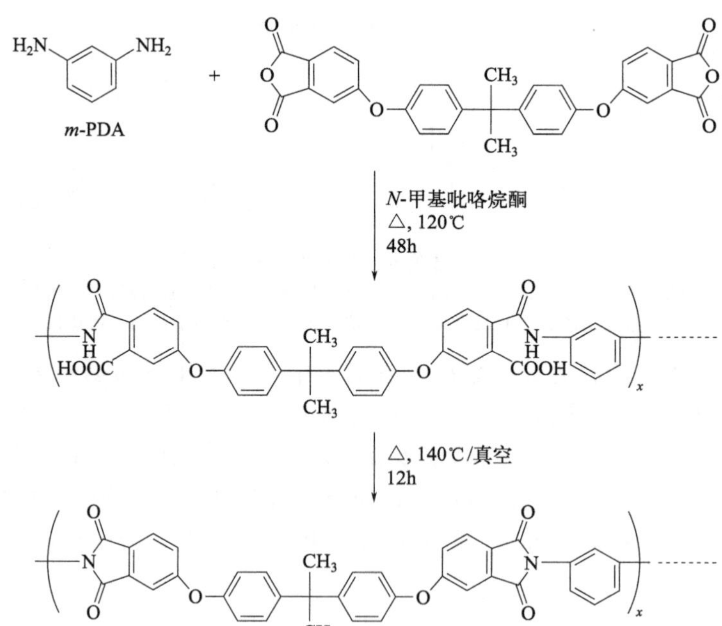

聚醚酰亚胺树脂模塑粉的制备过程简述如下[37]：在氮气保护下，将理论配比量的BPADA和间苯二胺投入反应釜，加入适量的*N*-甲基吡咯烷酮（NMP），加热至120℃，保持48h，获得部分酰亚胺化的聚醚酰胺酸（PAA）溶液和部分聚醚酰亚胺（PEI）；混合物用乙醇和水混合溶剂沉淀。为了改善亚胺混合物的状态，混合物在140℃下真空干燥12h。干燥脱水的目的是使第一步反应残留的羧酸和酰胺官能团继续反应生成亚胺结构，获得固体聚醚酰亚胺模塑粉。

② 以联苯四甲酸二酐为前体制备的典型工程塑料案例　为了得到既有高使用温度又有低加工成本的热塑性PI，基于联苯四甲酸二酐，即2,2′,3,3′-联苯四甲酸二酐（2,2′,3,3′-BPDA）和2,3,3′,4′-联苯四甲酸二酐（2,3,3′,4′-BPDA）等联苯型二酐的PI研究引起广泛重视。

也是在20世纪80年代，日本宇部兴产株式会社以3,3′,4,4′-BPDA为前体成功开发并商品化两个联苯二酐型聚酰亚胺材料，打破了美国GE、杜邦聚酰亚胺制品独占市场的局面，商品牌号为Upilx-R和Upilx-S，结构式如下：

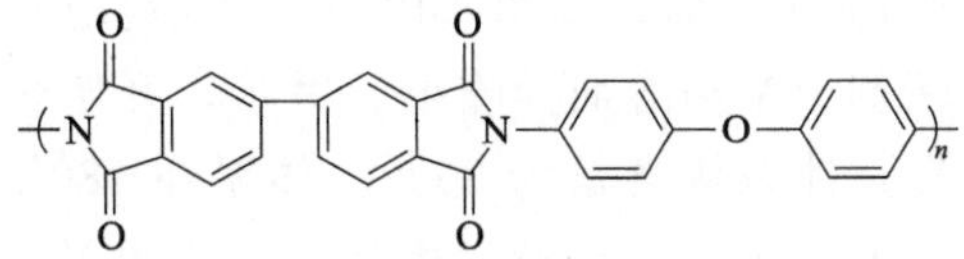

(Upilx-R型)

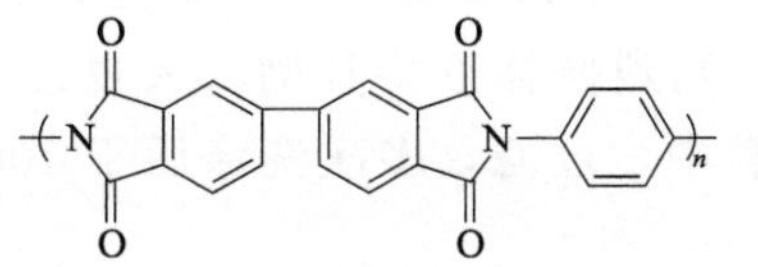

(Upilx-S型)

Upilx-R吸水率低，有十分优越的耐水解性能，尤其是耐碱性水解；Upilx-S具有更高的刚性强度和机械强度、低收缩率、低热膨胀系数、极低的水分以及其他气体透过性极低等特性。

刘晓丽等[38]以2,3,3′,4′-BPDA为主体二酐，以邻苯二甲酸酐为封端剂，以3,4′-二氨基二苯醚（ODA）和间苯二胺（*m*-PDA）为混合二胺，以*N*-甲基吡咯烷酮（NMP）、甲苯、无水乙醇、异喹啉为溶剂，研制了类似的联苯型聚酰亚胺材料。采用2,3,3′,4′-BPDA和ODA、*m*-PDA为原料，制备具有扭曲主链结构的聚酰亚胺，使其既有相对较高的玻璃化转变温度，又有较低的树脂熔融黏度，以改善加工性能。其反应式如下：

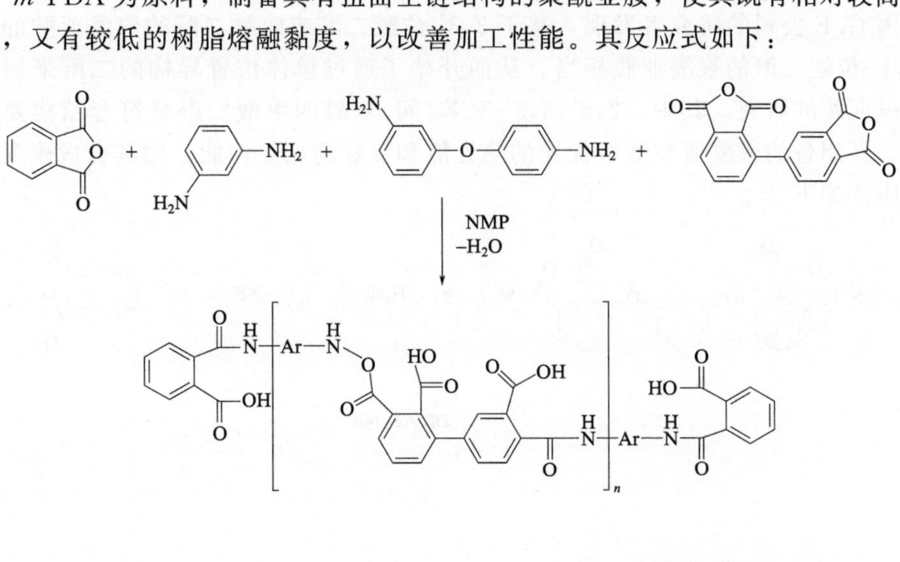

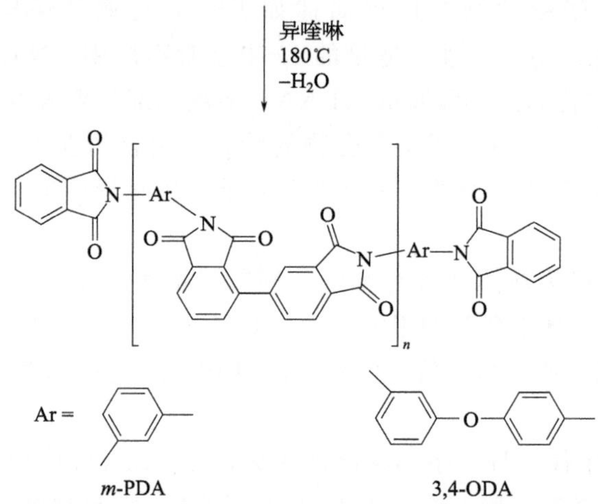


在装有机械搅拌器以及分水器的反应器中先加入混合二胺以及溶剂 NMP，在氮气保护下进行搅拌以促进溶解，待其完全溶解后加入二酐 BPDA，冰浴反应 1h，然后在室温、氮气保护下继续搅拌 12h 后加入封端剂 PA 和溶剂异喹啉、甲苯，开始缓慢加热。通过加入的溶剂含量来调节反应体系的固含量，体系固含量为 20%。体系在 180℃下反应 12h，生成的水与甲苯共沸分出，脱水至不再有水蒸出后，继续蒸馏甲苯，温度约 200℃，而且体系为红棕色透明溶液，待冷却至 120℃左右后，剧烈搅拌下将其倒入大量乙醇中，得到白色丝状物，经过滤后得到粗产品。再浸泡于乙醇中，过滤，多次洗涤后于 100℃下烘干，再粉碎、真空干燥，得到白色聚酰亚胺树脂粉。

模塑粉可以通过模塑制备各种工程或设备器件或结构件，如不添加其他填料，称为纯树脂模压件，其制备过程为：称取一定量的聚酰亚胺树脂粉末放入模具中，然后将模具放入预热至 250℃的热压机上，压机按一定程序升温到设定温度，恒温一定时间后加压放气 3 次，然后加压至 3MPa，保压降温，温度降至 200℃后卸压，开模，得到 TPI 系列纯树脂模压件。

③ 可用于 3D 打印的聚酰亚胺材料　随着技术的进步，3D 打印成为一种发展趋势，既能在高温下使用，又具备易加工特性，可用于 3D 打印的工程塑料也得到研究者的重视。通过骨架结构线性与非线性、对称与非对称的结构设计，可使聚酰胺材料满足 3D 打印应用要求。如美国 G. E 公司的研究者发现，基于 3,3′-位醚二酐或硫醚二酐的聚酰亚胺的热稳定性与基于 4,4′-位醚二酐的聚酰亚胺相当。从而开始了通过单体位置异构的二酐来制备高性能热塑性聚酰亚胺的研究。其中，2,2′,3,3′-三苯(间)双醚四甲酸二酐是符合结构要求的二酐分子之一，其制备的聚酰亚胺兼有优异的热性能和良好的加工性能。用其合成聚酰亚胺材料的化学反应式如下[34]。

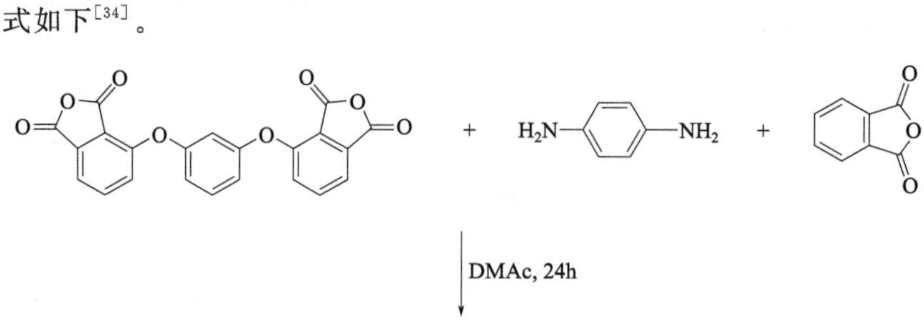

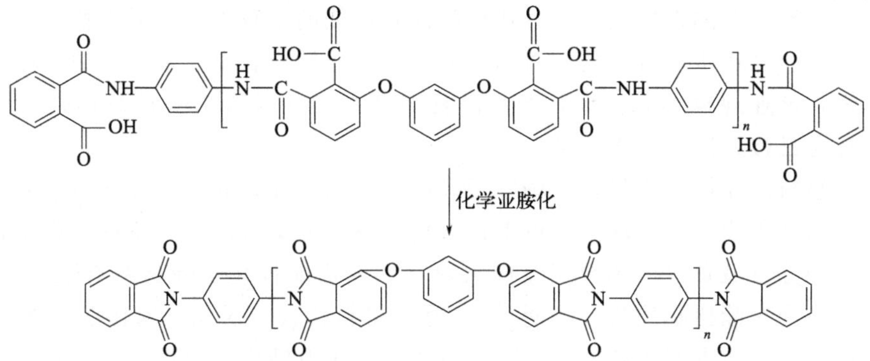

以 3,3′-间苯二醚二酐和苯酐的聚合反应为例，通过两步法制备聚酰亚胺模塑粉，流程见图 3-31。首先采取 3,3′-间苯二醚二酐、苯酐与二胺低温缩合的方法制备聚酰胺酸(PAA) 溶液：氮气保护下，在配有机械搅拌的反应釜中加入对苯二胺和 DMAc，待完全溶解后，再加入 3,3′-间苯二醚二酐，在较低温度（−5℃）下强烈搅拌，反应 6h 后，再升温至 5℃反应 6h 后，加入封端剂苯酐，其间加入二甲基乙酰胺对溶液逐步稀释，得到固含量 10%、特性黏度 0.47～0.48dL/g 的 PAA 溶液。然后在 PAA 溶液中加入与其摩尔比分别为 1.2、0.6、0.4 的乙酸酐、吡啶和三乙胺进行化学亚胺化：室温下，机械搅拌 6h，再升温至 50℃反应 10h，用 *N*,*N*-二甲基乙酰胺稀释，然后倒入体积比 1∶1 的蒸馏水与乙醇混合溶剂中，将其沉淀析出、过滤，乙醇抽提提纯，放入真空烘箱中于 150℃下干燥 24h，得到淡黄色的聚酰亚胺粉末。

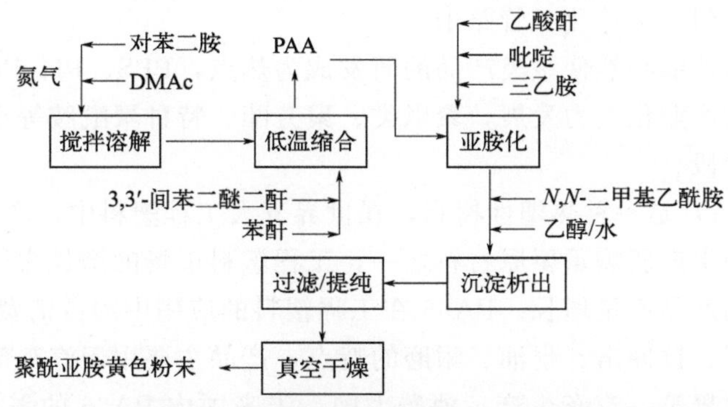


图 3-31　聚酰亚胺模塑粉的合成流程

## 3.2.5　工程塑料发展趋势

工程塑料具有优良的综合性能，刚性大，蠕变小，机械强度高，耐热性好，电绝缘性好，可在较苛刻的化学、物理环境中长期使用，可替代金属作为工程结构材料使用，在材料领域中占据重要的地位。与通用塑料相比，工程塑料在机械性能、耐久性、耐腐蚀性、耐热性等方面能达到更高的要求，而且加工更方便并可替代金属材料。工程塑料被广泛应用于电子电气、汽车、建筑、办公设备、机械、航空航天等行业，随着材料技术及设计工艺的提升，工程塑料替代金属材料的应用日益增多，以塑代钢、以塑代木已成为国际流行趋势。

我国工程塑料研究起步较晚，在 20 世纪 50 年代迅速发展，得益于汽车、电子、电气、通信技术以及机械工业的迅猛发展。具备特殊优异性能的工程塑料的需求快速提升，行业得以迅速发展。目前已逐步形成了具有树脂合成、塑料改性与合金、加工应用等相关配套能力的完整产业链，产业规模不断扩大，产品品种不断增加；科技水平日益提高，部分产品技术、质量指标也已接近国外先进水平。

随着工程塑料产品性能优势在市场应用领域的不断凸显，我国工程塑料产业市场应用需求稳中有增，而且生物降解类环保绿色工程塑料、高性能工程塑料、特种工程塑料、汽车改性塑料等行业细分领域赛道市场投资意向火热，如四川能投化学新材料有限公司的年产12万吨生物降解系列聚酯树脂项目（一期）、古道尔材料科技（滁州）有限公司的特种工程塑料粒子生产项目、江西省聚龙新材料有限公司的年产1万吨汽车改性工程塑料项目、河北叠加新材料科技有限公司的年产70万套聚双环戊二烯工程塑料汽车装饰件项目等。工程塑料的发展不仅对国家支柱产业和现代高新技术产业起着支撑作用，同时也推动传统产业改造和产品结构的调整。

工程塑料在汽车领域的应用日益增多，主要用于保险杠、翼子板、燃油箱、仪表板等内饰、车身板、车门、车灯罩、燃油管、散热器以及发动机相关零部件等中。在机械领域，工程塑料可用于轴承、齿轮、丝杠螺母、密封件等机械零件和壳体、盖板、手轮、手柄、紧固件及管接头等机械结构件上。在电子电气领域，工程塑料可用于电线电缆包覆、印制电路板、绝缘薄膜等绝缘材料和电气设备结构件上。在家用电器领域，工程塑料可用于电冰箱、洗衣机、空调器、电视机、电风扇、吸尘器、电熨斗、微波炉、电饭煲、收音机、组合音响设备与照明器具等上。在化工领域，工程塑料可用于热交换器、化工设备衬里等化工设备上和管材及管配件、阀门、泵等化工管路中。

工程塑料优异的性能必然使该类产品的研发成为热点，PPS、PI、PC、PEEK等特种工程塑料及下游制品的产业化大力发展，聚砜类、聚芳酯、特种聚酰胺等小品种处于积极的技术开发和应用研究阶段。

例如：尼龙（PA）是一种热塑性树脂，在世界五大工程塑料中，产量和消费量居首位，是部分工程塑料品种生产所需重要原材料之一，工程塑料市场的增长为行业市场带来较大需求增量，进一步拉动产品产量增长。PA66在工程塑料的应用中约占消费量的60%，由于其具有强度高、刚性好、抗冲击、耐油、耐磨的特点，产品主要用于汽车部件、电力和电子器件中。目前中国是世界第一汽车生产、消费大国，未来国内PA66的需求仍处于增长状态，与国外相对成熟的产业相比，国内PA66市场的竞争也将趋于激烈。

作为一种特种工程材料，PI已广泛应用于航空航天、微电子、分离膜、激光等领域。鉴于其优异的性能，PI又被称为是“解决问题的能手”，人们普遍认为“没有PI就不会有今天的微电子技术”，PI是21世纪最有希望的“工程塑料”。PI材料具有优异的耐高温、耐低温、高强高模、高抗蠕变、高尺寸稳定、低热膨胀系数、高电绝缘、低介电常数与低损耗、耐辐射、耐腐蚀等优点，同时具有真空挥发分低、挥发可凝物少等空间材料的特点，可加工成PI薄膜、耐高温工程塑料、复合材料用基体树脂、耐高温黏结剂、纤维和泡沫等多种形式的材料，因此在许多高新技术领域具有广阔的应用前景和巨大的商业价值。

聚碳酸酯（PC）已成为五大工程塑料中增速最快的通用工程塑料，汽车是PC另一大重要的终端应用，在国外发达国家的消费比例在20%左右，但在国内的消费比例仅为5%左右。汽车轻量化趋势越发明显，聚碳酸酯具有优异的抗冲击强度、易于模具加工，与传统材料如高速钢和铝合金相比，大幅降低了重量。此外，光电领域使用的PC薄膜、用于LED（发光二极管）照明的光扩散PC、医疗器械中的耐辐射PC等均是未来潜在的需求热点。

未来随着汽车、现代轨道交通、航空航天等领域对轻量化、高强度、耐高温、减震、密封等方面的要求，提高工程塑料的适用性势在必行，高性能化工程塑料产品将成为研发工作的重点。终端应用领域市场不断扩展，将不断为我国工程塑料提供发展空间。

# 3.3 光电材料

## 3.3.1 光电显示材料

显示材料是指在外力作用下，通过自身的光学性能变化（如吸收、荧光、折射率等）并借助于一系列技术，继而产生可读性文字、图像等的一类材料。光电子技术是结合光学和电子学而发展起来的一门新兴技术，主要应用于信息、能源和国防等领域，是当今世界上竞争最为激烈的高新技术领域之一。光电显示技术利用了电光效应现象，所谓电光效应是指加上电压后具有光电活性的物质的光学特性发生改变，同时将电子设备输出的电信号转化为视觉可见的图像、图形、数码及字符等光信号。液晶显示与有机电致发光显示被称为新型有机光电显示技术，具有耗电量低、功耗小等优点，适合制作手机屏、数码相框、车载显示、笔记本电脑、高清数字电视、数字摄像机等一系列显示产品。

### 3.3.1.1 液晶显示材料

液晶是一些化合物所具有的介于三维有序固态晶体和无规则液态之间的一种中间相态，外观上呈浑浊的液体，结构上类似于晶体的有序周期排列，性能上亦类似于晶体具有各向异性。由于具有液体的易流动性，故液晶又称为流动晶体或液态晶体。液晶的流动性表明液晶分子之间的作用力是微弱的，很小的外力干扰就可以改变液晶的结构，因此液晶的性能（如光学性能、电学性能与力学性能）对外力具有相当高的灵敏度。液晶显示就是利用液晶材料的双折射性能实现的显示技术，其中液晶材料为液晶显示器中关键的光电子材料，高性能液晶显示必须由性能优异的液晶材料实现。

1888年，奥地利植物学家Reinitzer在加热胆甾醇苯甲酸酯时发现了第一种液晶材料。这种结晶化合物在加热到145℃时，变成一种乳白色浑浊的稠状液体，直到温度达到178℃，这种液体才变得透明；冷却后则会呈现紫色、橙红色、绿色等不同颜色变化。1889年，Reinitzer与Lehmann深入探讨这种物质的表现，确认了这种化合物在加热时具有两个不同的熔点，当外界温度在这两个熔点范围内时，该化合物的状态介于液态与固态之间，类似胶状，具有液体和结晶的双重性质。于是把这种处于“中间地带”的浑浊液体叫作液晶（liquid crystal），就是液态结晶物质的意思[39]。Reinitzer和Lehmann两人被誉为“液晶科学之父”。

液晶发现于19世纪，至今已有130多年的历史，但近40年来才获得了快速的发展，这是因为液晶材料光电效应的发现使其可以被应用在低电压驱动和轻薄短小的显示组件上。液晶材料的分子间作用力比固体弱，容易呈现各种状态，微小的外部能量如电场、磁场、热能等就能实现各分子状态间的转变，从而使它的光、电、磁等物理性质发生变化。液晶材料用于显示器件就是利用它的光学性质的变化。在发现液晶的最初半个多世纪里，人们对这类胆甾型液晶进行了大量物化性质研究，发现了某些液晶的电子和光学效应，有些液晶在温度变化时会出现颜色变化，为现代的液晶电子学奠定了基础。但是，由于没有重要的实用背景，这些研究和发现未能引起科技界与工业部门的足够重视。日本人看到了液晶应用的巨大潜力，将其与大规模集成电路相结合，很快打开了应用市场，并于20世纪70年代中期形成了强大、独立的液晶显示产业。20世纪70年代日本SONY与SHARP两家公司对液晶显示技术投入全面开发与应用，让液晶显示器成功地融入现代电子产品之中，1971年提出电控复折射（ECB）的动作模式，后来发明扭曲向列型液晶平面显示器并应用在汽车仪表和电子表上。1973年，英国格雷教授发现了稳定的联苯系液晶材料，目前此结构已成为液晶材料的基本结构。液晶材料的快速响应是它的重要特性，对于一些响应值偏低的材料，在其分子结构中引入芳烃组分（如苯、联苯、萘、芴和菲等），能显著提高材料的响应值，而这些芳烃的主要来源就是煤焦油组分的分离[40,41]。

（1）液晶分子结构和分类

根据液晶形成的条件不同，液晶可以分为热致液晶和溶致液晶两大类。热致液晶根据分子取向排列的不同，可分为近晶相、向列相和胆甾相三类；根据分子官能团可分为联苯类、席夫碱类、偶氮类、酯类等；根据分子量又可以分为有机小分子液晶和高分子液晶；根据构成液晶分子的几何形状又可分为棒状分子、板状分子和碗状分子[42-45]，其中，棒状分子液晶可用于液晶显示中，板状分子液晶可应用于液晶显示器的光学补偿膜中，而碗状分子液晶目前尚未有效应用[45]。本章根据煤焦油稠环芳烃组分的分子结构特点，主要按构成液晶分子的几何形状进行讨论。

液晶分子棒状结构的特性使其沿分子长轴方向光的折射率与垂直长轴方向光的折射率并不相等，折射率上的各向异性产生入射光的双折射，导致入射偏振光的偏振状态和偏振方向发生变化。在电场的作用下，液晶分子偶极矩要按电场的方向取向，使分子原有的排列方式受到破坏，从而使液晶的光学性能变化，如原来是透光的则变成不透光，或者相反。

棒状分子液晶是由中心部和末端基团组成的，中心部是由刚性中心桥键连接刚性芳烃组分（苯、联苯、萘、嘧啶等），末端基团为功能调控基团（烷基、烷氧基、羧基、氰基、硝基、氨基等）。棒状分子液晶的分子量一般在200～500范围内，长宽比为4～8，刚性芳烃分子、末端基直链长度和极性基团的极性使液晶分子具有一定的几何形状和极性，结构示意图见图3-32。

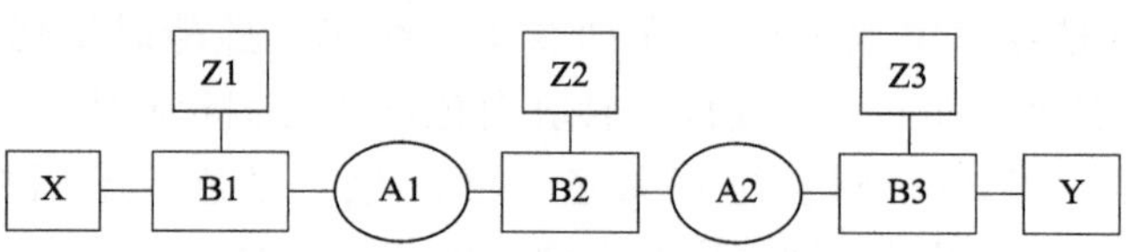

图3-32　棒状液晶材料分子结构

其中，各部分分子结构及功能见表3-8。

**表3-8　各部分分子结构及功能**

| 功能结构 | 常用分子结构 | 结构功能 |
| --- | --- | --- |
| X，Y（末端基团） | R、RO、CN、NCS、F、Cl、Br、$CF_3$、$OCF_3$、$OCH_2F_2$ 等 | 相变温度、光活性、光响应速度、稳定性 |

续表

| 功能结构 | 常用分子结构 | 结构功能 |
| --- | --- | --- |
| B（环体系） | 苯环、嘧啶环、吡啶环、环己烷环、二氧六环等 | 稳定性、各向异性、双折射、弹性常数、黏度 |
| A（连接基团） | C═C、$CH_2CH_2$、$CH_2O$、COO | 相变温度、柔韧度、黏度 |
| Z（侧向基团） | R、RO、CN、NCS、F、Cl、Br、$CF_3$、$OCF_3$、$OCH_2F_2$ 等 | 热稳定性、分子极性、黏度等 |

板状液晶分子是一类具有平面板状结构且能在一定条件下有序排列形成液晶态的分子。板状分子液晶容易形成柱状堆积的超分子组装体，由于分子在液晶态具有一定的流动性，组装体具有良好的结构缺陷自修复功能。因此，具有特定芳香共轭结构的板状液晶分子可以呈现较高的导电特性，能有效传输电荷，具有制备光电器件的潜在应用价值。结构示意图如下：

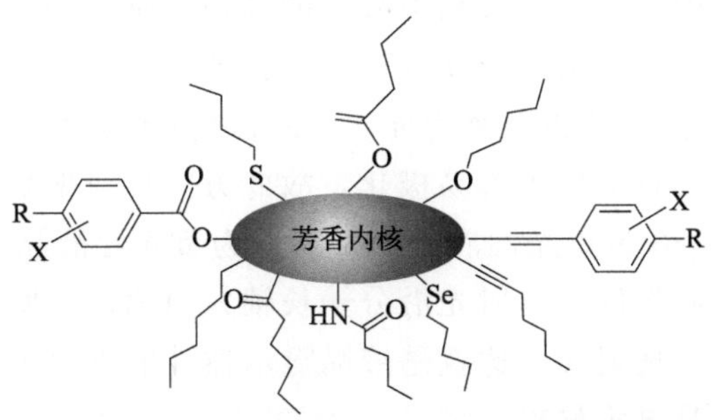


板状液晶分子的刚性芳香内核的结构决定了其分子尺度的电学特性，而外围的柔性侧链和刚性芳香内核的变化又影响着板状液晶分子在溶液以及体相时的自组装特性，所以板状液晶材料的总体电学性能同时取决于刚性芳香内核和外围侧链结构。常见的板状液晶材料基本都是稠环芳烃结构，根据刚性芳香核结构的不同，主要有苯并菲类[46]、酞菁类（Pc）[47]、茈类[48]、六苯并苯类[49]、蒽醌类（AQ）[50]、六苯并蔻类（HBC）[51] 等。

（2）液晶材料的物理性能

材料的结构决定材料的性能，液晶分子的几何形状、极性官能团位置和极性大小、苯环面向以及分子之间的相互作用等诸因素决定了液晶的物理性能和各向异性。在显示应用中液晶材料的主要物理参数有相变温度、黏度、介电常数和折射率等。

① 相变温度　其含义是指化合物各种相态之间的转变温度，指的是液晶态存在一个温度范围，通常用 $\Delta T = T_2 - T_1$ 表示。其中，$T_1$ 是固态晶体转为液晶时对应的温度，$T_2$ 是由液晶相转变为普通液体时对应的温度。液晶的相变温度与分子结构密切相关。一般情况下，分子的共轭程度大、刚性结构以及极性分子均有利于提高液晶材料的相变温度。液晶的相变温度是用差热分析和偏光显微镜方法测量的。单体液晶很难满足显示所需要的很宽的温度范围，通常采用多组分液晶混合的方法来拓宽液晶存在的温度范围。

② 黏度　液体在流动时分子间产生内摩擦的性质称为液体的黏性，黏性的大小反映在一定温度下液体流动时所受阻力的大小。液晶材料的黏度具有各向异性，通常是分子长轴方向黏度小于短轴方向黏度。液晶的响应速度与黏度有着密切的关系，而黏度的大小又与温度有关。向列相液晶的黏度在指向矢方向小，近晶相液晶的黏度在分子层平行方向小。

③ 介电常数　液晶材料的电学性能可由介电常数表征，介电常数指同一电容器中某一物质作为电介质时的电容和其中为真空时的电容的比值。液晶材料介电常数越大，表示该材

料由于带电本身电势改变的程度越大。通常分子共轭度越大，介电常数越大。液晶的介电常数 ε（dielectric permittivity）呈各相异性。长轴方向的节点常数定义为 $\varepsilon_{/\!/}$，短轴方向的介电常数定义为 $\varepsilon_{\perp}$，两者差值为各向异性值，即 $\Delta\varepsilon=\varepsilon_{/\!/}-\varepsilon_{\perp}$。

当 $\Delta\varepsilon>0$ 时，液晶为正介电各向异性，称为正型液晶（P 型液晶）。正型液晶分子长轴方向极化程度高，可以用在平行配位中，施加强电场时 $E>E_c$（$E_c$ 为液晶分子的初始排列开始产生改变时的阈值电场），分子长轴就会沿着与电场平行的方向排列。

当 $\Delta\varepsilon<0$ 时，液晶为负介电各向异性，称为负型液晶（N 型液晶）。负型液晶分子短轴方向的极化程度高，只有用在垂直配位中才能有所需要的光电效应。施加强电场时分子长轴就会沿着与电场 $E$ 垂直的方向排列。

④ 折射率　液晶相中分子排列既不像固态晶体中那样具有三维周期性，又不像普通液体中那样混乱，而是处于中间状态。液晶中分子的排列具有一定的规整度，在光场中液晶分子电极化引起折射率的变化表现出各向异性，分子长轴和短轴方向的折射率不同。分子长轴方向的折射率为 $n_{/\!/}$，垂直方向的折射率为 $n_{\perp}$。在液晶分子中苯环、联苯环、双重键等组成的中心部的 π 电子在分子长轴方向上容易极化，故此方向折射率最大。折射率的各向异性定义为：$\Delta n=n_{/\!/}-n_{\perp}$。$\Delta n>0$ 为正光性液晶，$\Delta n<0$ 为负光性液晶。

由于液晶折射率的各向异性，入射光沿分子长轴方向偏转或使偏振光状态和振动方向发生改变，以致产生光反射、透射等，这就是液晶显示器件的重要工作原理。

（3）典型煤焦油基液晶显示材料

煤焦油中富含联苯、萘、蒽、芘等多种稠环芳烃化合物，具有较强的 π 电子离域能，易引入各种功能性基团进行结构修饰，赋予了煤焦油基功能材料优良的理化性质和特殊功能，尤其在液晶显示材料领域已得到广泛的应用研究。如联苯型液晶具有光、化学稳定性好，各向异性，黏度与双折射等物理常数可调等优点，是现代电子工业中被广泛使用的液晶材料之一。萘环衍生物类液晶添加到混合液晶中不仅相容性好，而且可以达到宽液晶相温度范围、大介电各向异性、低阈值电压等性能要求，部分性能更胜于应用广泛的环已烷类高档液晶。蒽、菲、芴、芘等化合物具有多环芳烃刚性结构，展现出能隙宽和荧光量子效率高等优点，其相关衍生物在光电功能材料领域也具有重要应用[52-54]。可以预见芳烃化合物作为实用性强的液晶材料具有较好的应用前景。

本书将煤焦油中芳烃组分经过分离提纯和结构修饰后制备的液晶显示材料称为煤焦油基液晶显示材料，根据煤焦油组分进行分类，可以得到如表 3-9 所示的几类液晶分子结构。

**表 3-9　典型煤焦油基液晶材料分子结构**

| 序号 | 煤焦油组分 | 分子结构 | | | |
|---|---|---|---|---|---|
| 1 | 联苯类 | 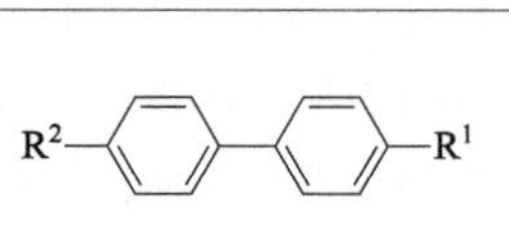 | $R^1=CN$ | $R^2=O$-alkyl | |
| 2 | | | $R^1=CN$ | $R^2=$alkyl | |
| 3 | | | $R^1=F$ | $R^2=$alkyl | |
| 4 | | 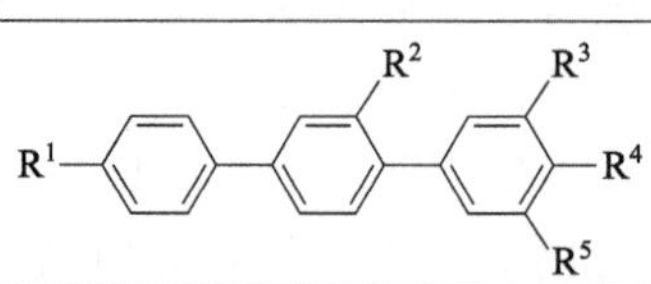 | $R^1=$alkyl | $R^2=R^3=R^4=R^5=F$ | |
| 5 | | | $R^1=$alkyl | $R^2=R^4=F$ | $R^3=R^5=H$ |
| 6 | | | $R^1=R^4=$alkyl | $R^2=F$ | $R^3=R^5=H$ |

续表

| 序号 | 煤焦油组分 | 分子结构 | | |
|---|---|---|---|---|
| 7 | 萘类 | 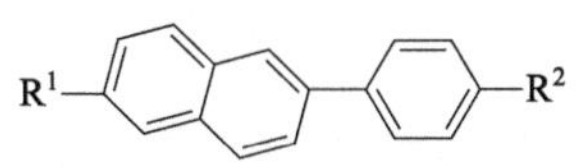 | $R^1$=alkyl | $R^2$=CN |
| 8 | | | $R^1=OCH_3$ | $R^2$=alkyl |
| 9 | | | $R^1$=H | $R^2$=alkyl |
| 10 | | 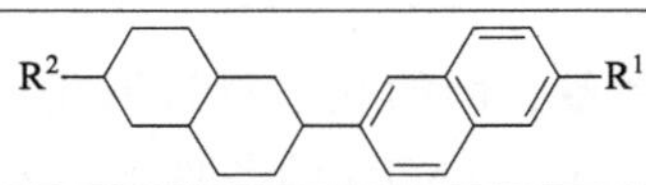 | $R^1=OCH_3$ | $R^2$=alkyl |
| 11 | | | $R^1$=H | $R^2$=alkyl |
| 12 | | 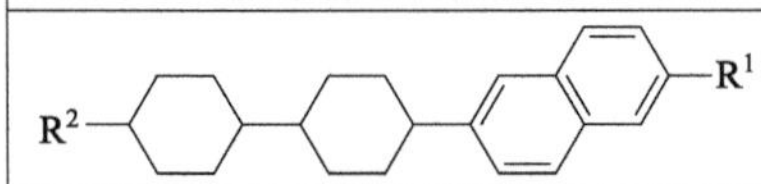 | $R^1=OCH_3$ | $R^2$=alkyl |
| 13 | | | $R^1$=H | $R^2$=alkyl |
| 14 | 苯并菲类 | 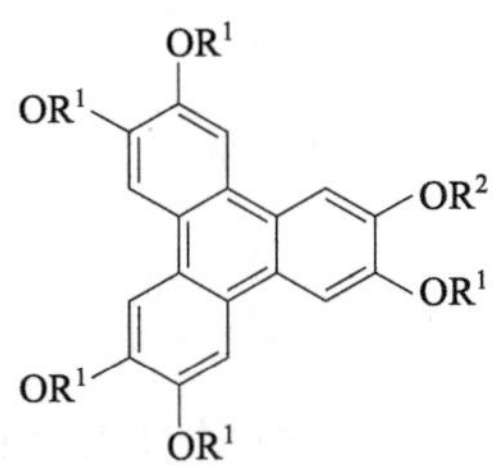 | $R^1=C_nH_{2n+1}$ ($n$=4～9) | 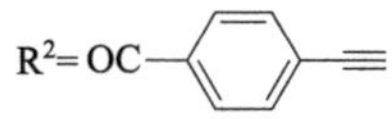 |
| 15 | | | $R^1=C_nH_{2n+1}$ ($n$=4～9) | $R^2=COCH_2CH_2(CF_2)_5CF_3$ |
| 16 | 苝酰亚胺类 | 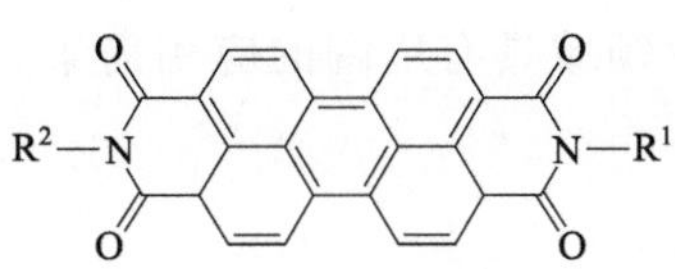 | $R^1=R^2=(C_2H_4O)_3C_4H_9$ | |
| 17 | | | $R^1$=$R^2$= 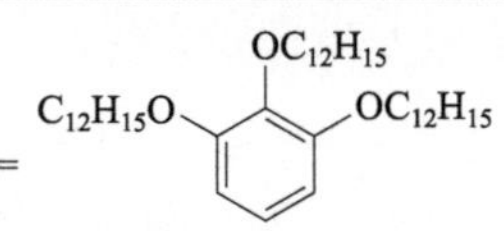 | |
| 18 | 芘类 | 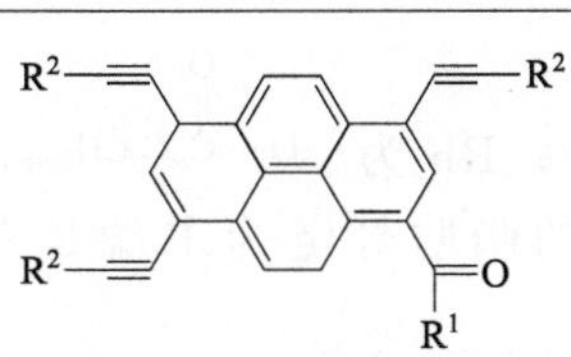 | $R^1$= 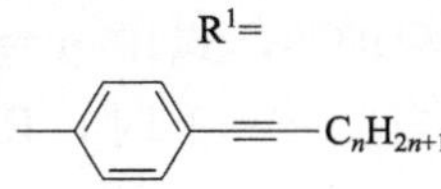 | $R^2$= 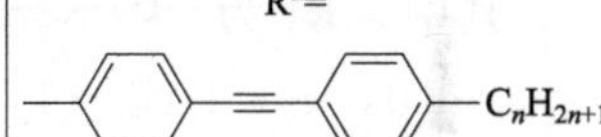 |

注：alkyl指烷基。

不同煤焦油基液晶显示材料具有不同的光电性能，例如联苯类液晶具有介电各向异性值皆为正的特点，末端为烷基、烷氧基和氰基的联苯类液晶化合物通常无色，而且具有优越的化学稳定性和光化学稳定性，介电各向异性比较大，同时双折射率大，黏度适中。萘类液晶相变温度低，具有低黏度和低双折射率的特点。根据用途的不同可以选择对应的煤焦油基液晶材料，也可以多种掺杂达到理想效果。

（4）典型煤焦油基液晶材料的制备案例

联苯类液晶材料具有黏度可调节、各向异性好等特点，是如今市场上使用最广泛的一类液晶材料。其主要原料联苯在煤焦油中的质量分数为0.20%～0.40%，目前对各种煤焦油馏分的分离提取是联苯的主要来源之一。代表性联苯类液晶材料中间体为4,4'-联苯二酚，分子式$C_{12}H_{10}O_2$，分子量186.21，相对密度1.22～1.37，熔点282～286℃，纯品为白色鳞片状结晶或结晶粉末，易溶于乙醚、乙醇、乙酸乙酯、丙酮和氢氧化钠，不溶于汽油、四氯化碳，微溶于水。其合成方法主要有以下2种[55]。

① 联苯磺化碱熔法　联苯经过磺化、碱熔、酸化制备。反应过程如下：

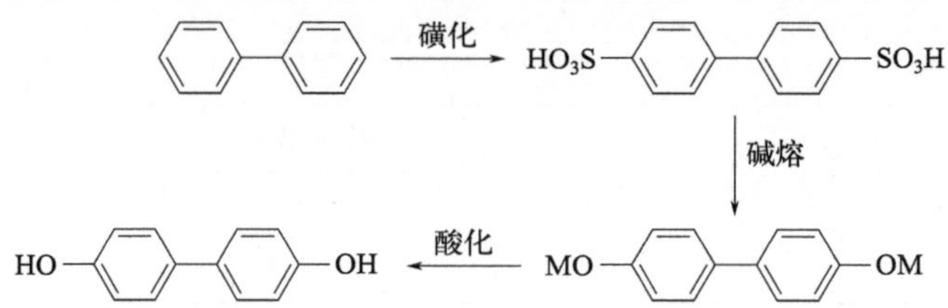


② 联苯卤化水解法　联苯经过卤代、水解制备。例如联苯经过溴化反应生成 4,4-二溴联苯，于氢氧化钠催化剂的作用下在温度 300℃、压力 8MPa 的条件下，水解生成 4,4′-联苯二酚。

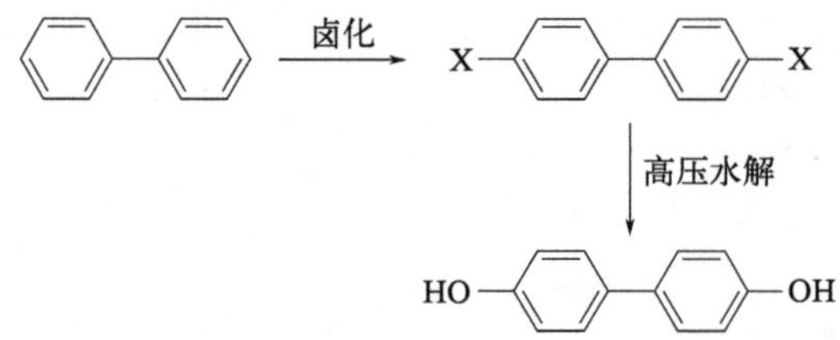


以 4,4′-联苯二酚为原料，可制备多种液晶化合物，并根据引入官能团的不同，可得到不同性能的液晶显示材料。如一种端基含脂肪链的全氟烷酰氧基联苯液晶化合物，具有液晶相范围很宽、稳定性好等特点，在铁电液晶显示领域具有广阔的应用前景，其结构式和制备过程如下：

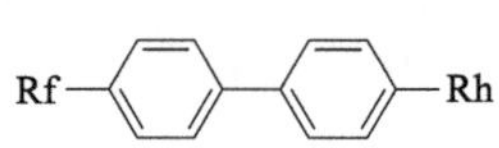


其中，Rf 为$—O—\overset{O}{\overset{\|}{C}}—C(CF_2)_nCF_3$，式中 $n=6\sim8$；Rh 为$—O—\overset{O}{\overset{\|}{C}}_mC_yCH_{2y+z}$，式中 $m=0$ 或 1，$y=3\sim10$，$z=1$ 或 $-1$，当 $z=-1$ 时，Rh 中的脂肪烃链为末端是双键的不饱和脂肪烃链。

上述化合物的合成首先需要制备中间体 4′-脂肪烃氧基-4-羟基联苯，合成工艺为：将对联苯酚置于乙醇溶液中，搅拌至溶解，滴加氢氧化钾和碘化钾的水溶液，再滴加卤代脂肪烃，回流加热至反应完全后，冷却至室温，滤液经调节 pH 值后析出固体，抽滤，乙醇重结晶，得中间体 4′-脂肪烃氧基-4-羟基联苯。

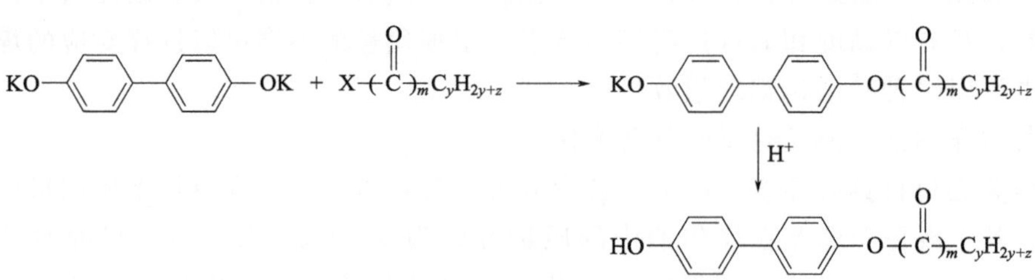


(式中，X=Br或I，$m=0$，$y=3\sim10$，$z=1$或$-1$)

将上述中间体溶于四氢呋喃溶剂中，以有机碱吡啶或三乙胺为催化剂，加入全氟烷酰氯制备成 4′-脂肪烃氧基-4-全氟烷酰氧基-联苯。

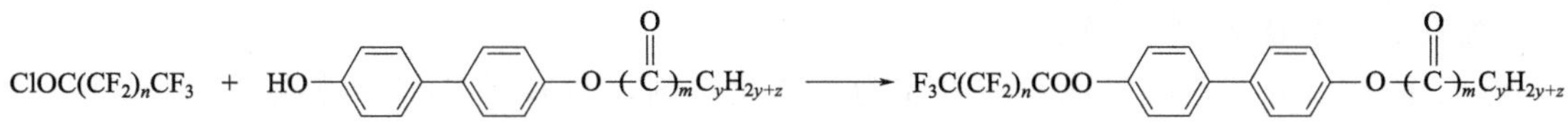

(式中，$n=6\sim8$，$m=0$，$y=3\sim10$，$z=1$或$-1$)

4,4′-联苯二酚由于具有双酚结构，可应用于液晶高分子（LCP）的合成中。液晶高分子是近几年发展最快的高性能全新结构的特种工程塑料，具有高耐热、高刚性、薄壁流动性和低膨胀性等优点。如：以4,4′-联苯二酚、4-硝基苯胺和二溴己烷等为原料合成单体甲基丙烯酸[5-(4′-甲氧基联苯-4-氧基)戊基]酯（M5MPP）和4-硝基偶氮苯基甲基-2-甲基丙烯酸酯基乙胺（MMEANB），单体进行聚合和共聚得到含有非线性旋光活性基团的侧链液晶高分子，由于分子间吸电子基团与给电子基团相互作用有利于提高液晶高分子的热稳定性，共聚物（M5MPP/MMEANB）具有较宽的液晶相温度范围。

萘环衍生物类液晶化合物的骨架结构主要为2,6-萘环、2,6-反式十氢萘、2,6-四氢萘及多种萘环结构的组合，其主要原料萘是分子结构最简单的稠环芳烃，在煤焦油中的含量约为5%～10%。萘系液晶材料对热、水分、光、电、化学、空气等均具有良好的稳定性，是近年来发展迅速的一类显示用液晶材料。如在萘环上接枝环氧树脂类化合物能够提高它的耐热性，是一类性能优异的萘系液晶材料。萘系液晶材料合成工艺路线见图3-33。

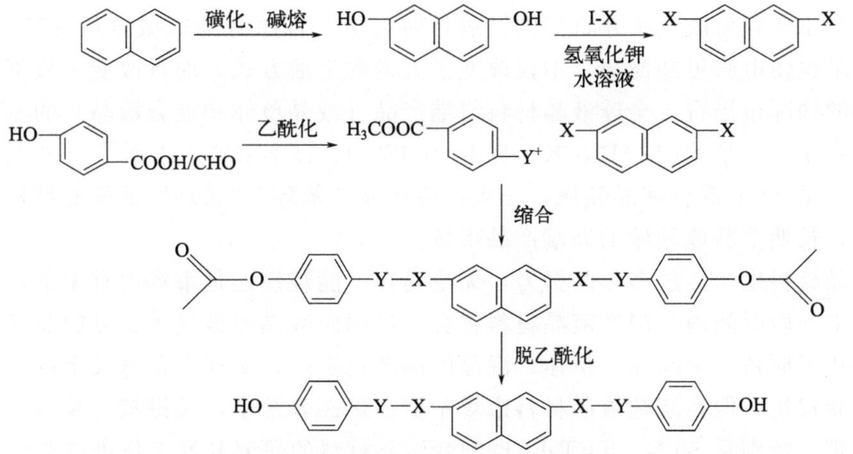


图 3-33　萘系液晶材料合成工艺路线

合成工艺包括以下几个步骤：

① 4,4′-双(4-乙酰氧基苯甲氧基)-2,7-萘的合成　首先萘经硫酸磺化和强碱碱熔制得2,7-二羟基萘，在碱性条件下于碘化钾催化下2,7-二羟基萘与X的碘化物反应制得4,4′-双

(4-乙酰氧基苯甲氧基)-2,7-萘。

② 乙酰化反应　乙酰氯或乙酸酐作为乙酰化试剂，与对羟基苯甲酸或对羟基苯甲醛反应，生成对乙酰氧基苯甲酸或对乙酰氧基苯甲醛。乙酰氯或乙酸酐的摩尔用量可以是对羟基苯甲酸或对羟基苯甲醛的 10～20 倍。

③ 缩合反应　上述得到的对乙酰氧基苯甲酸或对乙酰氧基苯甲醛与 2,7-二羟基萘或 2,7-二氨基萘以吡啶为催化剂，投料摩尔比（2～5）∶1，在丙酮、四氢呋喃、二氯甲烷、异丙醇等溶剂中发生缩合反应。

④ 脱乙酰化反应　氨水作为脱乙酰化试剂，催化甲酰氧基化合物在丙酮、四氢呋喃、二氯甲烷或异丙醇等溶剂中反应进行脱乙酰化反应。进而脱乙酰产物在 18-冠-6-醚、15-冠-5-醚、二苯并-18-冠-6-醚等催化剂存在下，与氯丙烯或溴丙烯在碱性条件下生成相应的丙烯基醚化合物。

⑤ 环氧化　丙烯基醚化合物与间氯过氧苯甲酸进行环氧化反应，生成最终产物。萘环的环氧化物在具备液晶性的同时，也具有优异的耐热性，尤其采用分子结构设计，制备具有完全对称性的结构，可以进一步提高萘环化合物的耐热性能，可作为耐热性液晶材料。

（5）液晶显示材料发展展望

液晶显示器件（LCD）的优异特性决定了它在各类显示器件中的地位。仅有 20 年发展历程的液晶显示材料就改变了几百年的钟表计时行业，将原有的机械显示替换为液晶显示，新型液晶显示也使电脑更加便捷，不仅改变了人类的生活方式，而且改变了战争形式。从当前液晶材料的国际市场看，全球液晶材料终端产品（液晶单体和混合液晶）的专利主要集中在三大厂商手中，包括德国 MERCK、日本 CHISSO、日本 DIC，占据了全球 90%以上的市场份额。特别是 TFT 混合液晶领域，三大厂商依靠“苯环”“萘环”的核心结构，构建了严密的专利网，长期垄断该领域的高端产品市场。

我国液晶材料生产经过多年的努力，无论是在产能规模还是市场占有率上，都已有不小的成效。未来一段时间内，国产液晶材料将会满足国内液晶面板绝大部分的需求，实现液晶材料从上游化工原料、中间体、单体、混晶的国产化生产，实现真正意义上的全产业链国产化。虽然发展较快，但在高端液晶材料市场中所占份额非常小，关键核心技术与设备与国外仍有较大差距。特别是 STN、TFT-LCD 配套液晶材料的研究开发工作进展非常缓慢，同日本、德国和英美国家相比，差距较大，因此使得我国在世界液晶显示行业市场中缺乏竞争力[56,57]。

### 3.3.1.2　电致发光材料

电致发光（electroluminescence，EL）是物质在一定电场作用下被相应的电能激发而产生的发光现象，具有这种性能的材料被称为电致发光材料。电致发光材料可分为无机电致发光材料和有机电致发光材料。其中，无机电致发光材料一般为半导体材料，如 GaAs、GaP、GaInP、GaAlAs、GaN 等。有机电致发光材料（organic light emitting diode，OLED）包括小分子有机材料和高分子有机材料两大类。小分子 OLED 材料以有机染料或颜料为发光材料，高分子 OLED 材料以共轭或非共轭高分子（聚合物）为发光材料。由于 OLED 具有自发光、轻薄、响应速度快、视角广、大屏幕显示、成本低、可实现柔性显示等特点，被认为是极具发展前途的新一代平板显示器件。

电致发光材料的发现最早可以起源于20世纪60年代。单晶蒽是第一个被报道的电致发光材料[58]，但单晶的厚度为10～20μm，当驱动电压达到400V时才能看到蓝光，而且亮度很微弱。此后，用萘、菲、并四苯、并五苯、醌、咔唑等作主体材料和掺杂的有机电致发光材料被陆续报道，但制备的电致发光材料的工作电压太高，原因是其厚度大多都超过了2μm。1982年，Vincett制备出厚度为0.6μm的蒽单晶膜，将工作电压降到了30V以下，但由于量子效率太低（只有0.03%～0.06%）而未引起重视。

1987年，美国柯达公司的Tang等人发明了双层器件，利用具有空穴传输特性的二元胺三苯基二胺（TPD）作为空穴传输层，以金属配合物8-羟基喹啉铝（$Alq_3$）作发光层，制备有机EL器件，当工作电压小于10V时，器件发光亮度达到1000cd/cm$^2$，发光效率达到1.5lm/W，自此有机电致发光材料开始进入实用化的时代。1990年，英国剑桥大学Burroughs等人报道了低电压下高分子（聚苯乙烯撑，PPV）电致发光现象，为有机电致发光领域提供了除小分子外另一类更加广泛的材料。1991年，美国加州大学的Heeger等第一次在玻璃基板（ITO）上用塑料作为沉底制备柔性显示器，由此高分子有机发光二极管（PLED）的研究拉开序幕。1997年，磷光电致发光现象被Forrest等人发现，使有机电致发光材料的量子效率在理论上突破了低于25%的限制[59,60]。

经过数十年的发展，OLED技术在显示和通信领域逐渐走向应用，如OLED电视机、OLED手机等。推动OLED技术最终普及应用的动力在于有机电致发光材料既可形成刚性显示，又可以实现柔性显示，而且具有易于实现大屏幕显示等特性，在某些方面已经胜过液晶显示技术。

（1）电致发光器件的结构和工作原理

有机电致发光器件的结构一般是按有机材料的层数来分类，可以分为单层型和多层型器件（每层膜厚均为几十纳米）。单层结构分别是以导电玻璃和金属材料作为器件的正、负电极，发光层夹在两电极中间，俗称“三明治”结构。由于单层器件中的发光层紧邻电极材料，空穴和电子传输不平衡时容易引起激子猝灭，降低发光效率，逐渐开发出多层结构。在发光层和电极材料之间逐渐插入空穴传输层和电子传输层，平衡载流子传输速率，将激子限制在发光层，从而提高效率。为进一步提高器件的综合性能，在结构中增加注入层，有利于空穴和电子的注入，而空穴阻挡层则使空穴停留在发光层中。总之，单层器件的耐久性好，而多层器件在发光效率和亮度方面远优于单层器件。有机电致发光器件结构如图3-34所示。

电致发光工作原理可理解为，在一定电压驱动下，电子和空穴分别从金属电极（阴极）和ITO透明电极（阳极）注入电子传输层和空穴传输层，然后电子和空穴分别经由两个传输层迁移至发光层相遇，形成激子并使发光分子激发，后者经过辐射弛豫而发出可见光，辐射光可从透明电极一端发出。具体发光过程可以分解为以下几步：

① 载流子注入过程　将有机电致发光器件通电以后，即完成载流子注入过程。此时电子从负极注入形成负极载流子，空穴从正极注入形成正极载流子。

② 载流子传输过程　在外电场作用下，电子向正极迁移，空穴向负极迁移。只有两种相向迁移的正、负载流子在发光层相遇，才有可能复合而发光。

③ 载流子相遇与激子复合　在外电场作用下，注入的电子和空穴相互配对，形成“电子-空穴对”，也被称为“激子”。它具有一定的寿命，约在皮秒至纳秒量级。

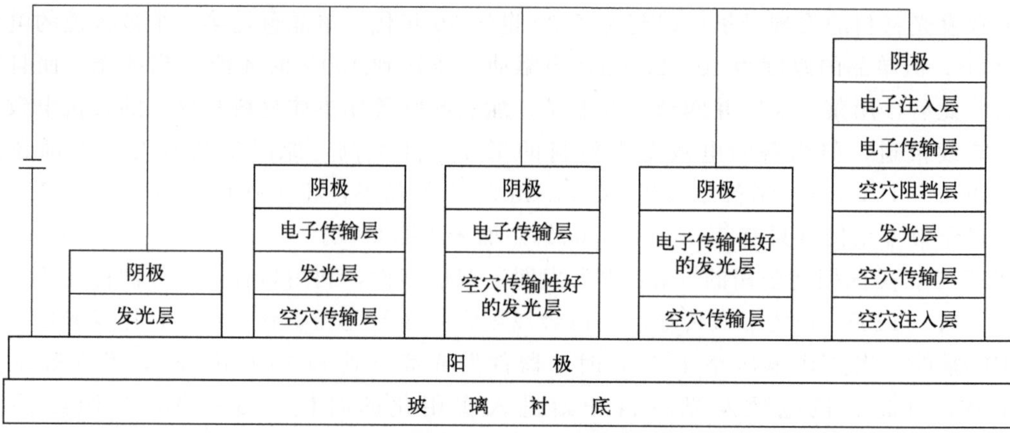


图 3-34 有机电致发光器件结构示意图

④ 激子衰减与发光 激子以辐射形式衰变跃迁至基态即获得电致发光。激子可分为单线态和三线态激子，在有机电致发光过程中，单线态激子和三线态激子可同时产生。通常单线态激子的辐射衰变称为电致荧光，寿命较短；三线态激子的辐射衰变称为电致磷光，寿命较长。

研究表明，分子结构是决定其吸收光谱的关键因素，物质的颜色正是由于对不同波长的光具有选择性吸收而产生的。有机电致发光材料大部分为刚性芳烃分子结构，π-π 共轭效应、p-π 共轭效应和共轭强度等对颜色的影响见表 3-10。

a. π-π 共轭效应与颜色：π-π 共轭效应对物质颜色的影响尤为重要。如二苯乙烯是无色的，若将两个碳碳双键与两端的苯环共轭，得到的 1,4-二苯基-1,3-丁二烯为黄绿色；若将三个碳碳双键与两端的苯环共轭，得到的 1,6-二苯基-1,3,5-己三烯为黄橙色；若共轭体系被 σ 键切断，化合物的颜色就会消失。

b. p-π 共轭效应与颜色：稠环芳烃分子结构中连接 $NO_2$、OH、$NR_2$ 等助色基团后就可能会变成有色物质，若没有这些取代基，苯环和萘环则不显色。可见，p-π 共轭效应对颜色的影响也十分重要。

**表 3-10 不同共轭效应对物质颜色的影响**

| 共轭效应 | 分子结构 | 颜色 |
|---|---|---|
| π-π 共轭效应 | 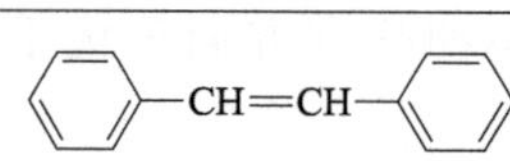 | 无色 |
| | 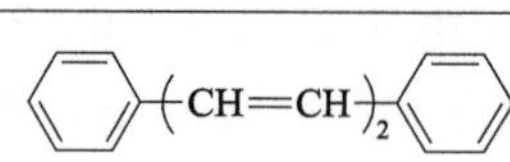 | 黄绿色 |
| | 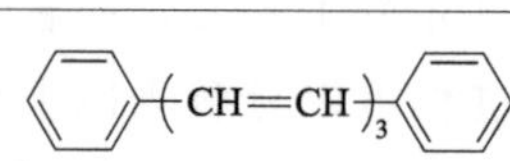 | 黄橙色 |
| | 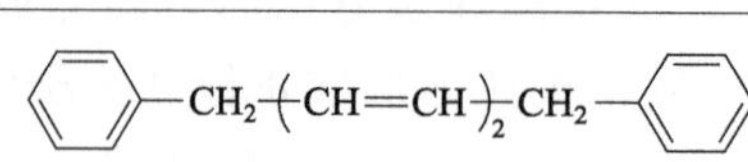 | 无色 |
| | 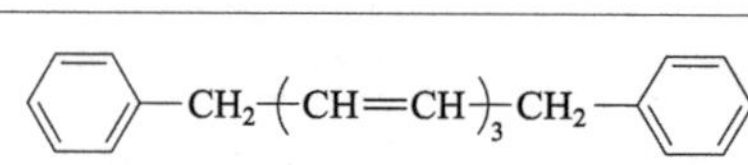 | 无色 |

续表

| 共轭效应 | 分子结构 | 颜色 |
| --- | --- | --- |
| p-π 共轭效应 | 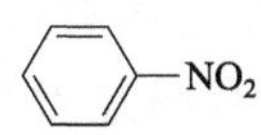 | 无色 |
| | 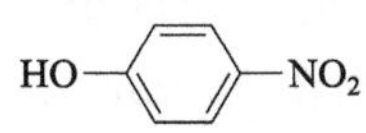 | 无色 |
| | 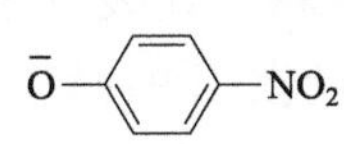 | 橙黄色 |
| | 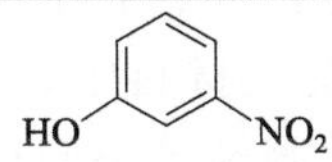 | 无色 |
| | 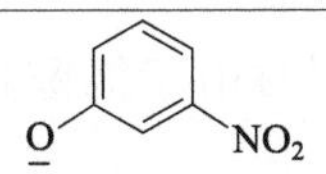 | 黄色 |

c. 共轭强度与颜色：煤焦油中芳烃组分因缩合度不同而具有不同的共轭强度，展现出不同的光电性能。表 3-11 列出了不同共轭效应对物质颜色的影响。如蒽的荧光发射峰位在 400nm 处，并四苯和并五苯分别在 480nm 和 640nm 处，表明荧光峰位随着分子共轭程度的增大发生明显红移。由三者的荧光量子产率可知，从蒽（0.46）到并四苯（0.60）的荧光量子产率是增大的，而并五苯（0.52）的荧光量子产率又略有降低，表明大的共轭 π 键结构对荧光量子产率有贡献，但两者之间不是绝对地成正比例关系。

**表 3-11　并多苯结构与其荧光性质的关系**

| 稠环芳烃 | 分子结构 | $\Phi_f$（荧光量子产率） | $\lambda_{ex}$（激发波长）/nm | $\lambda_{em}$（发射波长）/nm |
| --- | --- | --- | --- | --- |
| 蒽 | 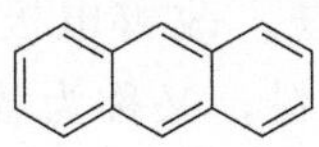 | 0.46 | 365 | 400 |
| 并四苯 | 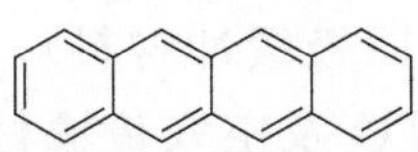 | 0.60 | 390 | 480 |
| 并五苯 | 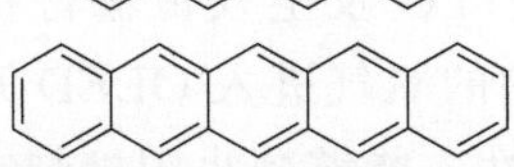 | 0.52 | 580 | 640 |

（2）电致发光器件用有机材料的性能指标

自从 1987 年 OLED 研究工作取得实质性进展以来，人们对有机电致发光材料进行了广泛而深入的研究，并取得了可喜的成绩。目前，所合成的有机电致发光材料成千上万，其分类方法多种多样。下面根据材料在器件中所承担的功能进行性能介绍。

① 有机电致发光材料　即器件中最终承担发光功能的物质，其发光效率、发光寿命和发光色度等性能对器件的应用产生直接影响，因此有机电致发光材料为器件的核心材料。通常具有刚性平面结构的共轭小分子、金属配合物和聚合物可作为有机电致发光材料。理想的有机电致发光材料在性能上具有如下特点：荧光量子效率高，载流子传输能力强，易于成膜，对光和热稳定性好，具备适宜的分子能级，可与器件中其他材料的分子能级相匹配。

有机电致发光材料可通过化学修饰，如延长分子的共轭度，提高分子平面性和刚性，从而提高传输能力和发光效率；可改变 HOMO 和 LUMO 能级，调控分子的发光颜色，使得分子的光谱发生蓝移或者红移，从而得到三基色的有机电致发光器件。彩色显示的三基色为红、绿和蓝三种，对应的有机发光材料结构有明显差异。通常蓝光辐射波长为 450nm，对应能量在 2.76eV 左右，要求蓝光材料分子的共轭度小且大多呈扭曲刚性结构，代表分子为偶联三苯胺和聚烷基芴；绿光的辐射波长约在 532nm，对应的能量在 2.33eV 左右，要求绿光材料分子结构能级适中，一般为配合物材料，代表分子为 8-羟基喹啉铝和聚亚乙烯基苯；红光的辐射波长为 650nm 左右，对应的能量在 1.91eV，要求红光材料的结构特点是具有更大的共轭体系或更强的分子内电荷转移能力，代表分子为红荧烯和聚噻吩等。

目前，实现彩色的三基色的有机电致发光材料中，红光材料和绿光材料发展得较为成熟，而蓝光材料与之相比还存在较大差距，制约了全彩色显示的发展。因为有机电致发光材料中，蓝光材料对能带间隙要求比较宽，同时由于能隙较大，容易受杂质影响，使发光效率和色纯度可能降低。

② 空穴传输材料　具有传输空穴能力的材料或以空穴导电为主的材料称为空穴传输材料。空穴传输材料在分子结构上表现为富电子体系，具有较强的电子给予能力，具备的典型特征如下：具有优良的热稳定性与成膜性能；材料应具有宽带隙和较高的激发能量，以防止激子的能量传递、空穴迁移率过高。大多数芳胺类共轭分子具有空穴传输特性。

③ 电子传输材料　具有传输电子能力的材料或以导电为主的材料均称为电子传输材料。电子传输材料在分子结构上表现为缺电子体系，具有较强的电子接受能力，可以形成较为稳定的负离子，典型特性如下：具有优良的热稳定性与成膜性能；具有较低的激发能量；具有较高的电子迁移率。代表性的电子传输材料为喹啉铝。大多数有机材料的空穴传输性比电子传输性要好，因此寻找性能优异的有机电子传输特性材料备受研究者关注。

④ 缓冲材料　为了降低电极与有机材料之间的界面势垒，改善电极与有机材料之间的界面性能，促进载流子注入而引入的电子修饰材料即缓冲材料，又称为载流子注入材料，可以分为空穴注入材料（阳极缓冲材料）和电子注入材料（阴极缓冲材料），其中电子注入材料一般为无机类。空穴注入材料的 HOMO 值要求介于 ITO 及空穴传输材料之间，有利于空穴注入 OLED 元件，而且其薄膜的特性可阻隔 ITO 中的氧气进入 OLED 元件，以延长元件寿命。对空穴注入材料的要求是：要有高的耐热稳定性；能够减小阳极与空穴传输层界面间的能级势垒；良好的成膜性。代表性的分子为酞菁系列材料。

（3）典型煤焦油基电致发光材料

煤焦油中稠环芳烃组分具有刚性平面结构和富电子体系，分子结构易于修饰，可用于制备性能优异的有机电致发光材料。如咔唑具有独特的刚性稠环及芳杂环结构，可以用作空穴传输材料[61,62]，同时也是性能优异的发光材料[63-65]。喹啉类化合物与离子发生作用后，产生较强的荧光，而且存在重原子效应，二者协同增强了化合物的整体刚性，同时增大了分子的平面结构，有利于 π 电子的跃迁，增强电致发光效应。

这里将煤焦油中芳烃组分经过分离提纯和结构修饰后制备的电致发光材料称为煤焦油基电致发光材料。根据煤焦油组分的不同，煤焦油基电致发光材料的分类见表 3-12。

表 3-12 典型煤焦油基电致发光材料的分类及其分子结构

| 煤焦油基电致发光材料类别 | | 分子结构 | |
|---|---|---|---|
| 煤焦油基小分子发光材料 | 蒽类 | 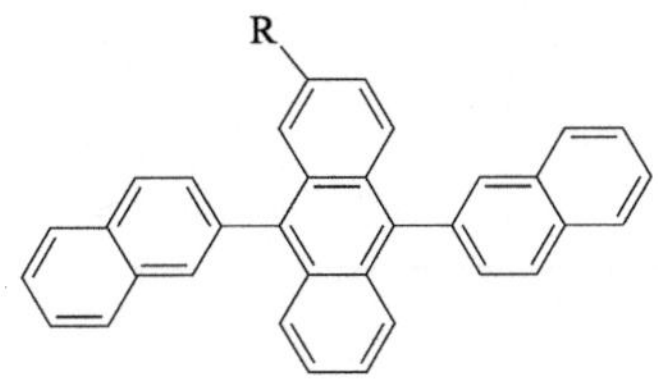 | R=—$CH_3$,—$C_4H_9$ |
| | 咔唑类 | 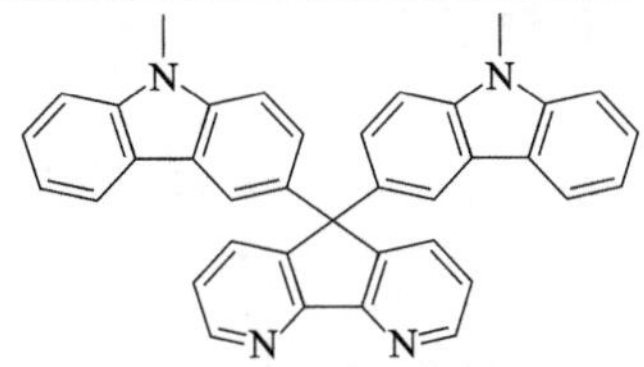 | |
| | 联苯胺类 | 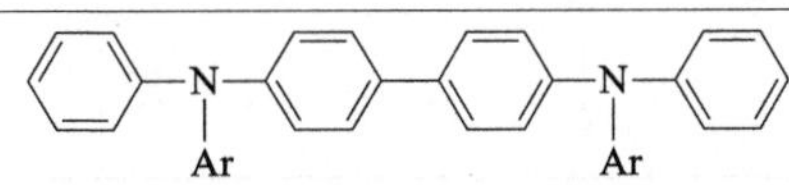 | Ar=苯基,萘基 |
| | 联苯噁二唑 | 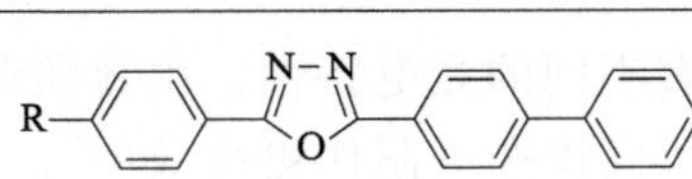 | R=烷基 |
| 煤焦油基金属络合物材料 | 喹啉类 | 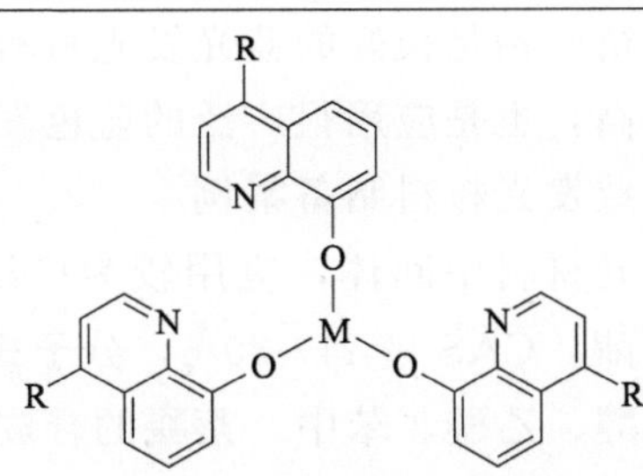 | M=Al,Ga<br>R=$CH_3$,Cl |
| | | 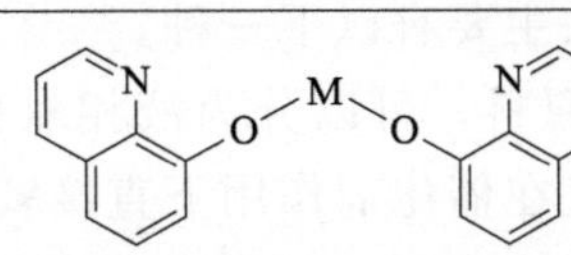 | M=Zn,Ga |
| 煤焦油基大分子发光材料 | 芴类共聚物 | 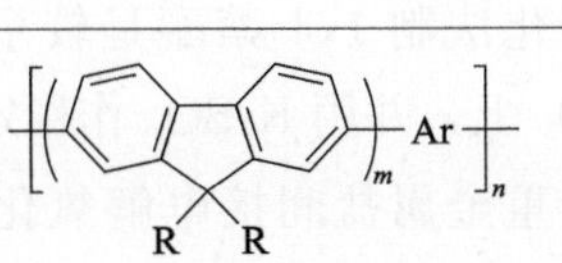 | R=alkyl<br>Ar=噁二唑、噻吩、二氧噻吩 |
| | 聚苯乙撑类 | 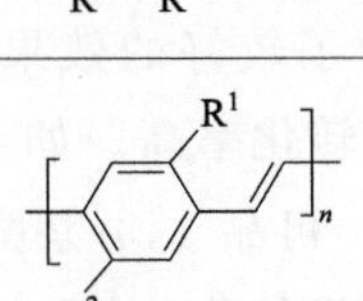 | $R^1=R^2=H$;<br>或 $R^1$=烷基,<br>$R^2=OCH_3$ |
| | 吡啶类 | 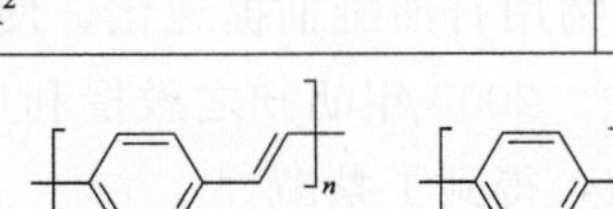 | |
| | 咔唑类 | 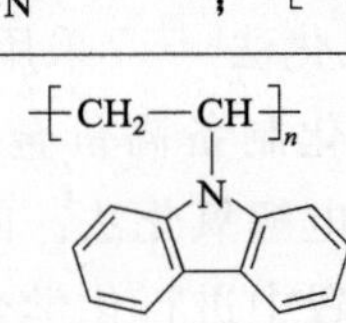 | |

续表

| 煤焦油基电致发光材料类别 | | 分子结构 |
| --- | --- | --- |
| 煤焦油基电子传输材料 | | 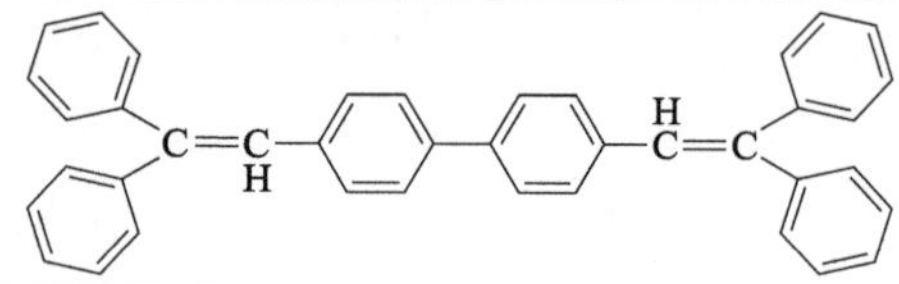 |
| 煤焦油基空穴传输材料 | 联苯咔唑类 | 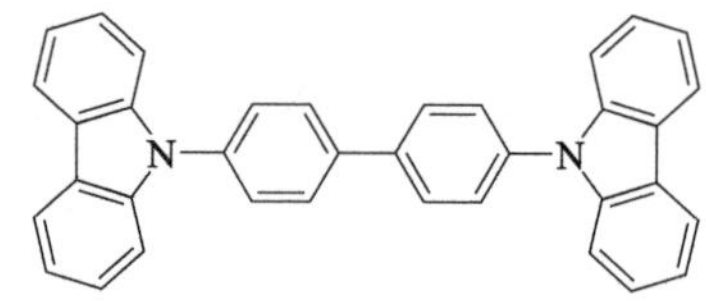 |
| | 联苯胺类 | 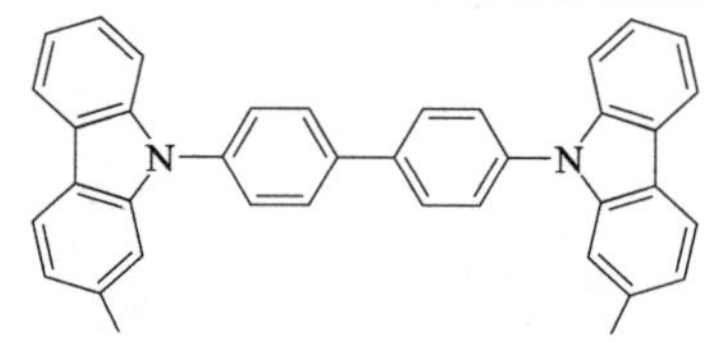 |

煤焦油中不同组分具有不同的光电特性。由蒽醌制得的红荧烯类衍生物是很好的黄光发光材料，也可以作为红光协同掺杂剂制作更高效的红光发光材料，由蒽制得的二芳基蒽类衍生物、芴类衍生物、芘类衍生物是很好的蓝光发光材料。聚芴及其衍生物的化学稳定性和热稳定性好，固态量子效率高，也是应用很广泛的蓝色发光材料。

（4）典型煤焦油基电致发光材料制备案例

萘醌是重要的电致发光材料中间体，应用较为广泛的还有红荧烯衍生物[66]。萘醌有三种异构体，通常指 1,4-萘醌，CAS 号 117-80-6，分子式 $C_{10}H_6O_2$，熔点 128.5℃，外观为亮黄色针状晶体，可溶于乙醇、乙醚、苯中。萘醌的合成在国内外已有不少研究，以煤焦油组分萘、萘酚为原料的合成方法主要有以下三种。

① 萘的氧化法　以萘为原料，可以分为液相氧化法和气相氧化法。其中萘的气相催化氧化法就是利用空气中的氧气在催化剂作用下直接氧化萘制得 1,4-萘醌的方法。其中菲尔茨-戴维等尝试利用萘的催化氧化法制 1,4-萘醌是较早的研究，其后许多研究者的大量研究和试验证明，将 $V_2O_5$ 负载于 $SiO_2$ 上，并用 $K_2SO_4$ 作稳定剂制得的催化剂效果比较理想[67]。

液相氧化法是利用高价重金属盐间接电解氧化以及用 $HNO_3$、$H_2O_2$、$IO_4$、$S_2O_4^{2-}$ 等非金属氧化物氧化制备萘醌，取得了较好的效果。目前，仍有很多厂家用此方法生产 1,4-萘醌。该方法生产萘醌选择性好、转化率高。如 Bhatt 用 $Ce(SO_4)_2 \cdot 2(NH_4)_2SO_4 \cdot 2H_2O$ 在乙腈和硫酸的混合液中氧化萘，粗品 1,4-萘醌的产率达到 90%～95%[68]；韩世清等改用 HOAc 作溶剂，产物用石油醚抽提纯化，使 1,4-萘醌收率达到 75%[69]。

② 萘酚氧化法　2000 年胡知之教授利用 1-萘酚，在碱性条件下，以酞菁为催化剂，滴加 30%双氧水溶液，得到了萘醌[70]。

③ 萘的间接电解氧化法[71]　采用高价金属（铬、铈）盐等氧化萘制备萘醌，反应后的金属盐溶液经过电解氧化制备高价金属，再次循环利用。由于电解反应与氧化反应分步进行，该方法可称为间接电解氧化法。间接电解氧化法可分为槽内式和槽外式两种，槽内式间接电合成法是在同一装置中进行化学合成反应和电解反应，装置既是反应器也是电解槽。槽

外式间接电合成法是在电解槽中进行媒质的电解，完成电解的媒质从电解槽转移到反应器中进行氧化反应。具体合成案例如下。

向反应器中加入硫酸高铈的硫酸溶液，开启搅拌，加热至 65℃；将含萘的环己烷溶液加入反应器中，再加入乳化剂烷基酚聚氧乙烯醚，控制温度 65℃，反应完毕后，降温至 20℃，在降温过程中进行搅拌，温度达到 20℃时维持恒温一定时间后，过滤，用少量纯水洗涤，在 40℃下减压干燥，得到黄色的 1,4-萘醌，含量约为 96.3%，收率约 85.6%，还原后铈盐经电解氧化制备成高价铈盐，再循环进行氧化反应。

红荧烯（rubrene），CAS 号 517-51-1，化学式 $C_{42}H_{28}$，分子量 532.67，其分子是由四个苯基取代并四苯 5、6、11、12 号氢原子所构成，为红色至浅棕色的结晶性粉末，溶于热甲苯。红荧烯由于在发光效率、激子扩散长度及载流子迁移率等方面较其他有机材料具有非常大的优势，故其薄膜及单晶材料在有机电致发光器件、场效应晶体管及有机太阳能电池等方面都得到了非常广泛的关注及研究。

以萘醌为原料制备电致发光材料红荧烯的反应过程如下：以萘醌和 1,3-二芳基苯并呋喃作为单体，经过 Diels-Alder 反应生成二芳基并四苯醌，再用芳基锂进行选择性亲核加成生成相应的二醇，通过芳构化反应生成红荧烯类化合物。反应过程如下：

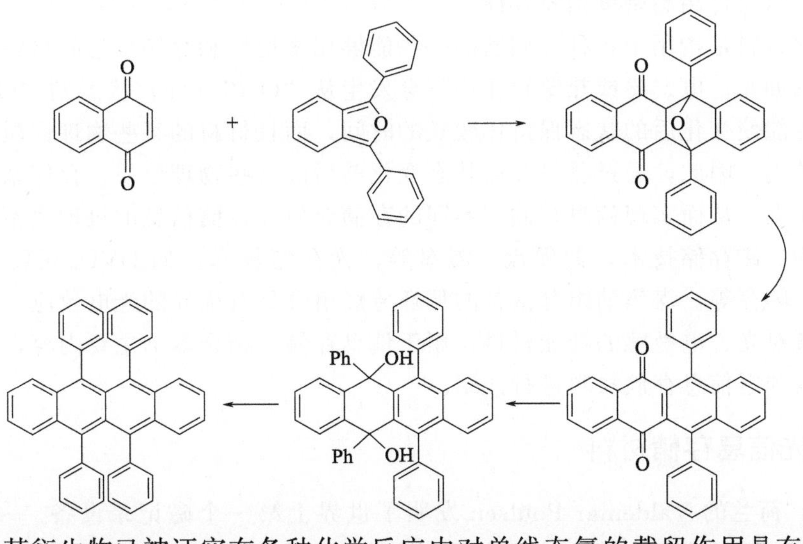


红荧烯及其衍生物已被证实在各种化学反应中对单线态氧的截留作用是有特殊价值的。在有机电致发光材料领域，利用红荧烯作为增感剂添加到 2,4,5-三苯基咪唑的过氧化物的发光体系中，可将化学发光强度提高数倍；也可以在红荧烯主体结构上再引入一些活性共轭基团，使主体的发射波长红移，达到红光发射波长，同时通过引入体积大的基团使分子间的位阻增大，提高玻璃化转变温度，降低浓度猝灭效应，提高材料的发光性能。

（5）有机电致发光材料发展展望

近年来国家制定了一系列推进 OLED 技术研发及配套产业发展的支持政策，加速推进了 OLED 产业的规模化投资及配套产业本土化供应进程，引导支持新型背板、超高清显示器、柔性面板等量产技术研发，加快布局 AMOLED 微显示、量子点、印刷 OLED 显示、MicroLED 显示等显示技术，完成产业新技术路线的探索和布局，为行业发展提供了有力的政策支持与良好契机。

全球已经进入 5G 时代，我国也将“5G＋8K”作为国家新基建重点发展方向。随着 5G 的发展，数据传播速度越来越快，视频传播将成为信息传播的主要载体，进一步带来显示产业的新变革，主要体现在超高影像逼真感、广色域产生的真实感、高度明暗对比等方面的发展，全球进入了万物互联的科技生活模式，作为接收媒介的显示屏也迎来了前所未有的发展新机遇。有机电致发光作为新一代显示技术，显示结构简单、耗材环保，而且具有柔性可卷曲的特点，更方便运输和安装，能够突破尺寸的限制，规模化量产后更有可能具备低成本普及的优势，可广泛应用到日常生活中的智慧驾驶、智能家居、移动穿戴、远程医疗等中，可以预见未来以 OLED 为主的高清显示将迎来黄金发展时期。

## 3.3.2 光电信息存储材料

随着社会和科学技术的进步，尤其是近年来计算机和互联网技术的发展，人工智能、大数据、云计算、物联网等技术的不断突破，人们获取、处理、传输、存储和显示的信息量正以指数形式日益增加。信息时代的核心是信息技术，信息技术的核心在于信息处理与信息存储。随着信息数据量的剧增，目前存储密度和存储技术遭遇挑战，迫切需要研发超高密度信息存储材料，以获得超高密度信息存储。

信息存储材料是指用于各种存储器的一些能够用来记忆和存储信息的材料。这类材料在一定的外场（如光、电、磁或热等）作用下会发生从“ON”（开）状态到“OFF”（关）状态的突变，并能使变化后的状态保持比较长的时间，而且材料的某些物理性质在状态变化前后也有很大差别。因此，通过测量存储状态变化前后的这些物理性质，存储系统就能区别材料的这两种状态，从而实现信息存储。不同的存储介质，存储信息的机理也不同。按其存储原理可以分为：磁存储技术，如硬盘、磁盘等；光存储技术，如 DVD、CD 等；电存储技术，如内存、闪存等。煤焦油组分富含的稠环芳烃组分具有优异的光电效应，通过分子结构修饰，可制备对光、电敏感的功能材料，用于信息存储。结合本书主要内容，本节主要对光信息存储材料和电信息存储材料进行介绍。

### 3.3.2.1 光信息存储材料

1898 年，荷兰的 Valdemar Poulsen 发明了世界上第一个磁记录设备——磁线录音机，开始了传统的磁记录应用实践。接下来的一个多世纪，又出现了多种不同种类的磁记录设备，如磁带机、磁芯存储器、磁盘等。传统的磁记录的写入、读出原理是利用磁电转化元件，将随时间变化的电信号与铁磁性材料中的磁化强度和方向的空间变化进行相互转换，实现信息存储。

随着计算机和信息产业的发展，越来越多的信息内容以数字化的形式记录、传输和存储，对大容量信息存储技术的研究也随之不断升温。激光技术的不断成熟，尤其是半导体激光器的成熟应用，使得光存储从最初的微缩照相发展成为更快捷、方便、容量巨大的存储技术，各种光存储器纷纷产生。与磁介质存储技术相比，光存储具有寿命长、非接触式读/写、信息位的价格低等优点。

（1）光信息存储材料的存储机理

光存储技术是用激光照射存储材料，通过激光与存储材料的相互作用，材料发生物理、化学变化，将信息存储下来的技术。其基本物理原理是：存储材料受到激光照射后，材料的某种性质（如吸收光谱、发射光谱、反射率和折射率等）发生改变，材料性质的不同状态映射为不同的存储数据，存储数据的读出则通过识别存储单元性质的变化实现。

广泛应用的 CD 光盘、DVD 光盘等光存储介质以二进制数据的形式来存储信息。信息写入过程中，将编码后的数据送入光调制器，使激光源输出强度不同的光束。调制后的激光束通过光路系统，经物镜聚焦照射到介质上。存储介质经激光照射后被烧蚀出小凹坑，所以在存储介质上存在被烧蚀和未烧蚀两种不同的状态，分别对应两种不同的二进制状态 0 或 1。读取信息时，激光扫描介质，在凹坑处入射光不返回，无凹坑处入射光大部分返回。根据光束反射能力的不同，将存储介质上的二进制信息读出，再将这些二进制代码解码为原始信息。数字光盘存储基本原理见图 3-35。

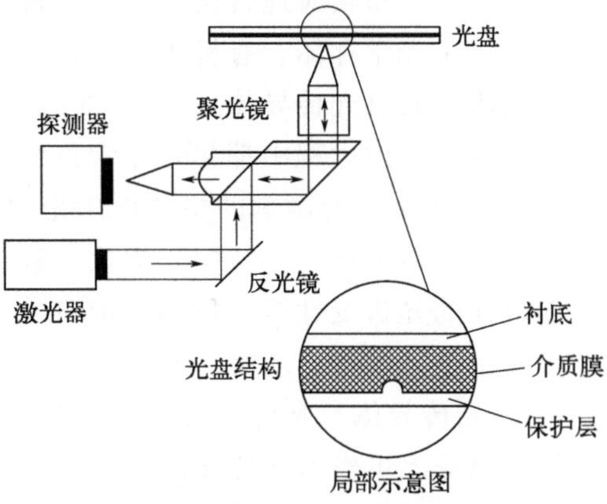

图 3-35　数字光盘存储基本原理

（2）光信息存储材料的结构和分类

常见的光存储材料有光致变色存储材料和光折变存储材料。光致变色现象，即材料在受到一定波长和强度的光照射时，可发生特定的化学反应而从状态 A 变为状态 B，此时由于结构发生变化，材料的颜色或对光的吸收峰值改变，但在热或另一波长光的作用下又恢复到原来的分子结构和表观颜色。实用性光致变色材料应满足下列条件：对特定光源敏感，而且在该波段的光照射下可逆变化的分辨率大；颜色可逆变化循环次数高（$>10^6$）、抗疲劳性好；颜色变化响应快，一般在 $10^9 \sim 10^{12}$ 次/s；具有良好的光、热的稳定性。目前有机光致变色化合物主要有螺吡喃、偶氮化合物、俘精酸酐、螺噁嗪、二噻吩乙烯等，相应的母体结构如图 3-36 所示。

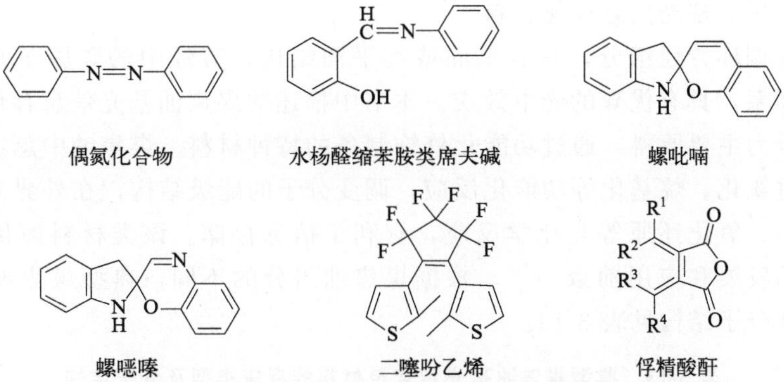

图 3-36　常见的几种光致变色材料的母体结构

光致变色现象往往伴随着许多与光化学反应有关的过程，从而导致分子结构的某种改变，其反应方式主要包括：价键异构（水杨醛缩苯胺类）、顺反异构（偶氮化合物、靛蓝类染料）、键断裂、聚合作用（六苯基双咪唑、螺吡喃、螺噁嗪等）、氧化-还原（稠环芳香化合物、噻嗪类）、周环反应（俘精酸酐类、二芳基乙烯类）等。以偶氮化合物为例，光致变色基于分子中偶氮基—N ═N—的顺反异构反应，通常偶氮化合物的顺-反异构体有不同的吸收峰，虽然两者一般差值不大，但摩尔消光系数相差很大。

光折变现象，即照射到非线性光学材料上的光发生变化时，物质内部电荷发生非均匀的重新分配，使得物质的折射率发生变化的现象。光折变现象的主要贡献之一就是能够将入射光强的空间分布实时地转换为介质中折射率变化的空间分布，而且这种变化能够被长期保存下来，用于光学存储。有机光折变材料主要包括光诱导电荷产生剂（光敏剂）、电荷传输组分和陷阱中心（光传导体）、光学非线性分子（非线性生色团）和增塑剂，每一种组分在光折变效应的形成过程中都起着非常重要的作用。

① 光敏剂　光敏剂的主要作用是协助光电荷的产生。光敏剂的选择取决于合适的波长灵敏度和电荷输运分子结构，优化光敏剂和母体输运分子之间的电荷转移性质可以在材料中获取最佳的光折变性能。目前已有几大类有机分子和染料被用来在有机光导体中作为光敏剂，其中包括酞菁、苝染料和噻喃鎓盐等。

② 光传导体　光传导聚合物、电荷输运分子掺杂或通过化学键键合在聚合物主体或小分子玻璃等上可作为光传导体。目前光折变体系中所用的绝大多数光导体都是传输空穴的单级光导体，也有一些电子转移双极有机分子被用作光折变体系的光导体。光折变材料的响应速率强烈依赖于电荷输运体的迁移率。

③ 非线性生色团　有机材料的非线性光学特性及光折变性能在很大程度上受外电场作用下光电生色团的极性和极化率，以及极化行为的控制。非线性生色团的主要作用是在外电场作用下产生折射率的变化。在生色团的结构设计中，需要考虑生色团中 π 共轭中心的优化，外电场作用下的生色团取向与偶极聚集之间的关系，以及不同组分的相容性。目前用得最多的非线性生色团是含有各种含推拉取代基的芪类、偶氮类等。

④ 增塑剂　增塑剂在有机光折变掺杂体系中用来降低体系的玻璃化转变温度，从而提高材料在空间电场下的光电响应性能和生色团的取向能力。增塑剂的使用要考虑对体系电荷传输过程的影响，惰性增塑剂在有效地降低体系的玻璃化转变温度的同时，又降低了电荷输运体的密度。因此，要优化好增塑剂的种类及掺杂量。

（3）典型煤焦油基光信息存储材料

煤焦油富含稠环芳烃组分，具有平面或类平面结构，芳烃中的碳原子基本都是 $sp^2$ 杂化，是大 π 键体系，具有优异的光电效应。本书中描述的煤焦油基光信息存储材料是指以煤焦油中芳烃组分为主要原料，通过功能化修饰制备的特种材料。煤焦油中蒽、芴、咔唑和芘等稠环芳烃通过氧化、烷基化等功能化反应，调变分子的能级结构，在外界光刺激下，更容易发生价键异构、氧化还原等光化学反应，有利于信息存储。该类材料廉价易得，性能优异，具有广阔的发展和应用前景[72,73]。根据煤焦油组分的不同，典型煤焦油基光致变色材料的反应类型及分子结构见表 3-13。

**表 3-13　典型煤焦油基光致变色材料的反应类型及分子结构**

| 稠环芳烃类别 | 反应类型 | 结构示意图 |
|---|---|---|
| 蒽醌类 | 价键异构 | 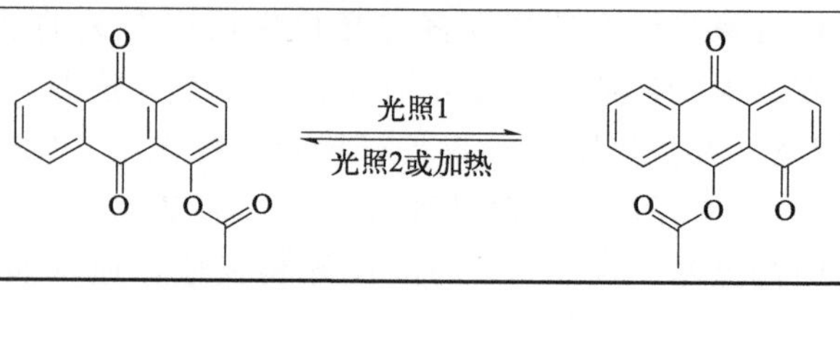 |

续表

| 稠环芳烃类别 | 反应类型 | 结构示意图 |
|---|---|---|
| 蒽醌类 | 顺反异构 | 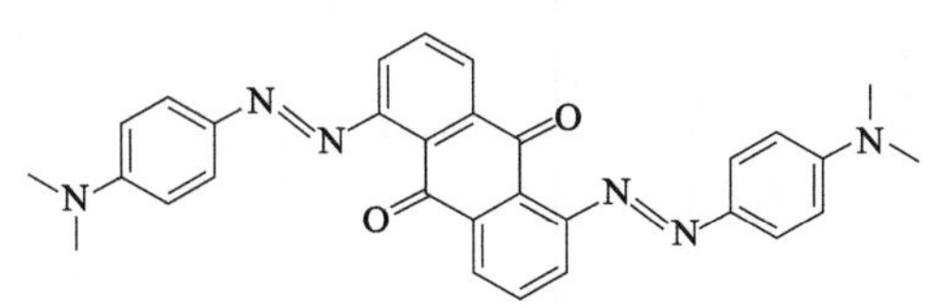 |
| 苯胺类 | 顺反异构 | 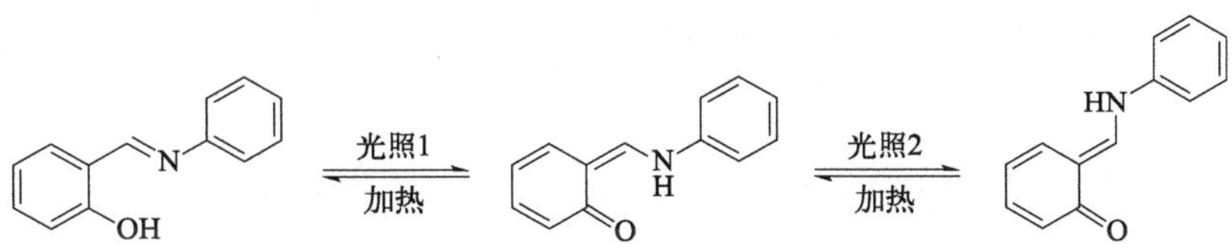 |
| 芴类 | 构相转变 | 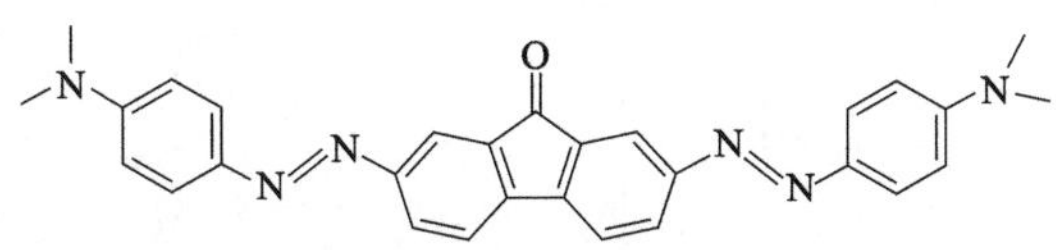 |
| 咔唑类 | 顺反异构 | 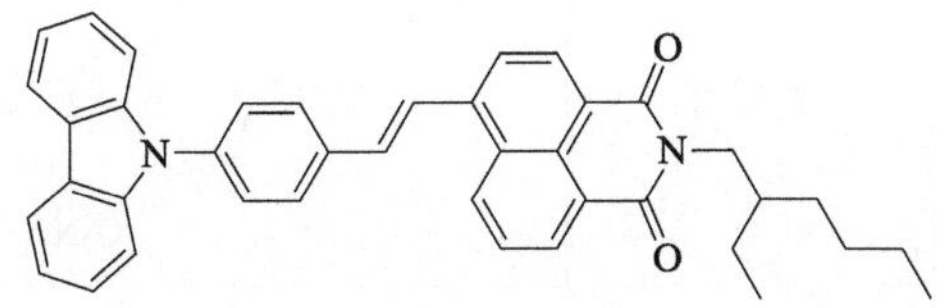 |
| 苝类 | 顺反异构 | 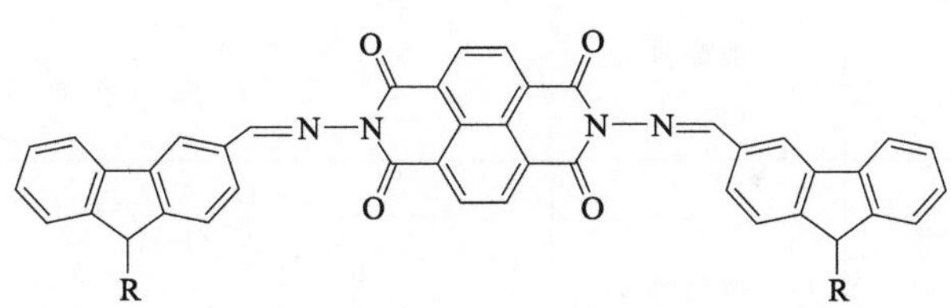 |

按照分子大小将光折变材料分为小分子光折变材料和大分子光折变材料。

① 小分子光折变材料　该类材料是指在室温下能形成稳定玻璃态的单一组分多功能分子，这种分子既可以作为光导体，也可以作为非线性生色团。分子之间的紧密堆积使生色团和电荷传输中心的密度达到最大，不会出现相分离。但由于分子设计时需要兼顾玻璃态的形成和避免分子自结晶以保持光学透明，其性能可调性受限。

② 大分子光折变材料　该类材料内部各组分的结合方式有两种。一种是主/客掺杂体系，各组分通过物理混合分散在聚合物的材料内部，材料制备容易，性能良好，但最大的问题是材料内部各组分的相容性不好；另一种是全功能聚合物体系，各组分通过化学键键合在聚合物骨架上，解决了使用过程中相分离和结晶的问题，具有较好的热稳定性和长使用寿命，但最大的缺点是合成难度较大。

根据煤焦油组分来源和在光折变材料中功能的不同，典型的煤焦油基光折变材料分类见表 3-14。

表 3-14　典型的煤焦油基光折变材料的分类

| 煤焦油组分 | 功能 | 分子结构 |
| --- | --- | --- |
| 咔唑类 | 光导体 | 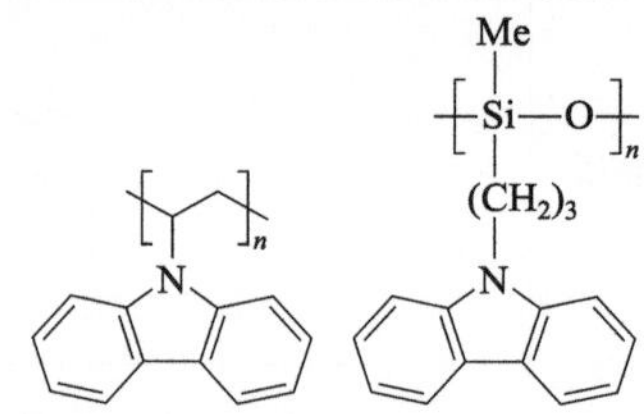 |
| 聚芴类 | 光导体 | 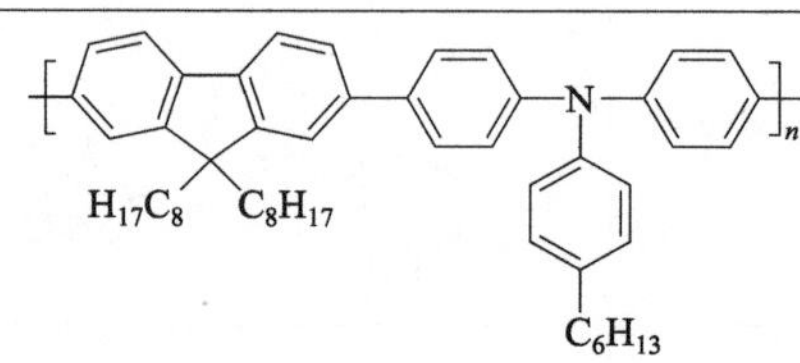 |
| 联苯胺类 | 光导体 | 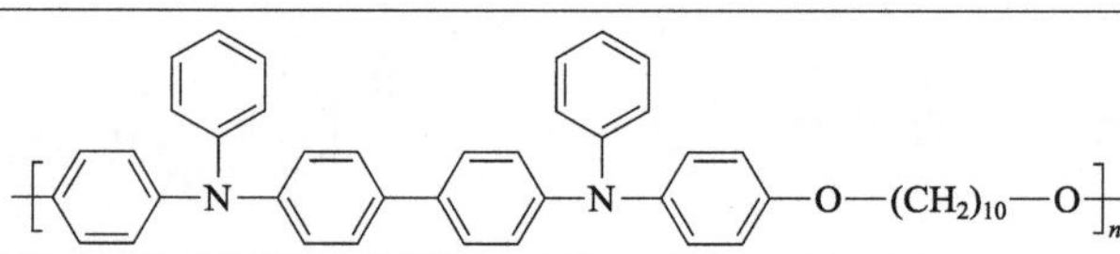 |
| 芴类 | 光敏剂 | 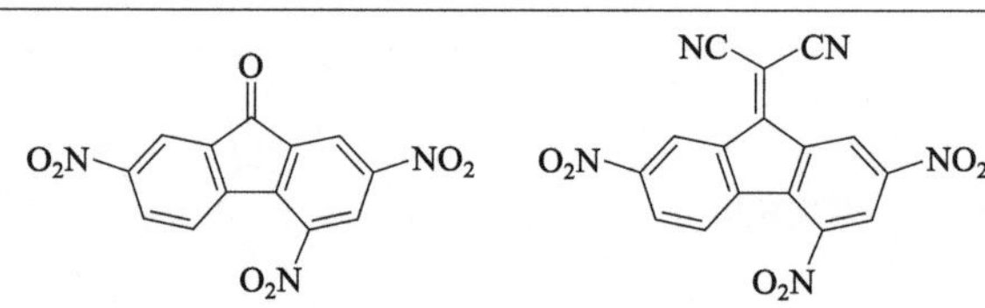 |
| 咔唑类 | 增塑剂 | 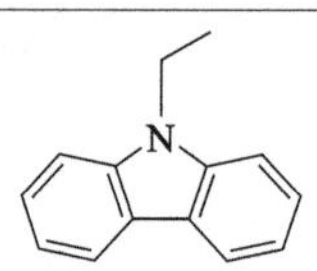 |
| 苯酐类 | 增塑剂 | 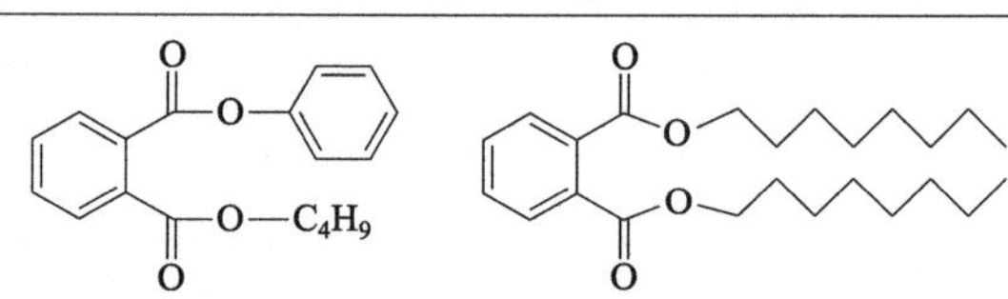 |

（4）典型煤焦油基光信息存储材料的制备案例

蒽醌类衍生物具有刚性环结构，赋予其独特的光化学与光物理性质，是重要的光电功能材料，被应用在有机光半导体、染料等领域。蒽醌类化合物的应用尚没有其他产品可以完全代替，在国内外有广阔的市场和发展潜力。其主要原料蒽、萘经煤焦油馏分分离提纯获得，其中蒽是多环芳香族化合物的典型代表，在煤焦油中含量为 1.0%～1.8%（质量分数）。

蒽醌（anthraquinone），又名 9,10-蒽醌，CAS 号 84-65-1，分子式 $C_{14}H_8O_2$，分子量 208.21，黄色针状结晶，溶于乙醇、乙醚和丙酮，不溶于水，主要用作染料中间体、造纸蒸煮剂及双氧水原料等。蒽醌的合成方法主要有以下三种[74-80]。

① 苯酐法　由邻苯二甲酸酐（PhA）和苯在三氯化铝的存在下，缩合成邻苯甲酰苯甲酸（OBB 酸），邻苯甲酰苯甲酸再用浓硫酸脱水生成蒽醌（AQ）。该法也称为傅-克法。反应式如下：

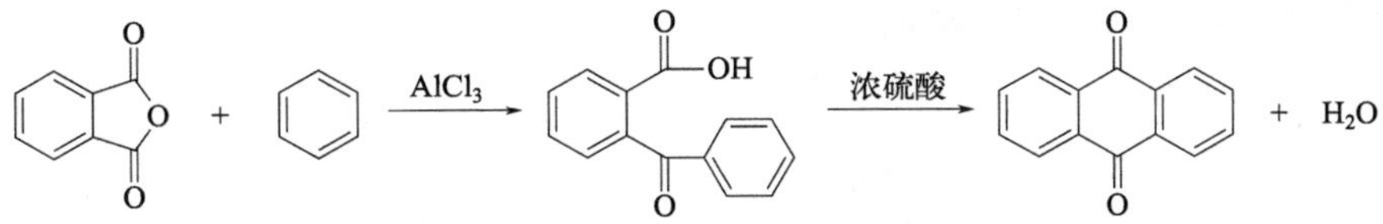

苯酐法是最古老的蒽醌生产方法。它的突出优点是原料来源充分，价格低廉，工艺流程简单，对设备无特殊要求，易于规模产业化。但苯酐与苯的反应需等摩尔苯酐与三氯化铝进行络合，同时消耗等摩尔三氯化铝与生成的 OBB 酸成盐，因此耗用大量的三氯化铝。而反应后的三氯化铝也无法直接回收，在加水分解后全部变成无机铝盐进入废水系统。此外，同时在闭环中需用大量硫酸，而且无法回收，也对三废治理造成了很大的压力。

② 氧化法　该法是以煤焦油中分离得到的蒽为原料，选择适宜的催化剂和工艺条件，通过气相催化氧化制得蒽醌。反应式如下：

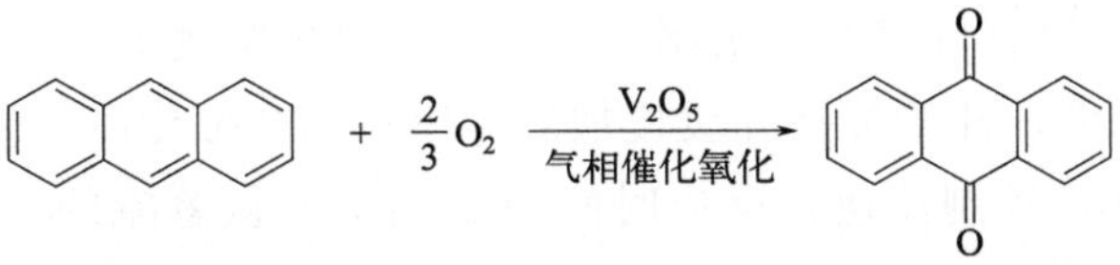

该工艺的特点是无三废污染，但主要缺点是该法受原料精蒽来源限制。由于煤焦油中蒽含量为 1.0%～1.8%（质量分数），分离高纯度蒽的工程及设备要求高，工艺十分复杂，导致精蒽价格偏高，使氧化法生产蒽醌的总成本也偏高。该法在德国及英国均为唯一的蒽醌生产方法，日本在 20 世纪 80 年代也仍有一部分蒽醌产量来自氧化法。中国宝武钢铁集团（原上海宝钢）煤焦油处理系统已引进国外技术，建设氧化法生产蒽醌装置。

③ 萘醌法　该法在 20 世纪 50 年代由美国氰胺公司开发，采用萘作原料，经气相氧化制备 1,4-萘醌，再与丁二烯经 Diels-Alder 反应制得四氢蒽醌，再经液相氧化制备蒽醌。反应式如下：

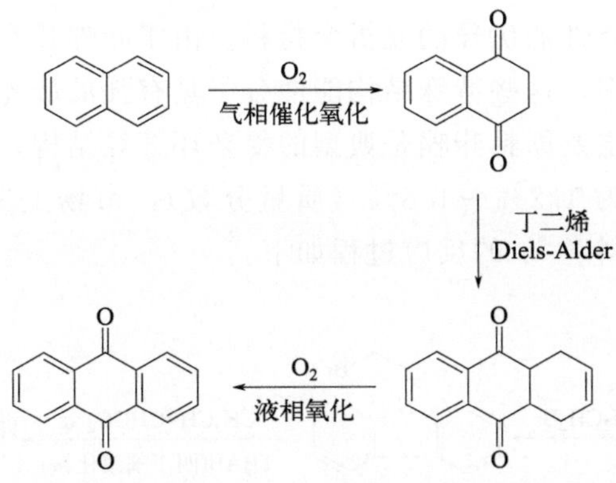

该法的优点在于采用萘及丁二烯作原料，摆脱了精蒽资源的受限难题，整套生产工艺以催化反应为主，三废量不大，是一种在工艺上及成本上都可以与氧化法和苯酐法竞争的工艺，但该工艺在技术及工程方面要求较高。

蒽醌衍生物 1-苯氧基-9,10-蒽醌是一种性能优异的光致变色材料，如图 3-37 所示。该材料最大的特点是可逆循环次数高，发生 500 次可逆循环而没有损伤；另一重要特征是室温下几乎无热消色反应，可以忽略其“ana”醌式向“trans”醌式的热力学转换，是一类性能优异的光信息存储材料。其合成方法简介如下：

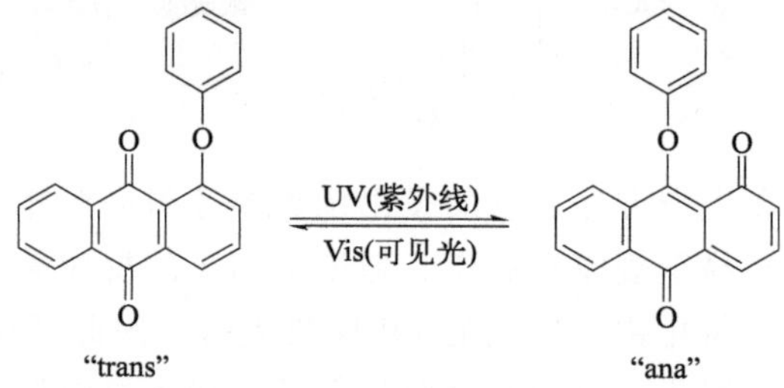


图 3-37　苯氧基蒽醌的光致变色结构转换

1-苯氧基-9,10-蒽醌的制备方法如下：在钠盐的作用下，蒽醌与发烟硝酸、浓硫酸、磷酸和钠盐的质量比为 1∶2.2∶1∶0.5∶0.01，控制在 20℃下反应 3h，所得产物中 1-硝基蒽醌的含量为 86.4%。采用有机溶剂法精制后，产品全程收率达 71.4%，纯度 98.1%[81]；将 1-硝基蒽醌加入反应瓶中，开始搅拌并缓慢加热，原料完全融化后，慢慢通入体积比为 7∶3 的氯气与氮气混合气体，控制流速，反应时间约 2.5h，1-氯蒽醌的产率为 90.9%[82]；在反应瓶中加入一定量 DMF（*N*,*N*-二甲基甲酰胺）作溶剂，加入 1-氯蒽醌、苯酚和无水碳酸钾，摩尔比为 1∶4∶4，在 110～120℃下反应 48h 后，倾入水中，经酸化、萃取、浓缩和提纯等工艺，得黄色固体 1-苯氧基-9,10 蒽醌[83]。反应过程如下：

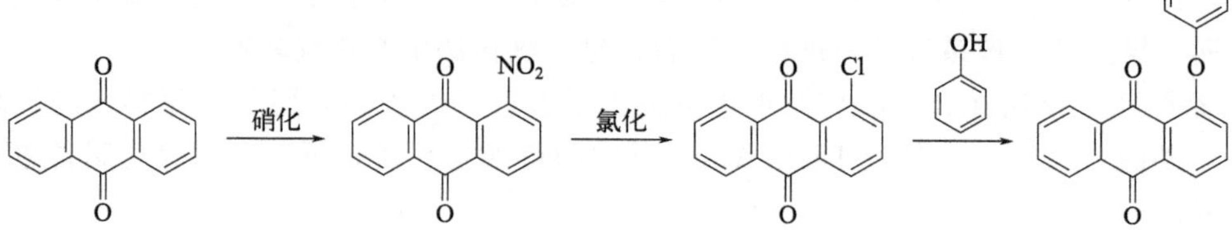


咔唑系列衍生物是一类性能优异的光折变材料。由于咔唑具有大的刚性平面结构，并且分子内有强的电子转移效率，这些特殊结构能使分子具有强的旋光活性，因此咔唑类衍生物是很重要的光折变材料。主要原料咔唑是典型的氮杂环芳烃结构，主要来源于煤焦油组分分离提出，在煤焦油中含量为 1.2%～1.8%（质量分数），市场上 90%的咔唑来自煤焦油资源。制备咔唑类光折变材料[84-90] 的反应过程如下：

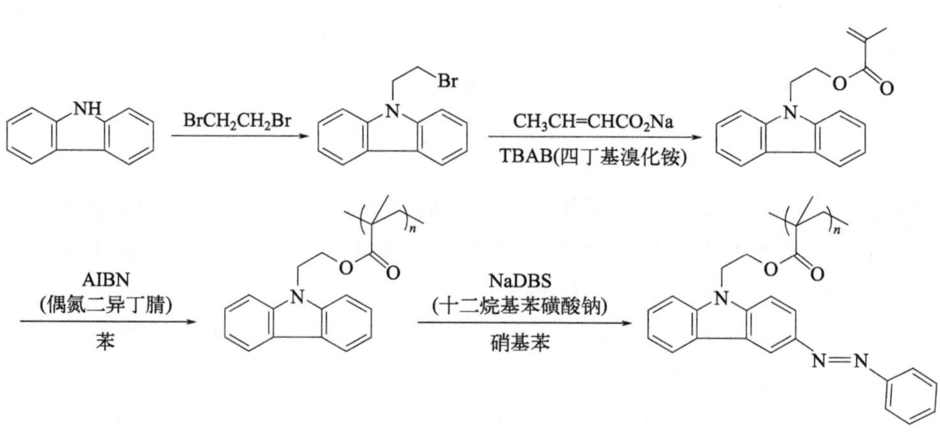

将咔唑和二溴乙烷在苯、苄基三乙基氯化铵和50%氢氧化钠水溶液中搅拌得到 $N$-(邻溴代丙基)咔唑；再与氢醌的丙烯酸钠混合，以四丁基铵溴化铵为催化剂，以氯仿为溶剂，得到中间体 2-(9$H$-咔唑-9-基)乙基甲基丙烯酸酯；在真空反应釜中，以 1% AIBN 作为引发剂，在苯溶液中进行聚合；再以浓 HCl 和硝基苯为溶剂，加入十二烷基苯磺酸钠，加入由4-硝基苯胺和亚硝酸钠制备的重氮盐，反应得到最终产物。

另外一些掺杂体系的光折变材料较为常用的是聚乙烯咔唑。其工业合成工艺已经很成熟，由咔唑和乙炔在碱性催化剂作用下反应生成乙烯咔唑，再进行乳液聚合而制得。反应过程如下：

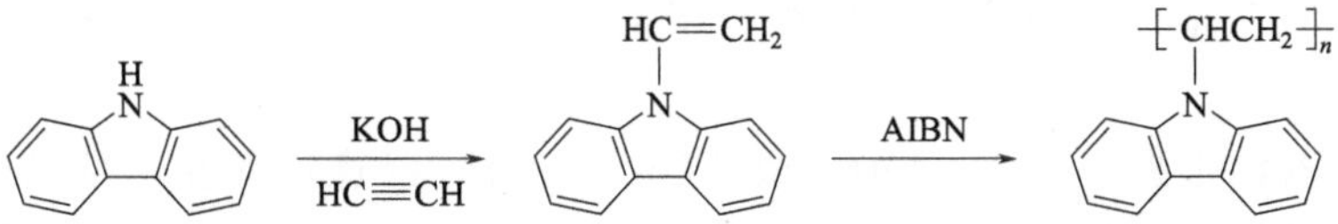

(5) 光信息存储材料发展趋势

光致变色材料用于光信息存储、光调控、光开关、光信息基因材料、修饰基因芯片材料等领域受到全球范围内的广泛关注。中国研究者利用新型热稳定螺嘧嗪类材料进行可擦除高密度光学信息存储研究方面取得新进展，设计合成了一种具有良好开环体热稳定性的新型螺嘧嗪分子。这类光致变色材料用于信息存储表现出良好的稳定性，而且可以进行信息的反复写入和擦除，并可应用于基于双光子技术的多层三维高密度光学信息存储中，表现出广阔的应用前景。

光折变非线性光学是近年来在非线性光学学科中发展起来的一个新兴领域，其基本原理及器件的设计思想已大体完成，当前的关键问题应是研究与寻求性能更加理想、实用的光折变材料。一旦突破，必将推动光信息处理、光通信以及光计算等信息领域的发展，带来巨大的社会效益和经济效益。目前研究的几类光折变材料中，无机晶体体系是较为成熟的一类，先后有中国科学院物理研究所、福建物质结构研究所、山东大学等科研机构在该领域进行研究，目前处于国际领先地位。但是，无机晶体的生长及样品制备极为困难等缺点却限制了无机光折变材料的发展和应用。有机光折变材料，特别是聚合物和有机小分子具有制备简单、结构可控及性能优异等优点，一直是研究的热点之一。近年来出现一类无机-有机复合光折变材料，它不仅可以综合聚合物与无机晶体两者的优势，并且能够有效克服聚合物体系的一些缺点，实现功能互补，协同优化。可以预期，随着研究的深入和制备工艺的改进，有机光折变材料和无机-有机复合光折变材料必将会获得更多的重视和更快的发展机会。

### 3.3.2.2 电信息存储材料

电存储材料是在外电场下，材料的电阻出现高低不同的稳定状态，这种状态的改变可以用于信息存储。传统半导体的硅基电存储器虽然具有快速存储以及信息维持时间长等特点，但也存在尺寸较大、制备工艺复杂以及生产成本偏高等问题。为了满足信息时代海量存储的要求，克服日益严峻的制程微缩的挑战，愈来愈多的研究机构开始将研发焦点转向新兴电存储技术。近年来，有机电双稳态材料及其电存储器的研究引起了各国学者的广泛关注，并得到了迅速发展。有机电双稳态材料是指一定外加电压作用下呈现两种不同稳定电阻态的材料，基于这种材料的有机电双稳态器件具有存储特性，存储器件通常由有机薄膜及其两端的电极构成。得益于简单的“三明治”（电极/材料/电极）结构，该类器件能够实现快速读取、低能耗的优势，同时其三维交叉堆积结构能够实现器件高密度阵列等，因此有望取代传统的存储器件。目前具有电阻式存储性能的材料较多，包括无机物、高分子和有机小分子。其中有机小分子由于结构可调控、容易纯化、成本低和制备柔性器件可能性，日益受到青睐。

（1）电信息存储材料的存储原理

在有机薄膜两边施加一个电压，当场强达到一定值后，器件由低（或高）导电态转变为高（或低）导电态，通过外界能量刺激（如反向电场、电流脉冲等）又可使器件恢复到初始状态。通常，低导电态和高导电态可分别表示为“Off”态和“On”态，对应着二进制系统中的“0”态和“1”态，外加的电信号相当于信息的“写”“读”或“擦”，从而实现存储功能。

有机电存储器件根据存储态“Off”或“On”是否可以稳定存在，可以分为非易失性存储器和易失性存储器。非易失性存储器是指在外电场撤除后，器件的存储态可以稳定存在，具有较长的时间记忆性，通常应用在硬盘和U盘等产品中。易失性存储器在外电场撤除后存储状态在短时间内恢复到初始态，具有易失性，通常用于计算机内存和手机等产品中。

（2）双稳态电信息存储器的作用机制

对于材料在一定外加电压作用下呈现两种不同稳定电阻态的双稳态作用机制，科研工作者开展了大量探索工作，目前主要归纳为五种作用机制：场致电荷转移机制、丝状电导机制、构象转变与相变机制、载流子俘获释放机制以及氧化还原机制。

① 场致电荷转移机制　在有机无机纳米杂化及D-A体系中，受体的强吸电子能力易引起场致电荷转移，实现电导态转变。对于聚苯胺金纳米复合材料，低场强下D-A间不能形成电荷转移，表现为低导电态，当场强达到一定值时，亚胺中氮的电子将获得足够高的能量，克服两相间的界面能垒，产生电荷转移。

② 丝状电导机制　在电极为活泼金属、活性层为全有机或金属配合物器件中，通过外加电场变化控制薄膜内金属颗粒或离子的扩散，在有机层或界面氧化层中形成与溶解电导丝，实现电导态的转变。

③ 构象转变与相变机制　有机分子在电场作用下发生构象转变，即结构具有双稳态，致使电性能发生变化。分子构象转变的方式之一是拓扑学异构，例如索烃分子内的联索环在氧化还原作用下通过带电基团之间的同性排斥、异性吸引发生旋转，还原态时势垒较小，电子可越过势垒发生共振隧道效应而导电；氧化态时势垒较大，无共振隧穿而表现出高阻，实现开关功能。

④ 载流子俘获释放机制　在含有D-A的共轭高分子薄膜中，电双稳态现象源于受体俘获与释放载流子作用。共轭体系中载流子沿着共轭分子链迁移形成导电通道，受体因具有较强的吸电子能力而充当电荷陷阱，阻碍了载流子传输。主传输载流子为空穴，施加电压时空穴从阳极注入薄膜中，陷阱俘获的电荷致使空间电荷积聚，导致内电场重新分布，器件电流由欧姆型电流转向空间电荷限制电流。当施当一定电压时，陷阱被载流子完全填充，同时阴极也注入电子，材料内载流子浓度急剧增加，低导电态转向高导电态。

⑤ 氧化还原机制　有机金属配合物可通过氧化还原机制实现双稳态。如稀土铕配合物PKEu的载流子传输方式与聚乙烯咔唑相似，载流子不能沿着饱和的非共轭主链传输，只能通过咔唑基之间的跳跃实现。在正向电场中，铝电极界面处的咔唑基首先失去电子被氧化，

产生的空穴在电场作用下向邻近的咔唑基传输。相邻咔唑之间易形成 π-π 堆积，局部电子云发生离域，并扩展到更大区域。当电压进一步增大时，被还原的铕配合物与被氧化的咔唑基团形成电荷转移络合物，因为其氧化还原电势较高（约 2.8V）而呈现绝缘性，高导电态转向低导电态。化学结构如下：

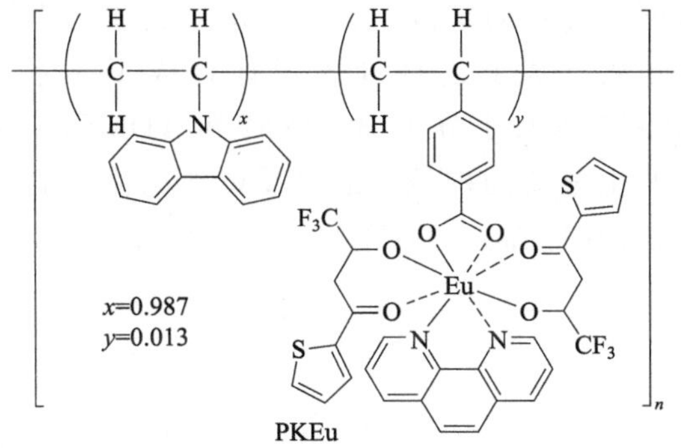


（3）电信息存储材料的结构和分类

电信息存储材料一般包括有机-无机纳米杂化材料、有机聚合物材料及有机金属配合物材料。现有薄膜材料的制备方法大致可分为两类：一类是有机小分子的真空蒸镀法，该方法制备的薄膜的表面平整且厚度可控；另一类是聚合物的旋转涂膜法、逐层自组装法以及 LB（Langmuir Blodgett）膜法等，其中旋转涂膜法由于简单易行应用最为广泛，而后两种方法能在分子水平上控制膜的组成和结构，制备的薄膜的厚度均匀，在纳米尺度上精确可控。

① 有机-无机纳米杂化材料　自四氰基对苯醌二甲烷中引入碳原子簇 $C_{60}$[91] 实现双稳态现象以来，预示着纳米材料可潜在应用于有机电信息存储领域，基于各种纳米材料诸如 Au-NP[92,93]（NP 代表纳米颗粒）、ZnO-NP、CdSe-NP、$Cu_2O$-NP、碳纳米管[94,95]、$C_{60}$[96,97] 及其衍生物的有机电信息存储材料相继被研究报道，如图 3-38。有机-无机纳米杂化薄膜的常用制备方法是将纳米颗粒分散后与聚合物进行共混，然后在电极上旋涂成膜，该方法简单易

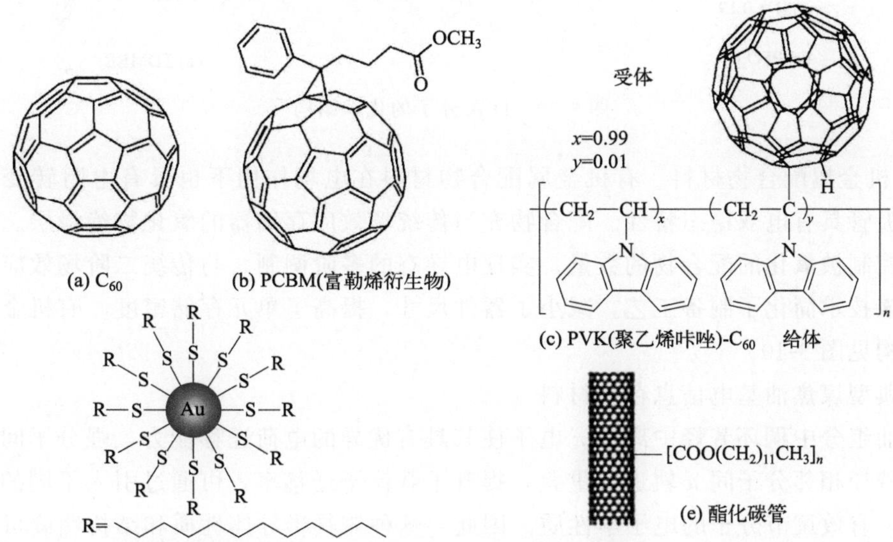


图 3-38　纳米颗粒与酯化碳纳米管

行，应用前景广阔。在制备含碳纳米管（碳管）的杂化材料时，由于碳管溶解性差，通常需要对其表面进行化学修饰来提高它在溶剂或聚合物中的分散性，薄膜中纳米材料的良好分散有利于提高器件的稳定性。

② 有机聚合物材料　考虑到电子受体在杂化材料实现双稳态时的重要作用，以及杂化材料中存在的相分离引起稳定性差的缺点，设计含电子给体-受体（D-A）的有机分子既能实现双稳态也能避免相分离。基于这种理念设计合成了一系列存储材料诸如共轭类 $PFO_xP_y$、聚酰亚胺类 TPS-PI 以及小分子 BDOYM 和 TDMEE，具体分子结构见图 3-39。电场作用时，D-A 之间会产生电荷的推拉，通过受体在电荷传输中的俘获和释放作用，分别实现了 DRAM（动态随机存储器）、WORM（不可变存储）以及 FLASH（闪存）存储功能[98,99]。

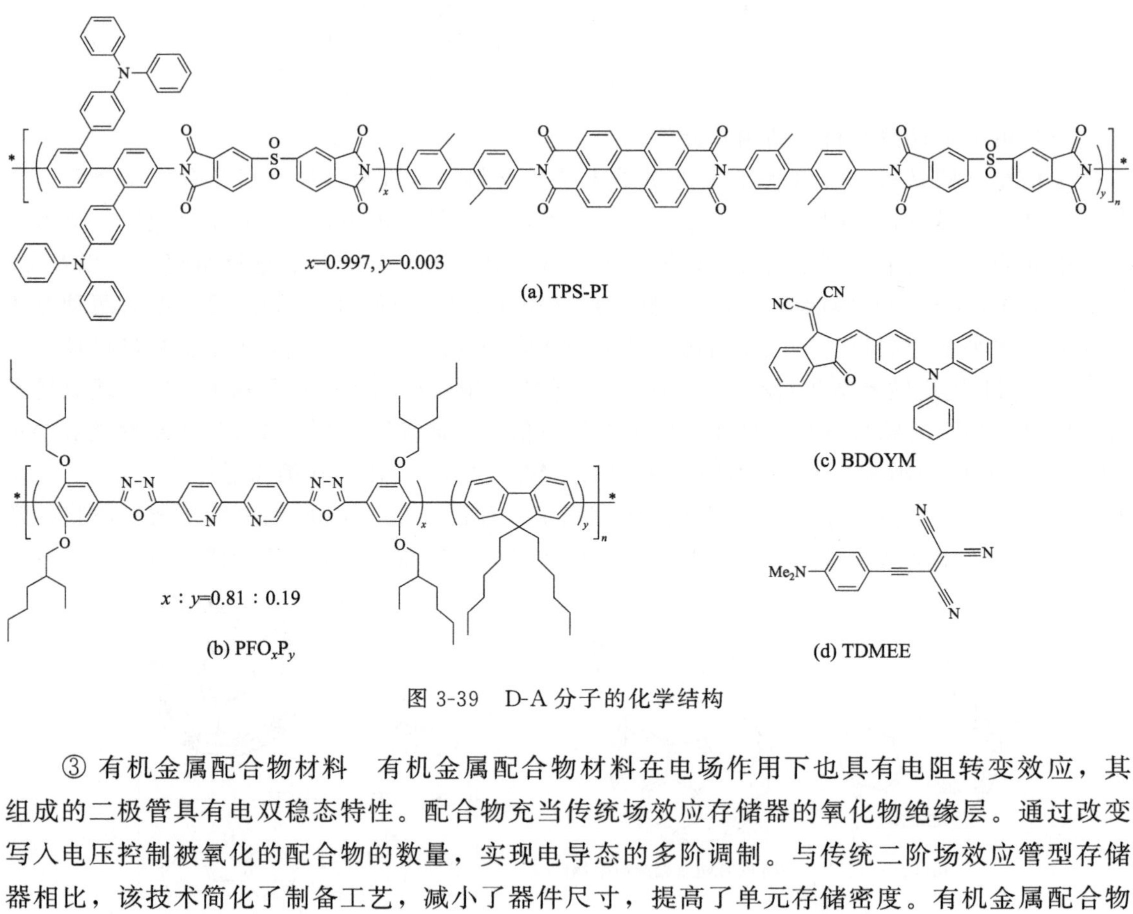


图 3-39　D-A 分子的化学结构

③ 有机金属配合物材料　有机金属配合物材料在电场作用下也具有电阻转变效应，其组成的二极管具有电双稳态特性。配合物充当传统场效应存储器的氧化物绝缘层。通过改变写入电压控制被氧化的配合物的数量，实现电导态的多阶调制。与传统二阶场效应管型存储器相比，该技术简化了制备工艺，减小了器件尺寸，提高了单元存储密度。有机金属配合物的化学结构见图 3-40。

（4）典型煤焦油基电信息存储材料

煤焦油组分中稠环芳烃中离域 π 电子使其具有优异的电荷迁移能力，强分子间作用力增加了稠环芳烃相邻分子间 π 轨道的重叠，提升了载流子迁移率，可通过引入不同的杂原子或功能基团，有效调节分子的电子学性质。因此，这种兼具半导体性质和结构明确可控的稠环芳烃结构在半导体光电器件领域具有很大的应用潜力。

煤焦油基电信息存储材料根据煤焦油组分进行分类，见表 3-15。

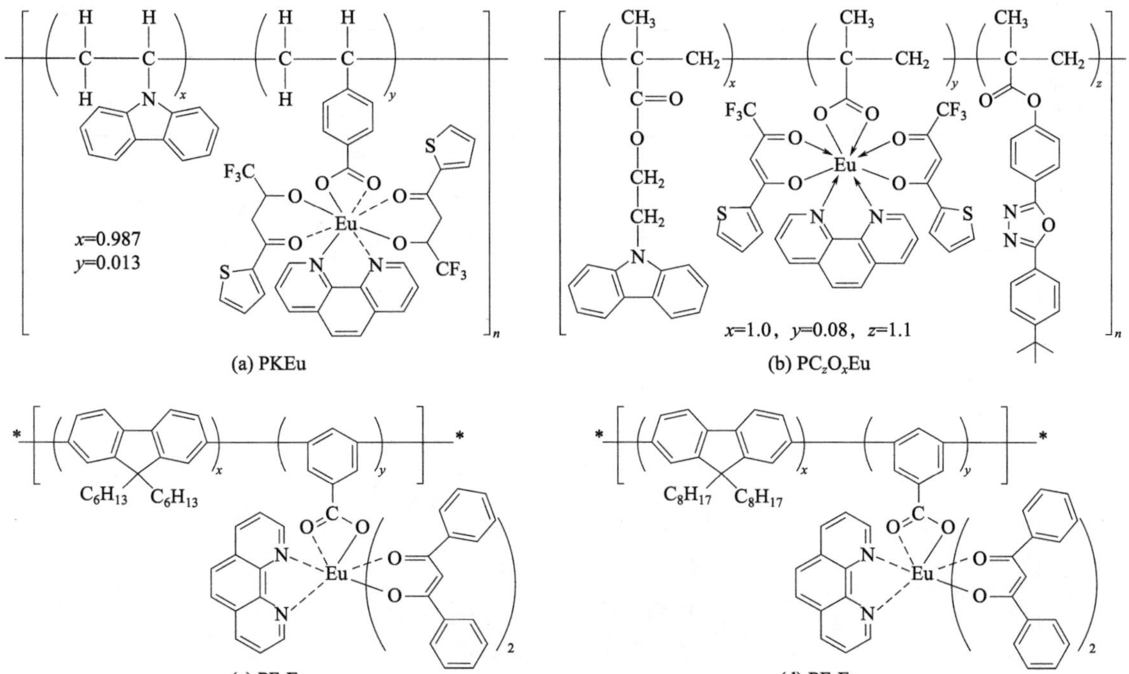

(a) PKEu (b) $PC_zO_xEu$ (c) $PF_6Eu$ (d) $PF_8Eu$

图 3-40 有机金属配合物的化学结构

**表 3-15 典型煤焦油基电信息存储材料的分类**

| 序号 | 稠环芳烃种类 | 分子结构 |
|---|---|---|
| 1 | 咔唑类 | 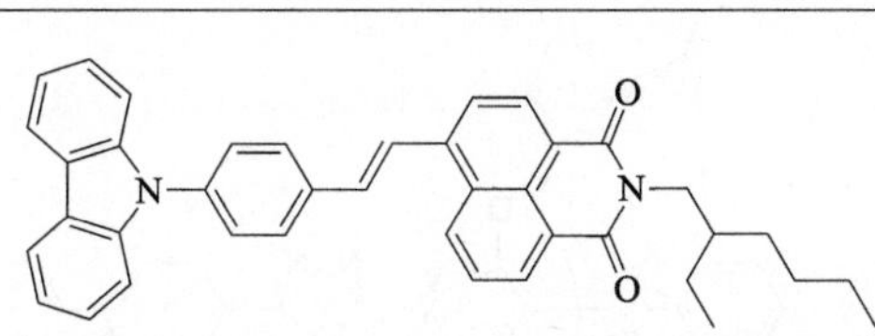 |
| 2 | 芴＋萘类 | 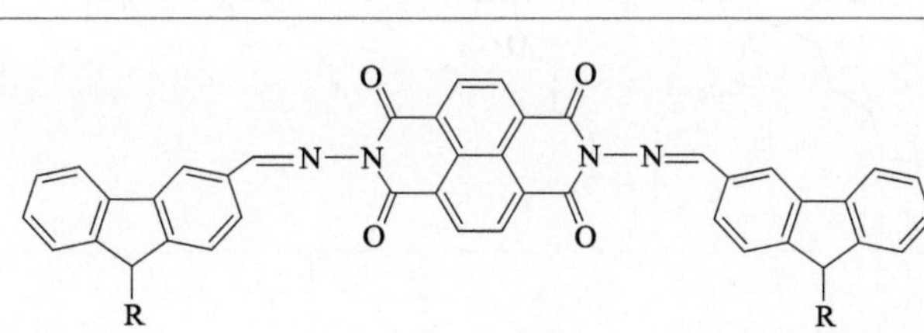 |
| 3 | 苯酐类 | 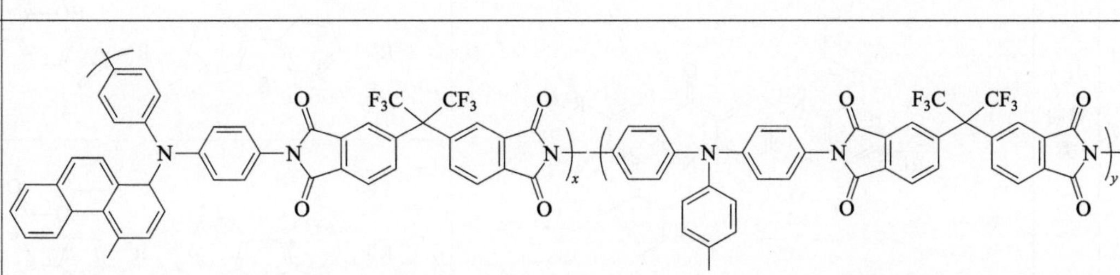 |

续表

| 序号 | 稠环芳烃种类 | 分子结构 |
| --- | --- | --- |
| 4 | 芴类 | 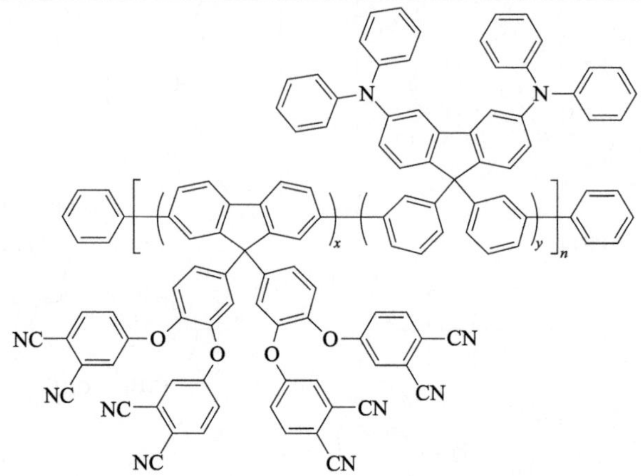 |
| 5 | | 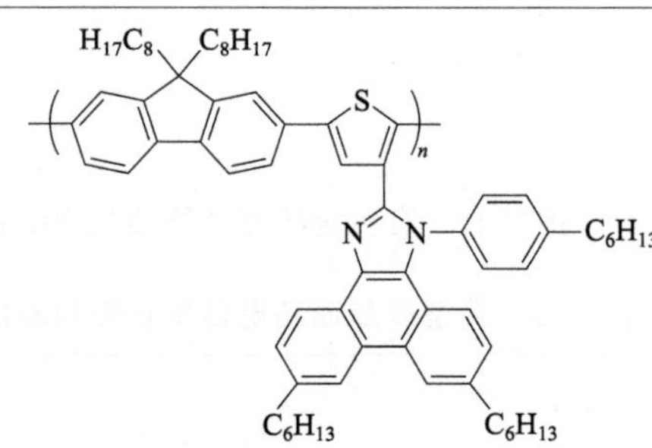 |
| 6 | | 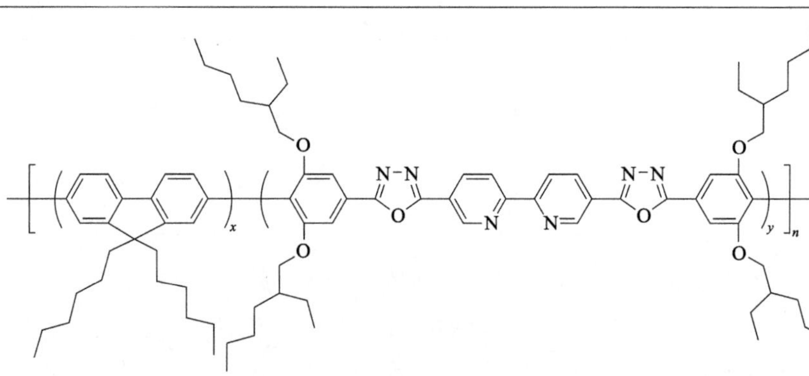 |
| 7 | 噻吩类 | 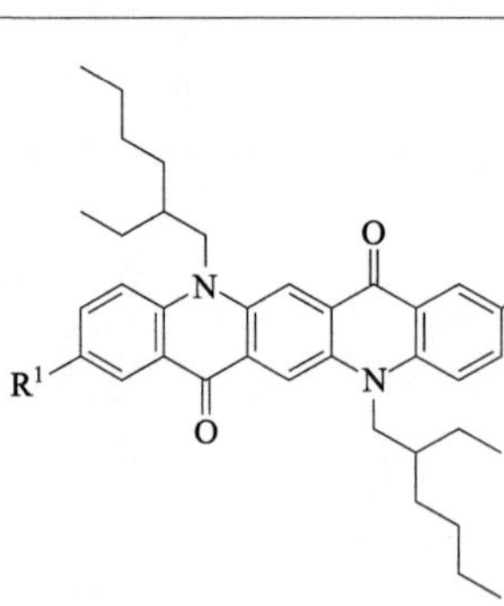 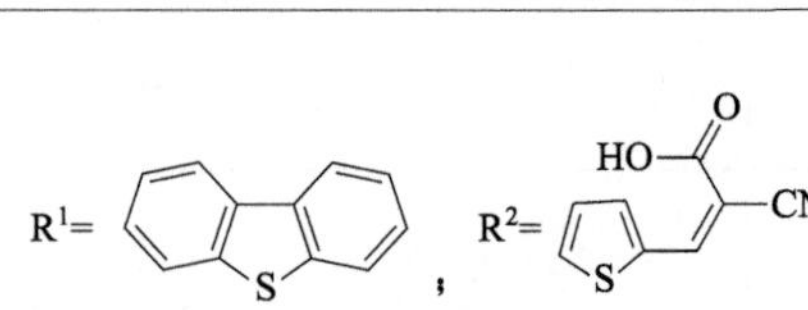<br>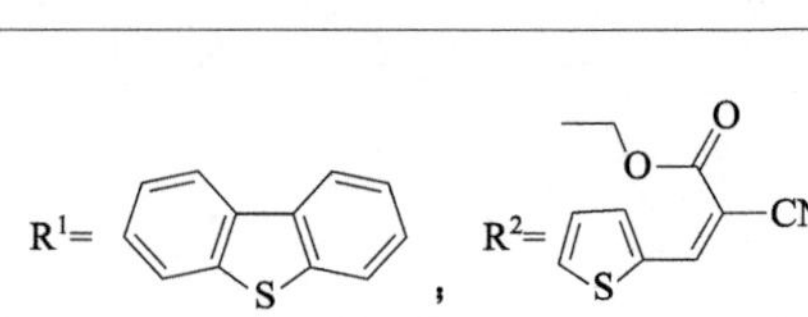 |

续表

| 序号 | 稠环芳烃种类 | 分子结构 | |
|---|---|---|---|
| 8 | 芴+芘类 | 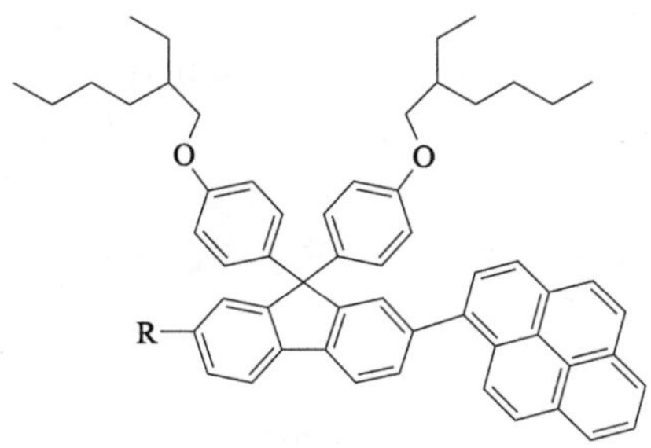 | R= 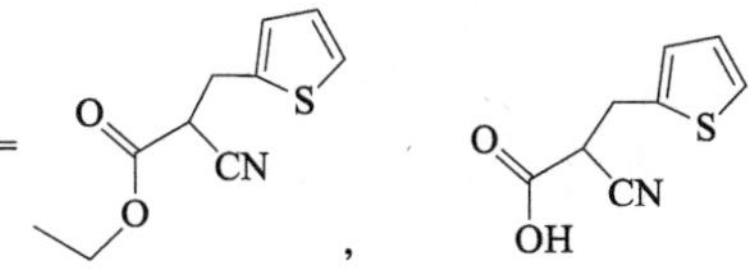 |
| 9 | 萘酐类 | 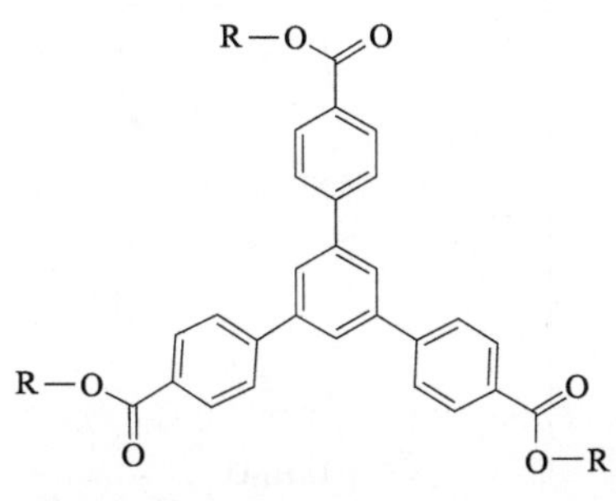 | R= 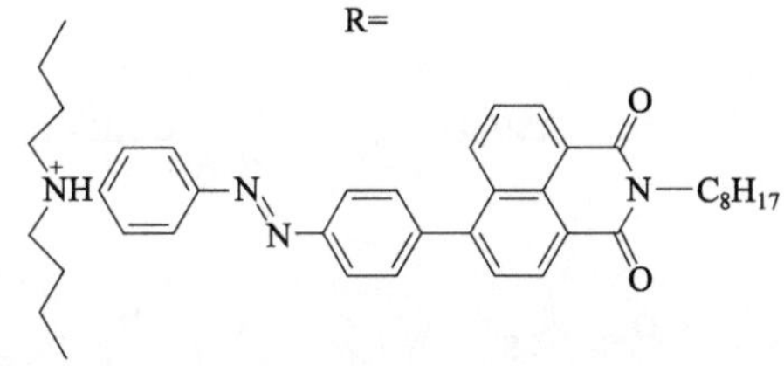 |
| 10 | 蒽醌类 | 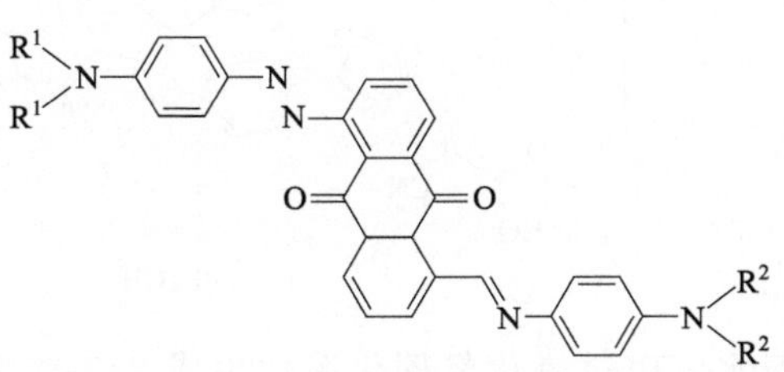 | $R^1=CH_3$；$R^2=CH_3$<br>$R^1=C_4H_9$；$R^2=C_4H_9$ |
| 11 | 咔唑+萘酐类 | 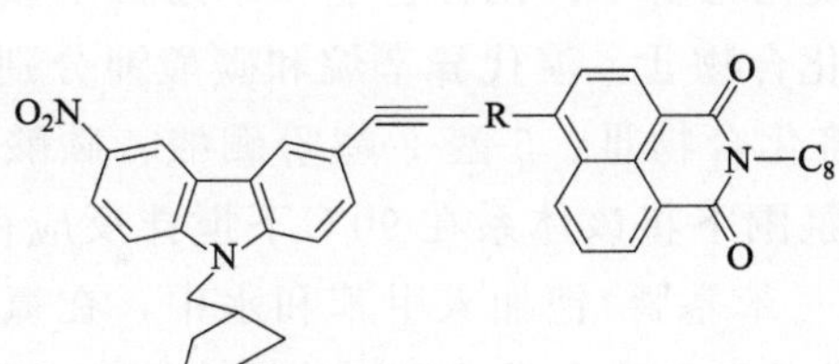 | R= 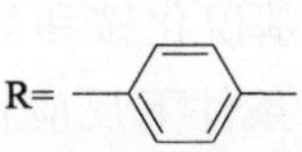<br>R= 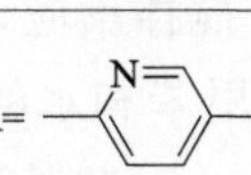<br>R= 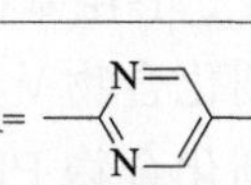 |

（5）典型煤焦油基电信息存储材料制备案例

煤焦油中的芴具有较高的载流子迁移率，载流子沿其共轭主链传输，使其衍生物具有良好的光电性能，是电信息存储材料合成中的重要原料之一。典型的合成工艺为桥链芴通过Suzuki反应与噻吩硼酸和芘硼酸相连接，然后通过醛基的加成引入电子受体氰基乙酸乙酯和吸电子基团氰基乙酸，最后得到PFTCE和PFTCH。反应过程如下[100,101]：

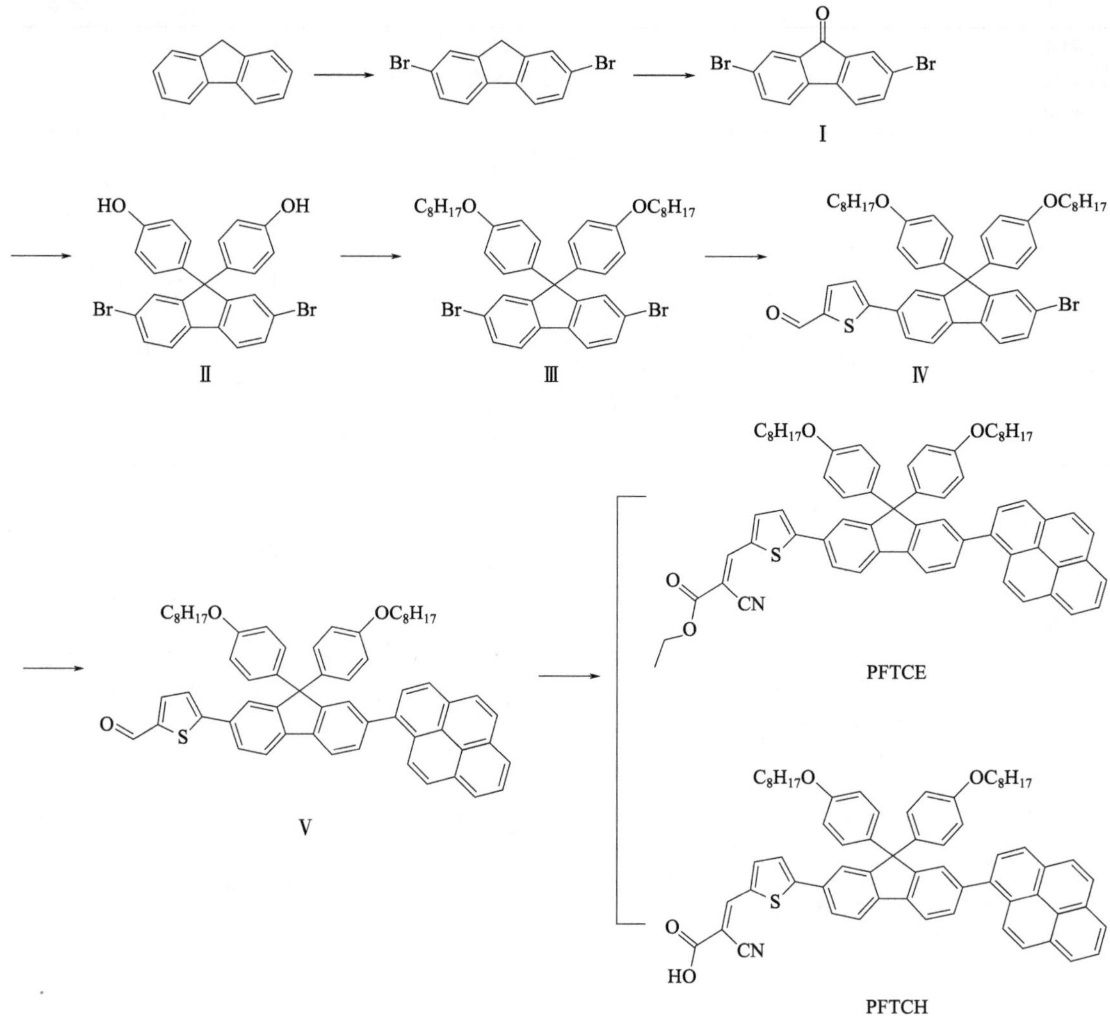


合成过程：在芴的 $CH_2Cl_2$ 溶液中加入溴水，以过氧化氢催化溴化生成 2,7-二溴芴，2,7-二溴芴在 4-丁基溴化铵和氧气催化氧化下生成化合物Ⅰ；化合物Ⅰ和苯酚在甲磺酸溶剂中，在 60℃和搅拌条件下反应得到化合物Ⅱ；将化合物Ⅱ、溴代异辛烷和碳酸钾分别加入 DMF 中，在 100℃下搅拌反应，得到化合物Ⅲ；将化合物Ⅲ、5-醛-2-噻吩硼酸、碳酸钾和四(三苯基膦)钯加入甲苯和水的混合物中，在 $N_2$ 氛围下将该体系在 90℃下搅拌反应得到化合物Ⅳ；将化合物Ⅳ、1-芘基硼酸、碳酸钾、四(三苯基膦)钯加入甲苯和水中，在氮气氛围中，90℃下反应得到化合物Ⅴ；将化合物Ⅴ、氰基乙酸乙酯在吡啶和氯仿混合溶剂中搅拌并加热回流反应，得到化合物 PFTCE；将化合物Ⅴ、氰基乙酸、乙酸铵、乙酸和乙醇搅拌、加热，进行回流反应，得到 PFTCH。

除了上述单体外，芴的共聚物在电信息存储领域也有非常重要的应用，尤其是和三苯胺的共聚物，在聚芴中引入给电子基团能够提高 HOMO 能级，改善空穴传输性能。如在主链中引入三苯胺基团，得到的芴与三苯胺共聚物有利于增强聚合物的空穴传输能力和热稳定性，同时可有效降低从 ITO 阳极注入空穴的能量障碍。典型的合成工艺以芴和三苯胺为原料，以 $Pd(PPh_3)_4$ 为催化剂，以碳酸钠溶液为碱源，以 $N_2$ 为保护气，通过 Suzuki 偶联反应制备芴与三苯胺共聚物。其结构如下：

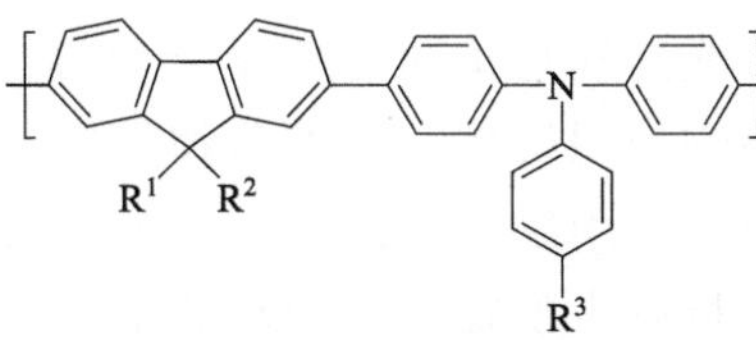

其中，$R^1$、$R^2$ 均为含有 1～6 个碳原子的相同烷基或不同烷基，优选 $R^1$、$R^2$ 均为含有 4～14 个碳原子的烷基，更优选 $R^1$、$R^2$ 均为含有 6～12 个碳原子的烷基，最优选 $R^1$、$R^2$ 均为含有 8～10 个碳原子的烷基。$R^3$ 为含 O 的给电子基团，优选 $R^3$ 为甲氧基、乙氧基、苯氧基。甲氧基和苯氧基上的氧也具有给电子性，可以进一步提高三苯胺的给电子能力，从而提高共聚物的电信息存储性能。

（6）电信息存储材料发展趋势

有机电信息存储作为一种新型存储技术，与传统无机材料存储器相比，具有存储密度高、响应时间快、制备工艺简单、形态容易控制、低功耗以及低成本等优点，在信息存储和逻辑电路等领域有着广泛的应用前景。一般来说，实现电双稳态的材料主要归纳为三类，即有机无机纳米杂化材料、全有机材料和有机金属配合物材料，基于有机电双稳态材料器件可以实现 DRAM、WORM 以及 FLASH 等功能。

目前有机电信息存储器的读写擦循环能力、热稳定性、电流开关比以及状态维持时间等性能指标达到实际应用还有一定距离。因此，以下问题仍然值得研究和探索。

① 设计和合成热稳定性高并具有优异电双稳态或多阶存储特性的有机材料，一般以含有电子给体和受体以及基于构象变化的小分子或高分子为主导设计。

② 进一步探明有机电信息存储器件作用机制，包括电极功函数、有机半导体能级轨道以及制备工艺对器件存储特性的影响。

③ 设计和制备新型结构功能器件，诸如类似于传统硅基存储器的有机场效应管型存储器，结构与功能双重集成的发光型存储器和高性能透明柔性器件。

④ 从器件设计角度实现对器件性能的调控，努力达到基于任意一种有机材料均可实现 DRAM、WORM 以及 FLASH 功能，丰富和凸显有机电存储的技术优势和成本优势。

⑤ 从材料、物理机制以及器件结构出发设计多阶电信息存储是该领域长期追求的目标。

## 3.4 煤基药物及中间体

药物是用以预防、治疗和诊断人类与动物疾病的物质，能影响机体器官生理功能及细胞代谢活动。药物中间体，俗称医药中间体，是药物合成工艺中涉及的化工原料或化工产品。根据用途不同，药物分为医药、兽药和维生素三类。医药是指预防、治疗或诊断人类疾病的物质或制剂；兽药是指用于预防、治疗、诊断动物疾病或者有目的地调节动物生理机能的物质（含药物饲料添加剂）；维生素属于一类特定的药物，也是维持人正常生理活动的活性物质，既是药品也是保健品。三类药物相互促进，同步发展。

药品中起治疗作用的成分称为原料药。按原料药的来源不同，药物分天然药物、化学合成药物和生物技术药物。化学合成药物是指通过化学合成方法得到的小分子有机或无机物，具有确定的化学结构和明确的药物作用机制。天然药物是指从天然产物（植物、动物、微生物、矿物）中提取得到的有效单体，用发酵方法得到的抗生素，以及用半合成法得到的天然药物和抗生素。生物技术药物是指以生物物质为原料的生物活性物质、人工合成的类似物和通过现代生物技术制得的药物。

研究表明，世界医药工业有如下几个特征：

（1）与其他行业相比，医药行业受世界经济的影响较小

世界 GDP（国内生产总值）的增长在 1%～3%左右，而医药产业却一直保持着 8%左右的增长速率，但受紧急疫情影响较大。如 2004 年禽流感暴发，当年国外兽药行业市场年复合增长率达 8.79%，远高于兽药正常年复合增长率（3%～4%）；受 2020 年初的新冠病毒疫情影响，医药行业样本企业营收增速、归母净利润增速、扣非归母净利润增速分别为 11.7%、11.2%、13.9%。

（2）产品更新换代速度较快

因受体会产生抗药性、新的疾病不断被发现，要求治疗用药品的发展跟上其步伐。比如 1981 年艾滋病被首次报道发现到现在，对治疗艾滋病药物的开发和研究工作方兴未艾；2020 年新冠病毒疫情暴发后，全球药企更是持续加码相关药物研发的投入。

（3）行业研发费用大，利润率高

2001 年，机构对全球排名前 15 家医药公司的财务情况分析显示，各项成本占比分别如下：生产成本 31.11%，研发费用 13.27% ，销售＋管理＋其他费用 30.69%，税金 7.18%，利润 17.67%。

（4）行业集中度不断提高

自 20 世纪 80 年代以来，随着新药研发费用的提高，药品销售的全球化趋势不断发展，医药行业的兼并也日趋激烈[102]。

国内药物发展强劲时期在 20 世纪 90 年代和 21 世纪初，尤其是化学药品原料药，处于加快发展时期，进入 21 世纪后，生物制药逐渐成为医药工业发展的新动力。总体而言，我国是全球主要的原料药生产国与出口国之一，出口规模接近全球市场份额的 20%。

近年来，我国化学药品原料药产量见图 3-41。2019 年我国化学药品原料药产量达到 276.9 万吨，同比增长 20.2%，增速较快；2024 年我国化学药品原料药产量为 350.4 万吨，同比上升 31.2%。中间波动源于 2008 年开始正式实施的《制药工业水污染物排放标准》，在此背景下，原料药行业的门槛和集中度趋于提高。

煤焦油中含有的特殊结构化合物是医药领域、合成药物的重要基础原料。1926 年 Schulemann 合成了世界上第一种人工抗疟药扑疟母星（磷酸伯氨喹啉，plasmochin），1932 年拜耳公司 Domagk 发现了治疗链球菌引起的各类感染性疾病的第一种抗生素百浪多息（2,4-二氨基偶氮苯-4-磺酰胺），这些药物的合成都源于芳香化合物。至此，开启了合成药物化学的发展，现代医学也随之进入化学医疗的新时代。

煤焦油中的化合物可以合成具有药物活性的物质。其中吲哚、喹啉、异喹啉、吖啶类含氮杂环化合物和噻吩类含硫杂环化合物，是天然生理活性物质的基本结构。萘、甲基萘、

芴、茚、菲、蒽等非杂环的芳烃化合物也可用于药物的开发，一种含茚化合物的抗生素——6-{(3-[(2,3-二氢-1*H*-茚满-5-基)氧基]-3-氧代-2-苯基丙酰胺基)硫基}-3,3-二甲基-7-氧代-4-硫杂-1-氮杂双环[3.2.0]庚烷-2-羧酸酯钠，其结构如图 3-42 所示。

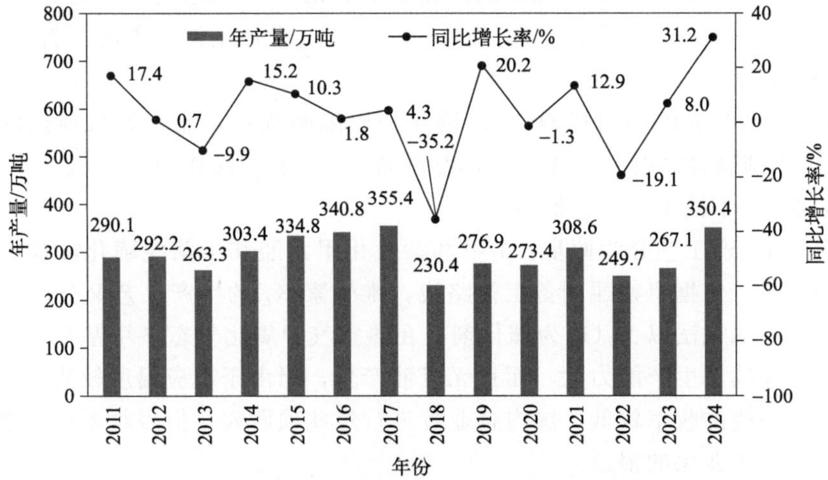


图 3-41　近年来我国化学药品原料药产量

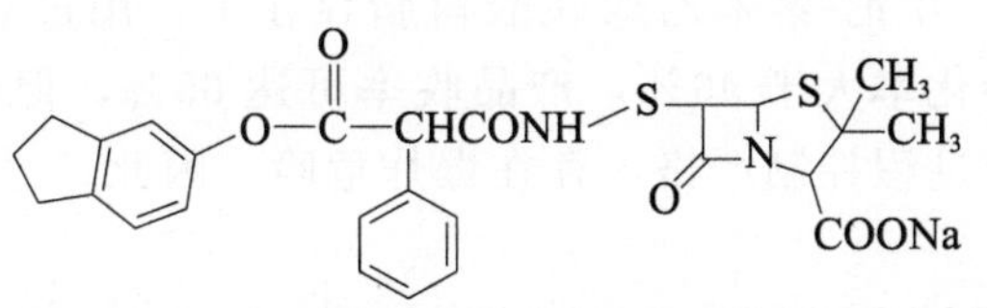


图 3-42　6-{(3-[(2,3-二氢-1*H*-茚满-5-基)氧基]-3-氧代-2-苯基丙酰胺基)硫基}-3,3-二甲基-7-氧代-4-硫杂-1-氮杂双环[3.2.0]庚烷-2-羧酸酯钠的结构

本节选取从煤焦油中提取的杂环化合物咔唑、噻吩和非杂环化合物甲基萘、芴作为案例，介绍以其为原料制备的四种药物及中间体的情况。

## 3.4.1　维生素 $K_3$

维生素 $K_3$（$VK_3$），分脂溶性和水溶性（图 3-43）。脂溶性维生素 $K_3$ 化学命名 2-甲基-1,4-萘醌，又名甲萘醌（a），英文名称 menadione，CAS 号 58-27-5，分子式 $C_{11}H_8O_2$；水溶性维生素 $K_3$，即亚硫酸氢钠甲萘醌（b）[103]，英文名称 menadione sodium bisulfite，CAS 号 130-37-0，分子式 $C_{11}H_{11}NaO_5S$。通常说的维生素 $K_3$ 为水溶性维生素 $K_3$，甲萘醌是水溶性维生素 $K_3$ 制备的关键中间体，其原料为 *β*-甲基萘，主要来源于煤焦油洗油和萘油馏分。维生素 $K_3$ 的结构式见图 3-43。

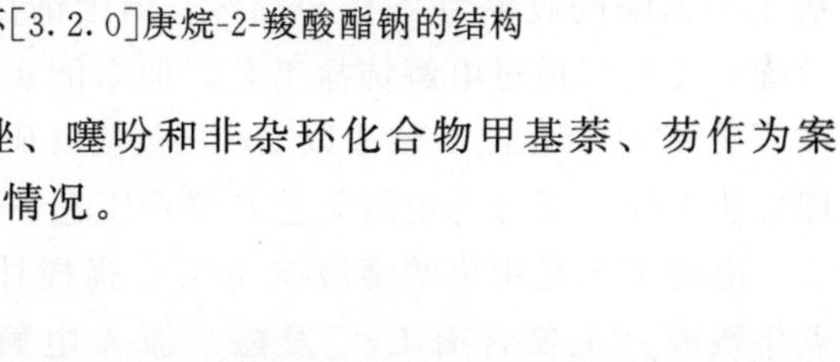


图 3-43　维生素 $K_3$

（a）脂溶性维生素 $K_3$；（b）水溶性维生素 $K_3$

维生素 $K_3$ 为白色或类白色结晶粉末，吸湿后结块，易溶于水和热乙醇，难溶于冰乙

醇，不溶于苯和乙醚，水溶液的pH值为4.7～7。常温下稳定，遇光、热易分解，分解产物甲萘醌对皮肤有强刺激性。

维生素 $K_3$ 是人工合成的维生素K类药物，其主要生理作用是参与肝脏凝血酶的合成，临床上主要用于促进凝血因子的活性以达到止血的目的[104]。维生素 $K_3$ 能够缩短凝血时间，其抗出血能力是维生素 $K_1$ 和维生素 $K_2$ 的2～3倍[105]，常被用作畜禽的饲料添加剂或兽药，以减少动物的死亡率。

维生素 $K_3$ 还参与人体钙的代谢[106]、诱导肿瘤细胞凋亡，能起到增强抗癌药物毒性的效果[107-111]，可以抑制肾结石的形成，还具有止痛[112,113]和止喘作用[114,115]。

(1) 维生素 $K_3$ 不同生产工艺概述

维生素 $K_3$ 的生产工艺分为两步：β-甲基萘氧化甲萘醌和甲萘醌磺化加成。其中关键工序为甲萘醌的制备，依据甲萘醌制备工艺路线，维生素 $K_3$ 的生产工艺又分为气相氧化法和液相氧化法。气相氧化法以 $V_2O_5$ 为催化剂，在热空气中氧化气态β-甲基萘。该方法的特点是流程简单、可连续、生产能力大，而且无废液产生，但由于反应温度较高，易发生深度氧化，2-甲基-1,4-萘醌的收率较低。国内企业曾进行过此项研究，但因收率低、杂质多等原因而中断，目前未见工业化的报道。

目前甲萘醌的合成工艺大多采用液相氧化法，按所用氧化剂的不同又可分为3种：过氧化氢氧化法、铈盐氧化法和铬盐氧化法[116]。

① 过氧化氢氧化法　在钯-聚苯乙烯磺酸树脂存在下，用过氧化氢氧化β-甲基萘制备2-甲基-1,4-萘醌，原料转化率大于96%，产品收率可达65%，但钯化合物需再生利用，而且工业废水量较大，反应过程控制严格，存在爆炸危险。因此，过氧化氢氧化法工业化的难度较大。

② 铈盐氧化法　该法以硫酸铈盐为氧化剂氧化β-甲基萘，含铈废液可再生利用，2-甲基-1,4-萘醌的收率为25%～65%。但因铈盐资源较少，价格昂贵，限制了这一工艺的发展。后续有文献报道过电解铈盐工艺，但未能实现工业化。

③ 铬盐氧化法　该法以 $Cr^{6+}$（包括红矾钠和铬酸酐等）作氧化剂，根据氧化后残液的处理方法不同，又分为电解工艺及联产工艺。

电解工艺是用铬酸溶液在40℃、强搅拌条件下氧化β-甲基萘，得2-甲基-1,4-萘醌。其氧化残液（主要含有 $Cr^{3+}$ 及酸）流入电解槽，经电解使 $Cr^{3+}$ 在阳极失去3个电子变为 $Cr^{6+}$，$Cr^{6+}$ 氧化β-甲基萘，铬溶液可循环使用，不产生任何废弃物。该工艺的特点是氧化剂循环使用，流程短，操作稳定，产品质量好。20世纪80年代，该工艺在冶金部鞍山热能研究院（现中钢集团鞍山热能研究院有限公司）研制成功并生产运行数年，后因一次性投资大、扩产难、长时间运行易发生膜堵、电流效率低等原因停产。

联产工艺采用红矾钠（重铬酸钠）、铬酸酐等（即 $Cr^{6+}$）作为氧化剂，氧化β-甲基萘，其氧化残液可制成制革行业用的铬鞣剂。联产工艺是一条投资少、见效快、成本低的维生素 $K_3$ 生产工艺，早期由意大利维尼达公司在生产中应用，国内冶金部鞍山热能研究院于20世纪80年代首先研制成功并产业化。

维生素 $K_3$ 不同生产工艺特征对比见表3-16。

**表 3-16　维生素 $K_3$ 不同生产工艺特征对比**

| 工艺 | 气相氧化法 | 液相氧化法 | | | |
|---|---|---|---|---|---|
| | — | 过氧化氢氧化法 | 铈盐氧化法 | 铬盐氧化法电解工艺 | 铬盐氧化法联产工艺 |
| 氧化剂 | $V_2O_5$ | 过氧化氢 | 硫酸铈盐 | $Cr^{6+}$（红矾钠和铬酸酐等） | $Cr^{6+}$（红矾钠和铬酸酐等） |
| 优点 | 流程简单、可连续、生产能力大；无废液产生 | 原料转化率可达到 96%，产品收率 65% | 含铈废液可再生利用 | 氧化剂循环使用；流程短；操作稳定；产品质量好 | 投资少；见效快；成本低 |
| 缺点 | 反应温度较高；易发生深度氧化；收率较低 | 钯化合物需再生；工业废水量较大；存在爆炸危险；工业化的难度大 | 铈盐资源较少，价格昂贵，限制了这一工艺的发展 | 投资大、扩产难；易发生膜堵；电流效率低 | — |

（2）维生素 $K_3$ 铬盐氧化法-联产生产工艺

由甲基萘经氧化和磺化加成反应制得维生素 $K_3$，合成反应方程式如下：

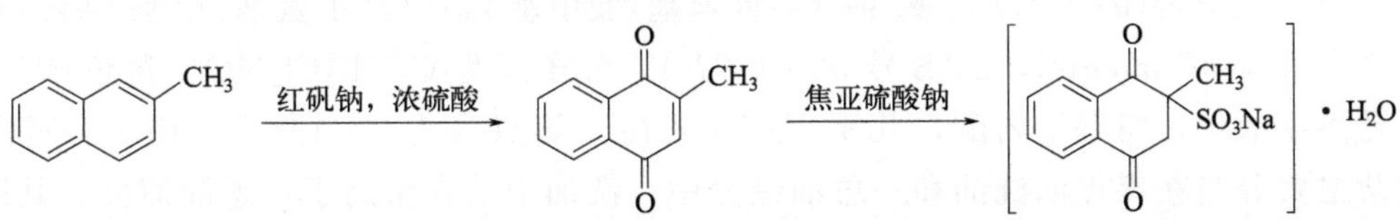

以该方法制备维生素 $K_3$ 的主要工序包含：氧化工艺、磺化加成工艺和精制工艺。工艺流程如图 3-44 所示。

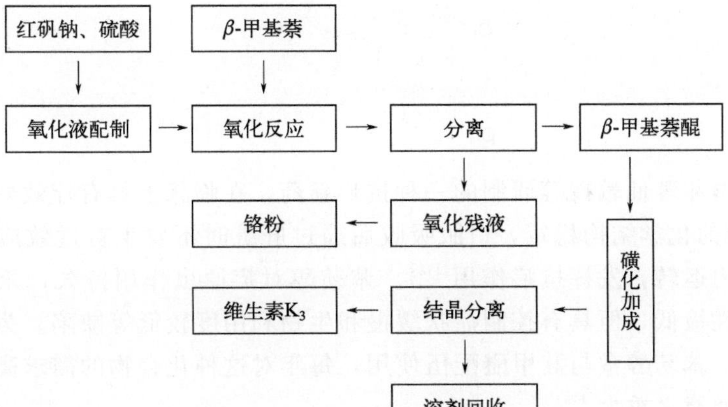


图 3-44　$VK_3$ 的生产工艺流程

① 甲基萘氧化　将水放入釜中，同时开启搅拌，确认温度在 30℃以下，将 β-甲基萘溶解于硫酸中，缓慢加入红矾钠与等量水的混合液，使温度维持在 35～45℃，加入氧化液后，将釜内温度控制在 55～65℃范围内保持 1.5～3.5h，监测反应液中 $Cr^{6+}$ 的浓度，当 $Cr^{6+}$ 浓度降至 30g/L 以下时终止反应。釜温降至 45～55℃，放料、过滤，并用水充分洗涤，得 β-甲萘醌，其摩尔收率为 60%～65%。

② 甲萘醌磺化加成　使用精制滤液作为反应溶液，加入软水，边搅拌边加入焦亚硫酸

钠及β-甲萘醌，控制反应温度在45～58℃范围内，保持4h。将磺化加成釜反应液全部放入冷冻釜中，边搅拌边冷却到0℃以下，保持2h，将料液离心、甩干后获得粗品。

③ 精制　在精制釜中放入适量乙醇和活性炭，边搅拌边加入粗 $VK_3$。逐步升至65～75℃，保持80～90min。物料全部放入热过滤器内，保温65～75℃，压入适量空气，在压力0.3～0.5MPa下进行压滤，滤液进入结晶冷冻釜，搅拌下冷冻釜温降至0℃以下，保持2h，过滤得到精制水溶性 $VK_3$。

$VK_3$ 铬盐氧化法-联产生产工艺中加成工艺可达到 $VK_3$/纯NQ（萘醌）为1.35～1.55，$VK_3$ 对纯甲萘醌的摩尔收率为70%～80%。β-甲基萘单耗可降至1.0～1.1t/t产品。

上述工艺过程需注意以下事项：生产过程中所投物质均属有毒或腐蚀性物质，操作时注意防护，避免皮肤接触；磺化加成过程中反应温度要控制平稳，避免过热生成副产物；精制溶解时严格控温，防止产品变质；潮湿 $VK_3$ 存放避光、避高温。

## 3.4.2 苯芴醇

苯芴醇，化学名(9*Z*)-2,7-二氯-9-[(4-氯苯基)亚甲基]-α-[(二丁氨基)甲基]-9*H*-芴-4-甲醇，英文名称benflumentol，CAS号82186-77-4，分子式为 $C_{30}H_{32}Cl_3NO$，黄色结晶粉末，无味。易溶于氯仿，略溶于丙酮，几乎不溶于乙醇，熔点为129～131℃。用于合成苯芴醇的原料芴主要分布在煤焦油洗油和一蒽油馏分中，洗油中的含量高于一蒽油馏分。其结构式如下：

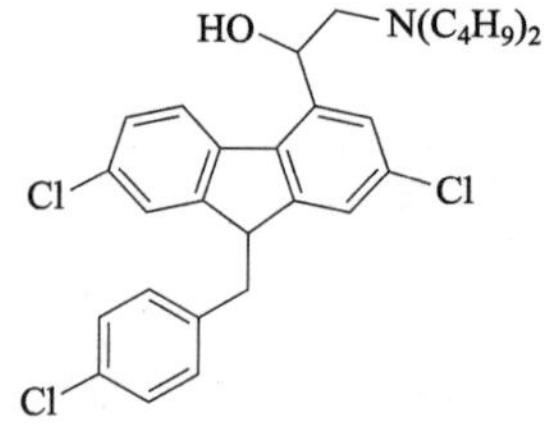


苯芴醇是我国邓蓉仙教授等研制的一种抗疟新药，在临床上具有疗效好、毒副反应低等特点[117]。苯芴醇的化学结构稳定，口服吸收后通过肝脏时不发生首过效应，以原型结构进入血液，在人体内运转，发挥抗疟作用[118]。苯芴醇对疟原虫作用持久，杀虫彻底，治愈率高，对人体的毒性极低，但具有控制症状缓慢和生物利用度较低等缺陷。为了增加抗疟活性以及延缓抗药性，苯芴醇常与蒿甲醚配伍使用，每年对这种化合物的需求高达数百吨，在抵御和治疗疟疾方面意义重大[119]。

目前苯芴醇的生产仍普遍采用间歇法工艺。Atkinson等[120]报道了一种苯芴醇的合成方法：以邻氨基苯甲酸为起始原料，经重氮偶联合成联苯-2,2-二羧酸；在酸性环境中脱水、还原得到芴-4-羧酸；经氯代、傅克酰基化反应后得到2,7-二氯芴-4-甲酰氯；产物与重氮甲烷反应、溴化，制得2,7-二氯芴-4-溴甲基酮；用硼氢化钾将其还原得到2,7-二氯芴-4-环氧乙烷；再依次与二正丁基胺、对氯苯甲醛缩合来合成苯芴醇。其合成路线如图3-45所示。此工艺虽操作成熟稳定，但因反应过程复杂，总收率低，而且反应过程中使用大量试剂，部分试剂为剧毒品，具有致癌性，产生了大量三废。

邓蓉仙教授等利用煤焦油中提取的芴为原料，开发了只需五步反应的合成路线[121]，其

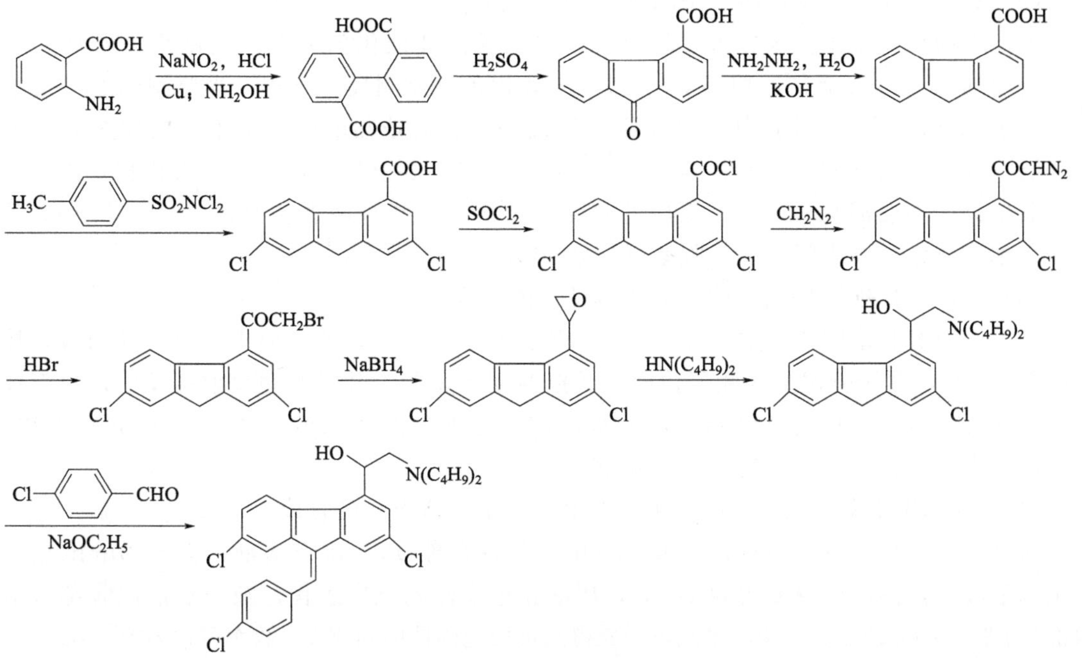

图 3-45　Atkinson 苯芴醇合成路线图

反应过程如图 3-46 所示。与 Atkinson 工艺相比，该方法省去芴结构的合成工序，三步反应即获得中间产物 2,7-二氯芴-4-环氧乙烷。该工艺提高了效率，降低了成本，减少了污染，而且对原料芴纯度的要求较低，工业芴和精芴均可用于苯芴醇的生产。

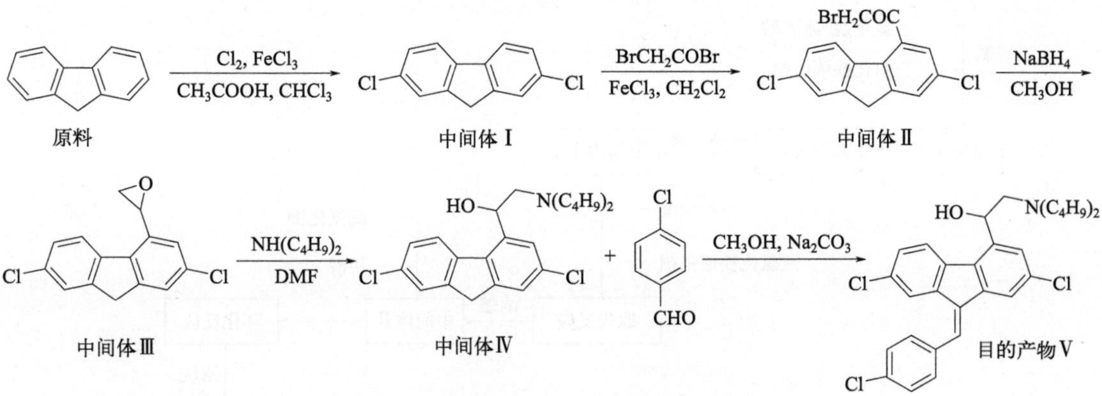


图 3-46　以咔唑为原料的苯芴醇合成路线

（1）2,7-二氯芴（中间体Ⅰ）的合成

向反应釜中投入冰醋酸和三氯甲烷混合溶剂，投入干燥的芴（85%）和少量催化剂三氯化铁，以连续鼓泡的方式向反应釜内匀速通入经浓硫酸干燥后的氯气，控制温度 17～25℃，随着反应的进行，原料芴逐渐减少，出现大量固体产物，用气相色谱监测反应进程，当 2,7-二氯芴的含量达到最高值时，停止通入气体，升温去除釜中的氯化氢和氯气后，冷却、过滤、水洗，干燥得白色中间体Ⅰ。收率可达 36.1%～43.0%。

（2）2,7-二氯芴-4-溴乙酮（中间体Ⅱ）的合成

搅拌下向反应釜中依次加入二氯甲烷、溴乙酰溴和催化剂无水三氯化铁，降温至 0℃，分批缓慢加入 2,7-二氯芴，控温 0～5℃，用液相色谱监测反应进程，当监测到 2,7-二氯芴含量低于 0.05%时，停止搅拌，将反应液缓慢倒入含有浓盐酸的冰水中，搅拌 30min 后静置分层，有机相用碳酸氢钠饱和溶液调节至中性，冷却、静置，再次分出有机相，浓缩后加入工业甲醇，加热回流 30min，趁热过滤除去不溶物，滤液降温析晶，过滤，于 50℃下烘干，得到淡黄色晶体中间体Ⅱ，收率可达 81.5%～92.7%。

（3）2,7-二氯芴-4-环氧乙烷（中间体Ⅲ）的合成

将工业甲醇和中间体Ⅱ加入反应釜中，剧烈搅拌 30min，使其形成均匀的悬浊液，控制温度 5～10℃，缓慢分次加入硼氢化钾，后控温 25～30℃，用液相色谱监测反应进程至反应完毕，静置、过滤，得到白色固体，加水浸泡、过滤，滤饼水洗至中性，于 50℃下烘干，得到白色中间体Ⅲ，收率可达 70%～80%。

（4）α-(二正丁氨甲基)-2,7-二氯-4-芴甲醇（中间体Ⅳ）的合成

向反应釜中加入中间体Ⅲ、无水乙醇和适量助溶剂 DMF 混合溶剂，搅拌 10min 后，滴加正二丁胺，控制反应温度约为 125℃，用液相色谱监测反应进程，减压蒸馏回收部分溶剂和正二丁胺，冷冻结晶、过滤、水洗，干燥得到黄白色固体中间体Ⅳ，收率可达 80%～85%。

（5）苯芴醇（Ⅴ）的合成

在装有工业甲醇的反应釜中，加入中间体Ⅳ，搅拌 30min 后，将碳酸钠甲醇溶液（5%）缓慢加入釜中，搅拌下加入对氯苯甲醛，加热至回流，用液相色谱监测反应进程，反应结束后，冷冻静置 2h、过滤、水洗，干燥得淡黄色固体产品，收率可达 60%～70%。工艺流程见图 3-47。

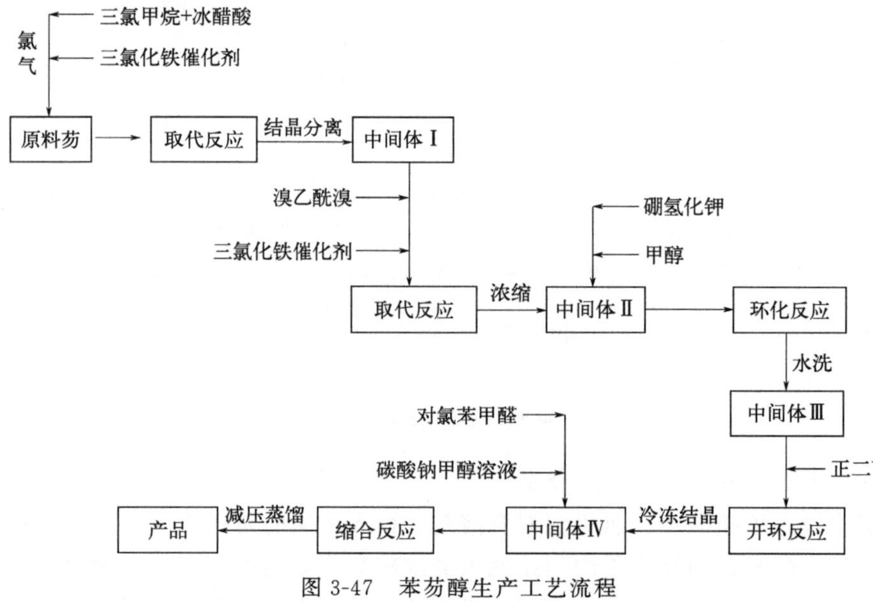


图 3-47　苯芴醇生产工艺流程

上述方法优点突出，但工艺中使用氯气，存在一定的操作危险。钱卫国[122]以浓盐酸和二氧化锰代替氯气制备中间体Ⅰ，提高了工艺的安全性，而且获得的产品纯度高，整体收率高。中间体Ⅱ的制备工序中，氯乙酰氯、溴乙酰氯和溴乙酰溴均可作为酰化试剂，其中溴乙

酰氯或溴乙酰溴比氯乙酰氯酰化反应活性高，同时获得的中间体 2,7-二氯芴-4-溴乙酮比 2,7-二氯芴-4-氯乙酮更易与硼氢化钾反应，有利于提高收率。结晶工序是影响产品收率和质量的关键，苯芴醇产品对结晶粒度和色泽要求比较高，控制好结晶温度是产品质量的保证工序。结晶工艺要求结晶釜内物料温度严格按照结晶工艺规律变化，结晶釜夹套换热媒介需预热，而且预热温度必须与结晶釜内物料温度变化一致。

## 3.4.3 卡洛芬

卡洛芬，化学命名为（±)-6-氯-2-甲基-9-氢-咔唑-2-乙酸，英文名称 carprofen，CAS 号 53716-49-7，分子式为 $C_{15}H_{12}ClNO_2$，白色或类白色结晶粉末，易溶于丙酮、乙酸乙酯、氢氧化钠或碳酸钠水溶液，几乎不溶于水。其原料咔唑提取自煤焦油蒽油馏分。

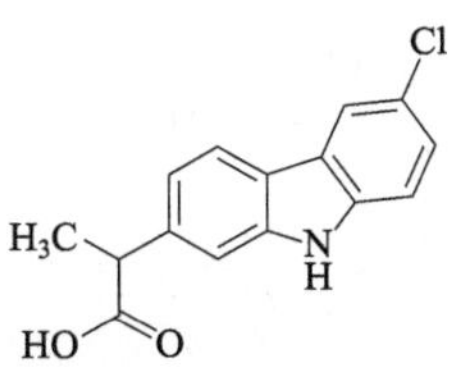


20 世纪 90 年代，有研究者表明，环氧合酶（COX）存在两种不同的异构酶，即环氧合酶 1(COX-1) 和环氧合酶 2(COX-2)。COX-1 作为一种“管家酶”，几乎在所有的组织中持续表达，产生机体生理过程和保护功能基本需要的前列腺素（prosta glandin，PG)，介导各种生理反应（如胃细胞保护、血小板凝集)。COX-2 在大多数细胞中是低水平表达，甚至无法检测到，但在许多病理情况下，机体受到致炎因子的刺激，由单核巨噬细胞、成纤维细胞等迅速表达从而急剧增加，被认为是一种可诱导酶，是引起炎性反应的关键酶之一，它可促进炎性反应，产生与炎症和癌症有关的病理性 PG。然而，选择性 COX-2 抑制剂临床应用中表明，COX-1 和 COX-2 都具有生理性与病理性角色[123]。

卡洛芬属于非甾体抗炎药（NSAIDs)，NSAIDs 的治疗作用源于对 COX-2 的抑制，其不良反应则源于对 COX-1 的抑制，临床上传统的 NSAIDs 对 COX-1 具有选择性的抑制作用，因此不良反应严重[124]。而卡洛芬作为新一代非甾体抗炎镇痛药，其主要通过与环氧化酶结合，阻断花生四烯酸转化为前列腺素，从而发挥抗炎和解热镇痛作用，较阿司匹林、保泰松、对乙酰氨基酚、布洛芬效果好，还具有吸收快、不良反应小的特点。因此，卡洛芬的研发对开发选择性抑制 COX-2 的药物至关重要。

卡洛芬是 20 世纪 70 年代美国辉瑞公司开发的高效动物用抗炎药，美国食品药物管理局（FDA）兽药中心（CVM）已批准卡洛芬用作犬的高效 COX-2 选择性抗炎药[125]，在美国、加拿大和欧洲多个国家获得广泛应用。临床上主要用于哺乳动物乳腺炎、子宫炎、关节炎的治疗及各种发热和疼痛症状的缓解[126]。

2012 年，邱梅等[127]研制的新一代非甾体抗炎镇痛药物——卡洛芬注射液（商品名：痛立止)，其有效成分为卡洛芬，主要用于治疗犬、猫的风湿、类风湿性关节炎，以及由炎症引起的疼痛和其他原因引起的疼痛等。

2001 年，J. V. Roughan 等[128]基于大鼠开腹手术后疼痛的严重程度和持续时间，确定并评估了卡洛芬的镇痛作用，结果表明卡洛芬镇痛效果显著，安全无刺激性，具有广阔的应用前景。

已公开的卡洛芬合成路线有两大类，分别以环己烯酮[129-131]和咔唑[132,133]为起始原料。

(1) 以环己烯酮为起始原料的第一类合成路线

该合成路线最早见于美国专利[134]，共分6步完成，其合成路线见图3-48。

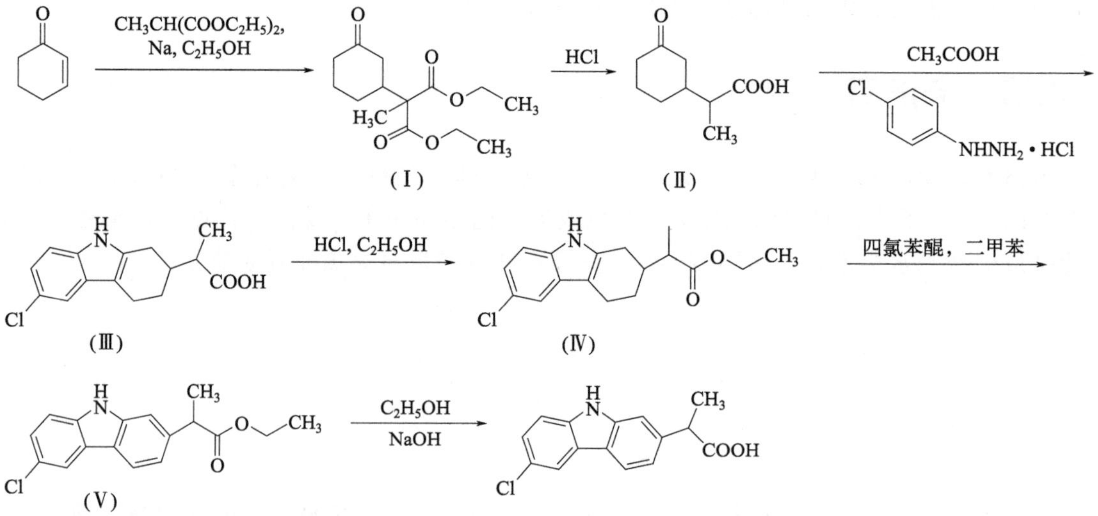


图3-48 以环己烯酮为起始原料的卡洛芬合成路线

该6步反应均在氮气保护下进行，按合成路线图简述如下：在干燥反应釜中，将甲基丙二酸二乙酯滴加到无水乙醇钠溶液中，室温下搅拌1h后，再加入2-环己烯-1-酮的乙醇溶液，反应至终点，减压回收乙醇溶剂，用乙醚萃取，减压蒸馏获得$\alpha$-甲基-3-氧代环己基丙二酸二乙酯（中间体Ⅰ）；将中间体Ⅰ溶入盐酸和二氧六环混合物中，搅拌下加热回流10h，反应毕，冷却至室温，用氢氧化钠溶液调至呈碱性，用乙醚提取，水层用浓盐酸调至pH 1～2，浓缩至干，乙醚提取，回收乙醚后，减压蒸馏得$\alpha$-甲基-3-氧代环己基乙酸（中间体Ⅱ）；将中间体Ⅱ、对氯苯肼盐酸盐和溶剂乙酸（80%）加入反应釜中，室温下搅拌1.5h后，回流40min，冷却至室温，倒入水中，过滤、水洗、真空干燥，得6-氯-$\alpha$-甲基-1,2,3,4-四氢咔唑-2-乙酸（中间体Ⅲ）；在乙醇溶液中加入中间体Ⅲ，通入氯化氢气体，回流12h，室温下搅拌48h，冷却后加入苯稀释，减压回收溶剂，在剩余物中加入乙醚，用冷氢氧化钠溶液（2mol/L）洗涤，有机层水洗至中性，回收乙醚，冷却，析出胶状固体，得6-氯-$\alpha$-甲基-1,2,3,4-四氢咔唑-2-乙酸乙酯（中间体Ⅳ）粗品，可直接用于下步反应；在干燥反应釜中，加入中间体Ⅳ、四氯苯醌和二甲苯溶剂，加热回流6h后，室温下静置过夜，弃去上层清液，向剩余物中加入热苯，搅拌，静置，倾去上层清液，重复3次后向剩余物中加入乙醚，用氢氧化钠水溶液（2mol/L）洗涤3次，有机层水洗至pH 7，回收乙醚，剩余物用甲醇重结晶，得6-氯-$\alpha$-甲基咔唑-2-乙酸乙酯（中间体Ⅴ）；将中间体Ⅴ加入乙醇和氢氧化钠溶液（3mol/L）的混合溶液中，加热回流2h后，减压浓缩，加入冰水，用浓盐酸调至pH 1～2，用乙醚萃取三次，合并有机层，水洗，回收溶剂，得粗品，三氯甲烷重结晶得卡洛芬精品。

(2) 以咔唑为起始原料的第二类合成路线

因2-位侧链引进方式不同而有区别，文献报道[135-138]以2-(6-氯-9$H$-咔唑基)丙烯酸或以 2-(1,1-二甲氧基-2-羟基)丙基-6-氯-9*H*-咔唑为中间体的相对较多，本节主要介绍以 2-(1,1-二甲氧基-2-羟基)丙基-6-氯-9*H*-咔唑为中间体的合成方法，其路线如下：

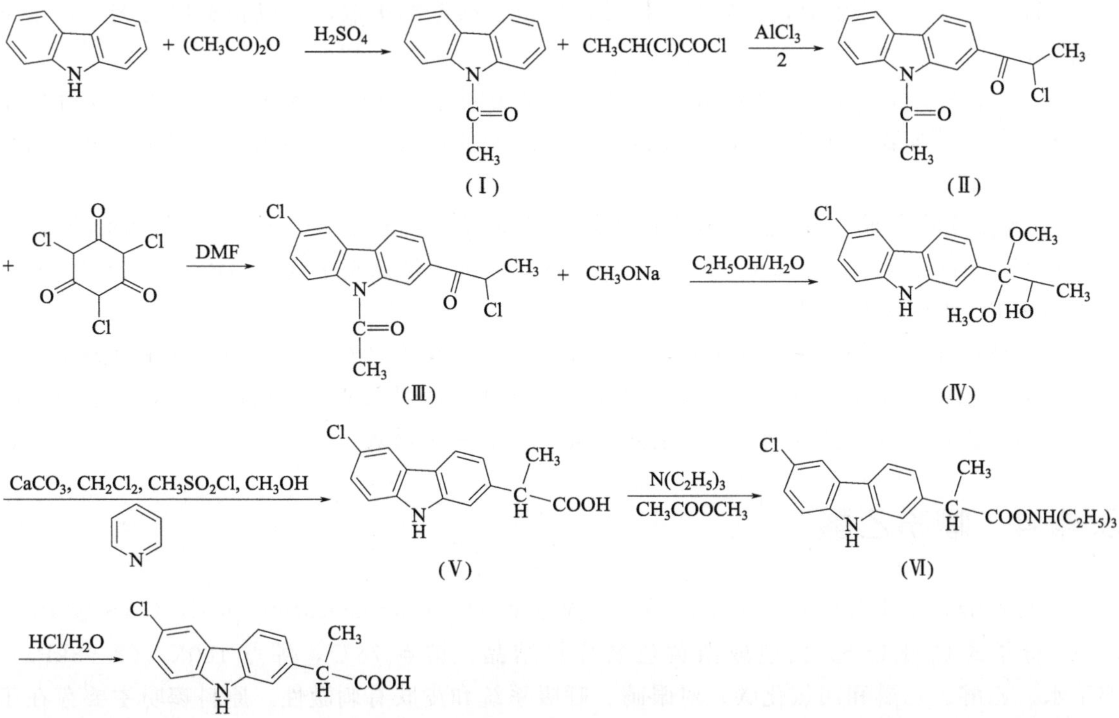

① *N*-乙酰咔唑（中间体Ⅰ）的合成　向反应釜中加入咔唑、醋酐溶剂和催化剂浓硫酸，加热至 110℃时物料溶解，溶液呈紫色。升温至 130～135℃，回流反应 2h 后，用液相色谱监测原料咔唑反应完毕，减压蒸馏除溶剂，得黏状中间体Ⅰ。

② 2-(*α*-氯丙酰基)-9-乙酰咔唑（中间体Ⅱ）的合成　将中间体Ⅰ和溶剂二氯甲烷加入反应釜中，搅拌溶解，于 35℃以下，分别将 2-氯丙酰氯和无水三氯化铝分 3 次加入，每次间隔 20min，加完后继续反应 4h，再加热回流约 2h，用色谱跟踪反应至终点，降温至 20～25℃，将 1/2 量的反应液搅拌放入冰水中，冰结 10min，分出油层；用类似的操作冰结另 1/2 量的反应液，合并油层，水洗 3 次，减压蒸除溶剂，得黏状中间体Ⅱ。

③ 2-(*α*-氯丙酰基)-6-氯-9-乙酰咔唑（中间体Ⅲ）的合成　用 DMF 溶解中间体Ⅱ，用控温 45℃以下，1h 内分次加入三氯异氰酸，加毕，于 45℃下搅拌反应 20h，用液相色谱监测反应完毕，降温至 10～15℃，甩滤，得粗中间体Ⅲ湿品，粗中间体Ⅲ经溶剂 DMF 重结晶，产品杂质含量低于 0.15%。

④ 2-(1,1-二甲氧基-2-羟基)丙基-6-氯-9*H*-咔唑（中间体Ⅳ）的合成　分别分两次将中间体Ⅲ和溶剂无水甲醇投入反应釜中，搅拌，于 45℃以下缓慢分 2 次加入甲醇钠（50%），于 40～45℃下控温反应 2.5h 左右，用液相色谱监测反应完毕，分次加水，搅拌 10～12h。降温至 20℃，甩滤，水洗至中性，滤饼于 (60±5)℃下烘干约 24h 得中间体Ⅳ。

⑤ 粗卡洛芬（中间体Ⅴ）的合成　将中间体Ⅳ加入二氯甲烷中，搅拌，再加入吡啶、甲磺酰氯，于 15～25℃下搅拌反应 12～14h。用色谱监测反应完毕，水洗 3 次，油层经过常压、减压蒸馏得磺酸酯。加入无水甲醇溶解磺酸酯，搅拌下缓慢滴加水，再加入轻质碳酸

钙，回流温度下发生重排反应，反应时间约20h。用液相色谱监测重排反应完毕，加入氢氧化钠水溶液，回流水解2h左右，用液相色谱监测，反应完毕后降温至25℃以下，以盐酸中和至pH＝4～5，蒸除甲醇，再加水、搅散，再以乙酸乙酯提取，有机相蒸出溶剂，得卡洛芬粗品。

⑥ 卡洛芬三乙胺盐（中间体Ⅵ）的合成　将中间体Ⅴ和丙酮投入反应釜中，搅拌使中间体Ⅴ溶解，于室温下加入三乙胺，搅匀，静置2～4h，甩滤，固体用丙酮洗涤，甩干后得卡洛芬三乙胺盐。

⑦ 卡洛芬的合成　用纯水溶解卡洛芬三乙胺盐，加热至70～80℃，缓慢滴加盐酸（5%）调节pH值至4，降温至50～60℃，甩滤，以纯水洗涤至中性，固体于100～105℃下烘干约24h，得卡洛芬成品。

对上述两个合成路线进行比较：从原料获得的难易程度来看，原料环己烯酮合成工艺复杂，合成工艺中使用金属钠，存在安全风险；而咔唑可从煤焦油中直接提取，若能解决咔唑工艺中间体Ⅳ产品纯度低等问题，将有益于此工艺进一步增效。

### 3.4.4 噻吩乙酸

噻吩乙酸，中文名称为2-噻吩乙酸，英文名称为2-thiopheneacetic acid，CAS号1918-77-0，分子式$C_6H_6O_2S$，白色或微黄色鳞片状结晶，熔点76℃，沸点160℃（2.93kPa），溶于水、乙醇、乙醚和四氯化碳。对眼睛、呼吸系统和皮肤有刺激性。原料噻吩主要存在于煤焦油粗苯预精馏得到的轻苯中。

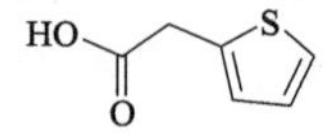

2-噻吩乙酸是某些头孢类广谱抗菌药物的重要中间体，如头孢噻吩、头孢噻啶、头孢西丁。近年来，以2-噻吩乙酸为中间体，又研制出了一些新型头孢菌素抗生素，如头孢尼特罗、头孢三唑和呋烟腙等。对头孢菌素母核7-氨基头孢烷酸（7-ACA）进行结构修饰，可提高药物的抗菌活性。2-噻吩乙酸还可应用于降血脂药、心血管药、抗溃疡药、心血管舒张药、血小板凝集抑制剂、5-脂氧含酶抑制剂等[139]中。另外，2-噻吩乙酸在农药、染料及其他精细化工领域也有着广泛的应用。

2-噻吩乙酸的制备方法大致分为2-乙酰噻吩法、2-噻吩甲醛法、2-噻吩氯甲基化法三种。

（1）2-乙酰噻吩法

经乙酰化制得2-乙酰噻吩，再经Willgerodt重排反应得到2-噻吩酰胺，最后水解、乙醇精制获得2-噻吩乙酸产品。反应方程式如下所示：

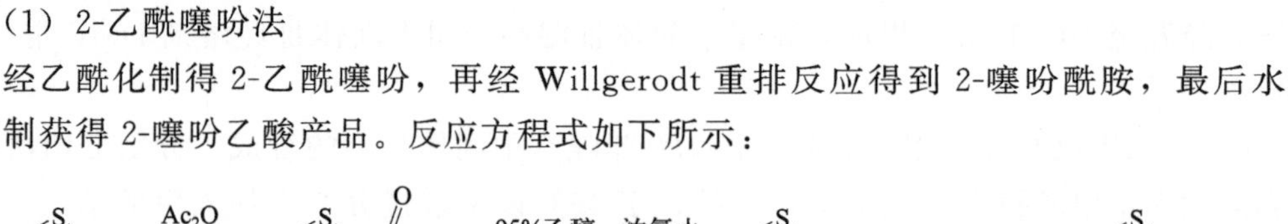


噻吩乙酰化中最关键的是催化剂的选择，传统的酸性催化剂为路易斯酸性催化剂，如$BF_3/Et_2O$、85%$H_3PO_4$、$AlCl_3$和$ZnCl_2$等，这些催化剂的缺点是腐蚀性比较强，导致设备腐蚀、产品后处理困难和环境污染等一系列问题。

用金属离子交换的蒙脱土作为 Lewis（路易斯）酸催化剂，在一定条件下使噻吩与乙酸酐进行酰化反应，2-乙酰噻吩的收率达到 92%以上、选择性大于 99%。其缺点：一是金属离子易流失导致催化剂失活；二是反应需要在较高温度下进行，对催化剂单程寿命及催化活性影响较大。

三氟甲磺酸盐也可用于催化合成 2-乙酰噻吩，三氟甲磺酸盐在水中稳定性好，具有再生性和可循环利用性，其缺点是 Lewis 酸性较低，反应活性不高，收率仅达到 87%左右，并且价格也比较昂贵，不易实现工业化规模生产。

施介华等[140]用磷钨酸铯作为合成 2-乙酰噻吩的催化剂，该工艺在无溶剂反应体系下进行，目标产物收率高、选择性好、反应时间短、催化剂用量少且易回收、反应操作条件简单，基本不存在“三废”污染问题，经济效益和社会效益较好。

(2) 2-噻吩甲醛法

在三氯氧磷的存在下，噻吩与 DMF 反应得到 2-噻吩甲醛，再与氰化钠和三氯甲烷反应，所得产物再经加氢获得 2-噻吩乙腈，然后水解得到 2-噻吩乙酸。此法合成路线比较长，并需要使用剧毒物质氰化钠及高价的铂催化剂，所以从安全性和经济角度考虑少见进行工业化生产。

(3) 2-噻吩氯甲基化法

该方法先由噻吩经氯甲基化反应获得 2-氯甲基噻吩，2-氯甲基噻吩再转为 2-噻吩乙酸有多个合成路线，以下列举几个代表性方法。

此方法由 Moro Alessandro 等[141]开发，先由噻吩经氯甲基化反应获得 2-氯甲基噻吩，然后和一氧化碳在甲醇、氢氧化钾存在下，经钴盐催化加压生成 2-噻吩乙酸酯，再经水解制得 2-噻吩乙酸。此法催化剂八羰基钴的制备和重复使用困难，反应属于高压反应，存在投资大和安全隐患问题。反应过程如下：

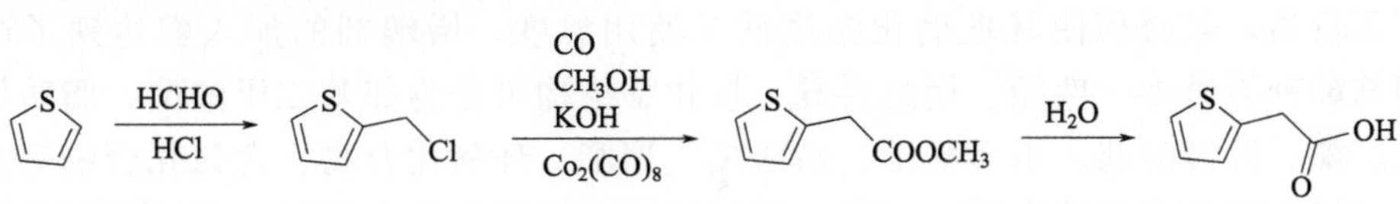


2-氯甲基噻吩直接通过氰化钠取代反应也可获得噻吩乙腈，再经水解制得 2-噻吩乙酸。该方法需要使用剧毒物质氰化钠，有一定的危险性。

任小亮等[142]用三甲基氰硅烷作氰化试剂，可直接在溶剂中进行氰化反应，从而使 2-氯甲基噻吩能够稳定存在，不会有爆炸的危险。该法避免使用剧毒物质氰化钠，不仅提高了反应收率，保证了产品质量，而且安全性能也相对较高。但氰化试剂三甲基氰硅烷非工业化生产品。反应过程如下：

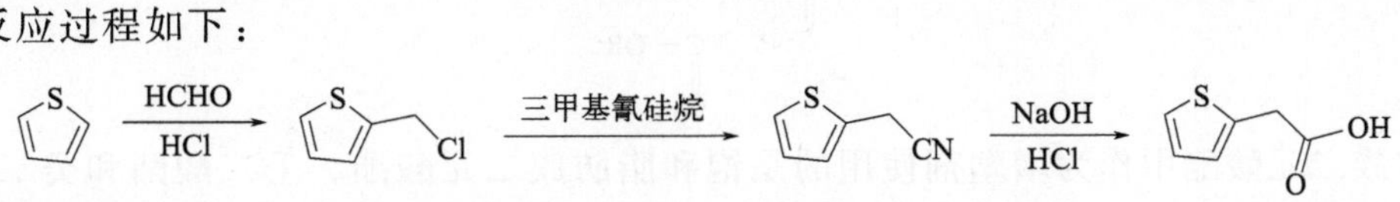


王伟立等[143]公开了使用丙酮氰醇作为氰化试剂的工艺路线，为 2-噻吩氯甲基化法提供了一条新思路。与上面合成路线同样，丙酮氰醇非工业化产品。

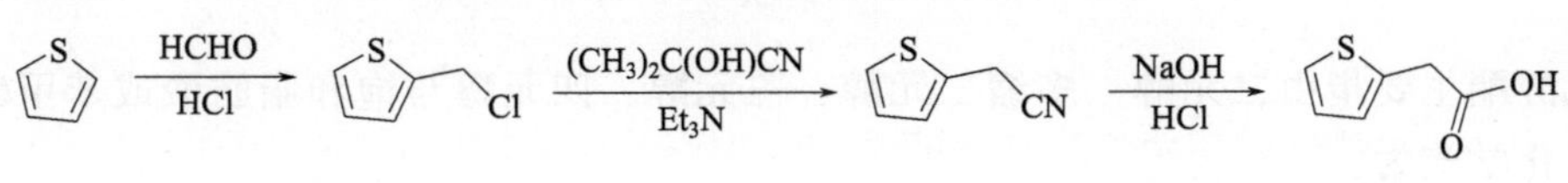

上述几个合成路线，存在操作安全、使用危险化学品、原料难采购等问题。中间产物2-氯甲基噻吩不稳定，密闭时有爆炸危险。这些因素导致上述2-噻吩乙酸的合成工艺无法普及。

国外近年关于2-噻吩乙酸合成的研究很少，主要集中在对噻吩羧酸类衍生物的应用开发方面。从现在国际市场来看，欧美地区对2-噻吩乙酸的需求量较大，新的应用不断出现，主要的生产厂家有美国的Socony-Vacuum石油公司、Lilly公司和英国的Bayer公司。我国2-噻吩乙酸现有工艺存在生产成本高、污染严重的难题，研究工作仍在进行，寻找新的生产工艺是十分有必要的。国内多家科研单位进行了更为深入的研究，如改良合成路线和催化剂，期望能从中找到一条合乎国情的工艺路线，以推动我国噻吩系列产品的研发工作，增强我国煤焦油产品尤其在医药及其中间体中的应用。

# 3.5 助剂材料

以煤焦油中的酚类、萘、苊等为基础原料制备的各类助剂材料已经在诸多领域得到应用，如邻苯二甲酸酯类增塑剂、受阻酚类抗氧剂，以及酚醛类阻燃剂和黏结剂等。

## 3.5.1 增塑剂

增塑剂是一种加入聚合物中用来增加可塑性、柔韧性或膨胀性的物质。热塑性高分子聚合物的玻璃化温度（$T_g$）是非常重要的指标，若$T_g$高于室温，聚合物处于脆性状态；若$T_g$低于室温，高分子聚合物将具有较大的回弹性、柔韧性和冲击强度。为了使高分子聚合物具有实用价值，就必须使其玻璃化温度低于使用温度，增塑剂的加入就达到了这样的目的。增塑剂的种类繁多，性能、用途各异，按化学结构可分为邻苯二甲酸酯、脂肪族二元酸酯、多元醇酯、柠檬酸酯、苯多酸酯、磷酸酯、聚酯、环氧化合物、含氯化合物等类型[144]。其中邻苯二甲酸酯是应用最广泛的一类主增塑剂，而以煤焦油中萘组分为原料制备的邻苯二甲酸是制备这一类增塑剂的重要中间体。

邻苯二甲酸酯的通式如下所示，其中$R^1$、$R^2$是$C_1 \sim C_{13}$的烷基、环烷基、苯基、苄基等。

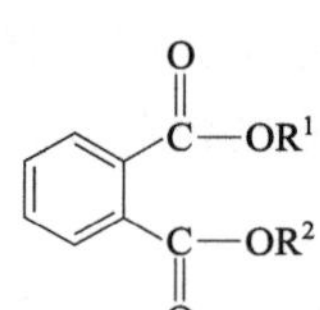

脂肪族二元酸酯中作为增塑剂使用的是饱和脂肪族二元酸酯、壬二酸酯和癸二酸酯等。其化学式为：

$$R^1O-\overset{\overset{\displaystyle O}{\|}}{C}-(CH_2)_n-\overset{\overset{\displaystyle O}{\|}}{C}-OR^2$$

多元醇酯主要指由二元醇、多缩二元醇、三元醇、四元醇与饱和脂肪酸或苯甲酸生成的酯类。其化学式为：

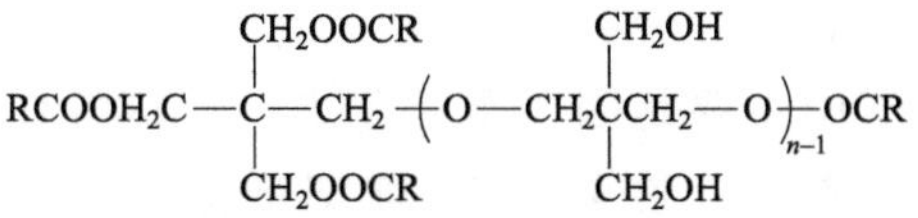

磷酸酯除具有增塑作用外，还有阻燃作用，是一类多功能增塑剂。其化学式为：

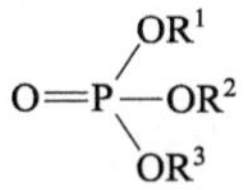

环氧化合物在作为增塑剂的同时，还可起到稳定剂的作用，而且毒性低，可用于制作食品医药包装。其化学式为：

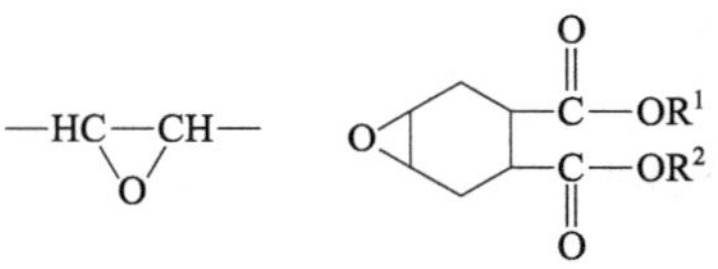

增塑剂的结构与它的性能有很大的关系，大多数增塑剂分子具有极性和非极性两个部分：极性部分常由极性基团构成，如酯基、氧原子、环氧基等；非极性部分则为具有一定长度的烷基，如芳环、脂肪族等。这些含有不同极性基团的化合物除了具有增塑作用外，同时还兼具其他功能特性，如：邻苯二甲酸酯和氯化物具有阻燃性；环氧化物、双季戊四醇酯的耐热性能好；脂肪族二元羧酸的耐寒性优良；烷基磺酸苯酯耐候性好；柠檬酸酯及乙酰柠檬酸酯类具有抗菌性等。此外，除极性基团外，增塑剂分子中其他结构对增塑性能也有很大影响[145]。从化学结构上看，增塑剂分子极性增加、烷基支链化强度提高和芳环结构增多都会使增塑效率下降，低分子量的增塑剂较高分子量的增塑剂对 PVC（聚氯乙烯）的增塑效率高。

增塑剂的主要作用是削弱聚合物分子间的引力，从而使其分子链的移动性增加，结晶性降低，即增加了聚合物的塑性，表现为聚合物的硬度、模量、软化温度的下降，以及伸长率、挠曲性和柔韧性的提高。

（1）增塑剂的作用机理

目前，增塑剂的作用机理主要有两种，即增塑作用的表观理论和微观机理，其中增塑作用的表观理论分为润滑理论、凝胶理论、自由体积理论。

润滑理论认为增塑剂起界面润滑剂的作用。聚合物能抵抗形变而具有刚性，是因为聚合物大分子间具有摩擦力（作用力），而增塑剂的加入能促进聚合物大分子间或链段间的运动，甚至当大分子的某些部分缔结成凝胶网状时，增塑剂也能起润滑作用从而降低分子间的“摩擦力”，使大分子链能相互滑移。

凝胶理论认为聚合物的增塑过程是增塑剂使组成聚合物的大分子分开，而大分子之间的吸引力又尽量使其重新聚集在一起的动态平衡过程。在一定的温度和浓度下，聚合物大分子间的“时开时集”，造成分子间存在若干物理“连接点”，这些“连接点”在聚合物中不是固定的，而是彼此不断接触“连接”，又不断分开。

自由体积理论认为增塑剂加入后会增加聚合物的自由体积。聚合物在玻璃化转变温度 $T_g$ 时的自由体积是一定的，而增塑剂的加入使大分子间距离增大，体积的自由体积增加，

聚合物的黏度和 $T_g$ 下降，塑性加大。

微观机理认为聚合物分子中主要是因为范德华力、氢键等作用使得其具有抵抗外界形变的能力，当聚合物中加入增塑剂时，在聚合物-增塑剂体系中，其相互作用力发生了变化，这些分子间氢键力的作用对象发生了变化，除了聚合物分子内和分子间的作用力外，又增加了增塑剂本身分子间的作用力以及增塑剂与聚合物分子间的作用力。

(2) 典型煤基增塑剂

邻苯二甲酸酯类增塑剂 (PAEs)，具有色浅、低毒、多品种、电性能好、挥发性小、耐低温等特点，综合性能较好，其生产量约占增塑剂总产量的 80%左右。

邻苯二甲酸酯类主要由萘氧化制得邻苯二甲酸酐，再与一元醇直接酯化进而制得。反应过程如下：

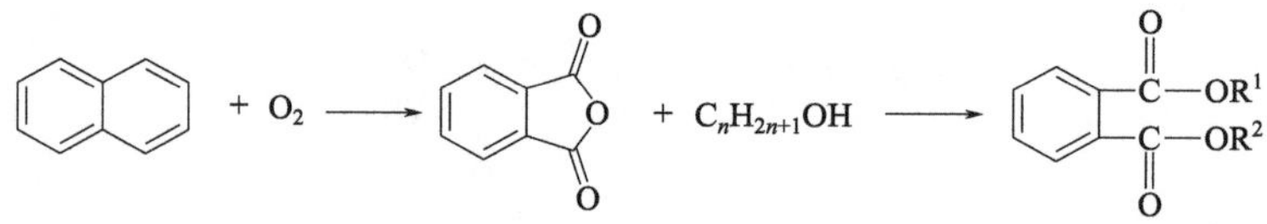

以下对该类增塑剂制备工艺进行简单的介绍，主要包含邻苯二甲酸酐的制备以及该类增塑剂的合成工艺。

① 邻苯二甲酸酐的生产工艺　生产邻苯二甲酸酐的原料有邻二甲苯和工业萘两种。早期的苯酐生产采用流化床空气催化氧化法。该方法存在一定的缺点，如系统阻力大，建设规模受制约，而且生产能耗高、产品收率低，导致产品成本高，缺乏市场竞争力。20 世纪 60 年代成功开发以邻二甲苯为原料生产苯酐的工艺，采用固定床空气催化氧化法[146]。

近年来由于国家环保标准的提高，工业萘作为减水剂的市场份额大大降低，价格急剧下滑。反之，由于世界石油价格上涨，作为石油产品的邻二甲苯价格飞涨。工业萘来源充足且价格便宜，因而以工业萘为原料的苯酐生产装置具有较强的成本竞争力[147]。

目前该工艺多采用萘单独进料或萘-邻二甲苯混合进料，固定床空气催化氧化的方法，装置建设规模大、产品收率高，较之流化床系统阻力小、生产能耗低、技术先进、经济效益好、市场竞争力强。以 100%萘生产苯酐，产品收率约 100%；以 50%萘+50%邻二甲苯混合进料生产苯酐，产品收率约 100%[148]。我国邻苯二甲酸酐的主要生产厂家有：哈尔滨石油化工厂、齐鲁石油化工公司、吉化集团有限公司、锦州石化公司、上海焦化有限公司、齐鲁增塑剂有限公司、山东宏信化工公司、无锡焦化厂、石家庄化工二厂和江阴苯酐厂。工艺过程主要包含氧化反应工艺、冷凝回收粗苯酐工艺和精制工艺。工艺流程见图 3-49。

氧化反应工艺：经加热气化的工业萘送入汽化器，工业萘和空气按比例均匀混合后从顶部进入反应器，原料气与装填在反应器中的催化剂接触发生氧化反应生成苯酐，同时释放大量反应热。反应管之间采用强制循环流动熔盐，移走反应热，再利用熔盐冷却器将热熔盐冷却，同时副产高压饱和蒸汽。冷却后的熔盐经泵输入反应器循环使用，副产高压饱和蒸汽在为苯酐生产装置加热、保温，提供热源之外，还可输入公司蒸汽管网供其他用户使用。

冷凝回收粗苯酐工艺：反应产品气经冷却后送入自动切换冷凝系统。此系统配备六台切换冷凝器，用来周期性切换使用。在切换冷凝器中将反应产品气中所含苯酐冷凝回收。通过冷油在冷凝器翅片管中循环将苯酐冷凝，当苯酐结满翅片管时，冷油便切换为热油，苯酐被熔化为液体排入粗苯酐储槽。

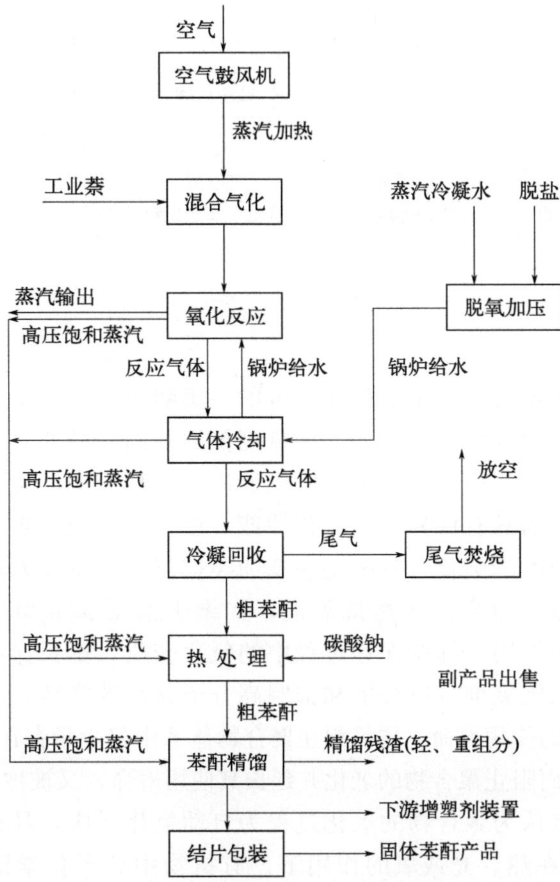


图 3-49 以萘为原料生产邻苯二甲酸酐的工艺流程

精制工艺：粗苯酐先经热处理，使所含副产物在高温下分解或缩聚，从而减轻蒸馏负担，然后进入轻组分塔分离轻组分，接着送入产品塔即可得到合格的液体苯酐产品，塔底排出重组分残渣，残渣再经残渣塔回收部分苯酐。工艺中精馏塔为连续真空精馏，真空度来自蒸汽喷射器。精馏及精制热处理热源均来自氧化反应富余的高压蒸汽。

② 增塑剂邻苯二甲酸二异丁酯的生产工艺　苯酐与异丁醇在浓硫酸催化下制备邻苯二甲酸二异丁酯增塑剂，该方法工艺简单可控，而且反应效率高、没有副产物、产量高、经济效益好、反应周期短、反应条件温和，具有较好的工业应用价值。

一般采用的工艺流程（图 3-50）如下：控制酯化釜在 140～145℃下进行酯化反应，反应过程中需要补加异丁醇，以反应酸度值的变化监测反应进程。然后向酸值达标的物料中加碱液，进行中和反应，以物料酸度值变化作为判断中和终点的依据，反应中产生的废水放入废水碱槽中。经中和反应后酸度值达标的物料输送到脱醇釜，加入活性炭，进行脱醇反应，加热至 140～145℃后开启真空泵和脱醇釜内的蒸汽冲圈，进行脱醇反应，同时回收反应过程中的气体与废水。脱醇反应过程中测试脱醇釜内物料的闪点，将闪点达标的物料输送到粗酯釜内，压滤后即为成品；滤渣进行包装后放入危险废物存放点。

该工艺中酯化反应在搅拌下进行，可有效缩短反应时间，通过加热控制酯化温度逐渐升高，有利于酯化反应的完成。此外，中和反应时温度不得超过 70℃，而且需控制较低的碱浓度，以免发生皂化反应。

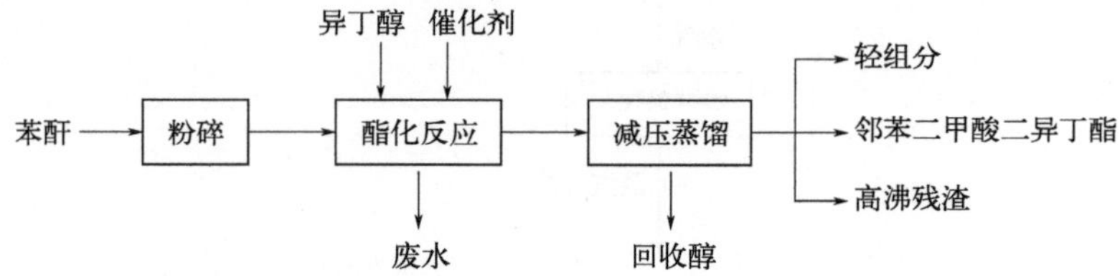

图 3-50　苯酐制备邻苯二甲酸二异丁酯的工艺流程

## 3.5.2　抗氧剂

抗氧剂是抑制或延缓不希望发生的氧化反应的一类物质。从广义角度来说，大多数具有还原功能的物质都可以起到抗氧化的作用。抗氧剂依据不同领域的具体用途和功能有不同的要求和规定。一般来说，具有稳定的化学、物理性质且生物安全性能良好的弱还原剂，都可以作为抗氧剂。酚类抗氧剂具有优异的抗氧化性能，近年来其应用越来越广泛。煤焦油中的酚油组分中含有各种结构的酚类化合物，是制备酚类抗氧剂的重要原料来源。

在食品、药品等领域，典型的天然抗氧剂，如维生素 E 或抗坏血酸可以添加到食品、饮料等配方中起到抗氧化作用，抑制保存过程中的氧化变质，延长保存时间。在塑料、橡胶等高分子材料领域，加入抗氧剂可以缓解和抑制高分子材料的降解，抑制老化反应，保持材料的良好性能，延长材料的使用寿命。抗氧剂在聚合物体系中仅少量存在时，就可延缓或抑制聚合物氧化过程的进行，从而阻止聚合物的老化并延长其使用寿命，又被称为“防老剂”[149]。

目前普遍接受的观点认为聚合物的氧化过程为自动氧化反应，具有自由基链式氧化机理和自动催化的特性[150]，在热、光或氧的作用下，有机物中分子化学键断裂、分解，重新生成活泼的自由基，比如 HO·、O·和 ROO·，或者产生氢过氧化物。自由基之间可以发生一系列的自由基链式反应，产生新的物质或新的结构，使原有机化合物的结构、性质等发生根本变化。为了抑制不希望的反应发生，就需要能够清除自由基或者提供 H·等功能基团的物质，加入抗氧剂，其作用是消除产生的自由基，或者促使氢过氧化物的分解，阻止链式反应的进行。能消除自由基的抗氧剂有芳香胺和受阻酚等化合物及其衍生物，称为主抗氧剂；能分解氢过氧化物的抗氧剂有含磷和含硫的有机化合物，称为辅助抗氧剂。

常用抗氧剂按作用方式可分为氢供体、氢过氧化物分解剂、烷基自由基去除剂和金属钝化剂；按分子结构一般分为胺类抗氧剂、酚类抗氧剂、硫代酯类抗氧剂、亚磷酸酯类抗氧剂和复配抗氧剂。

酚类抗氧剂具有优异的抗氧化性能，而且低毒，不变色，可用于塑料、合成纤维、橡胶、食品等行业。其中受阻酚类抗氧剂多以 2,6-二叔丁基苯酚为原料合成。下面着重对受阻酚类抗氧剂进行介绍。

受阻酚类抗氧剂是一类在苯环的羟基一侧或两侧有取代基的化合物。其作用机理即是通过质子的给予作用破坏自由基的自氧化链反应。其化学结构式如下：

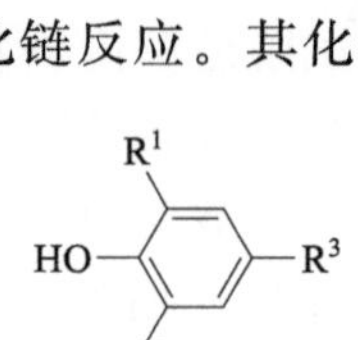

通过自动氧化过程研究，发现一系列自由基（R·、RO·、ROO·、HO·）及氢过氧化物（ROOH）的反应过程是大多数高分子材料老化的源头，包括链引发、链增长、链终止三个阶段。受阻酚类抗氧剂为传统的链终止抗氧剂，即抑制氢过氧化物的形成，主要是通过氢转移、电子转移、加成等方式与自由基反应，自由基的捕获对抑制氧化链增长特别有效。

研究表明，受阻酚类抗氧剂的抗氧化效率与其本身的分子结构有密切关系。由于苯环羟基（—OH）上一侧或两侧含有取代基，进而产生位阻，活泼性明显增强，易于提供活性自由基 H·而结合过氧化自由基，使其不会进一步发生自由基链式反应。当取代基为供电子基团时，相比高分子链更易提供质子，可与氧自由基、烷氧自由基和羟基自由基等结合，使自由基失去活性，从而得到稳定化合物，使热氧老化链反应终止，终止了聚合物自动氧化链的增长[151]。此外，受阻酚类抗氧剂在给出活性自由基 H·后，其本身形成的酚氧自由基具有较低的活性和较高的稳定性，因而具有再次捕获自由基的能力，又一次终止了链反应。

受阻酚类抗氧剂的作用机理见图 3-51。

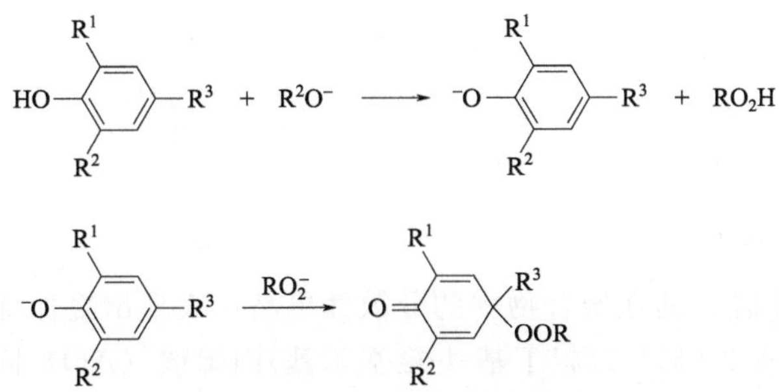

图 3-51　受阻酚类抗氧剂的作用机理

Feng 等[152]开发了应用于聚丙烯（PP）中的高性能抗氧剂，采用低分子量受阻酚类抗氧剂（AO）直接插入层状双羟基化合物（LDH）层间区域，制备了一种有机-无机杂化抗氧剂。AO-LDH 的自由基清除能力与 AO 物种相似。AO-LDH 可以长期改善 PP 的热稳定性。AO-LDH 具有出色的抗氧化性能，在聚合物领域的应用前景广阔。

Huang 等[153]合成了 3-(3,5-二叔丁基-4-羟基苯基)丙酸（DBHP）。DBHP 作为一种有机化合物受阻酚类抗氧剂，不仅提高了制备的 DBHP-ZnO 纳米颗粒在润滑油中的分散稳定性，而且清除了润滑油氧化过程中产生的自由基。所制备的 DBHP-ZnO 纳米颗粒在基础油中具有理想的分散性，良好的热稳定性和抗氧化性。

刘芸[154]利用硅烷偶合剂，将硅胶表面氨基功能化，用氨基功能化的硅胶与丙烯酸甲酯反应，再与乙二胺反复进行交换反应，合成聚酰胺改性硅胶，最后再与 $\beta$-(3,5-二叔丁基-4-羟基苯基)丙酰氯接枝得到新型受阻酚类抗氧剂。

受阻酚类抗氧剂的抗氧化效率与其自身的分子结构、分子量和电子的离域性有着必然的联系。按化学结构大体可分为单酚型、双酚型以及多酚型以及聚合型四种。

(1) 单酚型受阻酚类抗氧剂

受阻酚类抗氧剂因其结构中含有羟基官能团，能通过质子给予作用，破坏自由基自动氧化链反应，防止高分子的热氧老化，故受阻酚类抗氧剂的抗氧化效率与分子结构有密切的关系。目前新型的单酚类抗氧剂通常在羟基对位上引入烷基长链，通过提高分子量、降低挥发性来提高抗氧化效率。单酚型受阻酚类抗氧剂的分子中只有一个受阻酚单元，主要以苯酚和甲酚为原料，经邻位叔丁基化和对位烷基化等引入取代基。具有很好的抗变色、抗污染性能，但没有抗臭氧效能。并且分子量小，挥发性和抽出损失比较大。因此，抗老化性能弱，只能用于要求不苛刻的场合。目前市场上的单酚型抗氧剂有 1076、1222、565、BHT 和 1135 等。

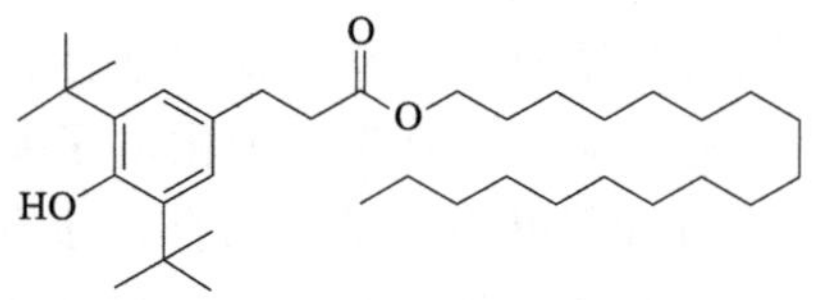

**1076**

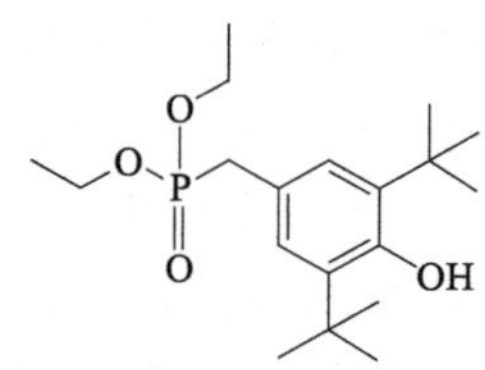

**1222**

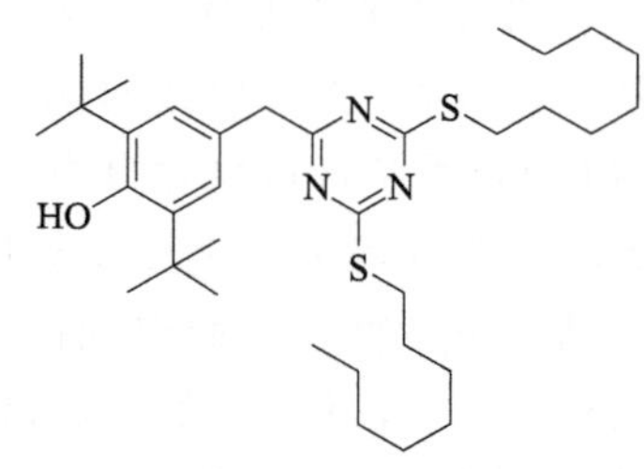

**565**

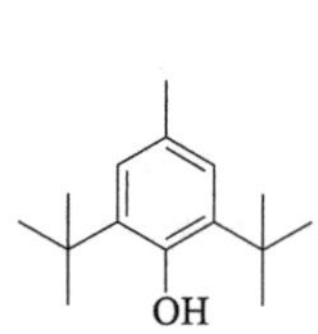

**BHT**

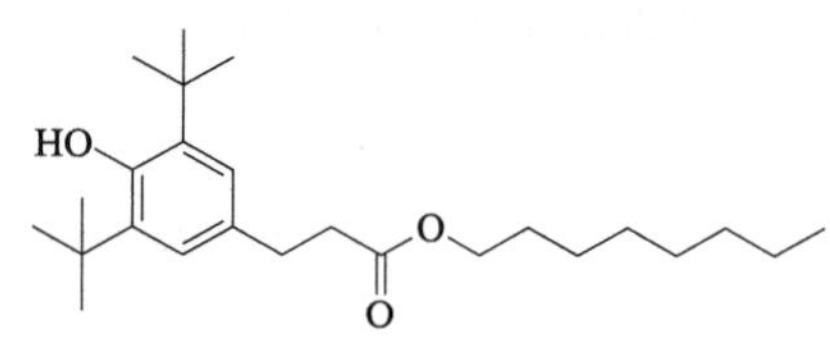

**1135**

物质达到纳米尺寸时，其在聚合物中的分散性更高，表现出更加优良的化学物理性质及热稳定性。Gao 等[155]将 3-(3,5-二叔丁基-4-羟基苯基)丙烯酸（AO）固定在纳米级的二氧化硅聚合物上，制得一种高分子量和高抗氧化性能的抗氧剂 AO-AEAPS-silica[3-(2-氨基乙基氨基)丙基甲基二甲氧基硅烷-二氧化硅]。对添加了 AO 及 AO-AEAPS-silica 的聚合物进行了耐氧化性能测试，氧化诱导时间（OIT）测试结果证明聚合物的抗氧化性能得到显著提升。其中 AO-AEAPS-silica 的抗氧化效能最高，分散性明显优于 AO，在温度高达 120℃ 时，随着热氧时间的推移，更表现出优良的热稳定性。原因是受阻酚与纳米级二氧化硅有机结合，形成了高分子量的优质抗氧剂。

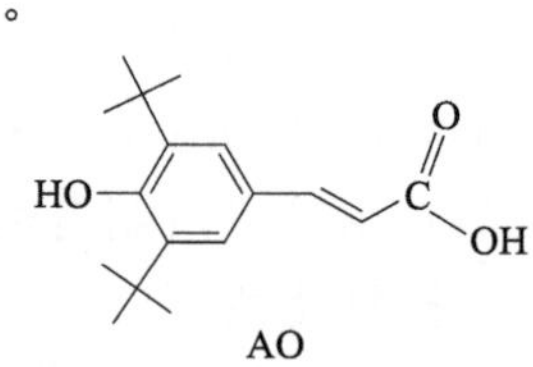

AO

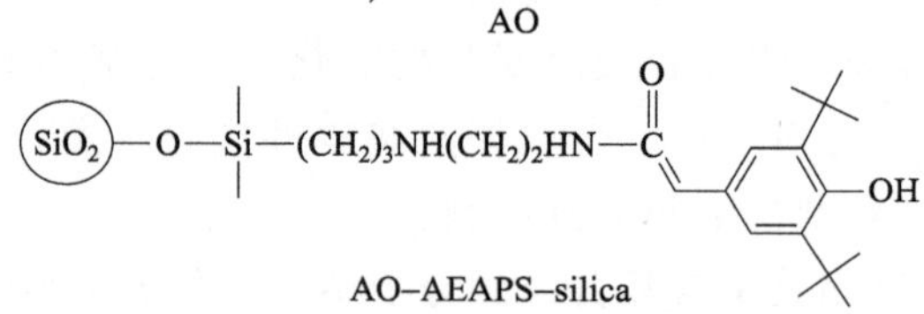

AO–AEAPS–silica

研究表明，受阻酚类抗氧剂的抗氧化效能与分子中羟基的数目也有着密不可分的关系，在提高分子量的同时，增加羟基的数目能进一步提高受阻酚类抗氧剂的抗氧化效率。所以对双酚型、多酚型受阻酚类抗氧剂的开发是目前的研究重点。

(2) 双酚型受阻酚类抗氧剂

双酚型受阻酚类抗氧剂是指用亚烷基或者硫键直接连接两个受阻酚单元的酚类抗氧剂[156]。与单酚型相比，双酚型的挥发和抽出损失比较小，热稳定性高，因而防老化效果较好。以亚烷基相连的双酚通常由相应的烷基酚与醛缩合制得，如抗氧剂 2246、245 等；而以硫键相连的双酚通常由相应的烷基酚和 $SCl_2$ 缩合制得，如抗氧剂 1035、1081 等。各种抗氧剂的结构式如下：

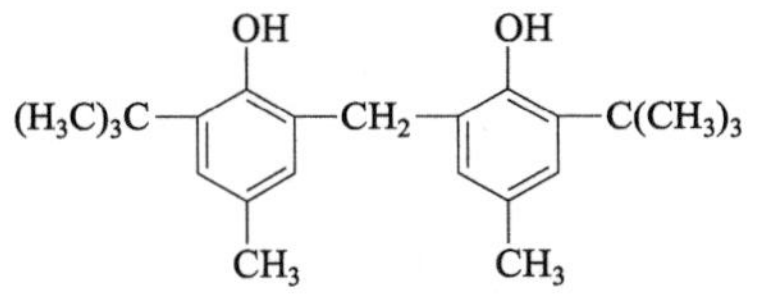

**2246**

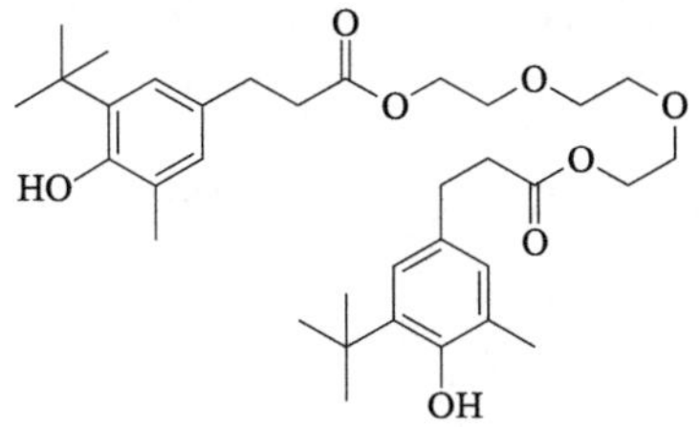

**245**

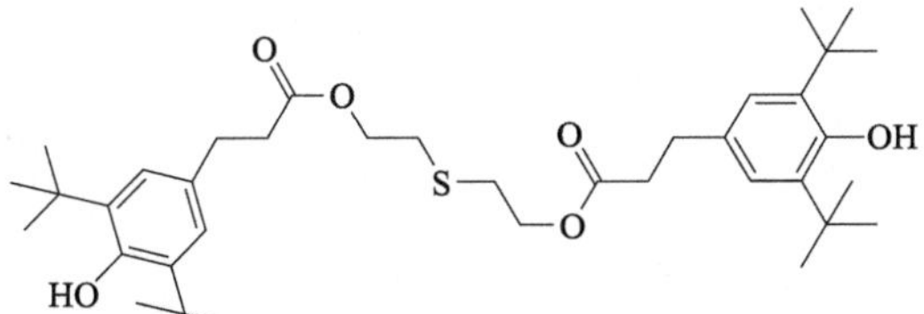

**1035**

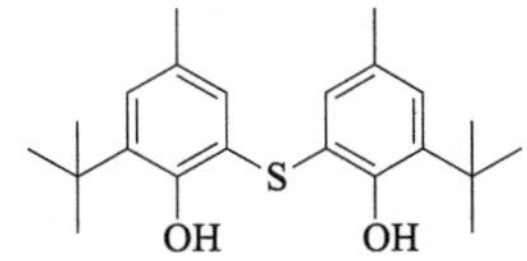

**1081**

20 世纪 80 年代，以邻位桥键烷基酚为原料，经丙烯酸酯化制备出双酚单丙烯酸酯类抗氧剂。该类抗氧剂由于其中两个特效官能团的协同作用，具有提前捕获碳自由基（R·）的特效功能，能在聚合物发生自动氧化的起始阶段就切断链增长的根源，提前增加了一道抗老化防线，充分体现出其具有高的防老化效率，并且用量少、环保，代表了链烷基取代酚发展的一种新趋势[157]。如刘微微等[158]以 2-[1-(2-羟基-3,5-二叔戊基苯基)-乙基]-4,6-二叔戊基苯基丙烯酸酯（GS）作为稀土顺丁橡胶 NDBR 的抗氧剂，试验结果表明：添加 GS 的胶样，经热氧老化后门尼黏度 ML（1＋4）100℃、凝胶质量分数的变化明显比传统受阻酚类抗氧剂 BHT 小；加速氧化实验的氧化诱导期明显比 BHT 延长；抗氧剂 GS 初始热失重温度高，有效地减少了稀土顺丁橡胶在生产、贮存、使用等过程中，抗氧剂挥发与迁移扩散所造成的损失。其结构式和作用机理如下：

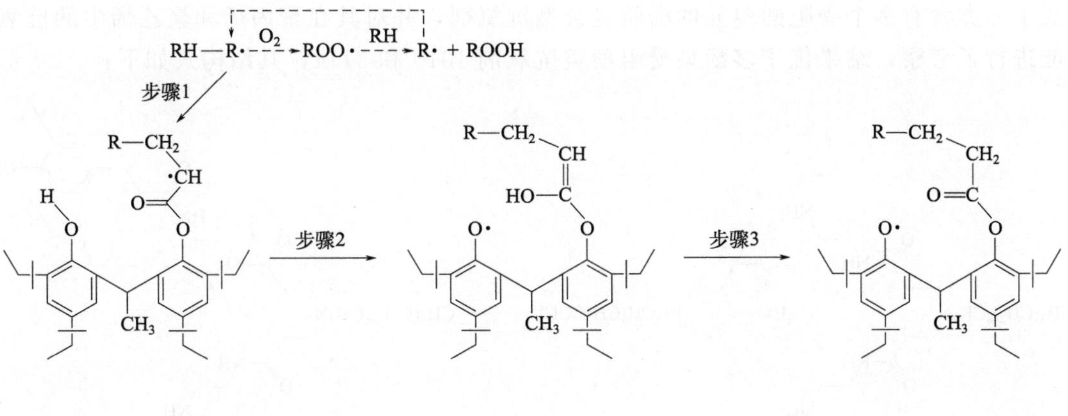


（3）多酚型受阻酚类抗氧剂

多酚型是指分子结构中含有两个以上受阻酚单元的酚类抗氧剂，主要特点是功能性基团多，抗氧化效率高。由于分子量高，挥发性小，抽出损失少。但是，这类受阻酚的缺陷是与聚合物的相容性和分散性欠佳，在使用过程中要充分考虑各种性能之间的平衡。多元受阻酚类抗氧剂的品种较多，所以连接受阻酚的分子骨架也不尽相同。如抗氧剂 1010 是以季戊四醇为骨架的四元酚结构，抗氧剂 3114 是以均三嗪为骨架的三元酚结构，而抗氧剂 330 则是以均三甲苯为骨架的三元酚结构，结构如下：

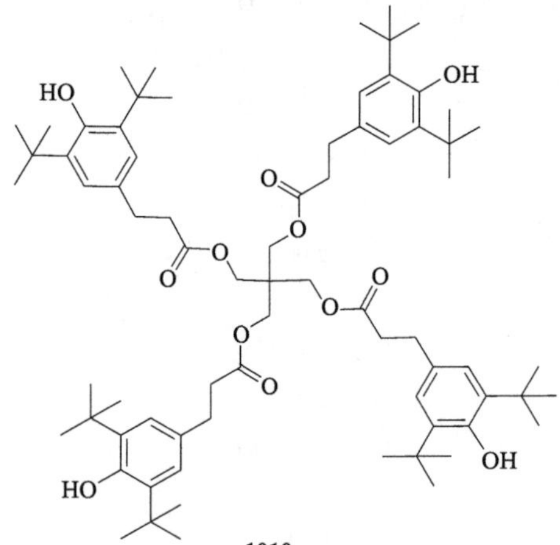

**1010**

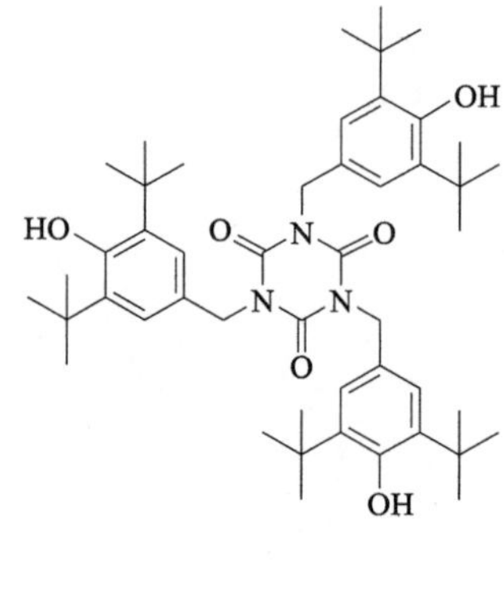

**3114**

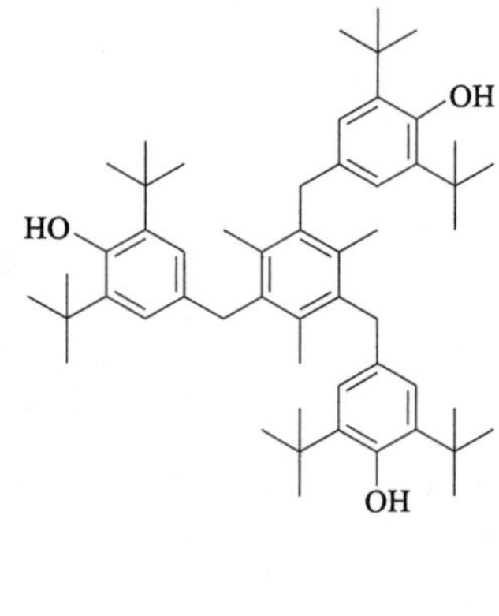

**330**

国内近年研制成功的新型抗氧剂 AC-400[150]，是一种通过苯酚烷基化、一氯化硫硫代缩合而成的双硫代多元受阻酚类抗氧剂，呈黏稠状液体，比固体抗氧剂有更好的相容性。

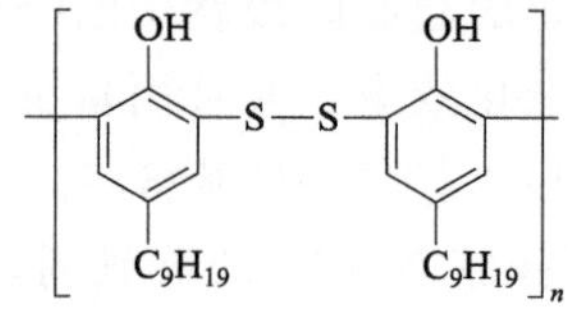

（4）聚合型受阻酚类抗氧剂

目前，受阻酚类抗氧剂逐渐向高分子量、单分子多功能化、绿色环保型、复配型和无机粒子负载型的趋势发展[149,159]。大分子抗氧剂可以有效抑制自身的迁移和挥发，成为抗氧剂领域的研究热点[160]。Li 等[161]将 3-(3,5-二叔丁基-4-羟基苯基)丙酰氯接枝到树状聚酰胺上，合成了一类含有多个受阻酚单元的酚胺复合型抗氧剂，并对其在聚丙烯和聚乙烯中的抗氧化性能进行了考察，结果优于多酚型受阻酚类抗氧剂 1010 和 3114，其结构式如下：

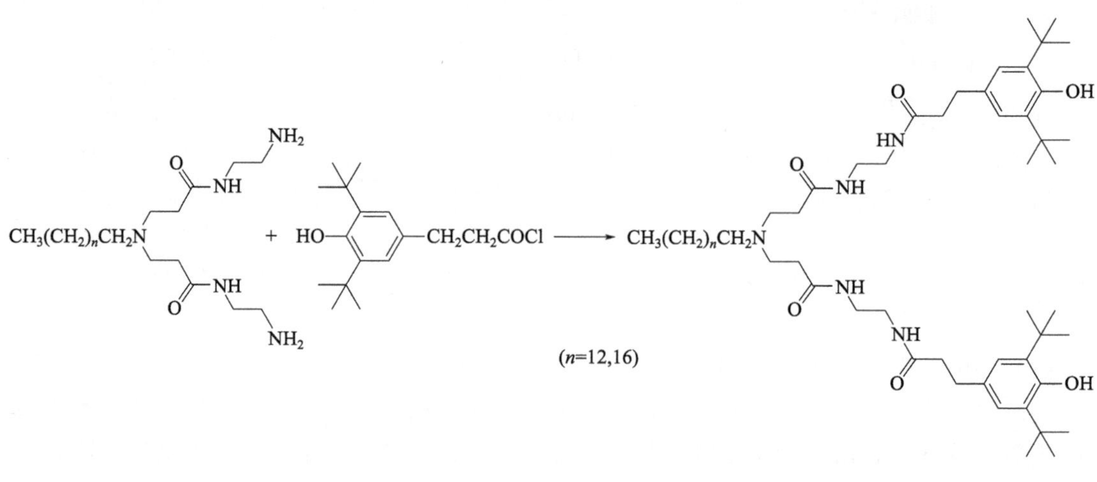

聚合型受阻酚类抗氧剂 CPL，即对甲基苯酚-双环戊二烯-异丁基化树脂，是一种高效、不变色的空间位阻聚合酚类抗氧剂，能溶于芳香族化合物、醇类、醚类等溶剂，不溶于水，具有分子量适中、耐热、抗抽出、与树脂相容性好的特点，能应用于石油制品、食品及医疗保健等领域，符合当前聚合型抗氧剂向高效、无毒、耐热、抗抽出、抗变色方向发展的趋势[151,162-164]。其结构式如下：

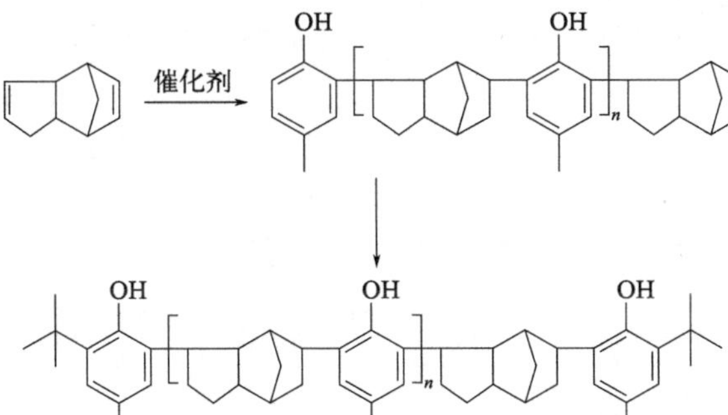


下面以单酚型抗氧剂 1076、多酚型抗氧剂 1010 和聚合型抗氧剂 CPL 为代表简单介绍生产工艺。

(1) 1076

抗氧剂 1076 是一种重要的塑料抗氧剂，其无异味、对光稳定，而且具有低挥发、高耐抽出等特性，抗热氧降解和抗变色效果较好，是单酚类抗氧剂中具有代表意义的品种，工业生产一般采用以 2,6-二叔丁基苯酚与丙烯酸甲酯进行加成反应，反应物经分离纯化后再与十八醇进行酯交换反应的两步法工艺，工艺流程见图 3-52[165]。具体过程如下。

① 3,5-甲酯合成　反应系统先用氮气置换，然后加入 2,6-二叔丁基苯酚，当温度上升至 65℃左右时，用氮气将反应系统压力维持在 0.05MPa，温度为 80℃时开始滴加丙烯酸甲酯，滴加完成后继续反应 3h。反应结束后用醋酸进行中和，加入溶剂溶解后进行冷却结晶，结晶物经离心后，物料再用溶剂淋洗，经淋洗的物料甩干后进入干燥系统，干燥后即为成品。

② 抗氧剂 1076 的合成　在带有搅拌装置的反应器中进行，反应温度为 150℃，反应压力为 50mmHg，催化剂为甲醇钠或有机锡。从中间槽分别向反应器中加入 3,5-甲酯、十八醇和催化剂甲醇钠的溶液，十八醇过量 15%左右，以保证 3,5-甲酯反应完全，反应后的液态产物在分离柱中进行分离。分离出的甲醇送至甲醇储槽。脱除了甲醇的粗产品冷却至 38℃后，进入另一个反应器中，加入冰醋酸进行中和处理，在进行中和的同时，向反应器中通入工艺水，得到含水的经过中和的粗产品，打入充满苯的萃取柱中进行萃取操作，未反应的十八醇和抗氧剂 1076 萃取到萃取相中，而催化剂等物料则进入反应残留物储槽中。萃取相的物料通过填料式蒸馏塔进行蒸馏，将其中含有的苯由塔顶蒸出，蒸出的苯蒸气通过冷凝器冷凝后，送入中间槽，用于萃取操作，循环使用。从脱苯塔下部得到的物料送入刮板式薄膜蒸发器，将未反应的十八醇由上部蒸出，进入中间槽，在酯交换反应中循环使用。抗氧剂 1076 的粗产品则送到提纯系统进行精制。将粗品抗氧剂 1076 和混合剂（质量比为 2：1 的甲醇和醋酸乙酯）加入容器中，充分混合均匀，然后送到结晶器中分级冷却至－23℃，形成淤浆态的物料后送到离心分离系统进行分离，母液和水洗液送至中间槽中，大约 93%的母液回到结晶器中循环再使用，剩余物料和水洗液进入溶剂回收塔，从塔顶蒸出的蒸汽经冷凝后形成的液体物料分成上下两层，下层的水层回流至塔内，而上层的混合溶剂层进入中间储

槽，用于结晶操作，循环使用。从溶剂回收塔下部得到的物料，大约还含有 40%的有机物，送到焚烧炉进行焚烧处理。经过水洗和离心甩干的固体物料经回旋式干燥机进行干燥后在包装系统内进行包装。

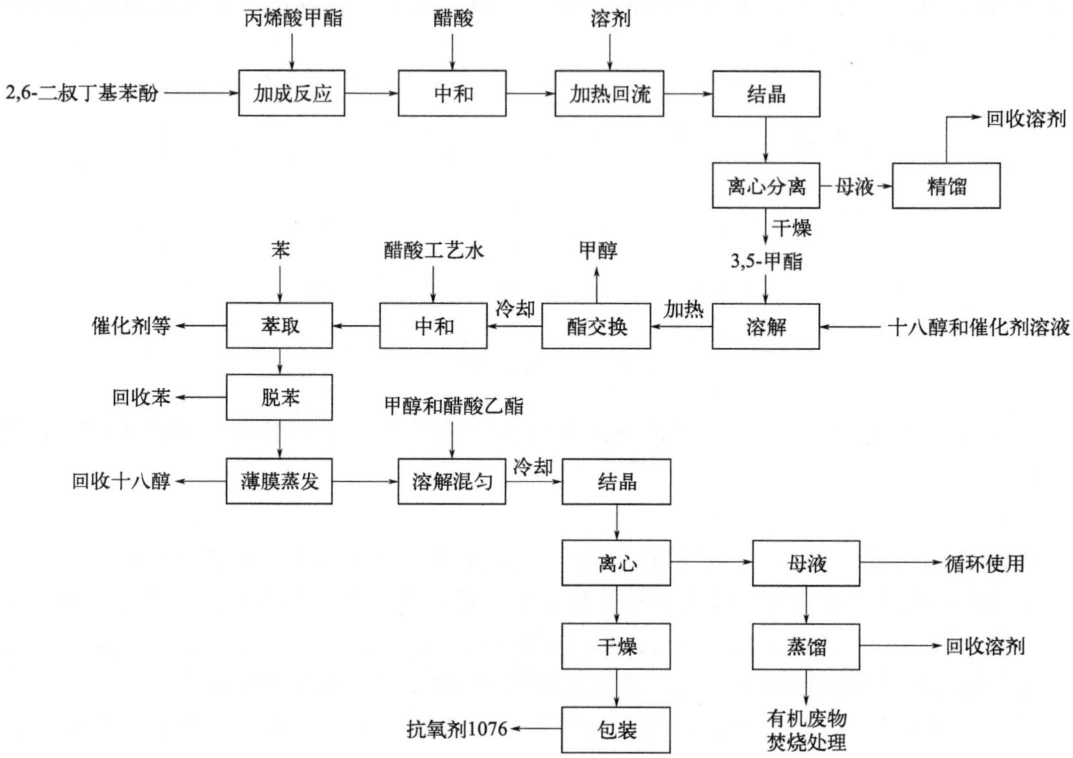


图 3-52　抗氧剂 1076 生产工艺流程示意图

（2）1010

多酚型抗氧剂 1010 作为一种受阻酚类抗氧剂，具有高分子量，在使用时与合成材料或其他化合物具有很好的相容性，有很高的耐抽出性和极低的挥发性，而且无色无味。广泛应用于聚烯烃聚缩醛树脂、聚酰胺、聚氨酯以及其他品种的合成橡胶、胶乳等中。1010 的生产工艺分为一步合成法和两步合成法。一步法即加成反应、酯交换反应在同一反应釜中进行。两步法即加成反应和酯交换反应在两个反应釜中分别进行。对于一步法合成抗氧剂 1010，生产设备投资减少，但操作难度增大，操作费用较高，故工业化应用较少。目前国内一般都以两步法合成抗氧剂 1010。其基本流程如图 3-53 所示，包括三个主要工序：加成工序、酯交换工序和结晶提纯工序[166]。其中加成工序与抗氧剂 1076 中 3,5-甲酯的合成相同，此处不再赘述，下面简单介绍酯交换工序和结晶提纯工序。

① 酯交换　向不锈钢搅拌反应釜中加入熔融的 3,5-甲酯、季戊四醇的二甲基亚砜溶液、催化剂的二甲基亚砜悬浮液，加热，开启搅拌，控制反应温度 180～190℃，调整真空度为 0.09MPa。反应开始，甲醇不断生成排出，反应器顶部得到甲醇和二甲基亚砜混合物，二者通过精馏分离。反应结束后，底部物料则进行真空蒸馏，蒸出的二甲基亚砜循环使用。粗产品脱去溶剂，除去催化剂，得到抗氧剂 1010 粗产品，进入结晶提纯工序。

② 结晶提纯　首先，将熔融状态的粗产品和溶剂乙醇加入结晶釜中，搅拌混合升温，

充分溶解，然后逐渐降温至结晶物完全析出。其次，将物料离心分离，分离母液经洗涤后收集固体物料，经干燥即为成品，分离母液经真空蒸馏循环使用。

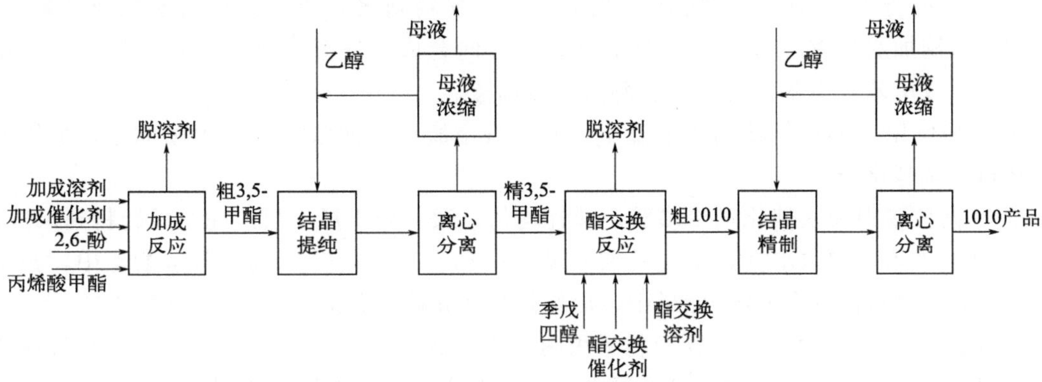


图 3-53　抗氧剂 1010 制备工艺流程示意图

（3）CPL

抗氧剂 CPL 的一般制备工艺（图 3-54）如下[167]：

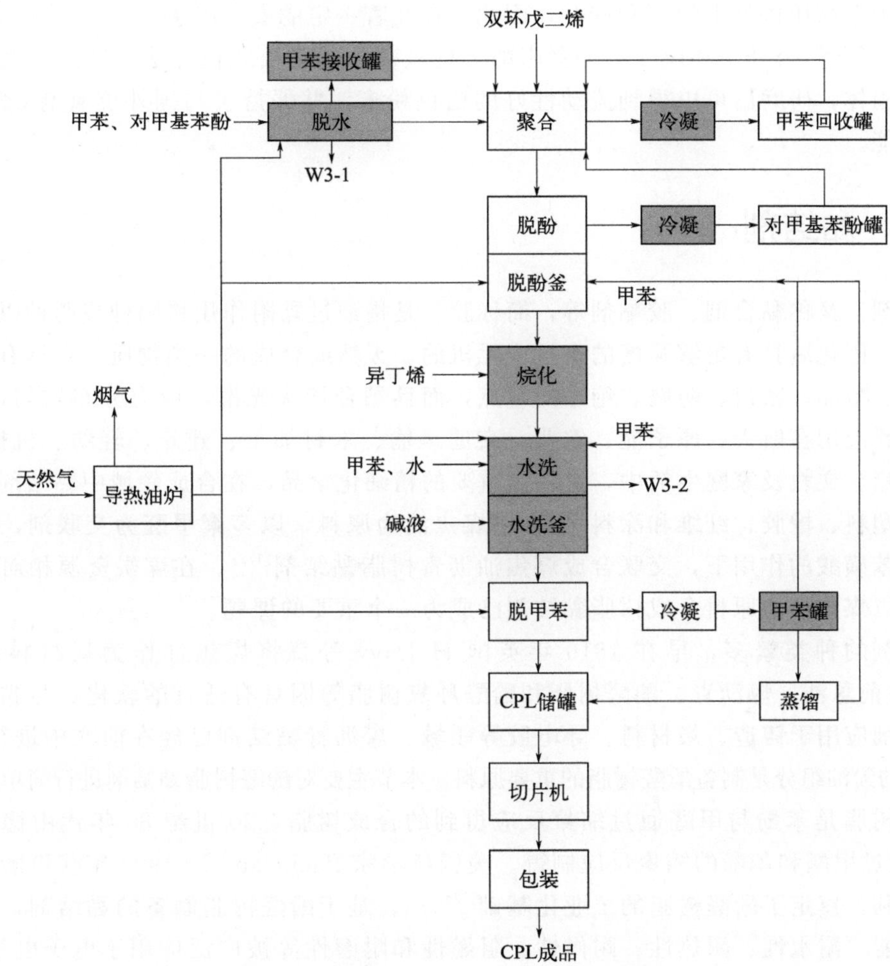


图 3-54　抗氧剂 CPL 的生产工艺流程图

① 向脱水釜中投加对甲基苯酚，加入甲苯，开始搅拌、升温脱水，真空回收甲苯到甲苯储罐，等待转料到合成反应釜。

② 将脱酚釜回收的甲酚及脱水釜脱水后的甲酚转到聚合釜内。加入催化剂三氟化硼，搅拌均匀后滴加双环戊二烯，聚合反应结束后，向合成反应釜中加入甲苯，搅拌、升温脱水，真空回收甲苯到甲苯储罐。转料到脱酚蒸馏釜。

③ 将脱除甲苯的物料转到脱酚釜中，升温真空脱酚，回收甲酚到甲酚储罐，加甲苯混合后转料到烷基化釜。

④ 从高位罐中加入催化剂甲磺酸，搅拌均匀，通入异丁烯，反应完全后转料到水洗釜。

⑤ 补加甲苯，加水水洗，水洗后加入碱液中和。将物料转入脱甲苯蒸馏釜中，蒸馏釜脱除甲苯后的物料储存在 CPL 储罐中，后经切片或粉碎、包装，即得到 CPL 成品。

朱新宝等[168]以对甲酚为主要原料采用两步法合成抗氧剂 CPL，该工艺对两步反应的时间和温度以及催化剂的用量均进行了研究，但由于使用无水氯化锌和浓硫酸作为催化剂，产品副产物较多，颜色较深，并且催化剂造成大量废液、废渣，污染环境。

孟庆保[169]以对甲酚为主要原料，与双环戊二烯进行缩合反应，再与异丁烯进行烷基化反应制得抗氧剂 CPL。但由于该双环戊二烯酚型树脂采用的主要原料之一为异丁烯，生产过程中必须在高压条件下使用和储存，因此，存在着一定的安全隐患。

王守凯等[170]公开了环戊二烯型受阻酚类抗氧剂的制备及脱色方法，得到淡黄色至琥珀色的透明固体，研磨后可以得到流动性好的白色粉末，并保持了与国外抗氧剂 CPL 相当的抗氧化性能。

## 3.5.3 黏结剂

黏结剂，又称黏合剂、胶黏剂等，简称胶，是指通过黏附作用将同种或两种以上物质连接在一起，固化后具有足够强度的有机或无机的、天然或合成的一类物质。它具有方便、快速、经济、节能、密封、防腐、绝缘的特点，而且黏合接头光滑，应力分布均匀，质量轻。黏结剂广泛应用在航天、原子能、农业、交通运输、木材加工、建筑、轻纺、机械、电子、化工、医疗、文教及家庭生活中，是一类重要的精细化学品，在合成领域中黏结剂的产业规模仅次于塑料、橡胶、纤维和涂料[171]。以煤焦油为原料，以多聚甲醛为交联剂，在酸性催化剂对甲苯磺酸的作用下，交联合成煤焦油沥青树脂黏结剂[172]。在煤炭资源相对丰富的我国，开发以煤焦油为原料合成树脂黏结剂已成为一个重要的课题。

黏结剂的种类繁多，早在 1810 年英国 H. Davy 等就将煤焦油作为炭材料黏结剂使用[173]。目前蒽油、煤沥青、酚醛树脂和酚醛环氧树脂等因具有适宜的软化点与黏结力，被作为黏结剂应用于铸造、炭材料、导电胶等领域。煤沥青黏结剂已经在前文中进行了描述。煤焦油中的酚油组分是制备酚醛树脂的重要原料，本节主要对酚醛树脂黏结剂进行简单介绍。

酚醛树脂是苯酚与甲醛通过缩聚反应得到的合成树脂，20 世纪 80 年代由德国科学家 Bayer，通过甲醛和苯酚的缩聚反应制得。美国科学家 Baekeland 于 1909 年获得酚醛树脂黏结剂的专利，奠定了酚醛树脂的工业化基础[174,175]。基于酚醛树脂制备的黏结剂，因其良好的机械性能、耐水性、耐热性、耐候性、阻燃性和耐磨性等被广泛应用于电子电气、机械、汽车、通信以及航空航天等领域[176]。

酚醛树脂因合成过程中的催化剂不同而分为热塑性和热固性两大类[177]。生产热塑性酚醛树脂常用盐酸、磷酸、草酸、硫酸等作催化剂，反应介质的pH值为0.5～1.5，反应时间一般为3～6h。反应结束后，在常压或减压下进行脱水，树脂分子量一般为500～900。其反应过程和机理如图3-55所示[178]。

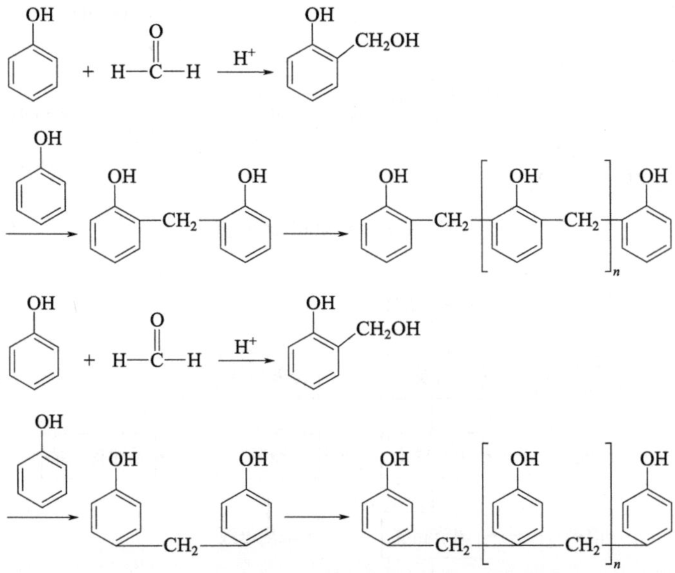

图3-55 热塑性酚醛树脂的合成步骤和机理

生产热固性酚醛树脂可用氢氧化钠、氢氧化钡、氨水和氧化锌作催化剂，反应时间1～3h，脱水温度一般不超过90℃，树脂分子量为500～1000。强碱催化剂有利于增大树脂的羟甲基含量和与水的相溶性。氨催化剂能直接参加树脂化反应，相同配方制得的树脂分子量较高，水溶性差。氧化锌催化剂能制得贮存稳定性好的高邻位结构酚醛树脂[177]。一般认为反应分为羟基化和缩聚两步[178]，具体如图3-56和图3-57所示。

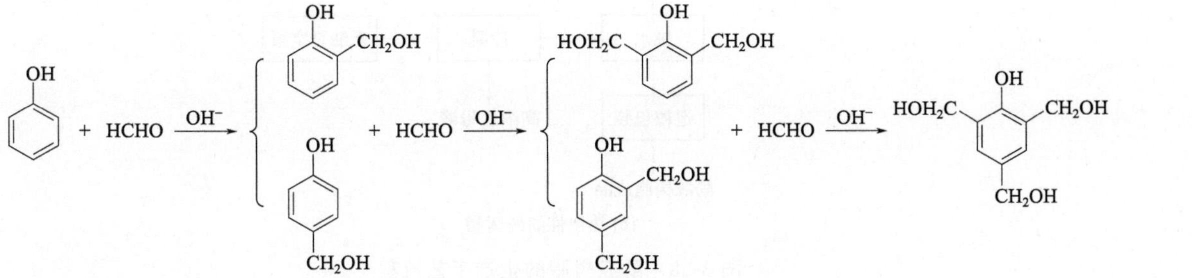

图3-56 羟基化反应步骤

酚醛树脂的生产工艺流程（图3-58）如下。

（1）热固性酚醛树脂生产工艺

将苯酚加入反应釜中，再加入碱性催化剂，溶液pH值控制在12.0左右，启动搅拌器，升温并滴加甲醛溶液，严格控制升温速度，温度升至50℃左右停止通蒸汽，待反应自然升温至85～90℃，控温反应1～3h。

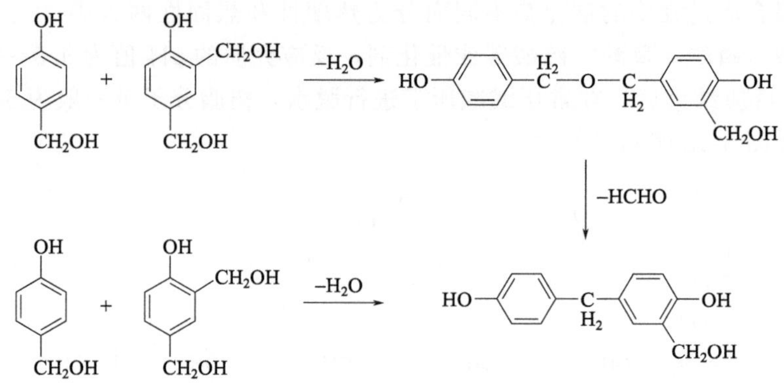

图 3-57　缩聚反应步骤

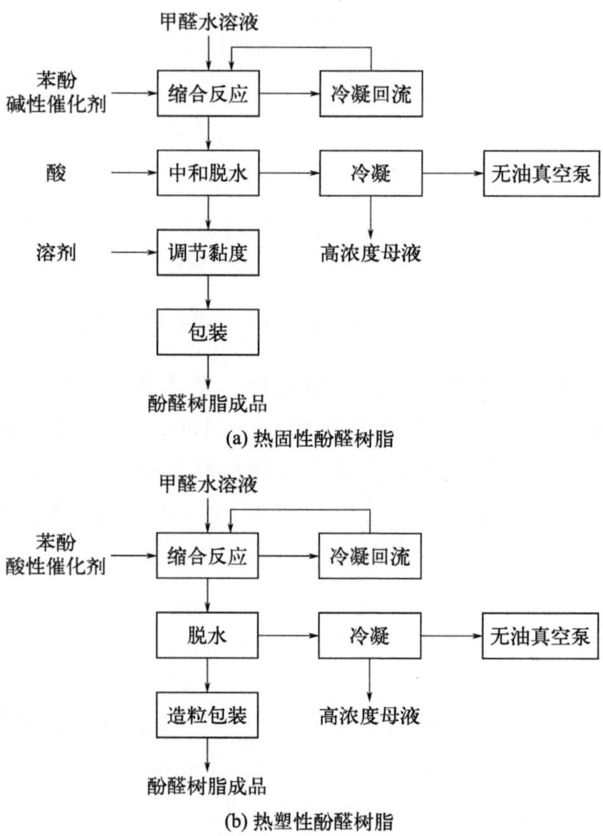


图 3-58　酚醛树脂的生产工艺流程

反应结束后，加入少量酸进行中和，并开始减压脱水，直到水分小于 15%时停止脱水。脱除的水分经冷凝后作为高浓度母液进行处理。脱水完成后加入溶剂调节黏度至目标值后冷却至 50℃以下，即得最终产品。

(2) 热塑性酚醛树脂生产工艺

将苯酚加入反应釜中，再加入催化剂（一般为草酸），启动搅拌器并开始升温，滴加甲醛溶液，严格控制升温速度，温度升至 90℃左右停止通蒸汽，保持反应温度 2～3h，再升温至 100℃控温反应 1～2h。

反应结束后，升温常压脱水，当釜内树脂温度升至 150℃时，开始对反应釜进行真空脱水，控制真空度约 0.095MPa 以上。当温度达到 170℃时，停止真空脱水，取样测锥板黏度至目标值时开始放料，冷却至常温，脱除的水分经冷却后作为高浓度母液进行处理。脱水后的树脂经造粒机造粒，冷却至常温后包装。

然而，酚醛树脂胶黏剂也存在颜色深、固化胶层硬脆、易龟裂、成本较脲醛树脂黏结剂高、毒性较大等缺点，特别是固化温度高、固化速度慢，造成生产效率低、能耗大，使得酚醛树脂黏结剂的应用受到一定限制。因此，国内外学者对传统的酚醛树脂黏结剂进行了广泛的改性。

酚醛树脂黏结剂的改性方法很多，主要以提高黏结剂的黏结强度、降低游离甲醛和苯酚含量、提高树脂的反应活性、降低热压温度、降低成本等为目标，选择不同的改性方法，从而制备性能优良的改性酚醛树脂黏结剂。

(1) 酚类改性

该法采用不同取代结构的酚类物质代替苯酚制备酚醛树脂，如叶果等[179]利用间甲酚改性酚醛树脂制造竹帘胶合板，合成的酚醛树脂黏结剂可以在 105～115℃实现快速完全固化。其改性机理为间位上的甲基取代基使酚与醛缩合的反应活性大大增强，降低了固化温度，加快了固化速度。王光华等[180]用煤焦油中提取出来的混合酚与甲醛制备改性酚醛树脂，研究了反应的动力学过程，并对产品作为镁碳砖黏结剂的可能性进行了分析，有效降低了酚醛树脂的成本。

(2) 尿素改性

利用廉价的尿素替代部分苯酚，在保证酚醛树脂优良物理、化学性能的情况下，合成固化速度快、成本低的改性酚醛树脂黏结剂[181]。陶毓博等[182]利用尿素与苯酚等共缩聚制备尿素改性的酚醛树脂黏结剂，其刨花板的热压时间可以比普通酚醛黏结剂刨花板缩短 35%，当配方中尿素替代苯酚量为 25%～30%时，其成本可降低 15%～20%。此外，时君友[183]通过缩合物的共混共缩聚方法，采用三聚氰胺-尿素-甲醛树脂对酚醛树脂进行改性，结果表明改性后的浅色酚醛树脂黏结剂的贮存性好，固化后胶层无色，具有强耐水和耐候性。

航天材料及工艺研究所研制了中温固化 FHJ-5 酚醛树脂[176]黏结剂，并将其应用于航天领域，该黏结剂黏结玻璃纤维/酚醛复合材料时，300℃下剪切强度大于 20MPa，短期耐温可达 500℃，能够有效缓解飞行器各部件的连接处以及部件上的窗口等局部隔热和密封黏结难题。

(3) 硼硅改性

林松竹等[184]采用硼酸酯法合成高邻位取代硼改性酚醛树脂，1000℃下残炭率为 78.5%，比普通酚醛树脂高 38.3%，具有优异的耐热性能。该法首先将苯酚与硼化物反应生成硼酸苯酯，再与甲醛或多聚甲醛反应生成硼酚醛树脂，通过调节甲醛用量可得到热塑性或热固性硼酚醛树脂。这种改性方法是基于苯酚中羟基和硼酸反应，将羟基封锁，同时改进直链烷基使之烷基化，从而克服由羟基所造成的吸水、变色和交联速度过快等缺点。

张斌等[185]采用聚硼硅氧烷改性酚醛树脂黏结剂，该黏结剂在 800℃下的残炭率为 75.5%，室温下剪切强度为 9～14MPa，300℃下为 3～6MPa，400℃下为 3～5MPa，经 300℃下 12h 老化后高低温剪切强度基本不变。

（4）环氧改性

酚醛树脂中含有羟甲基和酚羟基，可以与环氧树脂交联固化，形成复杂的体型结构缩聚物，从而使改性后的酚醛树脂黏结剂具有很高的黏结强度、耐热性和抗蠕变性能，可以在260℃下使用，是在150～260℃范围内广泛使用的一种黏结剂[181]。马艾丽等[186]在F-51酚醛树脂中添加E-51和E-44环氧树脂，制备了酚醛-环氧树脂黏结剂，并对其在导电胶领域的应用进行了评价，实验考察了不同添加比例对两种导电胶的导电性的影响规律，结果表明在不降低体积电阻率的前提下，环氧改性酚醛树脂具有更好的耐热性。其结构如下：

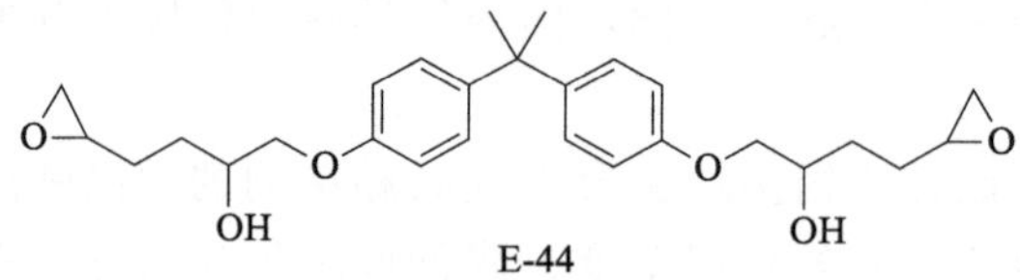
E-44

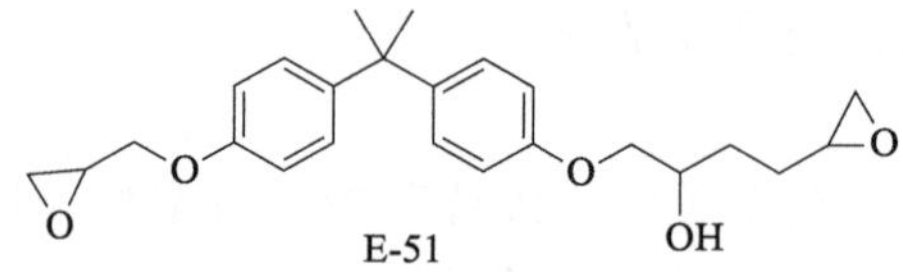
E-51

（5）其他化学改性

通过酚羟基的醚化、酯化等化学反应对酚醛树脂进行改性，可有效提高其热稳定性。如于伟民等[187]制备了正丁醇醚化酚醛树脂，改进了其溶解性以及与其他树脂、橡胶等的混溶性，应用于汽车刹车片的黏结剂在250℃的高温下剪切强度较普通酚醛树脂有较大提高。罗振华等[188]以无水碳酸钾为催化剂，制备了邻苯二甲腈醚化酚醛树脂。该树脂分子结构中的酚羟基可以催化邻苯二甲腈基团的聚合，从而实现了树脂的自催化固化。树脂固化物5%失重温度约为420℃，$N_2$氛围下900℃时的残炭率约为72%，可用于耐高温有机复合材料和金属材料的黏结，其结构及反应式如下：

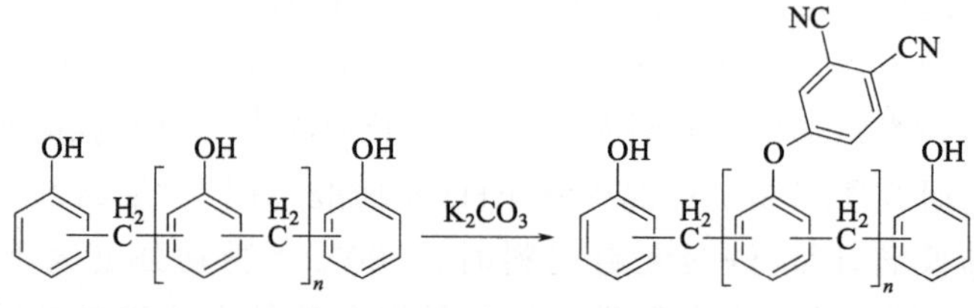

随着人们对酚醛树脂胶黏剂研究及开发应用的深入，黏结理论和胶合工艺也不断创新，使得酚醛树脂胶黏剂的性能、成本、应用范围都有较大的提高。随着环保意识的逐渐增强，可持续发展的需要，开发成本低廉、性能优良、低毒甚至无毒的酚醛树脂胶黏剂将是后续研究与应用的主要方向[181]。

## 3.5.4 阻燃剂

阻燃材料大都是通过添加阻燃剂来达到阻燃效果的[189]。在可燃物燃烧过程中能阻止或抑制其物理或化学变化的速度使燃烧减慢、终止或难以燃烧的一种物质被称为阻燃剂。以煤焦油组分中的苯酚、萘、苊等为原料制备的阻燃剂应用广泛[190]。本节对阻燃剂的阻燃机理、分类，以及典型的煤基阻燃剂的结构与制备工艺做简单介绍。

（1）阻燃机理

阻燃剂的阻燃机理主要包括凝聚相阻燃机理、自由基捕获机理、冷却机理和协同作用机理等四种[191]。

① 凝聚相阻燃机理　高温下阻燃剂在聚合物表面形成凝聚相，隔绝了空气，阻止热传递，降低可燃性气体释放量，从而达到阻燃目的。形成凝聚相隔离膜的方式有两种：一是阻燃剂在燃烧温度下分解成不挥发的玻璃状物质，包覆在聚合物表面，这种致密的保护层起到了隔离膜的作用，如硼系阻燃剂和卤化磷类阻燃剂；二是利用阻燃剂的热降解产物促进聚合物表面迅速脱水炭化，形成炭化层，利用单质炭不产生火焰的蒸发燃烧和分解燃烧达到阻燃保护的效果[192,193]，如含磷阻燃剂对含氧聚合物的阻燃作用。

② 自由基捕获机理　在聚合物燃烧过程中生成大量的游离基，促进气相燃烧反应，设法捕获并消灭这些游离基，切断自由基连锁反应就可以控制燃烧，进而达到阻燃的目的。卤系阻燃剂的阻燃机理就属此类[194,195]。

③ 冷却机理　阻燃剂发生吸热脱水、相变、分解或其他吸热反应，降低了聚合物表面和燃烧区域的温度，防止热降解，进而减少了可燃性气体的挥发量，最终破坏维持聚合物持续燃烧的条件，达到阻燃目的。如 $Al(OH)_3$ 和 $Mg(OH)_2$ 及硼类无机阻燃剂的阻燃机理就是典型的冷却机理[196-198]。

④ 协同作用机理　将多种阻燃剂进行复配，使各种机理共同发生作用，以达到更好的阻燃效果。如将氧化锑与有机卤化物阻燃剂协同使用，燃烧时有机卤化物放出氢卤酸或卤素，与氧化锑反应产生三卤化锑或卤化锑酰（SbOX），这些化合物具有阻燃作用，其中产物 $SbX_3$ 的阻燃作用很大，它能形成一种惰性气体，减少可燃物与氧气的接触，使炭覆盖层生成。此外，高温下 $SbX_3$ 挥发进入火焰中，分解成各种锑化物和卤素游离基，从而改变火焰的化学性质，消耗火焰的能量，从而达到阻燃的目的。

（2）阻燃剂的分类

阻燃剂主要分为卤系阻燃剂和非卤系阻燃剂两大类。卤系阻燃剂是含有卤素元素并由卤素元素起阻燃作用的一类阻燃剂，是目前应用最广泛的塑料阻燃剂。在物质燃烧过程中，卤系阻燃剂分解所产生的卤素自由基将高活性的 OH· 和 H· 自由基清除；在受热条件下，卤系阻燃剂发生热分解，吸收部分热量，以达到降低温度的目的；释放出大量卤化氢气体，排走空气或稀释可燃气体，使聚合材料的燃烧速度减缓或使燃烧熄灭，起到气相阻燃效果；阻燃剂的存在减弱了高分子链之间的范德华力，使材料在受热时处于黏流态，此时的材料具有流动性，材料在受热流动时可以带走一部分火焰和热量，从而实现阻燃的效果[199]。

卤系的四种卤系元素氟（F）、氯（Cl）、溴（Br）、碘（I）都具有阻燃性，阻燃效果按 F、Cl、Br、I 的顺序依次增强，以碘系阻燃剂最强。生产上，只有氯类和溴类阻燃剂被大量使用，而氟类和碘类阻燃剂少有应用，这是因为含氟阻燃剂中 C—F 键太强，不能有效捕捉自由基，而含 I 阻燃剂的 C—I 键太弱，易被破坏，影响了聚合物性能（如光稳定性），使阻燃性能在降解温度以下就已经丧失。目前我国氯系阻燃剂占卤系阻燃剂的 83%。

卤系阻燃剂的阻燃效果较好，但其热分解产物往往具有一定的毒性，对人体和环境的危害较大。因此，近些年非卤系阻燃剂的研究越来越受到关注。无卤阻燃剂主要有磷系阻燃剂、金属化合物阻燃剂和膨胀型阻燃剂[200]。

磷系阻燃剂又分为有机磷系阻燃剂和无机磷系阻燃剂，添加到聚合物中可以在凝聚相和气相同时起到阻燃作用。磷系化合物在热分解时能产生水、磷酸、偏磷酸和 PO·等活性自由基。生成的水会降低凝聚相的温度，稀释有毒气体的浓度；活性 PO·等自由基能捕获气相中燃烧链式反应的活性自由基，终止链式反应；磷酸可以形成玻璃态熔融物附着在高分子可燃物表面，起到隔绝作用，同时可以作为酸源促进阻燃体系脱水炭化，从而阻止燃烧。

金属氧化物阻燃剂主要有氢氧化镁、氢氧化铝、氧化锑、钼酸盐和稀土氧化物，其中氢氧化镁和氢氧化铝使用最为广泛。氧化锑单独使用不能阻燃，主要用作卤系阻燃剂的协效剂。钼酸盐具有同时阻燃和抑烟的双重效果，常被用作阻燃抑烟剂。稀土氧化物多用作膨胀型阻燃剂的协效剂。

膨胀型阻燃剂有磷-氮系膨胀型阻燃剂和膨胀型石墨阻燃剂两种。磷-氮系膨胀型阻燃剂一般由酸源、炭源和气源组成，受热时能在表面生成一层致密泡沫炭层，隔绝热源和气源，阻止高分子材料进一步分解。膨胀型石墨阻燃剂受热后，插层化合物会迅速气化，使石墨膨胀变成密度很低的蠕虫状石墨，可以覆盖在高分子材料表面，隔绝热量和气体，达到阻燃作用。

(3) 典型煤基阻燃剂

煤焦油中的苯酚经溴化、缩合可制备聚 2,6-二溴苯醚及聚 2,6-二溴-3-溴甲基苯醚类阻燃剂。该类阻燃剂具有析出性小、相容性好、热稳定性高、耐光、耐久等特点，使用过程中不降低树脂的机械性能，主要用于热塑聚酯、尼龙、高抗冲聚苯乙烯、ABS（丙烯腈-苯乙烯-丁二烯共聚物）、各类聚醚等的阻燃。

聚二溴苯醚最早由 Hunter 和 Torrcy 利用三溴苯酚的成盐反应合成[201]，后逐渐发展为铜盐催化和非铜盐催化两种方法，其中铜盐催化占主要地位，如张典宁等[202]以三溴苯酚为原料，采用 5 种不同的催化体系制备了阻燃剂聚二溴苯醚，当以 $CuCl_2 \cdot 2H_2O$-DMSO-$NaHCO_3$ 体系为催化剂时，可获得近 100%的收率，制得的聚合物耐酸碱、热稳定性高。其合成的反应式和具体反应步骤如下：

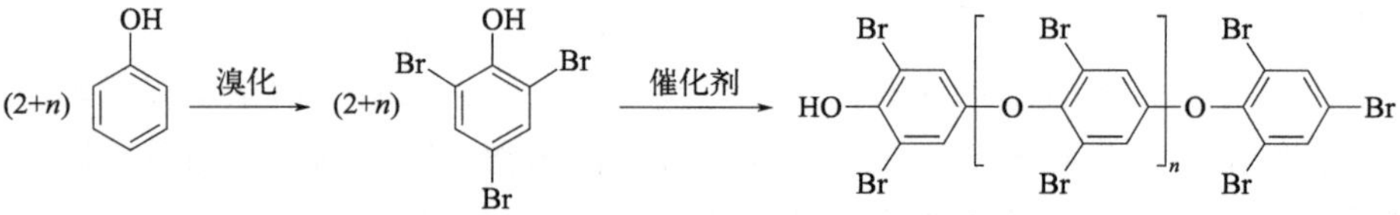


① 2,4,6-三溴苯酚的合成　在 500mL 装有搅拌器、回流冷凝管和滴液漏斗的三口瓶中加入 3.3g 苯酚（0.035mol）、20mL 水，在剧烈搅拌下缓慢滴加 5mL（0.097mol）溴素，滴加完毕在室温下继续搅拌 0.5h。然后将反应液倒入烧杯中，加热使固状物熔化，沉积在烧杯底部，然后停止加热，向烧杯内注入冷水，冷却，使熔融物结块，过滤、粉碎、干燥，并于 110 ～ 120℃下升华得白色针状结晶，产率达到 91%。

② 聚二溴苯醚的合成　在 100mL 圆底烧瓶中加入 50mL DMSO（二甲基亚砜）、6.6g 2,4,6-三溴苯酚（0.02mol）、0.4g $CuCl_2 \cdot 2H_2O$（0.002mol）和 2.6g $NaHCO_3$（0.002mol），于 50℃下搅拌反应 1.5h，反应结束后将反应液倒入 30～50mL 的甲醇中，分离出聚合物，依次用甲醇、水洗涤，烘干得橘黄色粉末，产率达到 98%。

除上述溴代聚苯醚类阻燃剂外，溴代双酚 A 系列阻燃剂的主要原料也来自煤焦油中的酚组分。首先以苯酚为原料，在硫酸、盐酸、杂多酸或磺酸树脂等催化下，与丙酮反应制备双酚 A[203]，目前主要采用磺酸树脂法，其反应式和工艺过程（图 3-59）如下：

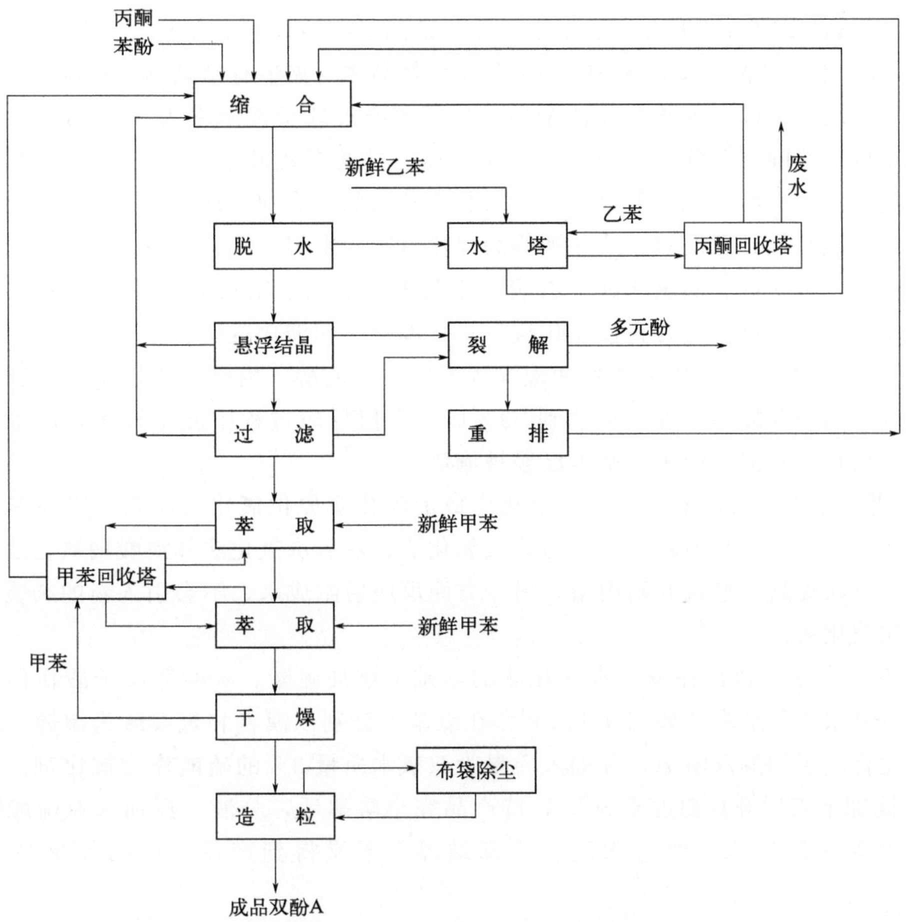


图 3-59　双酚 A 的生产工艺流程

① 缩合　苯酚与丙酮充分混合后，控制温度 55℃，压力 3atm（1atm＝101325Pa），经反应器顶部的喷淋式液体分布器进入反应器，自上而下缓缓流经催化剂床层，发生缩合反应。

② 脱水　反应后的混合物由反应器底部流出，进入脱水塔Ⅰ，双酚 A、2,4′-双酚 A 以及大部分苯酚作为重组分从塔釜采出，进入下一工段，丙酮、水和部分苯酚从塔顶采出，与共沸剂乙苯一起进入水塔Ⅱ。在水塔Ⅱ内，苯酚作为重组分从塔釜采出，打回反应器，乙苯、水、丙酮从塔顶采出，进入分液罐，乙苯从罐底采出，返回水塔Ⅱ，水和丙酮进入丙酮塔内，水作为重组分从塔釜采出，经处理后排放，丙酮则打回反应器。

③ 悬浮结晶　来自脱水工段的无水反应液进入悬浮结晶罐，在 38℃、1atm 下进行悬浮结晶，底部滤浆进入过滤器，同时抽取一定比例的上层清液去重排工段；过滤得到的滤饼通过料斗转入萃取工段，过滤出的结晶母液去重排工段。

④ 裂解　来自结晶工段的部分（约 10%）结晶母液进入裂解反应器，沿管壁流下，不断升温的同时发生裂解反应，产生的对异丙烯基苯酚、未反应的双酚 A 与 2,4′-双酚 A、苯酚进入气相，从反应器顶部抽出，冷却到 55℃后进入重排反应器，而沸点较高的焦油从管壁流下，去多元酚车间综合利用；在重排反应器中，对异丙烯基苯酚与苯酚结合为双酚 A 和 2,4′-双酚 A，反应后的混合物以及未反应的结晶母液均打回反应器。

⑤ 萃取　来自结晶工段的苯酚-双酚 A 加合物晶体（夹带有结晶母液）进入一段萃取设备，加萃取剂脱除大部分苯酚与其他杂质，然后离心过滤至残液率为 10%后进入二段萃取设备，加萃取剂脱除剩余的苯酚与其他杂质，离心过滤至残液率为 10%后进入真空干燥装置，脱除溶剂。两次萃取的萃取母液及干燥装置蒸出的萃取剂于精馏塔中进行再生。

以液溴、溴蒸气、氢溴酸、溴化钠等为溴化试剂，采用甲醇、乙醇、戊醇、正辛醇、异辛醇、氯苯、二氯甲烷、四氯化碳、乙酸及乙腈等作溶剂，用双酚 A 制备溴代双酚 A[204]。根据溴化条件的不同可以分为直接溴化法、氧化溴化法和催化溴化法。

① 直接溴化法　该法以双酚 A 和液溴为原料，在乙醇、丙醇、正丁醇和冰醋酸等溶剂中，溴化制备四溴双酚 A，纯度可达到 99%以上，但反应过程中液溴过量，产生大量氢溴酸，严重污染环境和浪费资源，基本已经被淘汰。

② 氧化溴化法　氧化溴化可以将溴化生成的溴化氢原位氧化为溴素，提高溴素的利用率。根据所使用的氧化剂不同可以分为氯气氧化法、双氧水氧化法和溴酸钠氧化法等。其中双氧水法一方面提高了溴素的利用率，另一方面反应后生成水，不会引入新的杂质，是比较理想的氧化溴化法。

③ 催化溴化法　该法在双氧水氧化法的基础上添加硫酸、磷酸等质子酸作催化剂，可有效降低双氧水的分解率。如 Eberhard[205] 在氯苯中分别以溴素和氢溴酸为溴源，通过双氧水氧化溴化合成了四溴双酚 A，并加入质量为双氧水质量 3%的硫酸作为催化剂。滴溴温度为 30℃，滴加结束后升高温度至 80℃，待产品完全溶解后，分液，再加入亚硫酸钠溶液中和过量的溴素和双氧水，经过水洗、冷却结晶、干燥得到产品，产品收率高，杂质含量低。

溴代双酚 A 可作为反应型阻燃剂。也可作为添加型阻燃剂。反应型四溴双酚 A 主要用于制备含溴环氧树脂、含溴聚碳酸酯、含溴酚醛树脂等阻燃树脂。添加型主要用于环氧树脂、酚醛树脂、高抗冲聚苯乙烯、ABS、不饱和树脂和聚氨酯等材料的阻燃[206]。如用多溴双酚 A 与环氧丙烷缩聚可制备溴化环氧低聚物阻燃剂[207]（商品名 F2400），产物为黄色片状物，溴含量 52%，分子量 1000～45000。其合成反应式如下：

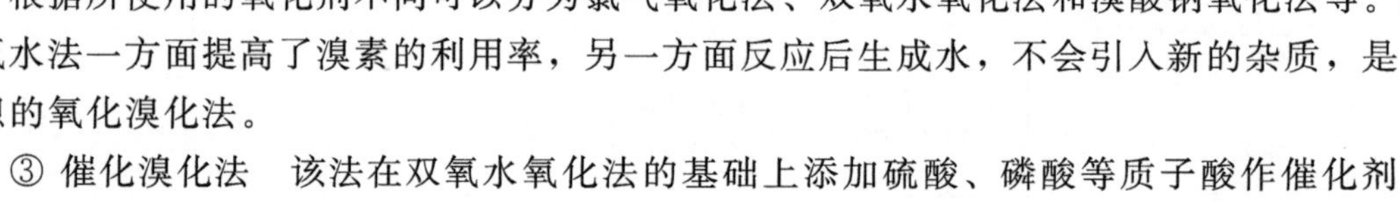


以四溴双酚 A、光气和取代苯酚为原料，经缩合制备含溴聚碳酸酯低聚物阻燃树脂，反应可通过控制聚合度和苯酚的取代基等调控阻燃树脂的结构与性能。该类阻燃剂对基体聚合物的特性和加工性能的影响最小，而且加入后向外部的迁移率特别小，阻燃效果显著。反应示意图如下：

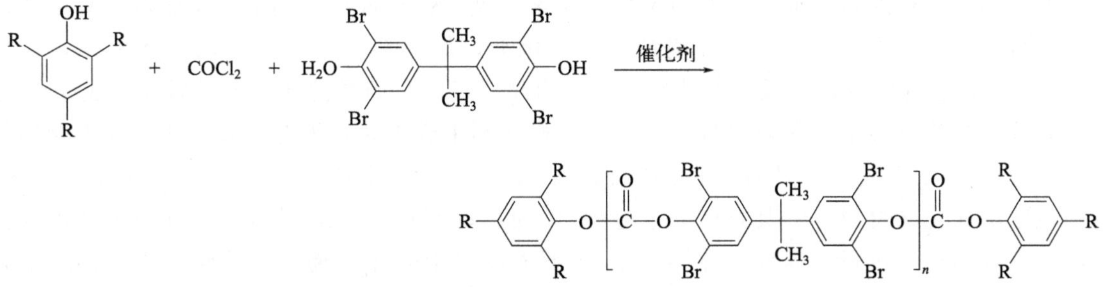


煤焦油中的萘组分可氧化制备苯酐，经卤化后可得四氯苯酐和四溴苯酐，二者可作为反应型阻燃剂和添加型阻燃剂用于聚酯、环氧树脂、聚苯乙烯、聚丙烯、ABS树脂等的阻燃。关于萘法制备苯酐的工艺前文已经介绍过，此处不再赘述。

合成四氯苯酐通常有三种路线[206]，即发烟硫酸法、熔融氯化法和气相氯化法。发烟硫酸法以 $SO_3$ 含量为25%～60%的发烟硫酸为溶剂，以氯化碘作催化剂，该法生产的产品质量好、产率高、操作稳定，是目前合成四氯苯酐的主要方法。但该法不仅消耗大量的溶剂和催化剂，在造成较高的生产成本的同时，也产生大量废酸，造成环境污染问题。熔融氯化法以氯化钼为催化剂，在200～300℃的高温下对熔融的苯酐进行氯化，该法的优点是不需溶剂，催化剂的用量较少，但产品中低氯代产物含量较高，而且高温下苯酐的升华问题也难以解决。气相氯化法以 $FeCl_3$、$CoCl_3$ 等 Lewis 酸为催化剂，在200～400℃下气相氯化苯酐，此法虽产率可达到80%左右，但产品质量较差，而且操作不够稳定。

哈尔滨华尔化工有限公司刘凤新[207]采用氯磺酸作催化剂，在常压下制备四氯苯酐，并完成了中试研究，具体工艺（图3-60）如下：将一定量的氯磺酸、催化剂和苯酐加入特制的氯化釜中，然后按一定程序升温，待反应釜内温度升至80℃时开始通入氯气，至基本无HCl逸出时停止反应。将物料移入干燥的蒸馏釜中进行蒸馏，并回收溶剂和催化剂，蒸馏温度不得超过220℃，以免产物分解。剩余物冷却后，用冷水洗涤，离心脱水，于150℃下干燥，即得呈白色粉末或针状结晶的四氯苯酐产品，产品收率达到90%以上，纯度高，而且溶剂和催化剂可循环使用，有效降低了生产成本。

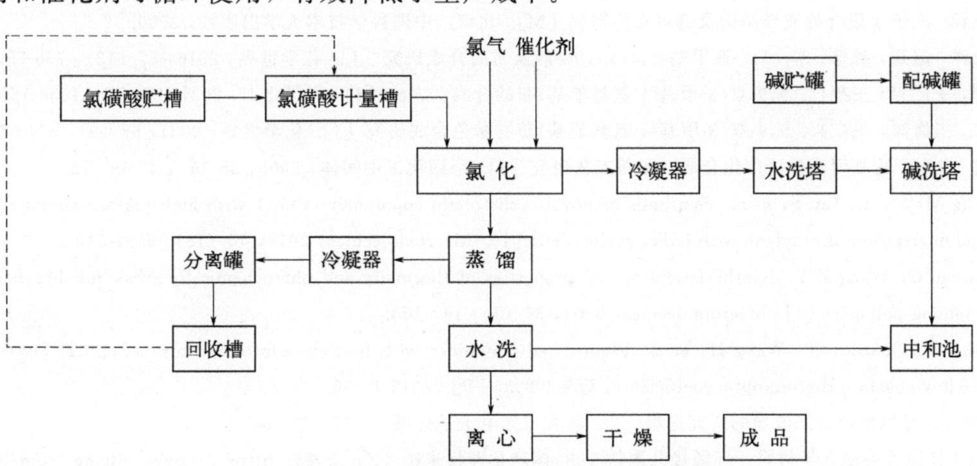


图3-60 氯磺酸催化法四氯苯酐生产工艺流程

四溴邻苯二甲酸酐工业上主要由苯酐与溴素在碘和铁粉催化作用下反应而得，其工艺过程为：将苯酐溶于发烟硫酸中，以碘铁粉为催化剂，加热至 75℃，开始时加入溴素，然后升温至 200℃进行反应，生成四溴苯酐粗品，粗品经过滤、硫酸洗涤、干燥后即得成品[208]。

此外，溴代苊烯低聚物阻燃剂是由苊在有机溶剂中经溴化、缩合及脱溴化氢等步骤制得的，其溴含量大于 56%，具有优良的抗辐射性能，可用于阻燃核电站、反应堆等的电线、电缆包覆层和绝缘材料等。其具体工艺过程[209]为：将原料苊、溶剂和一定量催化剂投入反应器中，逐滴加入过量的溴素，搅拌回流 3h 形成溴代中间体产物，然后脱溴化氢得到缩合溴代苊烯反应液，将反应液缓慢加入热水和少量非离子型表面活性剂的混合物中，产品以粉末状分散于热水中，经过滤、烘干后得溴代苊烯低聚物。

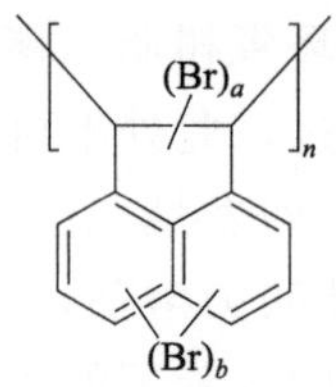


($a$=0~1，$b$=1~6)

随着高分子材料工业的发展和人们对材料使用环保与安全要求的提高，无卤阻燃剂高效复配将是材料阻燃改性的研究热点。目前，复配阻燃剂可以综合不同阻燃剂的优点，阻燃效率高，其对材料力学性能的影响和协同阻燃机理将是未来研究和发展的方向[200]。

## 参考文献


[1] 王献伟，柯红军，袁航，等. 耐高温可溶性聚酰亚胺树脂及其复合材料［J］. 高等学校化学学报，2021，42（6）：2041-2048.

[2] 吕新杰，杨军，明海. 聚合物光波导器件的最新进展［J］. 光电子技术与信息，2004，17（6）：6-11.

[3] Hong Ma A K-Y J，Larry R D. Polymer-based optical waveguides：Materials，processing，and devices［J］. Advanced Materials，2002，14（19）：1339-1365.

[4] 吴金华，Immonen M，严惠娟，等. 多模聚合物波导在光电印制板中的应用［J］. 电子工艺技术，2015，36（5）：291-294.

[5] 张其锦. 光子学聚合物波导结构及其对光的驾驭［M］. 北京：中国科学技术大学出版社，2000.

[6] 王海洋，赵巍，臧娜，等. 1,4-亚甲基-1,4,4a,9a-四氢芴的合成研究［J］. 化学世界，2016，57（12）：756-759.

[7] 姜辉，王广兴，王福仁. 9,9-双(3-甲基-4-氨基苯基)芴的合成新方法［J］. 当代化工，2021，50（7）：1550-1553.

[8] 姜辉，王海洋，王广兴. 9,9-双(3-甲基-4-氨基苯基)芴的绿色合成研究［J］. 化学世界，2021，62（9）：574-578.

[9] 张进，刘帅. 巯基丙磺酸法催化合成双酚芴工艺研究［J］. 精细化工中间体，2008，38（1）：47-49，72.

[10] Hong M，Cui L，Liu S，et al. Synthesis of novel cyclic olefin copolymer（COC）with high performance via effective copolymerization of ethylene with bulky cyclic olefin［J］. Macromolecules，2012，45（13）：5397-5402.

[11] Badarau C，Wang Z Y. Synthesis and optical properties of thermally and photochemically cross-linkable diacetylene-containing polymers［J］. Macromolecules，2004，37（1）：147-153.

[12] Hong W，Ouattara T，Wang H，et al. Fluorinated polymides with fluorene cardo structure as optical materials that have low absolute thermo-optic coefficients：US0308835［P］. 2012-12-06.

[13] 侯有军. 有机聚合物光波导的研究进展［J］. 激光与光电子学进展，2017，54：64-77.

[14] AR/VR 镜片关键光学材料—环烯烃共聚物 COC 国产化即将来临［Z］. 2023. https://www. aibang. com/a/17283.

[15] 张军志. 非水解溶胶—凝胶法制备液态 PSQ 光波导材料［D］. 大连：大连理工大学，2010.

[16] Mochizuki A，Mune K，Naitou R，et al. New photosensitive polyimide materials and their application to low-loss

optical waveguides [J]. Journal of Photopolymer Science and Technology，2003，16：243-246.

[17] 刘治国. 新型无卤阻燃剂及改性卤系阻燃剂 [J]. 塑料助剂，2003，6 (2)：25-26.

[18] 刘海龙，陈静. 环己酮在工业中的主要制备方法及应用进展 [J]. 当代化工研究，2021：152-154.

[19] 王碧玉，葛秀秀，吴方棣，等. 环己烯催化水合制环己醇的研究进展 [J]. 化工进展，2010，29 (5)：861-865.

[20] 王晨. 环己醇和环己酮生产现状概述 [J]. 山西化工，2013，33 (2)：34-37，60.

[21] 杨春和，张涛. 环己酮工艺路线比较 [J]. 现代化工，2011，31 (S1)：338-340，342.

[22] 王洪波，傅送保，吴巍. 环己酮氨肟化新工艺与 hpo 工艺技术及经济对比分析 [J]. 合成纤维工业，2007，27 (3)：40-42.

[23] 潘娇阳. 环己酮肟生产技术综述 [J]. 广东化工，2019，46 (2)：150-151.

[24] 任文杰，李识寒，孙超伟，等. 己内酰胺工业发展概述 [J]. 河南化工，2013，30 (15)：20-24.

[25] 马源，禹保卫，张海岩. 己二腈生产工艺比较 [J]. 河南化工，2007 (24)：4-6.

[26] 陶旭梅，程世超，叶庆国. 电解二聚法生产己二腈工艺流程模拟与优化 [J]. 现代化工，2011，31 (12)：88-90.

[27] 王超. 己二腈生产工艺及现状 [J]. 化工管理，2020 (2)：178-179.

[28] 杨智深，周留扣，王岩，等. 一种制备 4-氯苯酐的设备及其方法：中国，110229129 [P]. 2019-09-13.

[29] 周兆良，许青青，阳永荣. 4-氯代邻苯二甲酸酐合成的中试研究 [J]. 现代化工，2010，30：81-84，86.

[30] 李永真，陈玉红，王贵珍，等. 3,3′,4,4′-联苯四甲酸合成中偶联工艺的研究 [J]. 绝缘材料，2011，44 (5)：24-26.

[31] 张春荣，胡永玲，于明慧. 3,3′,4,4′-二苯醚四甲酸二酐合成进展 [J]. 黑龙江科学，2010，1 (5)：27-30.

[32] 张敏，王震，丁孟贤. 2,3,3′,4′-二苯硫醚四酸二酐的制备方法：CN 2005100169307 [P]. 2006-01-25.

[33] 张文. 3,3′,4,4′-二苯基砜四羧酸二酸酐的制备方法 [J]. 山东化工，2018，47 (7)：35，38.

[34] 许文慧，杨婷，于颖，等. 3,3′-(间苯)二醚二酐单体及其聚酰亚胺的合成与表征 [J]. 江西师范大学学报 (自然科学版)，2018，42 (1)：82-88.

[35] 雷蕊英，张广成，周立生，等. 双酚 a 型二醚二酐的合成及对环氧树脂固化的影响 [J]. 高分子材料科学与工程，2016，32 (6)：1-5.

[36] 黄汉生. 聚醚酰亚胺综述 [J]. 化工新型材料，1992 (11)：31-38.

[37] Kaba M，Romero R E，Essamri A，et al. Synthesis and characterization of fluorinated copolyetherimides with ch2c6f13 side chains based on the Ultem™ structure [J]. Journal of Fluorine Chemistry，2005，126 (11-12)：1476-1486.

[38] 刘晓丽，杨海霞，杨士勇，等. 高 $T_g$ 热塑性聚酰亚胺制备及性能研究 [J]. 化工新型材料，2013，41 (4)：33-35.

[39] Reinitzer F. Beiträge zur kenntniss des cholesterins [J]. Monatshefte für Chemie und verwandte Teile anderer Wissenschaften，1888 (9)：421-441.

[40] Neef C J，Ferraris J P. Meh-ppv：Improved synthetic procedure and molecular weight control [J]. Macromolecules，2000，33 (7)：2311-2314.

[41] Braun D，Heeger A J. Electroluminescence from light-emitting-diodes fabricated from conducting polymers [J]. Thin Solid Films，1992，216 (1)：96-98.

[42] Yamamoto T，Sanechika K，Yamamoto A. Preparation of thermostable and electric-conducting poly (2，5-thienylene) [J]. Journal of Polymer Science：Polymer Letters Edition，1980，18 (1)：9-12.

[43] Diaz A F，Lacroix J C. Synthesis of electroactive conductive polymer-films-electrooxidation of heteroaromatic-compounds [J]. New Journal of Chemistry，1988，12 (4)：171-180.

[44] 佟拉嘎，荣华，林世静，等. 烷基、烷氧基取代聚噻吩发光材料的合成与性能 [J]. 液晶与显示，2006，21 (6)：593-598.

[45] Fukuda M，Sawada K，Yoshino K. Synthesis of fusible and soluble conducting polyfluorene derivatives and their characteristics [J]. Polymer Chemistry，1993，31 (10)：2465-2469.

[46] 孔翔飞，严铭，谭玉东，等. 苯并菲衍生物及其应用：CN 2012102100096 [P]. 2015-03-04.

[47] Deibel C，Janssen D，Heremans P，et al. Charge transport properties of a metal-free phthalocyanine discotic liquid crystal [J]. Organic Electronics，2006，7 (6)：495-499.

[48] 徐慧，刘霞，唐超，等. 芘类有机半导体材料研究进展 [J]. 南京邮电大学学报 (自然科学版)，2014，34 (3)：111-124.

[49] An Z, Yu J, Domercq B, et al. Room-temperature discotic liquid-crystalline coronene diimides exhibiting high charge-carrier mobility in air [J]. Journal of Materials Chemistry, 2009, 19 (37): 6688-6698.

[50] Maeda Y, Yokoyama H, Kumar S. Phase behaviour of three homologues of the discotic hexa-n-alkoxyanthraquinones under pressure [J]. Liquid Crystals, 2005, 32 (7): 833-845.

[51] Tchebotareva N, Yin X, Watson D M, et al. Ordered architectures of a soluble hexa-peri-hexabenzocoronene-pyrene dyad: Thermotropic bulk properties and nanoscale phase segregation at surfaces [J]. Journal of the American Chemical Society, 2003, 125 (32): 9734-9739.

[52] 吕宏飞，张惠，徐虹，等. 含蒽核小分子有机电致发光材料研究进展 [J]. 化工新型材料，2012，40 (6): 5-8.

[53] Figueira-Duarte T M, Müllen K. Pyrene-based materials for organic electronics [J]. Chemical Reviews, 2011, 111 (11): 7260-7314.

[54] Chan K L, Lim J P F, Yang X, et al. High-efficiency pyrene-based blue light emitting diodes: Aggregation suppression using a calixarene 3d-scaffold [J]. Chemical Communications, 2012, 48 (42): 5106-5108.

[55] 杨山跃，赵美法. 重要的液晶中间体——联苯二酚 [J]. 化工科技市场，2005 (12): 33-35.

[56] 赵汉青，曹明路. 我国液晶面板产业智能制造发展现状总结与差距分析 [J]. 工业技术创新，2018，05 (05): 94-97.

[57] 龚耕. 国内液晶显示面板行业发展中存在的问题及解决对策 [J]. 中国高新技术企业，2016 (32): 6-7.

[58] Pope M, Kallmann H P, Magnante P. Electroluminescence in organic crystals [J]. The Journal of Chemical Physics, 1963, 38 (8): 2042-2043.

[59] Burroughes J H, Bradley D D C, Brown A R, et al. Light-emitting diodes based on conjugated polymers [J]. Nature, 1990, 347 (6293): 539-541.

[60] O'brien D F, Baldo M A, Thompson M E, et al. Improved energy transfer in electrophosphorescent devices [J]. Applied Physics Letters, 1999, 74 (3): 442-444.

[61] Lengvinaite S, Grazulevicius J V, Jankauskas V, et al. Carbazole-based aromatic amines having oxetanyl groups as materials for hole transporting layers [J]. Synthetic Metals, 2007, 157 (13-15): 529-533.

[62] Zhao H P, Tao X T, Wang P, et al. Effect of substituents on the properties of indolo 3, 2-b carbazole-based hole-transporting materials [J]. Organic Electronics, 2007, 8 (6): 673-682.

[63] Ding J, Lü J, Cheng Y, et al. Solution - processible red iridium dendrimers based on oligocarbazole host dendrons: Synthesis, properties, and their applications in organic light - emitting diodes [J]. Advanced Functional Materials, 2008, 18 (18): 2754-2762.

[64] Deng M, Wu G, Cheng S Y, et al. Photoconducting hybrid perovskite containing carbazole moiety as the organic layer: Fabrication and characterization [J]. Materials Science and Engineering B-Solid State Materials for Advanced Technology, 2008, 147 (1): 90-94.

[65] Lin S L, Chan L H, Lee R H, et al. Highly efficient carbazole-pi-dimesitylborane bipolar fluorophores for nondoped blue organic light-emitting diodes [J]. Advanced Materials, 2008, 20 (20): 3947-3952.

[66] Allen C F H, Gilman L. A synthesis of rubrene [J]. Journal of the American Chemical Society, 1936, 58 (6): 937-940.

[67] 徐克勋. 精细有机化工原料及中间体手册 [M]. 北京：化学工业出版社，1998.

[68] Periasamy M, Bhatt M V. A convenient method for the oxidation of polycyclic aromatic hydrocarbons to quinones [J]. Chemischer Informationsdienst, 1977, 1977 (5): 330-332.

[69] 韩世清，杨振云，郑禄彬. 铈（Ⅳ）盐氧化萘制备萘醌的方法改进 [J]. 化学试剂，1998，20 (3): 189.

[70] 胡知之，张志强，赵洪斌，等. 一种 2-取代红荧烯化合物及其合成方法与应用中国，2006100475627 [P]. 2009-08-05.

[71] 王彬. 一种 1,4 萘醌的制备方法：CN 109400456 [P]. 2018.

[72] Duerr H, Bouas-Laurent H. Photochromism: Molecules and systems [J]. Amsterdam, Elsevier, 1990.

[73] Irie M. Photochromism: Memories and switches-introduction [J]. Chemical Reviews, 2000, 100 (5): 1683.

[74] 陈松茂，翁世伟. 化工产品实用手册 [M]. 上海：上海交通大学出版社，1990.

[75] 宋小平，韩长日. 精细有机化工产品实用生产技术 [M]. 北京：中国石化出版社，2001.

[76] 姚光裕. 蒸煮助剂：蒽醌 [J]. 江苏造纸，1991，1: 31-35.

[77] 姚冬龄. 我国蒽醌法生产双氧水工艺技术发展 [J]. 黎明化工，1992，4：19-23.
[78] 梁锋，徐丙根，施小红，等. 湿式氧化法脱硫的技术进展 [J]. 现代化工，2003，23 (5)：21-24.
[79] 郝庆亮. 蒽醌生产技术现状及发展 [J]. 燃料与化工，2017，48 (2)：4-8.
[80] Devic M. Process for the preparation of anthraquinone and its substituted derivatives：US，4379092 [P]. 1983-04-05.
[81] 黄浩，孙振伟，刘丽. 硝基蒽醌的合成研究 [J]. 河南化工，2002，8：20-22.
[82] 王唯丞，林欣燕，乔文龙，等. 氯气直接合成 1-氯蒽醌的工艺研究 [J]. 精细化工中间体，2013，46 (6)：40-43.
[83] 蒋淑恋. 1-苯氧基-9,10 蒽醌的合成与光致变色性研究 [J]. 应用化工，2011，40 (12)：2059-2062.
[84] Luo J，Qin J，Kang H，et al. A postfunctionalization strategy to develop pvk-based nonlinear optical polymers with a high density of chromophores and improved processibility [J]. Chemistry of Materials，2001，13 (3)：927-931.
[85] Hattemer E，Zentel R，Mecher E，et al. Synthesis and characterization of novel multifunctional high-$T_g$ photorefractive materials obtained via reactive precursor polymers [J]. Macromolecules，2000，33 (6)：1972-1977.
[86] Kevin D，Belfield C C，Ousama Najjar，et al. New multifunctional photorefractive polymers [J]. American Chemical Society，Polymer Preprints，Division of Polymer Chemistry，1997，38 (2)：514-515.
[87] 耿凤华，王永祥，刘保霞. 咔唑及其衍生物在光电材料中的应用研究 [J]. 应用化工，2011，8：1444-1450.
[88] Ho M S，Barrett C，Paterson J，et al. Synthesis and optical properties of poly{(4-nitrophenyl)-[3-[$n$-[2-(methacryloyloxy)ethyl]-carbazolyl]]diazene} [J]. Macromolecules，1996，29 (13)：4613-4618.
[89] Hu C J，Oshima R，Sato S，et al. Synthesis and photoinduced discharge characteristics of polyacrylates with pendant carbazole group [J]. Journal of Polymer Science Part C-Polymer Letters，1988，26 (10)：441-446.
[90] Shi J，Jiang Z W，Cao S K. Synthesis of carbazole-based photorefractive polymers via post-azo-coupling reaction [J]. Reactive & Functional Polymers，2004，59 (1)：87-91.
[91] Gao H J，Xue Z Q，Wang K Z，et al. Ionized-cluster-beam deposition and electrical bistability of $C_{60}$-tetracyanoquinodimethane thin films [J]. Applied Physics Letters，1996，68：2192-2194.
[92] Lin H，Pei Z，Chan Y. Carrier transport mechanism in a nanoparticle-incorporated organic bistable memory device [J]. IEEE Electron Device Letters，2007，28 (7)：569-571.
[93] Song Y，Ling Q D，Lim S L，et al. Electrically bistable thin-film device based on pvk and gnps polymer material [J]. IEEE Electron Device Letters，2007，28：107-110.
[94] Pradhan B，Batabyal S K，Pal A J. Electrical bistaility and memory phenomenon in carbon nanotube-conjugated polymer matrixes [J]. The Journal of Physical Chemistry B，2006，110：8274-8277.
[95] Liu G，Ling Q D，Kang E T，et al. Bistable electrical switching and write-once read-many-times memory effect in a donor-acceptor containing polyfluorene derivative and its carbon nanotube composites [J]. Journal of Applied Physics，2007，102 (024502).
[96] Chu C W，Ouyang J，Tseng J H，et al. Organic donor-acceptor system exhibiting electrical bistability for use in memory devices [J]. Advanced Materials，2005，17：1440-1443.
[97] Ling Q D，Lim S L，Song Y，et al. Nonvolatile polymer memory device based on bistable electrical switching in a thin film of poly (n-vinylcarbazole) with covalently bonded $C_{60}$ [J]. Langmuir，2007，23 (1)：312-319.
[98] Li Z，Zhao Y X，Zhou J Y，et al. Synthesis and characterization of two series of polyimides as nonlinear optical materials [J]. European Polymer Journal，2000，36 (11)：2417-2421.
[99] Liu Y，Sui Y，Yin J，et al. Synthesis and characterization of side-chain polyimides for second-order nonlinear optics via a post-azo-coupling reaction [J]. Journal of Applied Polymer Science，2000，76 (3)：290-295.
[100] Usta H，Sheets W C，Denti M，et al. Perfluoroalkyl-functionalized thiazole-thiophene oligomers as n-channel semiconductors in organic field-effect and light-emitting transistors [J]. Chemistry of Materials，2014，26 (22)：6542-6556.
[101] Cui C，Guo X，Min J，et al. High-performance organic solar cells based on a small molecule with alkylthio-thienyl-conjugated side chains without extra treatments [J]. Advanced Materials，2015，27 (45)：7469-7475.
[102] 王韧. 医药及其中间体的发展趋势 [J]. 化工技术经济，2003，21 (7)：1-10，28.
[103] 顾玲，贺亚梅，张苗，等. 维生素 $K_3$ 在二茂铁修饰碳糊电极上的电化学行为及其测定 [J]. 分析试验室，2013，32

(1): 117-120.
[104] 齐莹莹，狄俊伟，屠一锋. 电化学发光淬灭法测定维生素 $K_3$ [J]. 光谱实验室，2005，22 (4): 730-733.
[105] 张天永，刘晓思，李彬，等. B-甲基萘催化氧化合成维生素 $K_3$ 的研究进展 [J]. 化工进展，2017，36 (1): 316-323.
[106] 葛凉芳，王丽丽，张利. 维生素 $K_3$ 对小鼠离体子宫平滑肌条自发性收缩及收缩激动剂作用下收缩振幅和频率的影响 [J]. 广东医学，2018，39 (19): 2877-2880.
[107] Matzno S, Yamaguchi Y, Akiyoshi T, et al. An attempt to evaluate the effect of vitamin $K_3$ using as an enhancer of anticancer agents [J]. Biological & Pharmaceutical Bulletin, 2008, 31 (6): 1270-1273.
[108] Jamison J M, Gilloteaux J, Nassiri M R, et al. Cell cycle arrest and autoschizis in a human bladder carcinoma cell line following vitamin c and vitamin $K_3$ treatment [J]. Biochemical Pharmacology, 2004, 67 (2): 337-351.
[109] Matsubara K, Kayashima T, Mori M, et al. Inhibitory effects of vitamin $K_3$ on DNA polymerase and angiogenesis [J]. International Journal of Molecular Medicine, 2008, 22 (3): 381-387.
[110] Osada S, Saji S, Osada K. Critical role of extracellular signal-regulated kinase phosphorylation on menadione (vitamin $K_3$) induced growth inhibition [J]. Cancer, 2001, 91 (6): 1156-1165.
[111] Wu F Y H, Sun T P. Vitamin $K_3$ induces cell cycle arrest and cell death by inhibiting cdc25 phosphatase [J]. European Journal of Cancer, 1999, 35 (9): 1388-1393.
[112] 赵国防，李民，刘美云. 维生素 $K_3$ 对尿路结石病人尿中骨桥蛋白浓度的影响 [J]. 中国中医药咨讯，2011，3 (21): 23-24.
[113] 乜国雁，刘智明. 维生素 $K_3$ 治疗肾绞痛的临床效果评价 [J]. 中国医师进修杂志，1997，20 (10): 524-525.
[114] 包晓燕. 维生素 $K_3$ 治疗小儿毛细支气管炎的止喘作用 [J]. 中外医疗，2009，28 (36): 109.
[115] 赵月芬，孙玉芹，郝秀华. 维生素 $K_3$ 治疗 30 例慢性喘息性支气管炎的疗效与护理 [J]. 河北医科大学学报，1997，18 (6): 368.
[116] 彭莉. 维生素 $K_3$ 的合成及应用 [J]. 中国兽药杂志，2003，37 (10): 50-52.
[117] 李加恒. 抗疟新药苯芴醇及其衍生物的质谱研究 [J]. 甘肃科技，2000，16 (1): 52-53.
[118] 武光亮，代英杰，康从民，等. 抗疟药本芴醇的合成新工艺 [J]. 中国新药杂志，2012，21 (24): 2944-2947.
[119] 董留玉. 基于粗芴的本芴醇及中间体的工业制备研究 [D]. 武汉：武汉理工大学，2012.
[120] Atkinson E R, Puttick A J Antimalarials. Analogs of phototoxic 2-phenyl-4-quinolinemethanols [J]. Journal of Medicinal Chemistry, 1968, 11 (6): 1223-1226.
[121] 邓蓉仙，钟景星，赵德昌. 抗疟新药苯芴醇的合成新工艺: CN 88107666 [P]. 1995-09-06.
[122] 钱卫国. 2,7-二氯芴-4-环氧乙烷的制备方法: CN 2007100566739 [P]. 2007-08-08.
[123] Garavito R M, Malkowski M G, Dewitt D L. The structures of prostaglandin endoperoxide h synthases-1 and-2 [J]. Prostaglandins & Other Lipid Mediators, 2002, 68-69: 129-152.
[124] 邢子华. 2010～2012 年我院对解热镇痛药应用分析 [J]. 中国保健营养旬刊，2012，22 (2): 190-191.
[125] 陈军，周正华. 动物用抗炎药物卡洛芬的合成 [J]. 山东化工，2005，34 (4): 5-6.
[126] 李娜，张玉婷，刘磊，等. 超高效液相色谱-串联质谱法测定猪肉中非甾体抗炎药残留量 [J]. 中国农学通报，2014，30 (27): 299-303.
[127] 邱梅，郝智慧，沈巍，等. 卡洛芬注射液抗炎、镇痛效果及皮肤刺激性观察 [J]. 中国兽药杂志，2012，46 (6): 23-26.
[128] Roughan J V, Flecknell P A. Behavioural effects of laparotomy and analgesic effects of ketoprofen and carprofen in rats [J]. Pain, 2001, 90 (1-2): 65-74.
[129] Montclair L B C A J. Carbazoles: US, 3896145 [P]. 1975-07-22.
[130] Llewellyn C D, Harry M W. Carbazole derivatives, procedure for their preparation, and their conversion into antiinflammatory carprofen: EP 247222 [P]. 1987-12-02.
[131] Leo B, Llewellyn C D. Carbazole derivative: EP 151423 [P]. 1985-08-14.
[132] Gurien H, Teitel S. Carbazole methyl malonates: US 4158007 [P]. 1979-07-12.
[133] Zwahha W, Switzerland T. Process of making 6-ehloro-ct-methyl-earbazole-2-acetic acid: US, 4264500 [P]. 1981-04-28.

[134] Montclair L B, Corraz A J. Carbazoles: US 3896145 [P]. 1975-04-22.
[135] Berger L, Corraz A J, Parrish D R, et al. Hydroxy methyl earbazole acetic acid and esters: US, 4150031 [P]. 1979-05-17.
[136] Manchand P S, Coffen D L, Belica P S, et al. Syntheses of carprofen, a carbazole-based nonsteroidal antiinflammatory agent [J]. Heterocycles, 1994, 39 (2): 833-845.
[137] Raju R R, Mohan S K, Reddy S J. Novel synthesis of non-steroidal anti-inflammatory drugs by electrocatalytic hydrogenation [J]. Journal of Scientific & Industrial Research, 2003, 62 (4): 334-338.
[138] 孙涛，叶红. 卡洛芬的合成方法: CN 101492412 [P]. 2009-07-29.
[139] 李长波，赵国峥，张洪林，等. 2-噻吩乙酸的合成技术进展及其应用 [J]. 化学与生物工程，2006，23 (7): 4-6.
[140] 施介华，胡玉华，严巍. 磷钨酸铯作为合成 2-乙酰噻吩催化剂的应用: CN 1660497 [P]. 2005-08-31.
[141] Moro A, Foa M, Cassar L. Process for preparing alpha-thienylacetic acid, esters and salts thereof, US4287352 [P]. 1981-09-01.
[142] 任小亮，张坤，唐成标. 2-噻吩乙酸合成工艺: CN 103992302 [P]. 2014-08-20.
[143] 王伟立，任小亮，宋燕萍，等. 一种 2-噻吩乙酸的绿色制备工艺: 中国，106518839 [P]. 2017-03-22.
[144] 王荷萍. 浅谈塑料助剂——增塑剂的特点与性质 [J]. 科技情报开发与经济，2009，19 (4): 216-217.
[145] 辛忠. 合成材料添加剂化学 [M]. 北京: 化学工业出版社，2005.
[146] 罗家立. 国内外苯酐生产装置的主要差距 [J]. 金陵石油化工，1998，16 (4): 19-20.
[147] 曹阳. 中国苯酐-dop 产业链分析及发展建议 [J]. 当代石油石化，2012，20 (1): 28-33.
[148] 姚宁. 以萘为原料年产 3 万吨邻苯二甲酸酐工程可行性研究 [D]. 郑州: 郑州大学，2016.
[149] 陆园，战力英，宫青海，等. 抗氧剂的分类、作用机理及研究进展 [J]. 塑料助剂，2016 (2): 43-50.
[150] 张永鹏，陈俊，郭绍辉，等. 受阻酚类抗氧剂的研究进展及发展趋势 [J]. 塑料助剂，2011 (3): 1-7.
[151] 徐保明，裴智山，韩洋洋，等. 聚合型受阻酚抗氧剂的研究进展 [J]. 化学世界，2014，55 (9): 561-563.
[152] Feng Y, Jiang Y, Huang Q, et al. High antioxidative performance of layered double hydroxides/polypropylene composite with intercalation of low-molecular-weight phenolic antioxidant [J]. Industrial & Engineering Chemistry Research, 2014, 53 (6): 2287-2292.
[153] Huang L, Zhou C, Zhang Y, et al. Dbhp-functionalized zno nanoparticles with improved antioxidant properties as lubricant additives [J]. Langmuir, 2019, 35 (12): 4342-4352.
[154] 刘芸. 改性硅胶接枝抗氧剂的合成及应用 [D]. 兰州: 兰州交通大学，2014.
[155] Gao X, Meng X, Wang H, et al. Antioxidant behaviour of a nanosilica-immobilized antioxidant in polypropylene [J]. Polymer Degradation and Stability, 2008, 93 (8): 1467-1471.
[156] 白琪俊，刘先龙，李阳，等. 受阻酚类抗氧剂在高分子领域的研究进展 [J]. 合成树脂及塑料，2015，32 (5): 72-76.
[157] 杜飞，郭付远. 桥键烷基酚及其衍生物用于合成橡胶防老剂的研究进展 [J]. 合成橡胶工业，2009，32 (4): 352-354.
[158] 刘微微，杜飞. 抗氧剂 GS 在稀土顺丁橡胶 (ndbr) 中的应用 [J]. 精细化工，2009，26 (6): 595-598，619.
[159] 温永亮. 新型抗氧剂的开发与应用进展 [J]. 山东化工，2017，46 (24): 79，82.
[160] 李红强，谢湖，吴文剑，等. 大分子抗氧剂的合成及应用进展 [J]. 高分子材料科学与工程，2015，31 (5): 178-184.
[161] Li C, Wang J, Ning M, et al. Synthesis and antioxidant activities in polyolefin of dendritic antioxidants with hindered phenolic groups and tertiary amine [J]. Journal of Applied Polymer Science, 2012, 124 (5): 4127-4135.
[162] 裴智山，杨添，李洁，等. 聚合型受阻酚抗氧剂 CPL 的合成工艺优化 [J]. 化学世界，2015，56 (5): 257-260.
[163] 胡艳芳，聂兆广，马晓梅，等. 聚合型受阻酚抗氧剂的制备工艺研究 [J]. 青岛大学学报（工程技术版），2007，22 (3): 77-81.
[164] Allen N S, Zeynalov E B, Sanchez K D T, et al. CoMParative evaluation of the efficiency of a series of commercial antioxidants studied by kinetic modeling in a liquid phase and during the melt processing of different polyethylenes [J]. Journal of Vinyl & Additive Technology, 2010, 16 (1): 1-14.
[165] 王明堂，王洪春. 国内外抗氧化剂 1076 生产工艺简介 [J]. 抗氧剂通讯，2007 (3): 16-20.
[166] 王磊. 两步法合成抗氧剂 1010 生产工艺综述 [C]. 中国化工学会石油化工专业委员会、中国化工学会精细化工专

业委员会 2011 新型橡塑助剂技术研讨会论文集，2011：34-41.
[167] 吉林市合润化工有限责任公司年产 1. 5 万吨抗氧剂 dsp6168 项目环评报告 [Z]. https://max. book118. com/html/2020/0716/8002026001002125. shtm. 2020.
[168] 朱新宝，侯启富. 聚合型受阻酚抗氧剂的合成及应用 [J]. 聚氨酯工业，2003，18 (4)：32-35.
[169] 孟庆保. 橡胶抗氧剂 KL 的生产方法：CN 101899142 [P]. 2010-12-01.
[170] 王守凯，金丹，李宏克. 一种双环戊二烯酚型树脂的脱色方法：CN 1970593 [P]. 2007-05-30.
[171] 林中祥. 新型胶黏剂及生产配方 [M]. 北京：化学工业出版社，2018.
[172] 何莹，高源，刘书林，等. 煤焦油沥青树脂黏结剂的制备研究 [J]. 炭素技术，2011，30 (3)：25-28.
[173] 潘立慧，方庆舟，许斌. 粘结剂用煤沥青的发展状况 [J]. 炭素，2001 (3)：33-42.
[174] 孙琪. 铸造用酚醛树脂粘结剂研究现状 [J]. 科技经济导刊，2019，27 (2)：41，60.
[175] 乔吉超，胡小玲，管萍. 酚醛树脂胶粘剂的研究进展 [J]. 中国胶粘剂，2006，15 (7)：45-48.
[176] 严鹏飞，徐鹤，王树浩，等. 耐高温酚醛树脂胶粘剂研究进展 [J]. 中国胶粘剂，2018，27 (9)：57-61.
[177] 张桂华. 酚醛树脂的生产及市场情况分析 [J]. 化学工业，2018，36 (2)：44-60.
[178] 徐雁茹，张浩楠，翟华敏，等. 酚醛树脂的研究现状、工业化应用需求及展望 [J]. 中国胶粘剂，2019，28 (9)：54-62.
[179] 叶果，巢亮，韩健. 中温固化型酚醛树脂胶粘剂合成工艺的研究 [J]. 粘接，2008，29 (1)：25-28.
[180] 王光华，鲁玉珍. 用混合酚和甲醛制备镁碳砖粘结剂的反应动力学 [J]. 粘接，1988，9 (2)：1-6.
[181] 张立国. 酚醛树脂在胶粘剂行业的应用 [J]. 化工管理，2018 (36)：18-19.
[182] 陶毓博，李鹏，陆仁书，等. 尿素改性酚醛树脂胶粘剂的研究 [J]. 林产工业，2005 (1)：13-16.
[183] 时君友. 改性酚醛树脂胶粘剂的研究 [J]. 北华大学学报 (自然科学版)，2004，5 (1)：75-79.
[184] 林松竹，崔巍，贾若琨，等. 高残炭硼酚醛树脂的制备 [J]. 应用化学，2017，34 (6)：631-635.
[185] 张斌，孙明明，张绪刚，等. 聚硼硅氧烷改性酚醛树脂耐高温胶粘剂的制备及性能 [J]. 高分子材料科学与工程，2008，24 (6)：152-155.
[186] 马艾丽，肖翔云，刘柏言，等. 耐热型酚醛/环氧导电胶的合成及应用性能研究 [J]. 中国胶粘剂，2020，29 (1)：37-40，51.
[187] 于伟民，乔明书，眭时月. 正丁醇醚化酚醛树脂在汽车刹车片胶粘剂上的应用研究 [J]. 化学与粘合，2015，37 (3)：222-227.
[188] 罗振华，刘锋，周恒，等. 邻苯二甲腈醚化酚醛树脂的制备与性能 [J]. 热固性树脂，2011，26 (2)：12-15.
[189] 张燕丽. 浅析阻燃剂的应用与发展 [J]. 科技视界，2019 (30)：231-232.
[190] 徐元清，王彦林. 聚合型阻燃剂研究进展 [J]. 河南化工，2002 (1)：6-9.
[191] 尹国强，廖列文，康正. 塑料阻燃剂的合成研究进展 [J]. 应用化工，2003，32 (4)：12-15.
[192] 冯美平，何翼云，郑文颖. 氮系阻燃剂的现状与展望 [J]. 精细石油化工，1998 (1)：24-28.
[193] 鹿海军，马晓燕，颜红侠. 磷系阻燃剂研究新进展 [J]. 化工新型材料，2001，29 (12)：7-10.
[194] Colour B M. The chemistry and uses of fire retardants [J]. Fire Retardant Chemistry，1978，25 (19)：23-28.
[195] 邓兰，诸林，周文勇. 阻燃剂的应用及发展 [J]. 西南石油学院学报，1996，18 (2)：105-110.
[196] 陈绪煌，周密，李学锋. 氢氧化铝阻燃剂在高分子材料中的应用 [J]. 中国塑料，1999，13 (6)：80-88.
[197] 王宏伟，王琳. 氢氧化镁阻燃剂的开发与应用 [J]. 河南教育学院学报 (自然科学版)，2001，10 (4 )：34-36.
[198] 陈兴娟，王金阳，刘佳，等. 无机阻燃剂的表面处理技术 [J]. 化学工程师，2001 (4)：22-23.
[199] 滕广远，陈俊宏. 阻燃剂的现状及发展趋势 [J]. 化工时刊，2018，32 (4)：28-32.
[200] 覃善丽. 无卤阻燃剂的研究进展 [J]. 大众科技，2020，22 (6)：42-62.
[201] Hunter W H，Dahlen M A. The synthesis of 4-hydroxy-3，5-dibromo-2′，6′-diodo-4′-chlordiphenyl ether and the dicomposition of its metallic salts [J]. Journal of the American Chemical Society，1932，54 (6)：2456-2463.
[202] 张典宁，王晨. 阻燃剂聚二溴苯醚的合成 [J]. 东南大学学报，1996，26 (1)：40-48.
[203] 韩正果. 树脂法合成双酚 A 工艺研究与工程设计 [D]. 北京：北京化工大学，2019.
[204] 马原. 阻燃剂四溴双酚 A 的合成及其工业化初步研究 [D]. 天津：河北工业大学，2017.
[205] Eberhard W. Process of tetrabromo-4，4-alkylidenedi-phenols：US，5068463 [P]. 1991-11-26.

[206] 张雨山，高春娟，蔡荣华．溴系阻燃剂的应用研究及发展趋势 [J]．化学工业与工程，2009，26 (5)：460-466.
[207] 刘凤新．合成四氯苯酐的中试探讨 [J]．氯碱工业，2003 (10)：31-33.
[208] 于振云．苯酐的合成及其衍生物的应用 [J]．化工中间体，2003 (18)：19-21.
[209] 李松岳，欧育湘．缩合溴代苊烯中试生产 [J]．阻燃材料与技术，2001 (2)：1-7.

# 4 煤基炭功能材料

## 4.1 针状焦

针状焦是银灰色、有金属光泽的多孔固体，内部孔大而少，略呈椭圆形[1]，外观呈明显的细长针状或纤维状的纹理走向，是一种低线胀系数和易石墨化的优质炭素原料。

针状焦是大分子缩合芳烃的分子晶体，芳香烃以层状堆积，石墨状微晶单元取向度高，在偏光显微镜下观察焦炭的光学结构，由稍有弧度且相互平行的一组针状各向异性单元组成［图 4-1(a)］。针状焦是一种典型的易石墨化炭［扫描电镜图片见图 4-1(b)］，具有 Franklin 模型的微观结构，加热到 2000℃以上时这种微观结构很容易发展为石墨层状结构[2]。

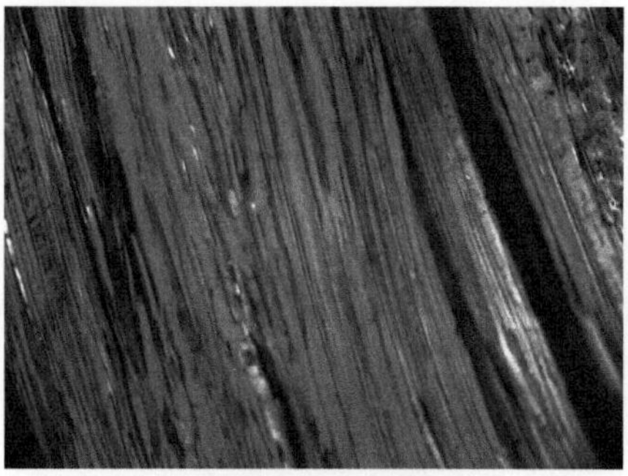

(a) 针状焦偏光显微结构图

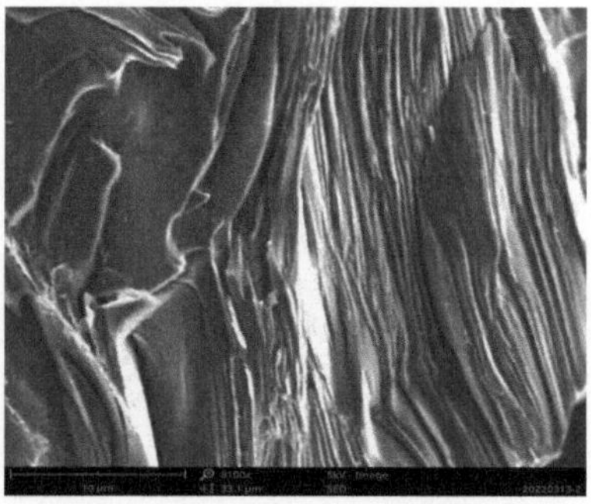

(b) 针状焦扫描电镜图片

图 4-1 针状焦微观结构

### 4.1.1 针状焦的分类、质量指标及应用

#### 4.1.1.1 分类

根据生产原料的不同将针状焦分为两大类：一类是以石油渣油、FCC（催化裂化）油浆

等为生产原料的油系针状焦；另一类是以煤焦油、沥青及重要馏分为原料的煤系针状焦。针状焦在1950年首先由美国大湖炭素公司用石油系原料制成。日本水岛工厂也成功地用石油系原料生产出针状焦。但是绝大多数的针状焦是用特定产地的低硫石油重质油生产的，其来源受到很大限制。为此，日本和德国等又研制了煤系针状焦。我国于20世纪80年代开始此项研究，进展很快。目前美国、英国、日本能够生产油系针状焦，日本油系、煤系共存。两种针状焦的生产工艺不完全相同，但用途基本相同。煤系针状焦与油系针状焦相比，其体积密度、机械强度略高，对黏结剂的吸附性较好，石墨化工序的控制较容易。

#### 4.1.1.2 质量指标

针状焦经过煅烧、焙烧、浸渍和石墨化可制成高功率（HP）和超高功率（UHP）石墨电极等炭素制品。高功率和超高功率必须满足电阻率小、线胀系数低、强度大、抗氧化性能高等要求，所以针状焦的结构必须是各向异性程度很高且纯度很高的易石墨化的炭。针状焦的主要性能指标有真密度、热膨胀系数、电阻率、灰分、挥发分、硫和氮等[3]。中钢集团鞍山热能研究院有限公司起草了煤系针状焦的标准GB/T 32158—2015，主要指标见表4-1。

**表4-1 煤系针状焦的主要理化指标**

| 项目 | | 指标 | | |
|---|---|---|---|---|
| | | 优级 | 一级 | 二级 |
| 真密度/(g/cm$^3$) | ≥ | 2.13 | 2.13 | 2.12 |
| 硫(质量分数)/% | ≤ | 0.40 | 0.40 | 0.50 |
| 氮(质量分数)/% | ≤ | 0.50 | 0.60 | 0.40 |
| 挥发分(质量分数)/% | ≤ | 0.30 | 0.40 | 0.70 |
| 灰分(质量分数)/% | ≤ | 0.20 | 0.30 | 0.30 |
| 水分(质量分数)/% | ≤ | 0.15 | | |
| 热膨胀系数(CTE,室温至600℃)/($10^{-6}$/℃) | ≤ | 1.0 | 1.3 | 1.5 |
| 电阻率($\rho$)/($\mu\Omega \cdot m$) | ≤ | 600 | 600 | 600 |
| 振实密度(1～2mm)/(g/cm$^3$) | ≥ | 0.90 | 0.88 | 0.85 |

真密度反映了炭材料组成基本质点的密度及排列规整程度，真密度越大，表明炭材料的石墨化度越高，即晶体结构内部越致密、排列越整齐。针状焦的真密度、体积密度和堆积密度是针状焦质量的量度。焦炭颗粒的堆积密度、真密度、孔隙结构与焦炭颗粒堆积后颗粒之间的孔隙率有关。颗粒之间的孔隙率又与颗粒之间的形成作用有关，在骨料真密度不变的情况下，颗粒内部的孔隙率越大则堆积密度越小。通常线性越发达的针状焦（其长宽比越大），颗粒堆积后孔隙越小。

热膨胀系数（CTE）是针状焦最重要的性能参数之一。CTE越小的炭素制品抗热震性越好。CTE与针状焦的显微结构有着密切的关系，针状焦的纤维结构中，石墨微晶沿纤维轴向高度排列，而且在煅烧过程中沿着纤维结构方向出现细小裂痕，这些裂痕具有容纳热膨胀的能力，从而减小热膨胀系数，而镶嵌结构中，微晶结构杂乱，裂痕形貌、方向都不具有方向性，因此在升温过程中产生较大的热膨胀系数。

电阻率是石墨电极性能中的重要指标之一[4]。工业上可以通过检测粉末电阻率控制针状焦的质量，其测定结果受针状焦的真密度和焦炭颗粒堆积后孔隙的影响，还受颗粒形成过程的影响。针状焦的颗粒是长形，测粉末电阻率时，加压后针状焦的颗粒横卧，使得粉末电阻率值增大。制品挤压成型时，由于焦炭颗粒在顺纹理方向趋于沿平行挤压方向排列，使得制品的电阻率在平行挤压方向较低。煤系针状焦和石油系针状焦相比具有更低的电阻率。

灰分主要来源于焦油中的盐类及杂质。灰分含量对焦炭的电阻率有影响，并且灰分含量过高会使焦炭的耐磨强度降低。

挥发分的高低与焦炭的焦化成熟程度有关。它与炭素制品的最终质量没有直接关系，但是对煅烧操作影响较大。

对于针状焦而言，硫分源于焦油，以有机硫和无机硫的形式存在。硫是一种有害杂质，原料中的硫大部分会残留在炭制品中，石墨化时会引起气胀，在炭制品内部形成裂纹及不可逆膨胀现象，并且在热处理过程中会释放 $SO_2$，污染环境。

#### 4.1.1.3 应用

针状焦是炭素工业中很重要的原材料之一，其特点主要为：纯度高，主要由碳元素的组成，氢、硫、氮、氧和某些金属元素的含量均很少；密度大、气孔率低、结晶度高，在液相炭化阶段形成的中间相小、球体大，融并好，取向性好，导向度强，结构致密；热膨胀系数（CTE）小，由它制备的炭素制品随温度的变化体积变化小，在承受突然升至高温或从高温急剧冷却的热冲击时的抗热震性好，不会破裂[5]，耐热强度与机械强度高，具有很高的工业应用价值，是生产炼钢电炉，制造核反应堆减速材料，以及制造火箭发射所用的高功率和超高功率石墨电极与特种炭素制品的原料[6]；也是电刷、电池电芯、炼钢用增碳剂、高温优质耐火炉料的新型材料，在电极、燃料电池、电化学电容器、冶金等方面得到广泛应用[4,7]。同时，其因具有明显的纤维结构和较高的各向异性特征，易石墨化，有较高的导电性和导热性，成为人造石墨的优质原料。

### 4.1.2 针状焦的生产工艺

针状焦的生产工艺分为三个单元：原料预处理、延迟焦化、煅烧。原料预处理的目的是去除原料沥青中的杂质，制取精制沥青。延迟焦化工艺是深度加工精制沥青的重要手段，成焦机理为液相炭化理论＋气流拉焦工艺。其过程主要为：精制沥青在热转化时形成具有塑性流动和分子排列有序的中间相物质，在适宜的成焦条件下，固化形成纤维组织结构的针状焦。此时得到的针状焦通常称为生焦，其挥发分较高，强度较低。煅烧工艺是将延迟焦化制得的生焦在高温下进行热处理，排出水分、挥发分等，得到针状焦煅后焦。

#### 4.1.2.1 机理简述

（1）液相炭化理论

中间相成焦机理是针状焦生产的理论基础。在较高的温度下，具有多种组分的液相体系

（例如沥青）中的分子在系统加热时主要发生两种化学反应：一种是大分子转化成小分子的吸热反应，也就是热分解反应；另一种是小分子转化成大分子的放热反应，也就是热缩聚反应[8]。

沥青类物质在加热到350℃时，聚合芳香环所带的侧链发生裂解反应，热裂解反应首先发生在最不稳定的键处，生成物一部分为低分子气体，另一部分为存在于液相中的聚合芳香环自由基，自由基通过捕获别的自由基生成稳定的芳烃和缩合稠环芳烃，这些芳烃的分子量为1500左右；继续加热到400℃时，这些稳定的芳烃进一步发生热聚合反应，生成环数十几到二十几的圆盘形状的平面状大分子，并且边缘带有侧链。这些多环缩合芳烃平面分子在液相中进行布朗运动，并在热运动或外界搅拌的作用下取向，在分子间范德华力的作用下形成层积体，为达到体系的最低能量状态，层积体在表面张力的作用下形成球体，即中间相小球体[9,10]，结构见图4-2。

中间相小球体吸收母液中的分子后长大，当两个球体相遇碰撞后，球体平面分子层彼此插入，为使体系处于更稳定的热力学状态，融并成为一个大的球体，以保持体系的最低表面自由能。如果大球体之间再碰撞、融并，将会形成更大的球体，结构见图4-3，直到最后球体的形状不能维持，球体开始解体，形成非球中间相，即广域流线型、纤维状或镶嵌型中间相。从物相角度来看，中间相球体的生成过程是物系内各向同性液相逐渐变成各向异性小球体的过程；从化学角度来看，它是液相反应体系内不断进行的热分解和热缩聚反应达到一定程度的产物。

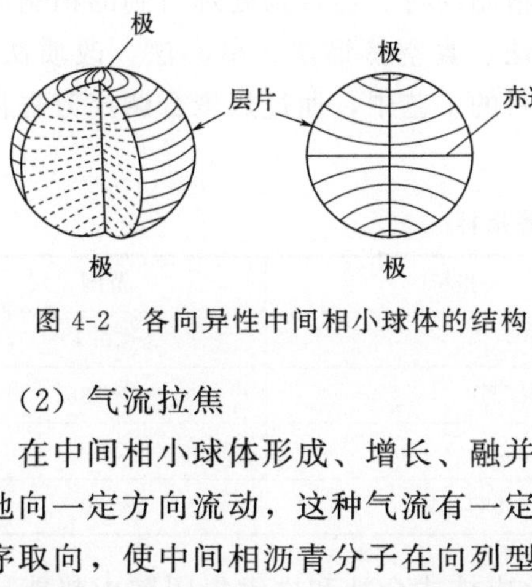


图4-2　各向异性中间相小球体的结构

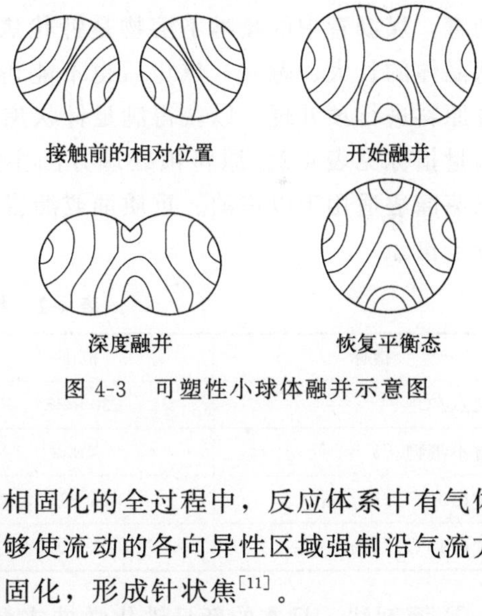


图4-3　可塑性小球体融并示意图

（2）气流拉焦

在中间相小球体形成、增长、融并，直至中间相固化的全过程中，反应体系中有气体连续地向一定方向流动，这种气流有一定的流速，能够使流动的各向异性区域强制沿气流方向有序取向，使中间相沥青分子在向列型有序排列中固化，形成针状焦[11]。

焦化过程中产生的气体必须是在固化之前才能起到气流拉焦作用。如果气体产生太早，各向异性系统不能完全发展，在最低黏度条件下体系分子的移动使中间相组织呈现无序的结构。如果气体的产生时间太接近于炭化最后阶段，黏结程度增大，固化开始，气泡将会滞留在系统内，导致生成多孔焦和片状焦[12,13]。

工业化的煤系针状焦生产工艺包括原料预处理、延迟焦化和煅烧三部分，其工艺流程示意图见图4-4。

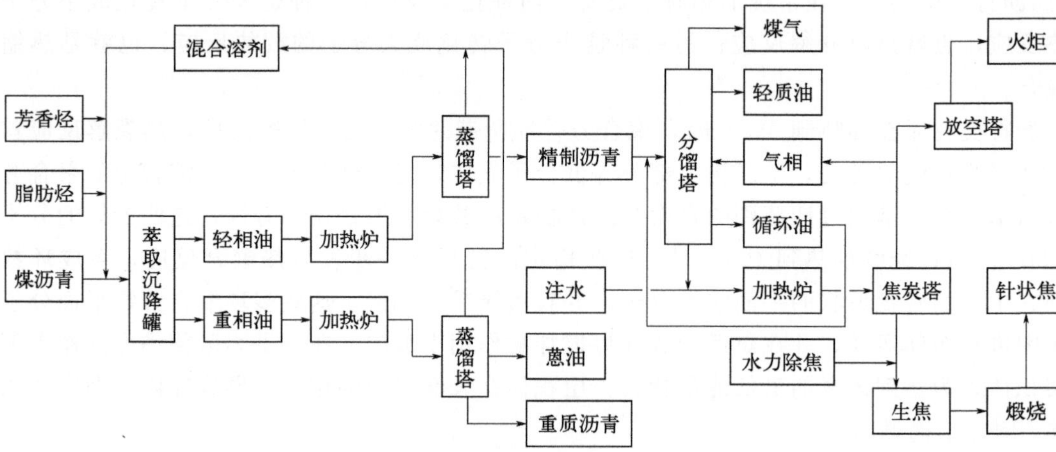


图 4-4　煤系针状焦生产工艺流程示意图

### 4.1.2.2　生产工艺

（1）原料预处理

原料预处理作为针状焦生产的首要工序，是生产针状焦的关键步骤之一，其目的是去除原料中的杂质，制取适合生产针状焦的精制沥青，对针状焦质量的优劣起到决定性作用，特别是对煤系针状焦，预处理工序更为重要[14]。煤系针状焦原料主要为煤焦油馏分油或煤焦油沥青，煤沥青中的喹啉不溶物是针状焦原料中的杂质[15]。它们附着在中间相周围，阻碍球状晶体的长大、融并，焦化后也不能得到纤维结构良好的针状焦组织[16]。因此，需对煤沥青原料进行预处理，以获得满足针状焦生产要求的精制沥青。经过预处理得到的精制沥青的质量指标见表 4-2。原料预处理方法主要有：溶剂法、真空蒸馏法、离心法、改质法等。真空蒸馏法适用于以焦油、重质油或沥青闪蒸油为原料的工艺中，通过热聚合调控芳香化度和分子量。

**表 4-2　精制沥青的质量指标**

| 指标 | 范围 | 指标 | 范围 |
|---|---|---|---|
| 软化点/℃ | 30～35 | 灰分/% | <0.1 |
| 喹啉不溶物/% | <0.2 | 康氏残炭/% | 27～35 |
| 密度(100℃)/(g/cm$^3$) | 1.16～1.20 | 硫/% | <0.5 |
| 黏度(140℃)/(Pa·s) | 0.01～0.04 | 馏分(<300℃)/% | <10 |

① 溶剂法　日本的新日铁化学株式会社、三菱化成株式会社和中钢集团鞍山热能研究院有限公司采用溶剂法处理煤沥青调制针状焦原料[17]。

溶剂法的工艺流程见图 4-5。关于溶剂法，美国、日本、波兰、中国等国家专利较多，溶剂法是在煤焦油软沥青中加入溶剂（由芳烃和烷烃组分配制），经搅拌溶解并对其中的杂质有一定的凝聚作用，然后进行沉淀分离，其上层液体经加热后进入闪蒸塔。闪蒸塔顶逸出的气体经冷凝冷却，进入溶剂回收槽循环使用，得到 QI 为 0.1%～0.5%的精制沥青，再经焦化与煅烧得到针状焦；沉淀后的下层液体经加热、蒸馏，除去并回收轻沸点溶剂后得到残留沥青，加入轻油后用以配制中温沥青和制作普通沥青焦。溶剂法对去除沥青中喹啉不溶物等杂质很有效，该技术处理得到的精制沥青收率高，针状焦性能稳定、质量高，但这种工艺较复杂，投资也较高。

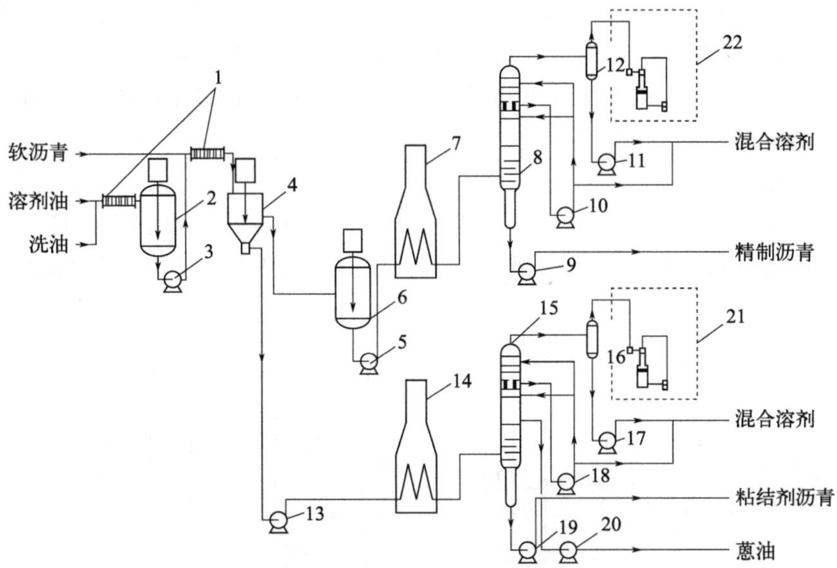


图 4-5　原料预处理溶剂法工艺流程

1—混合器；2—溶剂配制罐；3—合格溶剂泵；4—沉降分离罐；5—轻相进料泵；6—轻相中间罐；7—轻相加热炉；8—轻相蒸馏塔；9—精制沥青泵；10—轻相塔顶循环泵；11—轻相塔顶凝液泵；12—轻相塔顶凝液罐；13—重相进料泵；14—重相加热炉；15—重相蒸馏塔；16—重相塔顶凝液罐；17—重相塔顶凝液泵；18—重相塔顶循环泵；19—重相塔底泵；20—蒽油泵；21—重相真空机组；22—轻相真空机组

② 真空蒸馏法　采用真空分离器从煤焦油沥青中分离出残渣，为美国专利技术，其技术核心为：对煤焦油软沥青进行加热和真空闪蒸，闪蒸塔顶油气经冷凝冷却后得到含痕量QI的精制沥青，再经延迟焦化和煅烧得到优质针状焦。塔底残留沥青用以制取普通沥青焦。对软沥青而言，煅后针状焦收率约75%。其核心技术是通过真空蒸馏截取一段适合生产针状焦的原料，工艺较简单，但精制沥青（针状焦原料）收率低。

③ 离心法　其借助于离心力对煤焦油中的喹啉不溶物进行分离，属于物理方法。该法为美国专利技术，通常煤焦油中的喹啉不溶物颗粒粒度较小，单纯靠重力沉降不易除去，而离心方法对分离煤焦油中的喹啉不溶物有一定的效果。在离心力的作用下，煤焦油和喹啉不溶物颗粒由于密度不同，受到不同的离心力，从而达到分离的目的，两者密度差越大，分离效果越好[18,19]。通常采用离心机或过滤机等机械除去喹啉不溶物，其工艺流程为：在煤焦油软沥青中加入芳烃轻沸点油和极少量烷烃溶剂等稀释剂，然后用超级离心机进行离心分离，上部离心轻液经加热、真空闪蒸除去稀释剂后得到QI含量为0.1%～0.5%的精制沥青[18]，再经延迟焦化和煅烧得到针状焦，收率约45%。该法工艺繁简适中、投资大，针状焦原料收率大大提高，但所产针状焦质量一般。

④ 改质法　该法在不添加溶剂的条件下对原料进行加热处理，经闪蒸除去原料中的杂质（包括原生喹啉不溶物），然后对除去杂质后的原料油进一步进行热处理，以获取生产针状焦的原料。我国鞍山焦化耐火材料设计研究院等以软沥青闪蒸油为原料，采用加压聚合法

制取针状焦。其工艺流程为：混合原料油经加热炉升温后进入特定的闪蒸塔内，在一定温度和真空度下物料分离为闪蒸油气和高温液体沥青两部分。塔底高温液体沥青自流入改质沥青配制槽，闪蒸油气自塔顶逸出，经冷凝后分离出闪蒸油。闪蒸油经泵送入管式炉，在管式炉中升至一定温度后进入反应釜进行反应得到缩聚沥青（一定软化点且除去部分硫、氮、氧元素的精料）。该缩聚沥青可作为生产针状焦的原料[20]。改制法制取针状焦工艺相对简单，收率适中，约 25％。缺点是工艺参数不易控制，热缩聚过程中闪蒸油的反应行为可控性差，生产系统不能长周期稳定运行。

（2）延迟焦化

所谓延迟是指将原料经过加热炉加热迅速升温至焦化反应温度，在反应炉管内不生焦，而进入焦炭塔再进行焦化反应，故有延迟作用，称为延迟焦化，工艺流程见图 4-6。

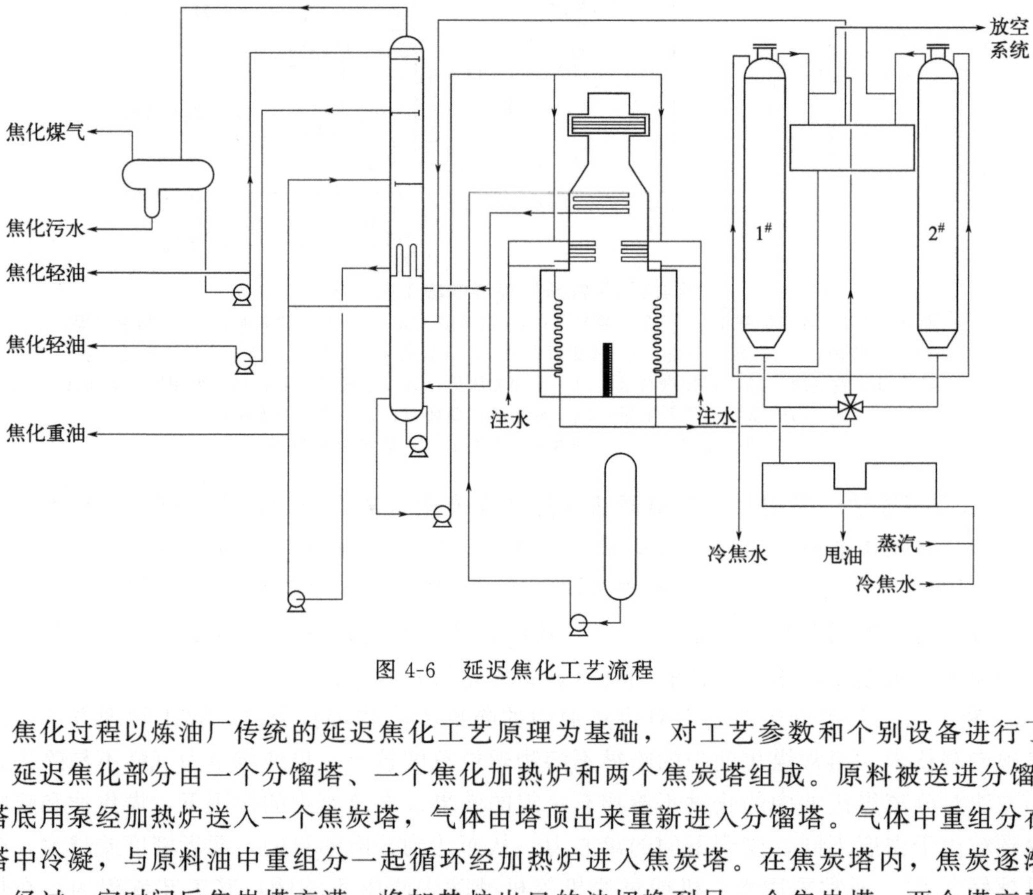


图 4-6　延迟焦化工艺流程

焦化过程以炼油厂传统的延迟焦化工艺原理为基础，对工艺参数和个别设备进行了改进。延迟焦化部分由一个分馏塔、一个焦化加热炉和两个焦炭塔组成。原料被送进分馏塔，由塔底用泵经加热炉送入一个焦炭塔，气体由塔顶出来重新进入分馏塔。气体中重组分在分馏塔中冷凝，与原料油中重组分一起循环经加热炉进入焦炭塔。在焦炭塔内，焦炭逐渐沉积，经过一定时间后焦炭塔充满，将加热炉出口的油切换到另一个焦炭塔，两个塔交替使用。将已撤出生产线的焦炭塔降压，用蒸汽对塔内焦炭进行汽提以除去残余的烃类，然后用水冷却至指定温度后，打开上下盖，用高压水从上部切焦，切碎的焦由焦化塔下部进入焦坑。

在延迟焦化工艺中，主要控制升温速度、注气量，调整压力和循环比使油料维持相对稳定的状态，充分利用中间相物质的塑性流动及塔内气速对焦结构的定向作用等，创造气相拉焦的条件，形成针状焦生焦。行业内通用的评价生焦的指标见表 4-3。

表 4-3 生焦质量指标

| 分析项目 | 水分(外水)/% | 真密度/(g/cm³) | 挥发分/% | 真密度/(kg/m³) | 硫含量/% |
|---|---|---|---|---|---|
| 范围 | <15 | >1.37 | ≤8 | ≥1380 | ≤0.40 |

(3) 煅烧

所谓煅烧就是在隔绝空气的条件下，于 1400～1500℃下对生焦进行热处理。煅烧温度一般比制备普通沥青焦高 100～150℃，在此过程中生焦发生分解、缩聚反应，逸出挥发分，分子结构发生重排，在降低水分和挥发分的同时，其真密度、含碳量、强度、导电性能提高，各项理化指标及导电性能符合炭素材料原料的要求。生焦、煅后焦微观结构见图 4-7。

(a) (b)

图 4-7 针状焦微观结构

(a) 生焦；(b) 煅后焦

煅烧通常采用回转窑，工艺流程见图 4-8。生焦在原料仓库静置脱水后，通过皮带机和斗式提升机运到原料仓，经定量给料机、皮带机、下料溜管从窑尾部连续进入回转窑，经过高温煅烧后，从窑头经下料溜槽进入冷却筒内冷却，冷却后的产品运到成品库经双层振动筛分级包装后外运。经过煅烧后的成品针状焦的质量指标见表 4-4。

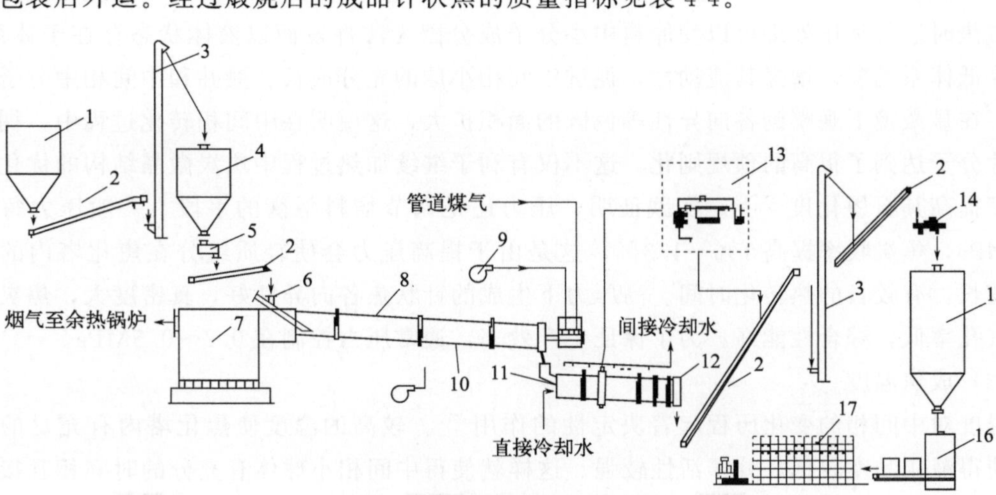


图 4-8 回转窑煅烧工艺流程

1—原料仓库；2—皮带机；3—斗式提升机；4—原料仓；5—定量给料机；6—下料溜管；7—沉灰室；8—回转窑；9—一次风机；10—二次风机；11—下料溜槽；12—冷却筒；13—除尘系统；14—双层振动筛；15—煅后仓；16—包装秤；17—成品库

表 4-4　煅后针状焦的质量指标

| 名称 | 分析项目 | 范围 |
|---|---|---|
| 煅后焦 | 水分/% | ≤0.15 |
| | 真密度/(g/cm$^3$) | >2.12 |
| | 灰分/% | <0.3 |
| | 挥发分/% | ≤0.4 |
| | 振实密度/(g/cm$^3$) | ≥0.85 |
| | 粉末比电阻/(μΩ·m) | ≤600 |
| | 硫/% | ≤0.5 |
| | 氮/% | ≤0.7 |
| | CTE/($10^{-6}$℃$^{-1}$) | ≤1.5 |

## 4.1.3　针状焦质量影响因素

影响针状焦质量的首要因素是原料的选择和调制，其次是成焦条件。

（1）原料组成

针状焦的形成是通过几个不同的炭化阶段完成的，每种原料都有自己的最优化炭化条件，包括温度和压力，但也因原料组成的变化而不同。原料组成不同，其反应活性就不同，反应活性影响由热解、缩合等反应引起的黏度变化、气体和热解反应产生的挥发物的逸出速度、中间相的发展和中间相平面大分子重排，最终影响纤维状结构的形成。同时原料中含有喹啉不溶物（QI）等杂质，不利于中间相小球体的生成融并，从而影响最终焦炭的结构。除去影响中间相小球体成长的原生 QI 也是针状焦制造的关键技术。

（2）成焦压力

成焦时进行加压处理可以使原料中小分子成分因无法挥发而以液体状态存在于体系中，从而降低体系黏度，增强其流动性，促进中间相小球的充分成长、融并和中间相中分子的重排列，在显微镜下观察到各向异性等色区的面积扩大，这说明在中间相转化过程中，稠环芳香层片分子达到了很高的预规则化，这不仅有利于继续加热过程中焦炭微晶结构的优化，也有利于提高其石墨化度[21-24]。实践证明，压力还是调节物料平衡的手段。一般压力每提高 0.05MPa，焦炭收率提高 1%～1.3%，这是由于提高压力会使轻质组分在焦化塔内的停留时间变长，有较长的热转化时间。高压力下生成的针状焦各向异性好，真密度大，焦炭收率高，气孔率低，综合性能好。为了保证生产效率，通常压力控制在 0.2～0.5MPa。

（3）成焦温度

温度对中间相的变化历程起着决定性的作用[25]。较高的温度使焦化塔内有充足的液相量，使得液相黏度较低，分子活性较强。这样就使得中间相小球体有充分的时间相互接触融并，在固化前有较长的停留时间，有利于中间相的生成以及形成更大的平面分子，生产出优质针状焦。如果温度太低，升温速率又太慢，则会降低生焦的成熟度。相反，如果温度太高，升温速率太快，中间相小球来不及生长发育就已固化，就不会产生各向异性的纤维状结构，而只能产生镶嵌式结构。另外，温度决定着气体析出量，气体析出量对炭化体的变形、纤维状光学组分的生成有明显的影响[26]。气体析出量太小，形成纤维状组分的推动力不够；气体析出量过大，液相急剧沸腾，不利于平面大分子有序排列。因此，选择适宜的温度，对生成优质针状焦非常重要。

由于以上原因，生产针状焦一般采用变温操作。但温度变化对系统的热平衡和物料平衡的影响比较大，甚至出现油泵抽空现象而使生产中断。因此，还要采用适宜的压力变化和循环比来进行调节。对于不同的原料、工艺及设备，管式炉的出口温度有所不同[27]。

(4) 延迟焦化循环比

循环比即循环油量与原料精制沥青量的比值，通过控制循环比，可以有效控制针状焦的质量和产率，同时也是控制物料平衡与热平衡以及针状焦质量的重要手段之一[28]。循环比大，轻质组分在塔内停留时间长，液相增多，黏度降低，可达到与高压低温相同的目的，而且用循环比作为调节手段更灵敏直接。特别是成焦后期，用循环比可有效控制穿过炭化体的气体及轻质组分逸出速率，对平面大分子的定向有序排列并保持一定的固化速率，以及对纤维光学组织的形成具有极为显著的作用，对针状焦质量控制意义重大。但循环比的大小一定要得当，并非越大越好，否则不能生产出高质量针状焦，而是形成球焦，即形成疏松的各向同性散焦。通常煤系针状焦的循环比控制在 0.5～2.0。

(5) 煅烧温度

煅烧是炭质原料在隔绝空气的条件下通过高温热处理而发生热离解或晶形转变过程。生焦经过高温煅烧处理，结构和元素组成发生一系列变化，最终产品结构发生微调，稳定性、导电性、机械性等参数都发生变化。

进口的针状焦常为煅后焦，我国炭素企业生产的生焦，可根据客户需求来决定是否煅烧。在煅烧阶段，需要考虑的主要问题是回转窑的耐火材料是否满足高温条件，如何在煅烧前对生焦进行处理（如脱水、均质）以保证最终煅后焦的质量。

## 4.1.4 发展现状及未来趋势

### 4.1.4.1 发展现状分析

针状焦因其特殊结构而具有优良的导电导热性、抗热震性以及抗氧化性，因而成为高功率和超高功率石墨电极、热结构材料、特种炭素制品以及锂离子电池电极材料的重要原料。近半个世纪以来，世界针状焦市场几乎完全被美国和日本垄断，其相关技术严格保密。我国针状焦技术开发起步相对较晚，在国家政策扶持下，针状焦的制造技术在不断提高，但还存在一定难点有待突破，与发达国家相比还存在一定差距。

(1) 国外发展现状

国外针状焦技术起源于 20 世纪 50 年代，由美国大湖炭素公司首先发明了石油系针状焦。1968 年，伴随着中间相理论的发展，针状焦的应用技术研究也得到了发展。但是，在 20 世纪 70 年代，世界经历了两次大规模的石油危机，在一定程度上限制了石油系针状焦的发展。随之，20 世纪 70 年代末期，日本、德国展开了煤系针状焦的开发工作，并于 1979 年，实现煤系针状焦工业化生产。现在，生产企业集中在美国、英国、日本等几个国家[29,30]，主要生产企业有7家，日本的水岛制油所和兴亚株式会社（KOA）、美国的碳/石墨集团海波针状焦公司（CGG）和ConocoINC（美国休斯敦工厂）、英国的ConocoINC（英国HUMBER工厂）均生产油系针状焦；煤系针状焦生产技术主要掌握在日本三菱和新日铁化学株式会社手中，技术高度保密。国外针状焦主要生产企业简况见表4-5。

**表4-5 国外针状焦主要生产企业简况**

| 企业名称 | 产品类别 | 设计产能/(kt/a) |
|---|---|---|
| ConocoINC(英国HUMBER工厂) | 油系 | 230 |
| ConocoINC(美国休斯敦工厂) | 油系 | 140 |
| 美国碳/石墨集团海波针状焦公司(CGG) | 油系 | 140 |
| 日本兴亚株式会社(KOA) | 油系 | 80 |
| 日本水岛制油所 | 油系 | 100 |
| 日本新日铁化学株式会社 | 煤系 | 140 |
| 日本三菱化学株式会社 | 煤系 | 60 |

（2）国内发展现状

我国针状焦研究从20世纪80年代起步[31]，“六五”期间，在国家发改委的大力支持下，油系针状焦在锦州石化公司和安庆石化公司进行了工业性开发；煤系针状焦制备技术的研究发源于辽宁鞍山，由中钢集团鞍山热能研究院开发了溶剂萃取沉降的原料预处理工艺。1979～1985年，石化科学研究院先后完成了油系针状焦实验室和中试试验研究，探明了成焦机理，确定了原料和焦化工艺。煤系针状焦在鞍山沿海化工和山东兖矿科蓝煤焦化有限公司进行了工业性开发。1994年，鞍山沿海化工采用鞍山焦化耐火材料设计研究总院专利技术建成了煤系针状焦工业化生产装置，并于1996年投料试生产；1995年，锦州石化公司采用石化科学研究院技术建成的油系针状焦生产装置投产成功；2000年，山东兖矿科蓝煤焦化有限公司采用鞍山热能院专利技术建成了溶剂法原料预处理煤系针状焦工业生产装置，预处理工序流程打通。但之后由于投资、技术等多方面的原因，当时只有锦州石化公司油系针状焦装置坚持生产，但其生产的产品质量不稳定，产量一直在2万吨/年左右。2006年，中钢集团鞍山热能研究院基于前期研发基础筹建一条4万吨/年的煤系针状焦生产线，并于2009年7月正式投产。至此，我国煤系针状焦真正实现了国产化，打破了煤系针状焦长期依赖进口的局面。

近几年，我国针状焦的生产与研发一直没有间断过，国内技术趋于成熟，主要是中钢集团鞍山热能研究院有限公司（煤系）、中国石油锦州石化公司（油系）、上海宝钢化工有限公司（煤系）等单位，分别在油系和煤系针状焦生产上实现了技术突破，在20世纪90年代中期实现了生产转化，自2017年下半年以来，中国针状焦产品价格迎来10倍的调涨，在持续暴利的刺激下，其产能也开始大肆扩张。目前国内已建成的针状焦生产装置设计产能达200万吨/年以上，受下游产品需求的拉动，针状焦市场行情大幅上扬，上海宝钢化工有限公司、辽宁鞍山中特新材料科技有限公司、山东振兴炭材科技有限公司、鞍山钢铁集团公司、江苏方大喜科墨针状科技有限公司、山东京阳科技股份有限公司、山东益大新材料等企业纷纷制订了复产、扩产、投产计划，针状焦市场将出现新的局面[31,32]。国内针状焦主要生产企业简况见表 4-6。

**表 4-6 国内针状焦主要生产企业简况**

| 企业名称 | 产品类别 | 产能(煅后)/(kt/a) |
|---|---|---|
| 鞍山中特新材料科技有限公司 | 煤系 | 60 |
| 枣庄振兴炭材科技有限公司 | 煤系 | 50 |
| 鞍钢化学科技有限公司 | 煤系 | 40 |
| 宁夏百川新材料有限公司 | 煤系 | 50 |
| 宝武炭材料科技有限公司 | 煤系 | 100 |
| 河南开炭新材料有限公司 | 煤系 | 40 |
| 宝泰隆新材料股份有限公司 | 煤系 | 50 |
| 山西鸿特煤化工有限公司 | 煤系 | 150 |
| 方大喜科墨(江苏)针状焦科技有限公司 | 煤系 | 60 |
| 宝舜科技股份有限公司 | 煤系 | 50 |
| 旭阳金州化工有限公司 | 煤系 | 50 |
| 平顶山旭阳兴宇新材料有限公司 | 煤系 | 50 |
| 唐山冬日新能源科技有限公司 | 煤系 | 100 |
| 太原晟宏炭材料有限公司 | 煤系 | 100 |
| 乌海宝化万辰煤化工有限责任公司 | 煤系 | 50 |
| 合计 | | 1000 |
| 中国石油金州石化公司 | 油系 | 110 |
| 山东益大新材料有限公司 | 油系 | 180 |
| 山东京阳科技股份有限公司 | 油系 | 180 |
| 山东联化新材料有限公司 | 油系 | 70 |
| 潍坊美孚新材料有限公司 | 油系 | 80 |
| 辽宁宝来生物能源有限公司 | 油系 | 110 |
| 金陵石油化工有限责任公司 | 油系 | 110 |
| 茂名石油化工有限公司 | 油系 | 100 |
| 聊城宇通能源科技股份有限公司 | 油系 | 70 |
| 山东亿维新材料有限责任公司 | 油系 | 70 |
| 卡拉玛依宏福新材料有限公司 | 油系 | 100 |
| 合计 | | 1180 |
| 全部合计 | | 2180 |

从质量跟踪数据来看，进口针状焦质量比国产针状焦稳定。进口针状焦的微量元素、硫含量相比国产针状焦低；国产焦易碎、强度差、韧性差、结合不好。经过多年的质量研发工

作，国产针状焦产品质量得到很大提高。国产、进口针状焦质量指标的典型数据见表 4-7。

**表 4-7 国产、进口针状焦质量指标的典型数据**

| 产品 | 真密度 /(g/cm³) | 挥发分 /% | 灰分 /% | 粉末比电阻 /(μΩ·m) | 振实密度 /(g/cm³) | 煅烧后 CTE/(10⁻⁶/℃) | 石墨化后 CTE/(10⁻⁶/℃) |
|---|---|---|---|---|---|---|---|
| 进口煤系针状焦 | 2.13 | 0.35 | 0.12 | 518 | 0.95 | 1.72 | 1.05 |
| 国产煤系针状焦 | 2.13 | 0.29 | 0.05 | 471 | 0.89 | 1.93 | 1.18 |
| 进口油系针状焦 | 2.12 | 0.68 | 0.08 | 588 | 0.95 | 1.56 | 0.96 |
| 国产油系针状焦 | 2.12 | 0.23 | 0.04 | 541 | 0.80 | 1.69 | 1.06 |

### 4.1.4.2 未来趋势

近年来，我国针状焦研发获得突破性进展，工业技术水平发展迅猛，市场规模不断扩大。2024 年中国针状焦产能约为 370 万吨[33]，其中新增产能 65 万吨，均为油系针状焦企业，且多数是原有老牌企业扩建项目。2025 年中国针状焦计划新增产能为 28 万吨，若能按期投产，针状焦总产能将达到 398 万吨。

针状焦 60%流向石墨电极市场，主要用于制造超高功率石墨电极，以满足超高功率电弧炉炼钢的需求。电弧炉炼钢是以废钢为原料，较高炉转炉法基建投资少，而且有利于废钢的回收利用。随着全球钢铁工业的发展，电弧炉逐渐向大型、超高功率以及电子计算机自动控制等方向发展，超高功率电弧炉的使用量不断增加，促进了超高功率石墨电极的应用。在这种背景下，用于超高功率电极和高功率电极生产的针状焦的需求快速增长。

在全球新能源汽车市场占有率快速提升的大背景下，国内外需求共振，我国重点负极材料生产厂家包括上海杉杉、深圳贝特瑞、江西紫宸、广州凯金、中科星城、福建翔丰华等，他们是针状焦的主力用户，杉杉股份、深圳贝特瑞、山东兴丰、四川金能士等企业也纷纷扩建、新建负极材料生产线，国内负极材料厂家对优质稳定、价格适中的针状焦产品需求迫切，锂电负极材料市场对针状焦的需求势必继续攀升，若拟在建产能全部投产，参考近 3 年的产能利用率，以最高 35%计，国内针状焦市场仍供不应求。

市场对针状焦的需求与高性能指标针状焦的技术研发是现阶段针状焦生产的核心问题。近几年我国对高质量针状焦的研发工作一直没有停止，产品质量也在不断提高，但是必须意识到针状焦实现高质量生产的难度。目前国内针状焦实际生产中，产品质量方面还存在着质量不够稳定、焦炭强度低、粉料多等问题。针状焦产品质量及竞争力的提升可以集中在加强基础理论研究和新生产工艺的开发上。加强基础理论研究可以从现有生产工艺进行细化研究：原料预处理单元主要是原料沥青中 QI 的去除和精制沥青的分子量分布的调控。但是在实际生产中，大都忽略了沥青的分子量分布，如何通过调整参数对沥青分子组成进行调控，有待进一步深入研究。煅烧工艺是生焦内部分子结构重排的过程，最终实现针状焦生焦的平面二维结构向煅后焦的三维类石墨微晶结构转变。有研究表明，针状焦煅后焦内部微晶结构的转变，直接影响针状焦质量指标，特别是直接影响真密度的变化。而煅烧温度的高低和升温速率的快慢直接影响针状焦煅后焦内部微晶结构的转变，因此，重视煅烧过程中煅烧曲线的设定，从焦炭内部微晶结构的演变角度展开研究，比直接关注真密度的变化更具实际意义[34]。现有的焦化生产工艺多采用可调整循环比的延迟焦化工艺。该工艺方式导致整个体系的物料平衡和热平衡波动较大，针状焦生产的稳定性较差。为提高针状焦生焦的产品质量，寻求新生产工艺，从根本上解决工艺上的缺陷，有助于提升针状焦生产技术。

在现今“双碳”背景下，针状焦作为储能材料的代表，不断加强基础研发力度，弄通其“卡脖子”关键技术基础理论和技术原理，形成完整的生产技术体系，是实现科技强国和技术创新的着力点。

# 4.2 各向同性焦

各向同性焦是一种优质的炭素材料，其光学结构为细颗粒镶嵌结构，这种结构使其在各个方向上的热膨胀系数相同，显示了宏观各向同性性质，具有机械强度高、致密性好、导热性和导电性好、耐腐蚀、电阻率低等诸多优点。各向同性焦以其优异的性能，与各向异性焦一样在炭素工业中发挥着举足轻重的作用，不仅被应用于传统的炭素行业，在机械、核能、航空等科技材料领域中也发挥着重要的作用[35]。

## 4.2.1 各向同性焦的性质及应用

### 4.2.1.1 性质

由于微观结构和性质的不同，炭素材料可大体分为各向同性和各向异性两大类。各向异性焦的微观结构呈粗糙纹理和层状结构，为单一取向性，其物理和化学性质随取向而变化。各向异性焦中最具代表性的是针状焦，其微观结构呈纤维状和针状纹理，如图 4-9（a）所示。各向同性焦的微观结构呈细颗粒镶嵌纹理，无单一取向性，如图 4-9（b）所示，其物理和化学性质在所有方向上都是相似的。

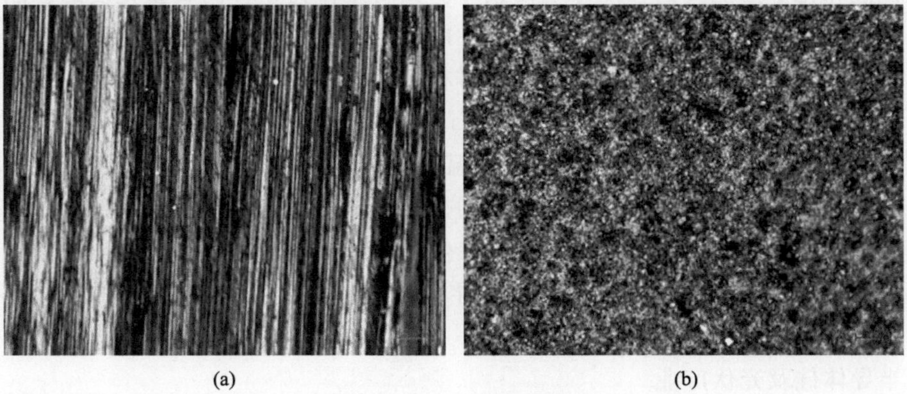

图 4-9 光学显微结构

（a）针状焦；（b）各向同性焦

各向同性焦沿三大晶体轴向的CTE大致相同，其各向同性度可以用CTE比值来表征，即径向CTE与轴向CTE的比值，一般范围在1.0～1.1。各向同性焦的关键质量指标如表4-8所示[36]。

**表4-8 各向同性焦的关键质量指标**

| 序号 | 质量指标项目 | 单位 | 指标 | 备注 |
|---|---|---|---|---|
| 1 | 真密度 | $g/cm^3$ | ≥2.12 | |
| 2 | 粉末电阻率 | μΩ·m | ≤150 | |
| 3 | 振动堆积密度 | $g/cm^3$ | ≥0.85 | 2～4mm粒度 |
| 4 | 粒子稳定性 | % | ≥92 | |
| 5 | 石墨化度 | % | ≥65 | |
| 6 | 哈氏可磨指数 | | 12～15 | |
| 7 | 气孔率 | % | ≤28 | |

### 4.2.1.2 应用

随着科技和工业生产的高速发展，普通各向异性炭素材料已不能满足使用需求，尤其在核反应堆、电火花、火箭喷嘴、热压模具、连续铸钢等高新技术领域，具有细颗粒结构的高密度、高强度的各向同性石墨逐渐成为研究热点[37,38]。传统方法制备各向同性石墨是将沥青焦和石油焦等各向异性焦破碎成足够小的颗粒，再经过混捏、破碎筛分、混合、等静压成型、焙烧、浸渍、二次焙烧、石墨化、加工提纯等工序处理，生产工艺烦琐冗长[39]。而各向同性焦自身具有各向同性，生产各向同性石墨时可以不必将原料破碎至粒度很细，采用粗颗粒配方生产，大大缩短了工艺流程，提高了生产效率和产品质量，因此各向同性焦是生产各向同性石墨的优质原料[40]。

（1）核石墨材料

核能作为新一代清洁能源，在改变全球能源结构、应对全球气候变化中发挥着重要作用。核反应堆是核电站的心脏，在反应堆运行期间，由于快中子剂量高，许多石墨的物理性能、机械性能和化学性能受到辐照影响而损坏。核石墨作为一种高石墨化度的多晶材料，具有热膨胀系数低、耐热冲击性好、中子活化性能低、吸振性好等优异性能，在核反应堆中常用作慢化剂、燃料元件基体材料及堆内结构材料。核石墨的研发与利用是决定核电站建设的关键[41]，功率为300MW的高温反应堆，核石墨的用量就高达400t，可见核石墨在核反应堆中的重要性[42]。研究发现，当核反应堆中温度上升时会引发慢化层石墨块的各向异性膨胀，炭层面方向强度很大，而层间仅由微弱的分子键结合，表现出明显的二向异性，因此对石墨材料的各向同性要求较高。由各向同性焦生产的各向同性石墨具有优异的减速和反射性能、良好的高温力学性能和结构强度、高导热强度和纯度，是核电建设中不可或缺的材料[43]。

（2）半导体硅及光伏产业

21世纪初期，太阳能光伏发电因其节能、环保、低碳、安全等特性成为世界各国竞相发展的可再生能源发电技术，各向同性石墨材料利用自身受热均匀、耐高温、膨胀系数小等优势，已成为太阳能电池中必不可少的加热材料。在半导体工业中，以各向同性石墨为基体材料的高纯石墨可作为单晶硅提拉用加热器、坩埚、加热器、硅晶片表面成层用架子、硅片外延生长用感受器等。由各向同性焦制备的各向同性石墨不仅可以提高产品质量，还可以有效减小材料受急冷急热而产生的内应力，延长设备或器具的使用寿命，所以在太阳能电池及半导体晶片行业得到广泛应用。

（3）高炉用石墨砖

石墨砖用于高炉炉腹至炉身位置，具有热导率高、热膨胀系数低、抗压强度高、气孔率低、灰分低、耐碱性好等特性，能有效加快炉体冷却，降低炉体温度，避免高炉不同部位因多种原因而遭到侵蚀破损，延长高炉使用寿命。高炉用石墨砖的理化指标如表 4-9 所示。

**表 4-9　高炉用石墨砖的理化指标**

| 序号 | 项目 | 单位 | 指标 | 备注 |
|---|---|---|---|---|
| 1 | 真密度 | $g/cm^3$ | ≥2.18 | |
| 2 | 体积密度 | $g/cm^3$ | ≥1.6 | |
| 3 | 显气孔率 | % | ≤21 | |
| 4 | 耐压强度 | MPa | ≥23.0 | |
| 5 | 灰分 | % | ≤0.5 | |
| 6 | 耐碱性级 | | ≥LC(轻微开裂) | 耐碱性作为参考指标,不作考核依据 |
| 7 | 热导率≥室温 | W/(m·K) | 45.0 | |
| 8 | 热导率≥200℃ | W/(m·K) | 43.0 | |
| 9 | 热导率≥600℃ | W/(m·K) | 40.0 | |
| 10 | 热导率≥800℃ | W/(m·K) | 35.0 | |

如果用传统的石油焦和沥青焦生产高炉用石墨砖，要经历生焦煅烧、破碎、配料、加入黏结剂沥青混捏、挤压成型、焙烧、一次浸渍、二次焙烧、二次浸渍、三次焙烧、石墨化、加工等工序。其中，多次浸烧工艺是为了保证产品具有较低的显气孔率[44]，整段工艺流程烦琐、耗时长。因各向同性焦的高强度和高致密特性，用其生产高炉用石墨砖时，只需一次浸渍、两次焙烧就能满足体积密度要求，大幅度缩短并简化了生产工艺流程，有效地节约了生产成本，极大地提高了工序成品率。

（4）铝用硬质石墨化阴极炭块

随着我国铝电解生产技术的飞速发展，铝电解槽型逐渐向大型化方面发展，大容量电解槽的热平衡问题难以解决、电化学腐蚀加剧、稳定性差等问题逐渐显露出来，其主要原因之一是所使用阴极炭块的石墨化度与电解槽型匹配度不够[45]。越来越多的铝电解生产厂家开始选用导电率高、导热率高、抗钠侵蚀性能和抗热震性能好的石墨化阴极炭块，以达到强化电流、延长电解槽寿命等目的。各向同性焦与普通石油焦相比，具有强度高、密度大以及气孔率低等特性，用各向同性焦制备的石墨化阴极的体积密度比用各向异性焦制备的石墨化阴极的体积密度平均高 $0.105g/cm^3$，因此，各向同性焦是生产石墨化阴极炭块的优质原料，用它生产的石墨化阴极的质量指标见表 4-10[36]。

表 4-10 用各向同性焦试产的石墨化阴极的质量指标

| 序号 | 质量指标项目 | 单位 | 指标 | 备注 |
|---|---|---|---|---|
| 1 | 真密度 | $g/cm^3$ | 2.18 | |
| 2 | 体积密度 | $g/cm^3$ | 1.68 | 未浸渍 |
| 3 | 电阻率 | $\mu\Omega \cdot m$ | 11.5 | |
| 4 | 抗弯强度 | MPa | 8.2 | |
| 5 | 抗压强度 | MPa | 28 | |
| 6 | 石墨化度 | % | 86 | |
| 7 | 电解膨胀率 | % | 0.40 | 用瑞士 RDC-193 仪器检测 |
| 8 | 热膨胀率 | $10^{-6}K^{-1}$ | 4.0 | |

万基控股集团有限公司建成了我国第一条规模化专业生产铝用全石墨化阴极的生产线，产品在国内外得到推广应用。他们通过大量生产试验发现，以各向同性焦为原料是生产优质石墨化阴极炭块的基础条件，通过改进和完善成型、焙烧及石墨化工艺技术参数可以满足生产优质石墨化阴极炭块的生产技术需求，生产出的石墨化阴极强度高、密度高、气孔率低、导电性好，用该阴极砌筑的电解槽耐腐蚀性能好、耐磨损、运行能耗低、安全性能好，完全满足国际大型铝业公司的生产技术要求[46]。目前，该公司已成为世界上最大的石墨化阴极生产基地，年产石墨化阴极可达 5 万吨，满足大型、超大型预焙电解槽的需求，已批量销往美国、加拿大、巴西、委内瑞拉、冰岛、挪威、迪拜等国际著名的铝业公司，以及用于国内山东、辽宁等大型或超大型预焙铝电解生产线。

## 4.2.2 各向同性焦的生产工艺

### 4.2.2.1 机理简述

早在 1964 年，Brooks 和 Taylor 就发现了在沥青液相炭化初期有小球体生成，并于第二年发表了关于研究小球体内部结构和层面取向的文章[8]，他们研究发现该小球体呈液晶状，各向异性，不溶于喹啉等溶剂，小球体的直径在 1～500μm 之间，内部由众多缩聚芳香扁平大分子堆砌而成，各片层大体沿赤道平面取向排列[47]。之后众多研究者们对液相炭化理论、中间相生成及转化过程也进行了深入探究，进而研发出了针状焦、中间相炭微球等高性能炭材料。越来越多的研究表明，各向同性焦的生成机理和各向异性焦的生成机理相同，都是基于液相炭化理论。

Whittaker 等[48]探究发现有机原料的分子结构类型和热处理所形成的结构类型是影响焦炭结构的主要因素；不同种原料中间相小球的形成、生长和融并速度各不相同，浓度高、尺寸小的球体容易生成各向同性度高的焦炭结构；通过施加外力可以降低中间相小球体的流动性，抑制其融并，使其向生成各向同性焦方向发展。中间相小球体的分子排列情况与向列型液晶系统中的分子取向相似，小球体靠吸取其周围的高度浓缩的各向同性沥青相，或靠两个及两个以上的小球互相融并而逐渐长大。Whittaker 认为，如果融并时没有任何阻碍，融并将顺利进行，进而生成一种新的结构单一的小球体，微观结构显示为广域结构；如果融并时出现物理或化学因素的干扰，融并将无法正常进行，便会生成更复杂的中间相单元，焦炭的结构将向无序方向发展，最终形成镶嵌结构，成为各向同性焦。因此，中间相的生成形式以及在塑性阶段所施加的外力决定了焦炭的最终结构和焦炭产品的性能。根据文献资料得出的结论不难看出，各向同性焦的生成过程本质上是一种非理想化、受众多因素影响的液相炭化过程，是中间相向细镶嵌结构转变的过程，最终成为各向同性焦。其基本工艺流程如图 4-10 所示。原料的组成和结构、一次喹啉不溶物的类型和数量、原料沥青中含有的金属元素以及中间相转化过程的温度、时间和压力等都会成为影响各向同性焦结构生成的因素。

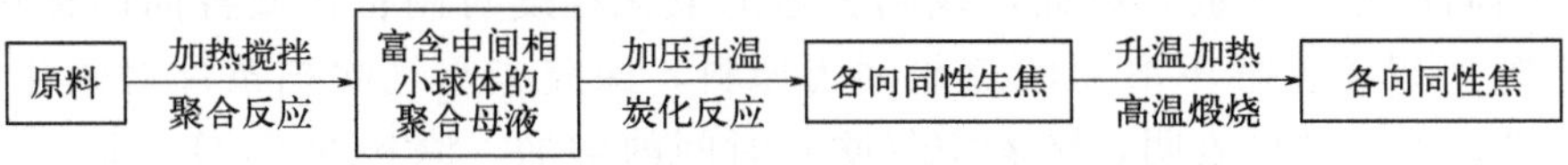


图 4-10　制备各向同性焦的基本工艺流程

#### 4.2.2.2　生产方法

（1）直接制备法

直接制备法是指在生产工艺中选择化学组成、分子结构和性能合适的原料来生产各向同性焦，该方法的优势在于可适当简化生产工艺流程，节约生产成本，弊端在于这种原料不易制备，因此直接选择合适的原料焦化制备各向同性焦具有一定的局限性。

Wataru[49]以快速热解煤生成的低缩合度焦油为原料制备各向同性焦。在制备过程中热解煤的反应温度控制在 750℃以下，600～650℃范围内最为适宜，恒温时间小于 5s，再将其产物进行炭化获得高质量的各向同性焦。Georg 等[50]通过低温炭化制备出氢含量为 5.68%、碳含量为 84.4%、灰分含量为 1.5%以及软化点为 67℃的焦油沥青，将其过滤去除固体颗粒，再将滤液升温至 900～1300℃生成各向同性焦。Georg 认为利用低温炭化获得的焦油沥青中含有大量杂原子，对中间相的发展起到了抑制作用，因此焦油沥青更倾向于生成各向同性焦。马晓龙等[51]介绍了一种以重相沥青为原料直接进行焦化反应制备各向同性焦的方法，试验还探究了焦化反应中不同升温速率对焦炭结构的影响，结果表明，当升温速率为 10℃/h 时，体系内的小球吸收周围母液长大形成小片结构；当升温速率为 20℃/h 时，体系内大部分的小球未来得及长大就已固化，形成不均匀的镶嵌结构；当升温速率为 30℃/h 时，体系内全部的小球快速固化，形成均匀的细镶嵌结构，其煅烧处理后焦炭的各项指标均符合各向同性焦的行业标准。

（2）空气氧化法

空气氧化法制备各向同性焦主要是对煤焦油等原料在一定温度下进行空气氧化，氧化后的原料再经焦化反应生成各向同性焦。对原料进行空气氧化可以促进原料发生脱氢缩合反应、交联反应，去除部分轻组分的同时抑制了中间相小球的融并。空气氧化法在原料的选择上适用性更宽泛，工艺上耗时短、收率高、操作简单、环境友好，是一种较易实现工业生产的方法。

凌立成等[52]以煤焦油或石油渣油蒸馏液为原料，将其加热至 120℃时搅拌并通入空气，继续升温至 260～430℃时保持 5～15h，使原料和空气中的氧气充分接触，去除蒸发分的同时发生缩合、交联化学反应，再将氧化的煤焦油或石油渣油蒸馏液在温度为 460～500℃、压力为 0.1～1MPa、氮气气氛条件下焦化生成各向同性焦。所制备的各向同性焦外观光泽感较强，呈玻璃状，显微结构为细镶嵌结构或极细镶嵌结构。王琳等[53]以低喹啉不溶物的精制煤焦油为原料，经 280～300℃空气氧化，获得了一系列不同软化点的氧化沥青，再对其进行延迟焦化和煅烧处理，获得不同结构的各向同性焦。实验探究了不同氧化温度、空气流量和氧化时间对氧化沥青的组成和化学结构的影响，以及氧化沥青的氧化度对各向同性焦形貌和性能的影响。实验结果证明，空气氧化对原料脱氢缩合反应和交联反应有积极影响；随着氧化度的增大，形成焦体的光学各向异性组分递减，各向同性组分递增，焦炭的光学显微结构从广域结构逐渐转变为粗镶嵌组织结构，最后转变为细镶嵌组织结构，但过度氧化反而不利于各向同性焦的生成，因此，找到合适的氧化程度对制备优质各向同性焦有重要影响。张怀平等[54]以无喹啉不溶物的煤焦油为原料，探究了空气吹扫条件对氧化沥青性质、结构及成焦的影响，结果表明，随着空气吹扫时间的增加，原料的 C/H（原子比）逐渐增加，这说明空气吹扫有利于脱氢缩合反应的进行。

（3）添加剂法

添加剂法制备各向同性焦是向焦油、沥青等原料中加入杂原子或焦粉等添加剂，经延迟焦化生成各向同性焦。添加剂既可以加快原料热解聚合速度，又可以阻碍中间相小球体融并，最终生成微观结构为细镶嵌结构的各向同性焦。常用的添加剂有锡、砷、红磷、铅、$P_4S_3$、$P_2S_5$、$As_2S_5$ 等，这些无机添加剂可充分促进原料热解，在煅烧阶段可以完全挥发掉。添加剂法对原料的适用性较为广泛，工艺上操作简单、易于实现。

Becraft 等[55]通过实验对比了原料在有无添加剂的情况下制备出的焦炭的 CTE 值，结果发现，原料在未添加任何添加剂的情况下生成的焦炭的 CTE 值为 2.15；而加入质量分数为 0.5%的 $P_4S_3$ 后生成的焦炭的 CTE 值为 1.12，说明添加剂对中间相形成细镶嵌结构起到促进作用。Kenichi 等[56]发明了一种各向同性焦的生产方法，向煤系沥青原料中添加含有邻苯二甲酸二丁酯的炭黑，炭黑的质量分数为 10%～40%，炭黑中邻苯二甲酸二丁酯的吸附量至少为 90mL/100g，最后混合物料在惰性气氛下，以升温速率 150℃/h 加热至 500～600℃，炭化生成高质量的各向同性焦，可进一步加工制备成放电加工电极、硅单晶体用的加热器以及海洋平台机械设备等。Eguchi 等[57]以煤焦油或焦油沥青等为原料，去除喹啉不溶物后，向原料中加入平均粒径为 20～50μm 的针状焦粉，经延迟焦化制备出高纯高密的各向同性焦。Hitomi[58]向煤系沥青中添加了 10%～30%（质量分数）的芳香酸酐，如均苯四甲酸二酐、偏苯三甲酸酐、邻苯二甲酸酐、均苯三甲酸酐等，在惰性气体保护下进行热处理，反应温度为 250～450℃，反应时间为 2～10h，再经焦化反应生产各向同性焦。

## 4.2.3 各向同性焦质量影响因素

（1）原料的组成和结构的影响

直接用来制备各向同性焦的原料一般具有较多的高活性组分，易于生成具有细镶嵌结构的各向同性焦。同时，原料中含有较多的氮、氧杂原子以及含硫杂环化合物等，对液相炭化反应中中间相的转化过程有一定的影响，例如杂原子硫可增大物料的黏度，焦炭的细镶嵌结构随硫含量的增大而增多[35]；煤焦油沥青中的钒和镍等金属有机化合物有催化作用，可以提高中间相热转化过程的反应速率，加速多环缩合芳烃化合物的分子活化，促进脱氢缩合反应进行，使聚集在一起的中间相小球来不及长大、融并就逐渐固化形成镶嵌结构。

(2) 喹啉不溶物的影响

喹啉不溶物可以参与中间相小球的形成，也可以作为杂质吸附在中间相小球上，使小球表面和内部能量分布发生变化，球体片层间不能互相插入，融并过程受到阻碍，进而原料中喹啉不溶物含量较高时趋于生成具有细镶嵌结构的各向同性焦。Tillmanns 等[59]研究了沥青中喹啉不溶物对沥青炭化以及焦炭结构的影响，研究发现随着喹啉不溶物含量的增加，焦炭的微观结构逐渐向细镶嵌结构发展，证明通过改变沥青中喹啉不溶物的类型和数量，可制备出具有不同各向同性程度的焦炭。屈滨等[40]以煤沥青为原料，通过调整原料中喹啉不溶物含量和聚合反应、炭化反应中的升温速率、反应温度和恒温时间来控制中间相小球体的状态，最终制得的各向同性焦的微观结构呈均匀致密的细镶嵌结构，粒子稳定性不低于 90%。此发明中调整原料中喹啉不溶物含量以及聚合反应的升温速率、反应温度、升温时间等参数的目的是使沥青母液中含有较多小粒径的中间相小球体，保证制备出的各向同性焦具有较高的各向同性度。调整炭化反应中的升温速率、反应温度等参数的目的是确保中间相小球体不能正常融并，进而生成致密均匀的细镶嵌结构。

(3) 其他影响

中间相热转化过程中的反应温度和时间对各向同性焦的生成有一定的影响，例如提高聚合反应速率，使其在短时间内达到反应温度，生成大量小球，这些小球由于转化不完善来不及长大，因此，形成具有镶嵌结构的各向同性焦。

降低液相炭化体系中的压力有利于生成镶嵌结构，这是由于体系中压力降低造成低分子量的挥发性物质析出，从而降低了液相的流动性。反之，提高液相炭化体系中的压力后，低分子量的挥发性物质在压力下凝聚于液相之中，改善了液相的流动性，促进了中间相小球的成长和融并。

实验研究发现，适用于生产各向同性焦的原料油、沥青中的杂原子可以加速热解缩合，降低热转化温度，阻碍中间相继续发展，从而有利于生成各向同性结构，还有一部分研究中添加的有机或无机添加剂或起到促进热解及阻碍中间相稳定发展的作用。因此，制备各向同性焦除选择合适的原料或进行改性处理外，还应控制好升温条件、压力条件，使原料在中间相融并前快速成焦，形成具有细颗粒镶嵌结构的各向同性焦。

### 4.2.4 发展现状及展望

各向同性焦是继针状焦之后发现的又一优质炭素材料，具有机械强度高、致密性好、各向同性等优异的性能，是制备各向同性石墨最理想的骨料。现如今，在新能源使用及节能减排的政策鼓励下，各向同性石墨作为一种当今世界上不可缺少的高性能工程材料，在航空航天、核能、电磁防护、高温炉以及电极材料等领域得到广泛的应用。采用各向同性焦生产的各向同性石墨具有较大优势，其特性显著优于各向异性焦制得的各向同性石墨。这是由于各向同性焦特有的各向同性使其在热处理过程中热应力场对称，在石墨化的先膨胀后收缩过程中平衡抵消各个方向上的热应力，因此不会产生裂纹源。同时，由于各向同性焦高致密性的缘故，可以减少浸渍和二次焙烧的次数。

目前，各向同性焦的生产及应用技术在国外发展较快，如美国、德国、法国、日本和波兰等国家已经生产了近百种型号的各向同性石墨产品，为核工业、国防工业、航空航天等高精尖领域的发展提供了大量新型优质石墨产品。我国对于各向同性焦的生产研究起步较晚，在 2008 年 9 月由江苏启辉炭材高科技有限公司和两家投资公司成功研发出硬质各向同性焦，并用这种焦在万基控股集团有限公司成功试产出了质量合格的高品质硬质石墨化阴极，其质量指标接近世界同类产品先进指标[39]。近年来，随着我国经济的高速发展，太阳能电池产业、电加工、冶金、化工、核电等相关产业对各向同性石墨的需求越来越大，中国正逐步迎来一个发展高端特种石墨的新高潮，各向同性焦产业的飞速发展将为我国实现高端特种石墨制品的国产化提供强有力保障。

# 4.3 石墨电极

石墨电极是以针状焦、石油焦等为骨料，以煤沥青等为黏结剂，经煅烧、破碎、配料、混捏、成型、焙烧、浸渍、二次焙烧、石墨化、机加工等步骤制备而成的一种耐高温的石墨质导电材料。石墨电极主要用作电弧炉炼钢导电材料，生产中利用电极向炉内导入电流，在强大的电流下通过气体产生电弧放电，利用电产生的热量进行加热或冶炼[60]。早在 1810 年，汉佛莱·戴维（Humphry Davy）就利用木炭制成通电后能产生电弧的炭质电极，开辟了使用炭素材料作为高温导电电极的广阔前景。之后，科学家们尝试用石油焦、天然石墨等制备电极材料，用于冶炼电石、铁合金等，1899 年首次用于炼钢。

## 4.3.1 石墨电极的分类及应用

20 世纪 60 年代以后，随着石墨电极的优良性能以及制造工艺的不断改进，绝大多数电弧炼钢炉开始使用石墨电极。电炉炼钢对输入电功率的需求不断提高，高功率及超高功率石墨电极研制成功并发展迅速。国际上根据电弧炼钢炉每吨炉容量的变压器输入功率大小分为普通功率电炉、高功率电炉和超高功率电炉三类，对应所用的电极根据原料和质量又可分为普通功率石墨电极（RP）、高功率石墨电极（HP）和超高功率石墨电极（UHP）。通常，RP 允许通过的电流密度低于 $17A/cm^2$，HP 允许通过的电流密度为 $18\sim25A/cm^2$，UHP 允许通过的电流密度不低于 $25A/cm^2$。20 世纪 80 年代末世界上工业发达国家电炉炼钢工业多数电炉的吨位已提高到 80～200t，因此大量使用的是直径 550～750mm 的高功率或超高功率石墨电极。

我国石墨电极质量标准（YB/T 4088—2015）对普通功率石墨电极的质量共限定了六项理化指标，其中电阻率、抗折强度、弹性模量和体积密度作为质量考核指标，灰分和热膨胀系数作为参考指标。普通功率石墨电极分为优级品和一级品两个等级，优级品的使用性能高于一级品[61]。《高功率石墨电极》（YB/T 4089—2015）和《超高功率石墨电极》（YB/T 4090—2015）的质量标准同普通功率石墨电极一样，都限定了六项指标，区别是热膨胀系数亦作为质量考核指标，灰分作为参考指标。表 4-11～表 4-13 分别列出了普通功率石墨电极的质量标准、高功率石墨电极的质量标准和超高功率石墨电极的质量标准。

**表 4-11　普通功率石墨电极质量标准**

| 项目 | | 单位 | 公称直径/mm | | | | | | | | | |
|---|---|---|---|---|---|---|---|---|---|---|---|---|
| | | | 75～130 | | 150～225 | | 250～300 | | 350～450 | | 500～800 | |
| | | | 优级 | 一级 | 优级 | 一级 | 优级 | 一级 | 优级 | 一级 | 优级 | 一级 |
| 电阻率　≤ | 电极 | μΩ·m | 8.5 | 10.0 | 9.0 | 10.5 | 9.0 | 10.5 | 9.0 | 10.5 | 9.0 | 10.5 |
| | 接头 | | 8.0 | | 8.0 | | 8.0 | | 8.0 | | 8.0 | |
| 抗折强度　≥ | 电极 | MPa | 10.0 | | 10.0 | | 8.0 | | 7.0 | | 6.5 | |
| | 接头 | | 15.0 | | 15.0 | | 15.0 | | 15.0 | | 15.0 | |
| 弹性模量　≤ | 电极 | GPa | 9.3 | | 9.3 | | 9.3 | | 9.3 | | 9.3 | |
| | 接头 | | 14.0 | | 14.0 | | 14.0 | | 14.0 | | 14.0 | |
| 体积密度　≥ | 电极 | $g/cm^3$ | 1.58 | | 1.53 | | 1.53 | | 1.53 | | 1.52 | |
| | 接头 | | 1.70 | | 1.70 | | 1.70 | | 1.70 | | 1.70 | |
| 热膨胀系数（室温～600℃）≤ | 电极 | $10^{-6}℃^{-1}$ | 2.9 | | 2.9 | | 2.9 | | 2.9 | | 2.9 | |
| | 接头 | | 2.7 | | 2.7 | | 2.8 | | 2.8 | | 2.8 | |
| 灰分　≤ | | % | 0.5 | | 0.5 | | 0.5 | | 0.5 | | 0.5 | |

**表 4-12　高功率石墨电极质量标准**

| 项目 | | 单位 | 公称直径/mm | | |
|---|---|---|---|---|---|
| | | | 200～400 | 450～500 | 550～700 |
| 电阻率　≤ | 电极 | μΩ·m | 7.0 | 7.5 | 7.5 |
| | 接头 | | 6.3 | 6.3 | 6.3 |
| 抗折强度　≥ | 电极 | MPa | 10.5 | 10.0 | 8.5 |
| | 接头 | | 17.0 | 17.0 | 17.0 |
| 弹性模量　≤ | 电极 | GPa | 14.0 | 14.0 | 14.0 |
| | 接头 | | 16.0 | 16.0 | 16.0 |
| 体积密度　≥ | 电极 | $g/cm^3$ | 1.60 | 1.60 | 1.60 |
| | 接头 | | 1.72 | 1.72 | 1.72 |
| 热膨胀系数（室温～600℃）≤ | 电极 | $10^{-6}℃^{-1}$ | 2.4 | 2.4 | 2.4 |
| | 接头 | | 2.2 | 2.2 | 2.2 |
| 灰分　≤ | | % | 0.5 | 0.5 | 0.5 |

**表 4-13　超高功率石墨电极质量标准**

| 项目 | | 单位 | 公称直径/mm | | | |
|---|---|---|---|---|---|---|
| | | | 300～400 | 450～500 | 550～650 | 700～800 |
| 电阻率　≤ | 电极 | μΩ·m | 6.2 | 6.3 | 6.0 | 5.8 |
| | 接头 | | 5.5 | 5.3 | 4.5 | 4.3 |

续表

| 项目 | | 单位 | 公称直径/mm | | | |
|---|---|---|---|---|---|---|
| | | | 300～400 | 450～500 | 550～650 | 700～800 |
| 抗折强度 ≥ | 电极 | MPa | 10.5 | 10.5 | 10.0 | 10.0 |
| | 接头 | | 20.0 | 20.0 | 22.0 | 23.0 |
| 弹性模量 ≤ | 电极 | GPa | 14.0 | 14.0 | 14.0 | 14.0 |
| | 接头 | | 20.0 | 20.0 | 22.0 | 22.0 |
| 体积密度 ≥ | 电极 | $g/cm^3$ | 1.67 | 1.66 | 1.66 | 1.68 |
| | 接头 | | 1.74 | 1.75 | 1.78 | 1.78 |
| 热膨胀系数（室温～600℃）≤ | 电极 | $10^{-6}℃^{-1}$ | 1.5 | 1.5 | 1.5 | 1.5 |
| | 接头 | | 1.4 | 1.4 | 1.3 | 1.3 |
| 灰分 ≤ | | % | 0.5 | 0.5 | 0.5 | 0.5 |

人造石墨电极主要用于电弧炉炼钢，炼钢用石墨电极占石墨电极总用量的70%～80%。一直以来，我国的粗钢产量比例较高，电炉钢占比约10%。改变炼钢流程和提高优特钢比例成为中国钢铁行业发展的必然需求。生产优质钢、特种钢主要使用电弧炉，电弧炉必须使用石墨电极，国内电炉钢石墨电极单耗为1～5kg/t，2021年我国电炉钢产量约11800万吨，占比达到了近十年的最高值10.7%，2022年、2023年受我国废钢资源、炼钢工艺等各方面影响，我国电炉钢产量有所下降，约10000万吨，占比降至9.7%；2024年石墨电极产量约100.2万吨，同比增长14.7%。钢铁产业的结构调整必将带动石墨电极行业的发展。为了适应电炉发展的需要，普通功率石墨电极的产量减少，高功率、超高功率石墨电极的产量逐年增长。

石墨电极可用于矿热电炉作导电电极生产工业硅、黄磷和磨料等，一般用普通石墨电极可以满足要求，对石墨电极的需求量影响不大；石墨电极可用于电阻炉，如生产石墨制品的石墨化炉、熔化玻璃的熔窑等。通常，导电石墨电极嵌入电阻炉端部的炉头墙中，用于此处的石墨电极不断消耗。

## 4.3.2 石墨电极的生产工艺及过程

石墨电极由原料经破碎、配料、混捏、压型、焙烧、浸渍、二次焙烧、石墨化、加工、检验、打包等11道工序制备而成，其常见生产工艺流程如图4-11所示[62]。

普通功率石墨电极、高功率石墨电极、超高功率石墨电极由于质量要求不同，制备时骨料组成也不同。一般来说，普通功率石墨电极的骨料为石油焦，高功率石墨电极的骨料由70%优质石油焦和30%针状焦组成，超高功率石墨电极的骨料100%为针状焦。生产普通功率石墨电极和高功率石墨电极时也会加入少量沥青焦，既增加其强度，又能防止炉管结焦。石墨电极生产周期长，普通石墨电极长达50天，超高功率石墨电极至少需65天。其中焙烧工序时间最长，一次焙烧约25天，二次焙烧约15天。若考虑原料备货、破碎、配料、混捏、质检等工序，其生产周期会更长。而电极接头的生产由于比电极多二浸、三焙处理，生

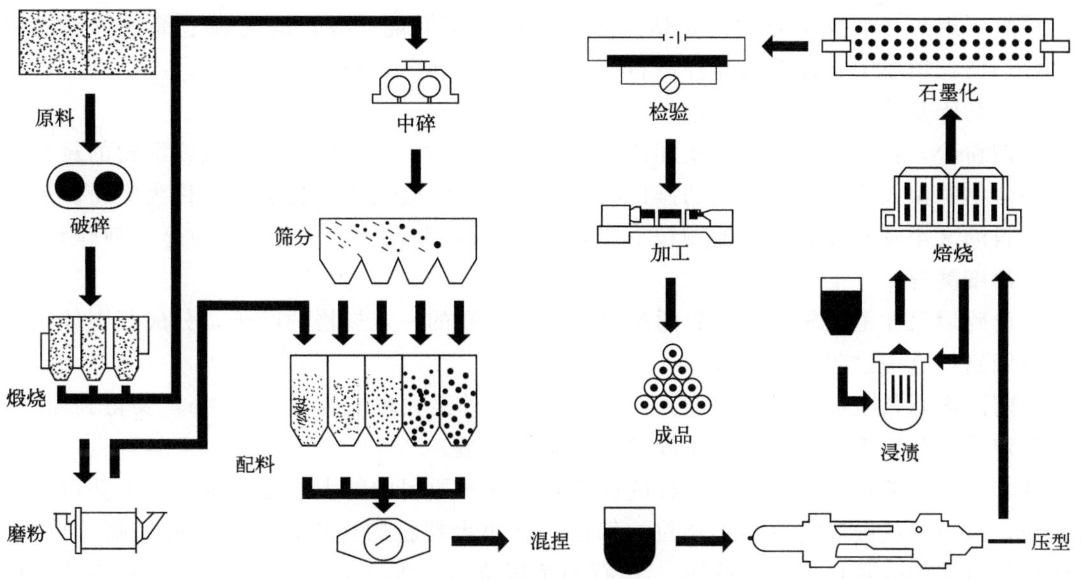

图 4-11　石墨电极的生产工艺流程

产周期至少 90 天[63]。

（1）煅烧

石墨电极厂一般采购生焦，对其进行煅烧处理后使用。煅烧过程[64]中随着煅烧温度升高，高分子芳香族碳氢化合物发生复杂的分解和缩聚反应，分子结构不断变化，炭素原料所含杂质逐渐排出，其化学活性降低，本身体积逐渐收缩，形成了碳原子的平面网格结构，呈二维空间的有序排列结构，真密度、机械强度、导电性能得以提高。另外，在该过程中原料颗粒表面和孔壁沉积一层致密且有光泽的热解炭膜，化学性能稳定，抗氧化性能提高。

我国炭素原料的煅烧质量一般采用电阻率和真密度两项指标来控制。煅烧程度越高，煅后料的电阻率越低，真密度越大[61]。各种炭素原料的煅烧质量要求见表 4-14。

**表 4-14　各种炭素原料的煅烧质量要求**

| 原料种类 | 电阻率/(μΩ·m) | 真密度/(g/cm³) | 水分/% |
|---|---|---|---|
| 石油焦 | ≤550 | ≥2.07 | ≤0.3 |
| 油系针状焦 | ≤500 | ≥2.13 | ≤0.3 |
| 沥青焦 | ≤650 | ≥2.00 | ≤0.3 |
| 煤系针状焦 | ≤600 | ≥2.12 | ≤0.15 |

原料在入窑煅烧前要预碎至 50～70mm 块度。煅烧工艺视所用设备不同而不同，设备不同也会影响煅后焦的质量，国内常用的煅烧炉有罐式煅烧炉和回转窑。

煅烧温度的高低影响到制品焙烧和石墨化时的收缩率，如煅烧温度低，则焙烧和石墨化时收缩率大，将引起制品变形或开裂，一般设置煅烧最高温度 1350℃，而且不应低于 1100℃，特别不应在 700～800℃时停止或延长时间，这样所得的原材料的理化性能稳定和均匀[65]。

采用逆流式罐式煅烧炉时，工序中产生的热量通过作为火道壁的耐火砖传给被煅烧物料，节约燃料费用，余热还可用于热混捏过程。吉林炭素设计建造的 8 层火道逆流式罐式炉，缓解延迟焦在煅烧罐内的结焦堵路现象，提高了煅烧质量；煅烧罐上部罐体砌成梯形（上窄下宽），增设了自动探料器控制料面，操作条件和劳动环境得以改善。

（2）粉碎及筛分

所谓粉碎，就是用机械方法使固体物料克服内聚力，由大块碎成小块或细粉的过程。通常将固体物料由大块破裂成小块的操作叫破碎，将小块破裂成细粉的操作称为磨粉。依据被破碎物料的大小及破碎后物料的颗粒不同，可以把物料操作分为粗碎、中碎、细碎和粗磨、细磨、超细磨等。

将粉碎后尺寸范围较宽的物料通过具有均匀开孔的一定规格的筛子，分成范围较窄的集中颗粒级别，这一过程就是筛分。

目前国内石墨电极的最大粒度为 6～8mm，国外最大粒度为 8～12mm，要得到质量好、性能稳定的产品，需选用合适的粉碎机械和筛分机械。

针状焦和石油焦粉碎与筛分流程的区别：针状焦原料中的大颗粒较少，为了获得更多的大颗粒，减少二次破碎造成的小颗粒，保留针状焦大颗粒的优良性能，一般先筛分再中碎，以获得尽量多的大颗粒供配料使用[61]；石油焦煅烧后粒度一般在 0～50mm，配料需要粒度为 4～2mm、2～1mm、1～0.5mm 和 0.5～0mm，因此需要先中碎再筛分，该流程通常用对辊破碎机、双层振动筛、斗式提升机来串联操作，最后得到所需的 4 种不同尺寸范围的颗粒料。

粉碎及筛分过程中会产生粉尘，需分级处理，用大功率风机除尘后再用旋风除尘、布袋吸附或黑法吸附来达到除尘效果；而且为了保证过程中不混入杂质，可以用密封处理技术。

（3）配料

将一种或者多种不同性能、不同粒度的固体原料与黏结剂按一定比例配合起来，这种过程就是配料[64]。炼钢电弧炉用人造石墨电极要求导电性能好、抗热震性能强，生产普通功率石墨电极，可采用一般质量的石油焦作原料，或加入适量沥青焦，提高制品强度；生产高功率石墨电极，采用优质石油焦和部分针状焦作原料；生产超高功率石墨电极，则必须全部采用优质针状焦作原料。对于炼钢电极的原料，应控制硫和磷的含量，硫和磷将使钢产生热碎性和冷碎性。为了提高糊料的润滑性和可塑性，提高产品的导电性，石墨电极生产配料时也会加入少量的石墨碎[61]。

石墨电极的抗热震性能是第一技术指标，采用大颗粒骨料配方是提高该指标的有效方法。该配方一方面要增加大颗粒的尺寸，另一方面要相应地增加细粉量，尽量减少小颗粒的用量。生产不同直径石墨电极的骨料和粉料的颗粒尺寸如表 4-15 所示。

**表 4-15　不同直径石墨电极配料中粒度组成**

| 电极直径 | 大颗粒尺寸/mm | 中颗粒尺寸/mm | 小颗粒尺寸/mm | 细粉/mm |
|---|---|---|---|---|
| 600 | 8～20 | 4～8,2～4 | 0.5～2 | <0.075 |
| 300～500 | 2～4 | 1～2 | 0.5～1 | <0.075 |
| 150～275 | 1～2 | 0.5～1 | 0.15～0.5 | <0.075 |
| <125 | 0.5～1 | 0.15～0.5 | — | <0.075 |

石墨电极生产中黏结剂用量与固体炭质物料的比表面积和吸附容量密切相关，其量为黏结剂在固体颗粒和粉料表面形成几微米厚沥青薄膜所需沥青量的总和。石油焦和沥青焦颗粒

表面为蜂窝状结构，孔隙多，比表面积大，针状焦呈纤维状显微结构，其消耗黏结剂用量比普通石油焦和沥青焦稍少一些。黏结剂用量还与固体物料粒度、粉料纯度、成型方式有关，应根据实际生产需要调节。一般情况下，普通功率石墨电极生产黏结剂（煤沥青）用量占糊料的（23±2)%，超高功率石墨电极生产黏结剂（改质沥青）用量占糊料的21%左右。采用改质沥青作黏结剂可增加浸渍密实化程度。

（4）混捏

在炭素材料生产过程中，将定量的炭质颗粒物料、粉料和定量的黏结剂在一定温度下搅拌混合、捏合成可塑性糊料的工艺过程就是混捏[61]。经过混捏，各种不同粒径的原料均匀分布，颗粒间空隙被更小的颗粒填充，物料密实程度提高；黏结剂均匀覆盖在干料表面，并部分渗透到颗粒的孔隙中，由黏结剂的黏结力把所有颗粒互相结合起来，并赋予糊料塑性，利于成型[64]。混捏的方法有冷混捏和热混捏。石墨电极生产时，通常将黏结剂加热至软化点温度之上，使其具有良好的流动性和浸润能力，干料在另一容器内干混预热，预热温度一般和黏结剂温度接近，混匀预热好的干料再加入黏结剂中继续搅拌混捏一定时间，得到可塑性良好的糊料，该工序要控制温度、时间等因素。

混捏采用爱立许混捏锅、锅式凉料、混捏凉料一体化技术，工艺周期变短，效率得以提高。

理想的炭素混捏工艺包括高温混捏过程和低温混捏过程，高温混捏过程促进黏结剂沥青对干料的吸附、润湿和浸透，低温混捏过程促使干料表面沥青吸附层的内部结构趋于有序排列。以HP-PKC系列糊料混捏冷却机为例，该设备主要由冷却机主机、驱动装置、温度测量装置及卸料系统等组成，其中冷却机主机主体由冷却缸体及冷却搅刀组成，在冷却搅刀及缸体的共同作用下实现糊料的低温混捏、冷却、分散、沥青烟的排除等功能。采用该技术进行低温混捏，随着温度的降低混捏效果增强，骨料表面沥青吸附层的形成更加活跃，同时沥青吸附内层的分层结构更趋于有序排列，糊料冷却的同时，质量进一步提高。

（5）压型

压型是混捏好的炭质糊料在成型设备施加的外部作用力下发生塑性变形，最终压制成具有一定形状、尺寸、密实度和强度的生坯（即生制品）的工艺过程。在炭材料生产中，常用的压型方法有模压法、挤压法、振动成型法和等静压成型法[61]。石墨电极生坯一般是通过挤压成型制得。挤压成型操作一般有五道工序：凉料、装料、预压、挤压和冷却。图4-12为立捣卧挤挤压机。

图4-12 立捣卧挤挤压机

在电极压型工艺中，生坯的体积密度是压型工艺的生产技术控制指标。对于各种类型和规格的电极，生坯体积密度的一般要求见表4-16。

**表 4-16 不同规格电极生坯体积密度要求**

| 项目 | | 单位 | RP | | | HP | | UHP | |
|---|---|---|---|---|---|---|---|---|---|
| 电极 | 直径 | mm | ≥300 | | | 300～500 | 600 | 300～500 | 550～600 |
| | 体积密度 ≥ | $g/cm^3$ | 1.68 | | | 1.68 | 1.69 | 1.68 | 1.70 |
| 接头 | 直径 | mm | ≤125 | 169～260 | 288～320 | | | | |
| | 体积密度 ≥ | $g/cm^3$ | 1.70 | 1.69 | 1.68 | 1.70 | | | |

(6) 焙烧

焙烧是指成型后的炭制品生坯在焙烧加热炉的保护介质中，在隔绝空气的条件下，按一定的升温速率进行高温热处理，使生坯中煤沥青炭化的过程[64]。在这一过程中，黏结剂发生热缩聚反应形成沥青焦，其在炭质骨料颗粒间形成黏结焦网格，把不同粒度的骨料牢固结合在一起，从而使炭制品具有一定的强度和理化性能。焙烧后的炭制品具有较高的机械性能、较低的电阻率、较好的热稳定性和化学稳定性。

为了使石墨电极具有高的抗折强度和好的致密性，会进行二次焙烧。区别在于：a. 一次焙烧的原料是生坯，二次焙烧的原料是浸渍品；b. 生坯焙烧时需考虑变形问题，浸渍品焙烧时不存在变形问题，不必加填充料；c. 浸渍品中煤沥青含量比生坯少，生坯一次焙烧时存在沥青迁移问题，浸渍品二次焙烧时煤沥青的迁移对整个结构的影响不大，并且一次焙烧时析出的沥青量少，二次焙烧时会析出大量的浸渍剂；d. 浸渍品的焙烧升温速率大于生坯的焙烧升温速率，二次焙烧曲线一般要比一次焙烧缩短 100h 以上；e. 一次焙烧最高温度为 1200～1250℃，一般在环式焙烧炉或车底式焙烧炉中进行，而二次焙烧最高温度为 700℃左右，二次焙烧一般在隧道窑内进行[61]。

焙烧工序是石墨电极生产中周期最长的工序，一般时间为 500～700h，占到石墨电极总生产周期的 1/2 以上。在保证质量的前提下，合理调控温度曲线，缩短焙烧工序生产周期，可以有效提高焙烧炉的产能和效率，降低产品的单耗，是石墨电极生产中有效的节能手段。

在实际生产中，石墨电极的升温曲线跟规格有关，挤压成型的 $\phi$250mm 及以下小规格的电极可使用一种升温曲线，$\phi$300～450mm 的可使用同一种升温曲线，$\phi$500mm 以上的可使用一种升温曲线，升温曲线通常有 324h、360h、432h、504h 等[66, 67]。焙烧时间长短跟炉型也有关系，一般来说带盖式环式焙烧炉的焙烧时间要比敞开式环式焙烧炉的短。缩短焙烧周期的方法有以下几种[68]：a. 缩短升温曲线；b. 调整冷却降温措施，如升温结束后开盖抓出一部分保温料，降低保温料厚度，或用轴流风机对火井口强制鼓风，加快空气流动，提高降温速度；c. 在系统负压能够保证的情况下，尽可能多地增加升温运转炉室数，提高产能；d. 电极上下层错时出炉，加快下层电极的降温速度。二次焙烧也可以采用与一次焙烧类似的措施来缩短周期，提高焙烧效率。

焙烧工序除了调控升温曲线、提高效率、增加产品产能以达到高的实收率之外，还可以通过有效的焙烧技术管理、合适的填充料生产高合格率、高成品率的焙烧品，来提高焙烧工序的实收率。

焙烧工序包括装炉、预热、升温、冷却、出料几步，装炉工艺对焙烧质量的影响很大。为了保证焙烧品的均匀性，焙烧炉内生坯所处的温度场分布很重要。装炉时要控制生坯和炉墙的间距，一般不小于 120mm，制品间距不小于 40mm，炉底料厚度不低于 100mm，上层料厚度不小于350mm，而且填充料加入时间亦有严格限制。优化装炉工艺，按规定严格实行标准化出炉操作，都有利于提高产品的质量及合格率。图4-13为隧道窑焙烧系统。

填充料在焙烧时用于覆盖生坯，起到防止生坯氧化、变形的作用，同时还起到传导热量、有效抑制挥发分排出、导出挥发分的作用。合格的填充料不与制品反应，热膨胀性在1.2%～1.5%之间，导热性好等。生产中好的填充料一般是两种及以上物质按配比混合在一起使用。石英砂与冶金焦按4∶6配比是已知的效果较好的填充料。

细化研究石墨电极焙烧过程，全面控制，不断总结和改进技术，有望在焙烧工序实现100%的合格率。

(7) 浸渍

浸渍是将制品置于压力容器内，在一定温度和压力条件下迫使液态浸渍剂浸入制品孔隙中的工艺过程[61]。骨料内部固有的孔隙、配料中骨料颗粒间的孔隙、生坯制品焙烧热处理过程中产生的气孔，都会对石墨电极的理化性能和使用性能产生负面影响，因此，在生产石墨电极本体、接头时均需用浸渍剂进行密实化处理。通过浸渍密实化处理可以达到以下几方面目的：明显降低制品的气孔率，增加制品的体积密度和机械强度，改善制品的导电、导热性能，降低制品的渗透率，提高制品的抗氧化性能和抗腐蚀性能。当然，浸渍密实化处理带来的负面影响是其热膨胀系数有所增加。卧式加压浸渍系统如图4-14所示。

图4-13　隧道窑焙烧系统

图4-14　卧式加压浸渍系统

生产中，为了确保浸渍质量，浸渍焙烧电极本体热处理温度控制在200～260℃，浸渍沥青的温度约160～190℃。浸渍结束时，把剩余浸渍沥青压回储罐，通冷却水至浸渍罐，或者将浸渍品从浸渍罐运出至冷却室中迅速淋水，对浸渍品及时进行冷却。这样使进入炭坯气孔的沥青迅速固化，防止卸除压力后的沥青“返浸”，也可减少沥青烟气的产生，这一工艺为“热进冷出”。改进后浸渍品取出的温度降至80～100℃，通常根据所用浸渍品的软化点来确定，即取出温度略低于浸渍剂软化点温度。浸渍工艺的“热进冷出”，可以达到清洁生产、减少污染物排出的目的。

(8) 石墨化

石墨化过程就是在高温电炉内保护介质中对炭制品进行热处理的过程。石墨化通过改变有序性，提高了制品的导电、导热性能，提高了制品的耐热冲击性和化学稳定性，使制品具有润滑性和抗磨性，排除了杂质，提高了制品的纯度。不同品种石墨电极所需石墨化温度不同：普通功率石墨电极的石墨化温度一般为2500℃左右，高功率石墨电极的石墨化温度为2600～2800℃左右，超高功率石墨电极的石墨化温度需要达到2800℃以上。石墨化是生产石墨电极耗能的重要工序。

石墨化品和焙烧品的主要差异在于：炭质焙烧品微观结构为二维乱层结构排列，而石墨化品属于三维有序层状结构排列[61]，其性能有很大差别，如表4-17所示。

**表4-17 焙烧品与石墨化品的性能指标对比**

| 项目 | 焙烧品 | 石墨化品 |
|---|---|---|
| 电阻率/($10^{-6}\mu\Omega \cdot m$) | 40～60 | 6～12 |
| 真密度/($g/cm^3$) | 2.00～2.05 | 2.20～2.23 |
| 体积密度/($g/cm^3$) | 1.50～1.65 | 1.52～1.68 |
| 抗压强度/MPa | 24.50～34.30 | 15.68～29.40 |
| 气孔率/% | 20～25 | 25～30 |
| 灰分/% | <0.5 | <0.3 |
| 热导率/[W/(m·K)] | 3.60～6.70(175～675℃) | 74.5(150～300℃) |
| 热膨胀系数/($10^{-6}℃^{-1}$) | 1.6～4.5(20～500℃) | 1.1～2.5(20～600℃) |
| 氧化开始温度/℃ | 450～550 | 600～700 |

生产中常用的石墨化炉有两种：内联串接式（LWG）炉和艾奇逊大直流炉。LWG炉采用的是“内串”石墨化技术，不用电阻料，电流直接通过由焙烧炭坯纵向连接的电极柱产生高温来达到将制品石墨化的目的。该工艺没有电阻料，减少热量的消耗。艾奇逊大直流炉的吨电耗是4200kW·h，而内串炉是2800～3200kW·h，降低电耗20%～35%。LWG炉具有热效率高、送电时间短等特点，通电周期通常为14h，而且产品均匀，石墨化温度及程度高，工艺操作简单，其关键技术是串接、加压、通电。大直径制品单柱串接，中直径制品可多柱串接，串接时，几根焙烧品从纵长方向串联并紧压在一起，端面接触部分是关键地方。电流通过时，该部位接触电阻大，温度较高，因此端面接触部分易出现裂纹，处理方法是在端面放入合适的垫层、涂抹接触膏等；串接柱应施加0.4～1.0MPa压力，增大压力可以减小接触电阻，但是考虑焙烧品在石墨化阶段的尺寸变化，所以串接石墨化时需要根据串接柱长短及时调整压力，以补偿电极在石墨化时产生的胀缩；石墨化通电时根据制品在各温度结构的转变要制定合适的通电曲线，如启动时电压较高，电流较小，炉温上升后，电阻下降，电流增大，为保持规定的电功率就需要降低输入电压，针对不同尺寸、不同规格的制品要制定合适的通电制度。如直径600mm的焙烧品单柱串接时电流密度为$45A/cm^2$，每次通电时间为7～16h，每次装炉量为16～20t，由12台炉组成的一组石墨化炉年产能为1.2万t，每吨焙烧品石墨化电耗为3000kW·h。

目前国内石墨化整流机组都向着大电流、低电压、增大炉芯电流密度方向发展，以缩短送电时间、节约电量和提高生产效率。

（9）加工

炭材料加工的目的是依靠切削加工来达到所需要的尺寸、形状、精度和粗糙度[61]。成型后的生坯经过焙烧和石墨化处理后尺寸会有所变化，或者发生了不同程度的弯曲、变形，或者表面黏附有填充料、电阻料等，都必须经过适当的整形加工，达到规定的几何尺寸、形状及表面粗糙度。

石墨电极根据使用需要在两端面加工带母螺纹的接头孔，再用接头毛坯料加工相应尺寸、外表带公螺纹供连接用的接头，其加工分为3道工序：镗孔与粗平端面、车外圆与精平端面、铣螺纹。圆柱形结构的加工分为切断、平端面和铣螺纹；圆锥形接头的加工分为切断、平端面、车锥面、铣螺纹、钻孔安栓和开槽。

石墨电极加工时要达到以下要求：a. 接头孔及接头的螺纹加工精度符合标准，保证任意一根同规格电极与任意一个同规格接头都能达到可靠连接而不会松动脱扣；b. 电极本体躯干与端面保持垂直，保证上下两根电极连接后呈直线，端面之间没有明显缝隙；c. 电极本体外圆与接头孔保持同心[61]。我国石墨电极质量标准中对石墨电极尺寸偏差及螺纹形状的加工精度，规定了电极接头孔直径正偏差的最大值和接头直径负偏差的最大值，两根电极连接处端面间隙不大于0.4mm，电极本体与接头孔中心线偏差不大于0.3mm。

数控组合机床采用微机控制，有效减少人为误差，而且操作人员少，减少人员配置；机床各部件都有良好的密封或防尘设施，并配备高效率的排放加工碎屑输送机和吸尘系统，基本采用液压操作，精度准。另外，数控机床设计时充分考虑运送、起吊、机床启动和停车时的惯性问题，减少这方面的误差。数控组合机床操作时各工位衔接紧密，实现连续化生产。发展较早的是德国、日本的多机组数控石墨电极加工自动线（图4-15）。我国研制的CGK-32型数控机床打破了传统电极加工概念，C6K-RZ-01型数控接头自动生产线达到领先水平，市场占有率超过80%，为我国石墨电极加工提供了有力支撑。采用数控组合机床加工电极，其精度见表4-18。

图4-15 日本本体加工线

**表4-18 数控机床加工电极精度**

| 项目 | 电机本体(锥形接头连接) | 接头(锥形) |
|---|---|---|
| 外径圆锥度 | <0.15/2500 | — |
| 有效径偏差 | 0～+0.08mm | ±0.03mm |
| 锥度偏差 | +1′～+2′ | <+2′ |
| 螺距偏差 | <0.02/150mm | ±0.020/150mm |
| 深度偏差 | ±0.01mm | 0～−0.03mm |
| 端面不平度 | <0.01mm | <0.03mm |

石墨电极生产周期很长，从原料进厂到产品出厂一般需要3个月至半年，而且从原料到生产出毛坯需要投入大量的人力、物力和能源，若因机加工原因使毛坯产生废品或降低等级是很不划算的。因此，机加工是不可或缺的一环，而且需要加大重视度。吉炭机加工工序采

用数控组合机床，机床各部件外露部分及电气部分密封良好，配备高效率的排放加工碎屑的输送机和吸尘系统，提高成品产出率，并且减少操作人员，降低人工成本。

## 4.3.3 石墨电极质量影响因素

石墨电极的质量优劣取决于原料性能和工艺技术，其中原料性能是首要因素。

### 4.3.3.1 原料

针状焦是生产超高功率石墨电极的必备原料，其良好的取向性结构决定了以其为原料制备所得的石墨电极电阻率较低、热膨胀系数小且抗热震性能好。我国针状焦起步较晚，但发展速度很快。近几年煤系针状焦的生产技术越来越成熟，针状焦的产量和质量都有了很大的提升，2023 年、2024 年产量分别为 136 万吨和 151 万吨，同比增长 13.3%和 11.0%。中钢鞍山热能院是煤系针状焦生产的策源地，与进口同类产品相比水平相当。

煤系针状焦与石油系针状焦相比，硫含量低、强度高，这意味着在石墨化阶段不易产生气胀现象，提高了产品的成品率，或者可以选择较快的石墨化升温曲线，缩短石墨化周期，提高效率，降低单耗。另外，我国富煤贫油的资源现实、以煤炭焦化为主的加工格局为针状焦生产提供了大量的煤焦油，我国的煤系针状焦产能增加很快，为实现原料国产化提供了支撑。实际生产中，石墨电极的主体部分多采用煤系针状焦作为骨料，充分发挥其低硫、高强度的优势；石油系针状焦多用作接头焦来制备接头部分，利用其热膨胀系数低的优点。

国外普遍采用改质沥青作黏结剂，我国从 20 世纪 80 年代开始重视改质沥青的研发，现稳定生产的厂家[69]有贵州水城钢铁公司焦化厂、武钢焦化协力厂、马鞍山钢铁股份有限公司煤焦化公司等。上海宝钢化工有限公司起草编制了最新的质量标准（YB/T 5194—2015），新的标准对软化点、β树脂含量的限定有了提升。改质沥青作黏结剂时，高的软化点解决了夏天运输难的问题，高的结焦值使制品具有好的机械强度，混捏成型过程产生烟气较少，降低对环境的污染；改质沥青含有较多的β树脂和次生 QI，热稳定性好，提高了制品的质量；改质沥青的应用减少了石墨电极生产中焙烧、浸渍次数，缩短了生产周期，极大程度地提高了效率，节约了能源。目前我国改质沥青的年产量在 35 万 t 左右，基本全面取代普通中温沥青，对石墨电极的高品质生产提供了有力的支持。

### 4.3.3.2 工艺技术

石墨电极在电炉短流程炼钢中作为电极材料，需要具有低电阻率、低热膨胀系数，否则在使用过程中易出现掉块、开裂等问题[70]，这就要求石墨电极制品均匀密实，因此，控制各环节工艺、实现均质化生产是提高其产品质量的最主要途径。

（1）混捏糊料均质化工艺

石墨电极的均质化[67]跟配料、混捏、挤压、成型各工序的关系极大，特别是生制品内部结构的均质化和上述各工序密切相关。首先要确保配料稳定，其次，糊料混捏是生产均质化石墨电极不可忽视的环节，该工序的质量好坏直接影响制品的成品率和产品最终的质量及使用效果。生产上，为了保证混捏效果，一般要对干料进行预热，再加到熔化好的黏结剂沥青中，这样两者相混时，液体沥青的温度不至于因下降过多而黏度变大，影响糊料的塑性。

混捏好之后的糊料一般温度为130～180℃，并含有大量的烟气，需要进行凉料。凉料阶段一方面要将糊料冷却至合适温度，充分排除夹杂在糊料中的烟气，另一方面糊料要均匀冷却，糊料在冷却时存在打团现象，往往会引起内外温差大，这样挤压出的生坯内部缺陷较多，均质性差。改良之后的技术是混捏锅混捏搅拌至一定时间，向糊料上喷洒水降温，温度低的物料落入保温槽中，分批装入成型机。吉林炭素混捏工序采用了上述方法，生产过程用计算机控制，在混捏好的糊料上喷水降温，糊料冷却后呈松散小块状，尺寸控制在20～25mm，糊料温差小，控制在±1℃，这样的糊料保证制品结构均匀且内部无缺陷。随着技术的发展，各个生产厂家逐步建立了自己的沥青黏度生产控制制度，对混捏过程的控制更加精准，也为均质化生产提供支持。石墨电极成品的质量70%是由生坯的质量决定的。因此，混捏糊料均质化在石墨电极生产中显得尤为重要。

在混捏工序，优化设备是提高混捏质量的主要途径。我国原来使用的是双轴“Z”形搅刀式混捏系统[71]，在生产中，混捏锅内部由于搅刀和锅体之间存在缝隙，这部分的干料无法被完全搅动；被搅动起来的干料在搅拌过程中受摩擦、挤压等因素影响，骨料颗粒易破碎，糊料最终的质量不能保证，而存在缝隙的料对后期设备检修造成影响。后来我国引进了德国的Eirich强力混捏系统[72]，并在生产实践中做了大量技术改进，目前在国内使用较多。它采用干料电阻预加热，然后进行强力混捏、冷却一体化的方式来进行生产，硬件上由焦料秤、混捏锅、凉料机组成，软件上由微机程序自动控制实现了连续化生产。Eirich强力混捏系统实现了混捏凉料一体化生产，其制备的石墨制品均质化程度高，性能优良，是优质石墨电极的理想混捏系统。

(2) 焙烧均质化工艺

石墨电极生产中焙烧工序的核心是黏结剂沥青的焦化，主要是温度的控制，即焙烧过程各部位温度要均匀，升温速度需控制得当。焙烧过程所用设备一般为环式炉，炉内电极两端和中部温差较大，另外沥青的偏析现象往往会导致焙烧品的质量不均匀。目前国内通常的做法有两种：一是在设备选型时选用车底式焙烧炉，车底式焙烧炉[73]的优点是炉膛内烟气处于强对流状态，炉内温度分布均匀，焙烧品成品率高；二是如不能更改焙烧炉型，继续使用环式炉生产的话，需要保证空心砖畅通、炉底无堵塞，密封好，燃料喷嘴设计合理，上层填充料400mm以上厚度，这样可以相对降低焙烧品的不均匀程度。

焙烧工序的升温曲线控制很重要，当制品温度达到300℃左右时黏度最低，挥发分会剧烈排出，这一阶段温度的升高必须非常缓慢，烟气温度达到400～500℃时，生坯体积由热胀变为收缩，为了减小应力变化，升温速度会继续降低，当温度继续上升时，生坯内挥发分减少，制品的孔隙率和透气性增加，温度可以适当增大。焙烧阶段通常的升温制度是“两头快、中间慢”，严格温度控制操作，对每个炉子制定温度曲线，有利于焙烧阶段的制品均质化。

(3) 浸渍均质化工艺

浸渍的均质[74]主要指产品应浸透，一批产品或同规格多批产品的浸渍效果应一致，一般通过浸渍增重率来考察。浸渍增重率是浸渍前后炭坯质量差比浸渍前炭坯的质量。炭材料的气孔分为开口气孔和闭口气孔，开口气孔约占总气孔率的90%以上，浸渍对闭口气孔不起作用，受表面张力的影响，一般而言，浸渍剂浸渍时只能对孔径大于2.5μm的开口气孔起作用。对于石墨电极而言，需要浸渍的一焙品气孔率约为22%，二焙品的气孔率为18%左右。对于普通功率石墨电极的焙烧接头料，一次浸渍品增重率不低于13%，二次浸渍品增重率不低于 8%。对于高功率石墨电极和超高功率石墨电极的焙烧坯而言，一次浸渍品增重率不低于 15%，二次浸渍品增重率不低于 10%。若增重率低于规定指标，则必须检查浸渍深度。

生产中，浸渍前要对焙烧品进行彻底清理，再预热，加入浸渍罐中抽真空，达到一定真空度后注入液体沥青浸渍剂进行加压浸渍，完成后取出浸渍品，立即进行固化，防止浸渍剂反渗。浸渍温度一般以维持在 180～200℃为宜，保证浸渍剂与制品预热到相同的温度，而且黏度适当；真空度越高，浸渍效果越好；浸渍时压力的增加可以使浸渍深度增加，一般浸渍压力为 0.5～1.5MPa，对于高密度制品，浸渍压力高达 2.0～4.0MPa；浸渍加压时间一般为 2～4h。

(4) 均质石墨化工艺

浸渍品经过再次焙烧后放入石墨化炉进行石墨化。石墨化存在的问题通常是炉芯温差大，石墨化品电阻率差别大。现有技术是选用内热串接石墨化炉或适当缩小艾奇逊石墨化炉炉芯，提高炉温，以尽量保证产品的石墨化度和均匀性。

## 4.3.4 发展现状及展望

石墨电极的生产特点是原料成本高、生产周期长、能源消耗高，高性能、大规格石墨电极的需求越来越多。优化原料选择（针状焦和黏结剂沥青）可以有效降低原料成本，寻求突破性的工艺技术创新、采用高实收率均质化焙烧工艺可以有效缩短生产周期，选用低能耗、高效率的生产设备，以及开发实用、可靠、耐用、高效和低运行费用的环保设备可以有效降低能耗与维修治理等费用，配料设计均匀化、材质均匀化、混捏糊料均质化等有利于提高产品的性能。石墨电极生产的未来趋势是绿色化、大型化、数字化控制等，因此生产中要做到提高效率、降低单耗，加强制备工艺技术和生产装备的开发力度。

我国石墨电极的生产较晚，20 世纪 50 年代初，引进苏联技术和设备，在吉林省吉林市建立起了我国第一个炭素制品厂——吉林炭素厂。其设计能力为年产炭素制品 2.23 万吨，其中石墨电极 8000t，1955 年投产。90 年代，中国已经成为石墨电极生产大国。1997 年，$\phi$600mm UHP 石墨电极试验成功并开始投入批量生产。近年来，$\phi$700mm UHP 石墨电极研制成功，经过上炉试验已取得良好效果，有望迅速替代进口产品，$\phi$800mm UHP 石墨电极已开始试制。生产能力逐年提高的同时，产品质量档次大幅提高。进入 21 世纪以来，在国民经济较快增长和钢铁行业快速发展的带动下，我国石墨电极产业得到了快速发展。炭素行业的结构调整也在不断进行，加快了大规格超高功率石墨电极的开发与生产，满足了钢铁、化工的发展要求，为国民经济发展做出了巨大贡献。

2017 年以来，受钢铁行业去产能、取缔地条钢、加强环保等因素影响，电炉炼钢比快速上升，使得电炉炼钢用石墨电极的需求量出现较大幅度增长。受疫情影响，2020 年产量下降。根据中国炭素行业协会统计，2023 年石墨电极产量约 87.3 万吨，2024 年产量为 100.2 万吨。中国优质超高效率石墨电极产量占比高达 11%，约 11.02 万吨。据统计，超高功率石墨电极产量排名前五的企业为方大炭素、吉林炭素、南通扬子、开封炭素、丹东鑫兴。我国石墨电极产量变化趋势如图 4-16 所示。

我国发改委发布的《产业结构调整指导目录 2019 年本》中，规定淘汰 30t 以下容量的

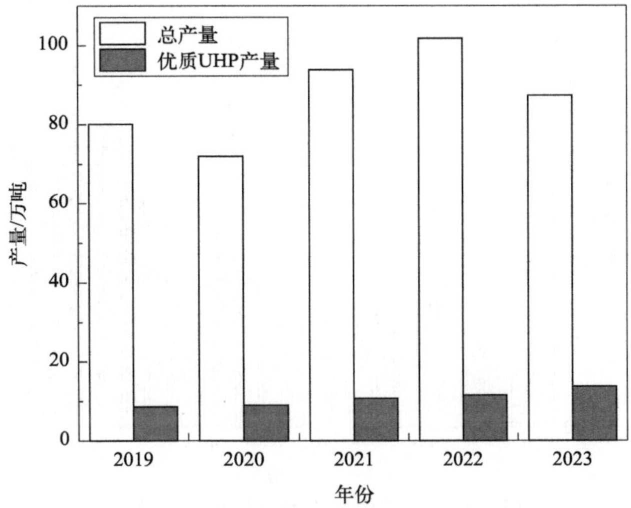


图 4-16　我国石墨电极产量年变化趋势图

电炉，限制建设 30～100t 容量的电炉。可见，100～150t 及以上大吨位高功率电弧炉和超高功率电弧炉将是我国未来电弧炉的发展方向。电弧炉功率提高驱动直径 600mm 以上的高功率石墨电极和超高功率石墨电极的发展。我国近年来超高功率石墨电极的发展迅猛，如图 4-17 所示。

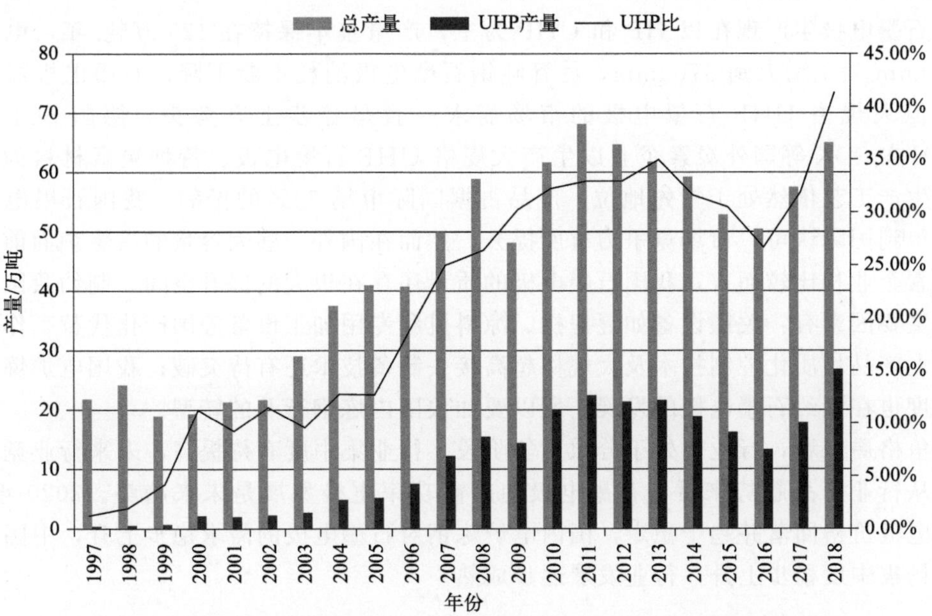


图 4-17　我国超高功率石墨电极实际产量年变化趋势图

我国自 1958 年就开始出口石墨电极[75]，1958～1981 年累计出口了 2 万吨[76]，2004 年突破 10 万吨，2014 年突破 20 万吨，2019 年突破 30 万吨，增长迅猛，为我国的经济建设和外汇储备做出了突出贡献（图 4-18）。石墨电极出口销量排行前五的企业有方大炭素、吉林炭素、丹东鑫兴、开封炭素、介休志尧。我国石墨电极主要出口到马来西亚、俄罗斯、德国、土耳其、意大利、日本等国家。

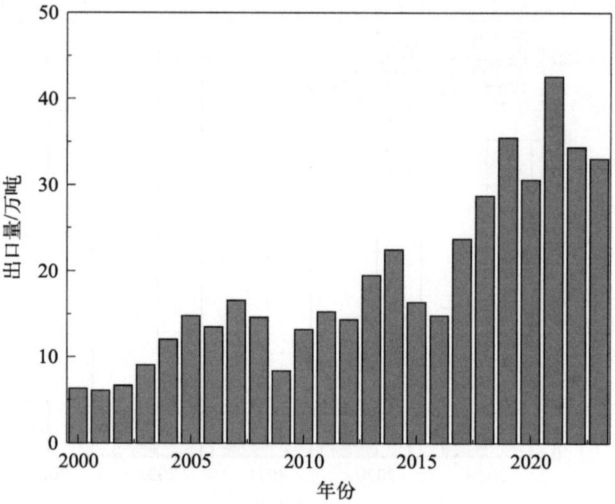

图 4-18　近年中国石墨电极出口量统计

电炉炼钢与高炉-转炉炼钢相比更加节能、环保，中国的电炉炼钢发展条件已逐渐具备，发展空间很大，这决定了石墨电极的未来市场将会在一定时间内持续走强。另外，国外电炉炼钢产量增加，拉动了国内石墨电极的出口量。2021 年石墨电极出口量 42.59 万吨，受疫情和海运费用等影响，2022 年、2023 年出口量降至 34.36 万吨和 33.05 万吨，同比下降约 20%，2024 年出口量恢复增长至 35.6 万吨。

世界石墨电极生产现在以 HP 和 UHP 为主，产量基本保持在 120 万吨/年，电极直径由以 $\phi$500mm 为主增大到 $\phi$700mm，尽管吨钢石墨电极消耗不断下降，石墨电极需求量增加不多，但大规格 UHP 石墨电极的市场需求一直呈稳步上升势头。德国 SGL、美国 UCAR、日本 SDK 等国外炭素企业以生产大规格 UHP 石墨电极、特种炭素材料为主，技术水平和生产工艺依然处于领先地位，产品占据国际市场 70%的份额。我国石墨电极整体质量虽然得到国际认可，市场竞争力有所提升，然而在国外一些大容量的冶炼炉面前，与国际一流炭素企业相比较而言，我国石墨电极的质量还存在很大的提升空间。制约我国石墨电极发展的主要因素有：关键设备如混捏机、凉料机和专用加工设备等国产化代替工作仍需推进，工艺上产品均质化控制技术及大规格超高接头制备技术还有待突破；我国电炉炼钢比例的提升速度也在制约石墨电极的发展，所以要加快国内炼钢行业的转型。

从竞争格局来看，行业仍处于分散竞争阶段，行业集中度有待提高，未来行业竞争将趋于激烈。从行业产品趋势来看，石墨电极向超高功率电极发展是未来趋势。2020 年以来，随着石墨电极价格回落并趋于稳定，国内电炉炼钢对石墨电极的需求稳步上升，中国石墨电极行业市场集中度稳步上升，行业发展逐步成熟。

# 4.4　煤基炭纤维

炭纤维是高分子有机原料经特定工艺加工得到的纤维状炭材料，碳含量在 90%以上，是一种重量轻、强度高、力学性能优异的新材料。炭纤维既具有炭材料的耐热性、化学稳定性、导电导热性、热膨胀系数低、X 射线投射性能良好等特性，又具有纺丝纤维的柔韧可加工性，通过控制其原料及工艺条件可以生产各种用途的产品，被广泛应用到航天、航空、汽车、电子、机械、化工、轻纺等领域。炭纤维及其复合材料由于具有优异的综合性能，被称作 21 世纪的“黑色黄金”，是国防军工、国民经济发展必不可少的重要战略物资。

炭纤维的发展源自 1860 年英国人约瑟夫·威尔森·斯旺发明炭丝灯泡。20 世纪 50 年代，美国 Wright-Patterson 空军基地开始研制黏胶基炭纤维，用于研发大型火箭和人造卫星，以及提升飞机性能。1959 年，美国 UCC 公司实现低模量黏胶基炭纤维生产，同年日本大阪工业试验所的近藤昭男开始聚丙烯腈（PAN）基炭纤维的研发，并在 1962 年由日本炭公司开始生产低模量 PAN 基炭纤维。1965 年，日本群马大学的大谷杉郎发明沥青基炭纤维，1970 年由日本吴羽化学公司实现生产。自此，形成了黏胶基、聚丙烯腈基和沥青基三大原料体系的炭纤维[77]。

近年来，随着技术的不断发展，制造炭纤维的原料（或原丝）种类也得到了拓展，只要碳含量足够高，具有可纺性、热处理不熔融或能不熔化加工的聚合物、树脂、沥青等均可用来生产炭纤维。此外，以黏胶纤维、PAN 纤维、酚醛纤维为原丝生产的活性炭纤维，具有强度高、耐高温、吸附性能好等优点，引起广泛关注。其中沥青基炭纤维主要是以煤沥青或石油沥青为原料生产的，酚醛基活性炭纤维以酚醛树脂为原料，因此本书主要对煤沥青基炭纤维、酚醛纤维的发展现状、生产工艺等进行概述。

## 4.4.1 煤沥青基炭纤维

### 4.4.1.1 煤沥青基炭纤维发展现状

煤沥青基炭纤维是以煤沥青为原料，经原料调制得到可纺沥青，再经纺丝工艺，制得沥青纤维原丝，再经不熔化、炭化得到的炭纤维，炭化收率高达 80%～90%。炭纤维进一步石墨化得到石墨化炭纤维[77,78]，碳含量达到 99%以上。

煤沥青基炭纤维按照性能可分为通用级和高性能两种。通用级沥青基炭纤维以各向同性沥青为原料制造，也称为各向同性沥青基炭纤维。高性能沥青基炭纤维以中间相沥青为原料制造，也称为中间相沥青基炭纤维。高性能炭纤维的原料调制及纺丝工艺条件更加苛刻、技术难度更大。

通用级沥青基炭纤维于 1965 年由日本群马大学的大谷杉郎采用离心纺丝工艺试制成功，并于 1970 年由日本吴羽化学公司生产，生产规模为 120t/a，目前该公司通用级沥青基炭纤维的生产能力已经发展到 900t/a[79]。

由于煤沥青价格低廉、炭化收率高，也可以生产中间相沥青基高性能炭纤维。20 世纪 80 年代，世界上许多国家都致力于工艺过程研究开发，其中以日本最为活跃。日本三菱化成 1987 年投产 250～500t/a 高性能炭纤维，产品抗拉强度 3GPa，模量 500～700GPa。大阪瓦斯、大日本油墨和日东纺、川崎制铁也已向市场提供了通用类炭纤维[80]。三菱化成公司和三菱油化有限公司于 1994 年合并为三菱化学公司，该公司已是世界上最大的高模量沥青基炭纤维生产厂家，生产能力为 500t/a，产品主要应用于人造卫星部件、桥墩及土木建筑工程用的补强材料等中。

我国煤沥青基纤维的开发始于 20 世纪 70 年代初期，上海焦化厂使用煤焦油作为原料成功开发沥青基炭纤维，但由于产品质量和研究结果不稳定等原因，最终没能实现工业化生产。70年代末期，中国科学院山西煤炭化学研究所开始研究沥青基炭纤维，并于1985年通过小试，在此基础上，冶金部在烟台筹建了冶金新材料研究所（现烟台鲁航炭材料科技有限公司），生产通用级沥青基炭纤维，规模70～100t/a，主要用于飞机用刹车片中；90年代初扩大到150t/a[81]，但由于关键设备未过关，又无改造资金，迄今仍处于停车状态。原冶金工业部鞍山热能研究院（现中钢集团鞍山热能研究院有限公司）等单位从1988年开始也在煤沥青制炭纤维方面进行了研究开发工作。承担国家“863”炭纤维项目的北京化工学院也以太钢煤沥青为原料制得高性能炭纤维[80]。之后天津大学、湖南大学、大连理工大学、山东大学、武汉科技大学等相继开展了相关研发工作。

全球通用级沥青基炭纤维生产企业主要集中在美国和日本，产能、原料、纺丝工艺情况见表4-19。其中煤沥青基炭纤维产能占比78%[79]。中间相沥青基炭纤维目前全球只有3家生产厂：美国Amoco（现Cytec），产能400t/a，主要用于军工，采用的是石油系中间相沥青；日本三菱集团旗下三菱树脂公司，生产萘系中间相沥青基炭纤维，产能1000t/a；日本石墨纤维公司（NGF），产能180t/a，原料为煤系中间相沥青[82]。

**表4-19 全球通用级沥青基炭纤维生产情况**

| 生产企业 | 产能/(t/a) | 原料 | 纺丝工艺 |
|---|---|---|---|
| 日本三菱公司 | 500 | 煤沥青 | 喷吹 |
| 日本DONAC | 300 | 煤沥青 | 喷吹 |
| 日本吴羽化工 | 900 | 煤沥青 | 离心 |
| 日本大阪煤气 | 600 | 煤沥青 | 喷吹 |
| 日本路岛化工 | 300 | 煤沥青 | 喷吹 |
| 美国科罗拉多煤化公司 | 260 | 煤沥青 | 喷吹 |
| 美国Amoco | 500 | 石油沥青 | 喷吹 |
| 德国鲁尔矿业煤化公司 | 100 | 煤沥青 | 喷吹 |
| 俄罗斯 | 100 | 煤沥青 | 离心 |
| 中国东亚炭纤维公司 | 200 | 石油沥青 | 喷吹 |
| 其他 | 200 | | |
| 总计 | 3960 | | |

炭纤维主要核心技术工艺、产能等主要被日本、美国以及欧洲少数发达国家和地区把控，尤其是高性能炭纤维，因其技术含量高、利润高，发达国家长期对我国实行严格的技术封锁。基于国家战略及国民经济发展需求，我国在制定“十二五”“十三五”“十四五”发展规划和《中国制造2025》、《新材料产业发展指南》、“2035年远景目标纲要”中将其列为重点支持的新兴产业的核心技术之一。最近几年，炭纤维领域研发成果不断涌现，但大部分突破性成果仍然来自美国和日本。最新前沿技术不仅聚焦于炭纤维生产制备技术，也集中于汽车材料轻量化、3D打印、发电材料等更广泛领域的应用技术。我国炭纤维产业发展虽然很快，生产技术与国际先进水平差距逐渐缩小，产品品种也比较齐全，但在高性能炭纤维的原料调制、工艺技术、生产装备、生产成本、应用技术等方面仍需加大开发力度，提升国际竞争力。

### 4.4.1.2 沥青基炭纤维的结构与性能

沥青基高性能炭纤维和通用级炭纤维分别由光学各向异性沥青和各向同性沥青制造。通用级炭纤维一般为短丝，强度和模量较低，多用于隔热保温、隔声材料[83]、建筑增强材料[84] 等民用领域。高性能炭纤维是长丝，产品为连续丝束状，具有优异的力学性能、导热性能，主要用于航空航天、军工国防等重要领域。

日本三菱化学公司开发了煤沥青基炭纤维，命名为“DIALEAD”，包括高性能炭纤维（长丝）和通用级炭纤维（短丝）。由表 4-20 和表 4-21[85]可以明显看出高性能炭纤维和通用级炭纤维的性能差异，高性能炭纤维具有更高的拉伸模量（最高 935GPa）和热导率[800W/(m·K)]。

表 4-20 日本三菱化学公司部分高性能炭纤维（长丝）的性能

| 牌号 | 拉伸强度/MPa | 拉伸模量/GPa | 延伸率/% | 密度/(g/cm³) | 线密度/(g/km) | 热导率/[W/(m·K)] |
|---|---|---|---|---|---|---|
| K1352U | 3600 | 620 | 0.6 | 2.12 | 270 | 140 |
| K1392U | 3700 | 760 | 0.5 | 2.15 | 270 | 210 |
| K13A1L | 3700 | 790 | 0.5 | 2.15 | 66 | 220 |
| K13B2U | 3800 | 830 | 0.5 | 2.16 | 270 | 260 |
| K13C2U | 3800 | 900 | 0.4 | 2.20 | 270 | 620 |
| K13D2U | 3700 | 935 | 0.4 | 2.21 | 365 | 800 |
| K13710 | 2600 | 640 | 0.4 | 2.12 | 1400 | 140 |
| K13A10 | 2600 | 790 | 0.3 | 2.15 | 1400 | 220 |
| K32112 | 1600 | 190 | 0.8 | 1.93 | 2100 | 20 |
| K63312 | 2600 | 440 | 0.6 | 2.09 | 2000 | 110 |
| K63712 | 2600 | 640 | 0.4 | 2.12 | 2000 | 140 |
| K63B12 | 2600 | 860 | 0.3 | 2.15 | 1900 | 400 |
| K32G10 | 210 | 180 | 3.8 | 1.50 | 2400 | |

表 4-21 日本三菱化学公司部分通用级炭纤维（短丝）的性能

| 牌号 | 拉伸强度/MPa | 拉伸模量/GPa | 密度/(g/cm³) | 纤维长度/mm |
|---|---|---|---|---|
| K223Y1 | 1000 | 50 | 1.5 | 6 |
| K223SE | 2350 | 215 | 2.0 | 6 |
| K223QG | 3230 | 590 | 2.1 | 6 |
| K6371T | 2600 | 640 | 2.1 | 6 |
| K6611T | 1770 | 180 | 1.9 | 18 |

通用级煤沥青基炭纤维与高性能煤沥青基炭纤维的性能存在差异，主要原因在于两种原料沥青的分子结构不同，沿轴向排列取向度有所差别。中间相沥青的液晶结构在纺丝过程中的剪切下容易沿轴向取向排列，得到的炭纤维的碳原子排列更接近理想石墨结构，而且石墨晶体尺寸较大，使制造的炭纤维具有较优异的力学性能、导热性能。各向同性沥青分子取向度不高，其内部结构无法充分转化为石墨晶体，即使进行热处理和纺丝过程的牵引，也不会

产生高取向度的规整类石墨结构[86]。因此，各向同性沥青原料只能用于生产低模量通用级炭纤维，中间相沥青可以制备高模量、高导热沥青基炭纤维。各向同性沥青和中间相沥青的结构见图 4-19，各向同性沥青基炭纤维和中间相沥青基炭纤维的结构见图 4-20[87]。

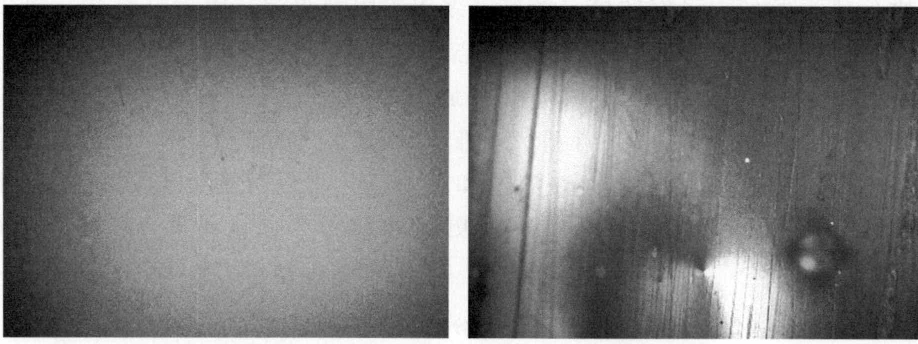

(a) 各向同性沥青　　(b) 各向异性中间相沥青

图 4-19　沥青的偏光显微图片

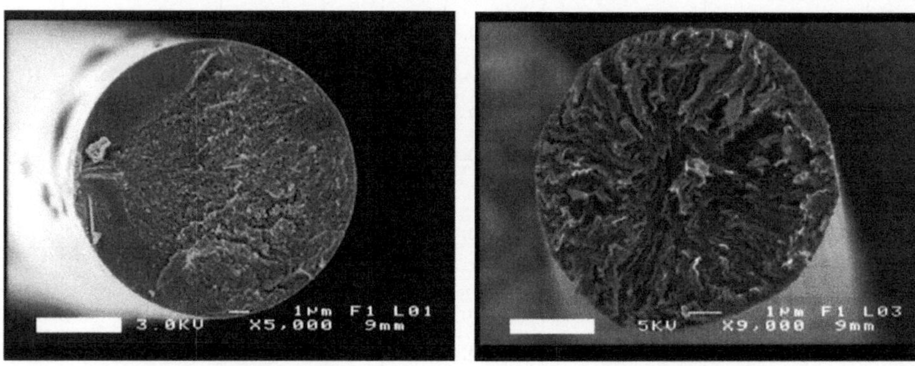


(a) 各向同性沥青基炭纤维　　(b) SEM图

图 4-20　沥青基炭纤维 SEM 图[87]

煤沥青基炭纤维与 PAN 基炭纤维相比，具有较高的模量（见图 4-21）[88]。虽然 PAN 基炭纤维在整个炭纤维市场占据主导性地位，但市场上 PAN 基炭纤维的模量一般为 200～300GPa，一般用于汽车、飞机、风力发电风车叶片等轻量化结构件及建筑材料增强等领域。若要生产 500GPa 以上的高模量炭纤维，则需要对原料、工艺进行更加严格的控制，需要更高的生产成本。沥青基炭纤维则可以相对容易地得到 900GPa 高模量纤维，但沥青基纤维在拉伸强度方面相对 PAN 较低。

沥青基炭纤维除具有较高模量外，还具有极优的传热、导电性能和极低的热膨胀系数，它们可以和树脂、金属、碳等复合制成高性能复合材料，用于航空、航天、核能等 PAN 炭纤维性能所不及的高技术领域，作为高温烧蚀材料和高温结构材料使用；还可用作高导热材料（如半导体 LED 灯的传热材料）、风力发电叶片复合材料增强剂等[89]。如三菱公司“DIALEAD”煤沥青基炭纤维的 K13D2U，其拉伸模量为 935GPa，热导率为 800W/(m·K)，被用作卫星上的电子设备的散热材料。

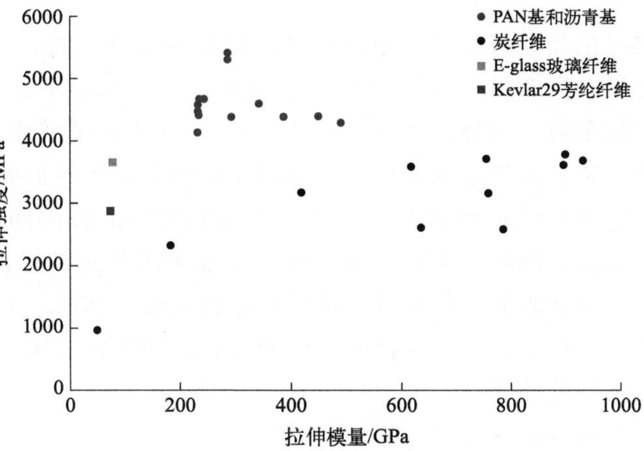


图 4-21 三菱公司各炭纤维拉伸模量及拉伸强度对比

### 4.4.1.3 煤沥青基炭纤维的生产工艺

煤沥青生产炭纤维的主要过程包括原料（沥青）调制、熔融纺丝、不熔化（稳定化）、炭化、石墨化。图 4-22 展示了从沥青调制至炭纤维的全部过程[90]。

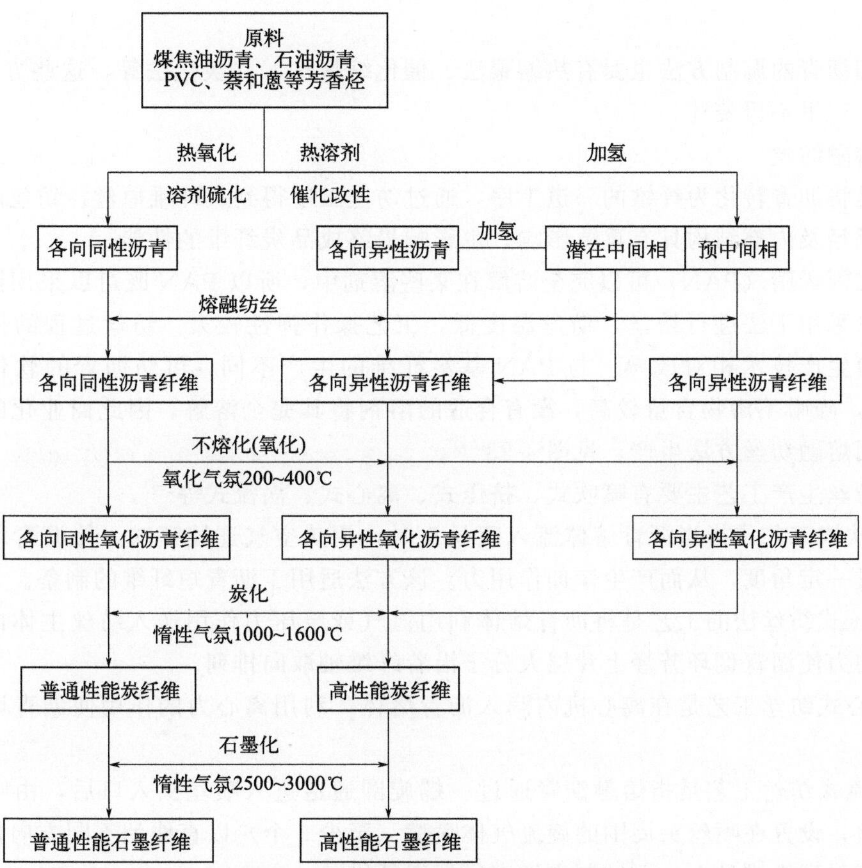


图 4-22 沥青前驱体及炭纤维生产工艺

(1) 原料调制

煤沥青基炭纤维无论其原料是各向同性沥青还是各向异性沥青，都必须具有高炭产率、低挥发分含量、低无机杂质含量、较窄的分子量分布、纺丝温度下合适的黏度[91]。高质量的可纺沥青要求无颗粒杂质、灰分低于 $1000\times10^{-6}$[92]。工业沥青产品通常含有一些固体杂质和原生喹啉不溶物，若不去除这些杂质，就会阻碍中间相球体的形成与合并，不能形成连续的、可纺的各向异性区域的中间相沥青，也不能得到均相的各向同性沥青[93]。此外，沥青必须具有合适的软化点，既具有良好的可纺性，又能保障较短的稳定化工艺过程。因此，无论是以石油还是以煤为基础的原料沥青，都需要通过蒸馏、萃取、氧化或加氢、热聚合等处理来调整其化学组成及性质，获得合格的可纺沥青，以顺利完成炭纤维纺丝、不熔化等工序，并使炭纤维达到预期的性能。

各向同性沥青的调制方法主要有：

① 热聚合法　去除沥青中的低沸点组分以提高沥青分子量，可通过加入添加剂或者吹空气来加快分子聚合速度。

② 真空汽提法　去除较多的低分子组分。

③ 溶剂萃取法　利用溶剂萃取沥青中合适的组分，并去除杂质。

④ 蒸馏法　获得沥青中大分子组分。

在沥青调制过程中，多采用以上方法中的两种或多种方法进行组合，从而获得最佳的可纺沥青。

中间相沥青的调制方法主要有热缩聚法、催化缩聚法、共炭化法等，这些方法已在第 2 章中阐述，这里不再赘述。

(2) 熔融纺丝

纺丝是将沥青转化为纤维的一道工序，通过纺丝工序得到炭纤维原丝。纺丝的序、设备对原丝的丝径及内部结构具有重要影响，也影响最终成品炭纤维的性能。

由于聚丙烯腈（PAN）可以完全溶解在某些溶剂中，所以 PAN 既可以采用湿法进行纺丝，也可以采用干法进行纺丝，纺丝温度低，工艺操作弹性较大，纺丝过程的控制相对容易，大规模生产技术相对成熟。与 PAN 基炭纤维的生产不同，可纺沥青的软化点一般在 220℃以上，喹啉不溶物含量较高，没有合适的溶剂将其完全溶解，因此商业化的沥青基炭纤维均采用熔融纺丝方法生产，见图 4-23[94]。

熔融纺丝生产工艺主要有喷吹式、挤压式、离心式、涡流式等[95]。

① 喷吹式工艺是指当沥青熔体流入喷丝头时，用热空气连续喷吹，使沥青纤维与喷丝头之间形成一定角度，从而产生牵伸作用力。该方法适用于沥青短纤维的制备。

② 挤压式纺丝法的工艺是将沥青熔体利用氮气或泵压力作用送入纺丝主体内，通过牵伸力和剪切力使沥青稠环芳烃上片层大分子沿着纤维轴取向排列。

③ 离心式纺丝工艺是在离心机内滴入沥青熔体，利用离心力的作用使沥青熔体牵伸而制得纤维。

④ 涡流式纺丝工艺是指熔融沥青通过一螺旋圆通道进入喷丝头入口后，由喷丝头喷出沥青纤维丝，设置在喷丝头周围的旋流气体喷嘴（至少 3 个）以直线朝不同方向快速喷出热空气流，喷射到纤维丝上，可纺制出细直径沥青纤维[96]。

影响熔融纺丝效果的因素包括纺丝沥青性质、纺丝设备、工艺参数。纺丝沥青的黏度、流变性主要通过原料沥青调制来解决。纺丝工艺参数则需要根据沥青性质、纺丝设备结构等情况来控制。例如纺丝的速度要尽量快，一般情况下，沥青纺丝温度在 300℃以上，在这样的温度下沥青会再次发生一定程度的热解-缩聚反应，因此纺丝沥青在熔融后的停留时间要尽量短，要尽快纺成沥青原丝。另外，对于沥青纺丝，设备的设计和制造十分重要，如沥青熔体的输送方式、喷丝板的设计及纺丝通道气氛的控制等。工业上最常使用的是单螺杆或双螺杆输送方式，具有快速熔化和输送的特点，见图 4-23。沥青熔融后在压力下经过滤后从喷丝孔中被挤出，在空气中经牵伸后固化成沥青纤维[86]。

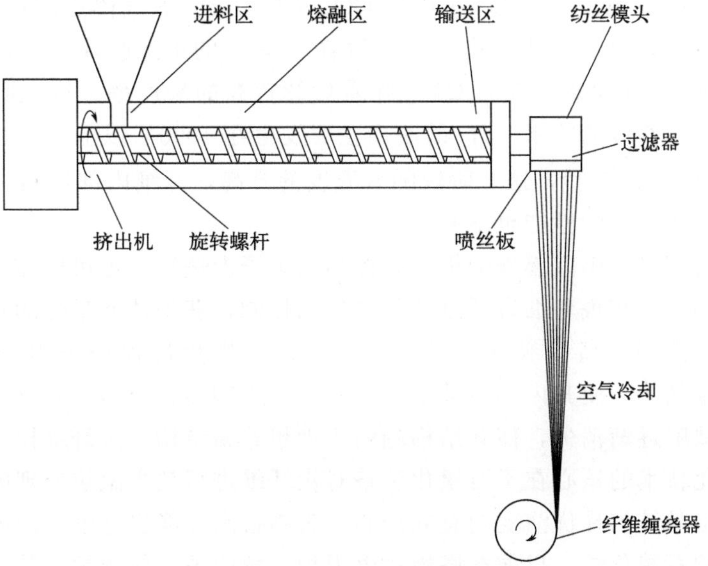


图 4-23　沥青基炭纤维熔融纺丝工艺

(3) 不熔化（稳定化）

由于沥青是热塑性的，经过纺丝工艺生产的沥青纤维不能直接在高温下炭化，否则会发生熔融而失去纤维状或粘连。因此，沥青纤维必须经过不熔化处理使纤维表面由热塑性转化为热固性，才能进行高温炭化和石墨化。

不熔化处理一般采用气相氧化、液相氧化或混合氧化的方法，因此又称为预氧化处理。气相氧化可用空气、臭氧、$NO_2$、$Cl_2$、$SO_3$ 等气体，液相氧化可用 $H_2O_2$、$HNO_3$、高锰酸钾等的水溶液。在氧化作用下，沥青纤维表面沥青分子之间发生缩合和交联，使其熔点提高，同时增加其柔韧性，使随后在惰性气体中的炭化可以顺利地进行[97]。液相氧化法不熔化处理的优点是能较大限度地缩短不熔化处理时间，得到的不熔化纤维表面光滑、不含杂质，缺点是对于设备要求高、污染处理难度大，在后续炭化过程中易对炭化设备造成腐蚀，因此不利于工业化生产。相对而言，空气氧化简单易行、成本最低，对设备要求不高，利于工业化生产。

沥青原丝预氧化过程的控制是至关重要的。氧化程度低，在随后的高温炭化过程中，未充分氧化的纤维仍将部分保持热塑性状态，使纤维熔融粘连在一起，而过度氧化会使炭纤维产品较脆，即抗拉强度很差。氧化程度过度也会降低石墨化度，据报道这是由于氧化形成的醌类热解产生 CO[98,99]。一些预氧化条件可使氧在纤维径向的分布形成较大梯度，从而造成炭纤维内部“壳芯”结构，影响纤维的性能，因此，合适的预氧化条件对获得最佳性能的炭纤维非常重要。

（4）炭化、石墨化

不熔化沥青纤维的炭化一般是在1000℃以上、惰性气氛中进行的高温热处理。沥青纤维最大量的失重是在炭化初始阶段，因此适当的低温段炭化有利于避免纤维结构的破坏。炭化过程主要是沥青中的H、N、O、S等杂原子以$H_2O$、$CO_2$、CO、$N_2$、$SO_2$、$CH_4$、$H_2$及焦油等形式脱出。Kasuh和Marsh[100]研究了不熔化处理后的中间相沥青纤维原丝的炭化过程，并且验证了随着温度的升高，$CO_2$、CO、$CH_4$、$H_2$等气体逐渐形成。300℃以下并没有发现组分的变化，但是继续加热就会伴随着O元素的迅速脱除，低温阶段的脱氧引发芳香环缩合，增加了QI含量，高的QI意味着后续较高的炭产率。这说明原料沥青的组成及热反应性会影响炭纤维的收率。$H_2$的脱出主要发生在1000℃以上，炭化结构的形成是通过氢元素的脱除完成的[101,102]，这个阶段随着温度的升高，纤维内部炭结构逐渐择优取向形成类石墨结构，纤维的力学性能也不断提升。

炭化可以在由多个炉串联起来的可单独控温的炉子上进行，也可以在一个或多个炉子上进行分区温度控制，以实现对沥青纤维原丝的精确控制，获得性能最佳的炭纤维。

石墨化是制备高强、高模炭纤维的必要工艺。石墨化过程是采用超高温度（2800～3000℃）对炭纤维加热，使其内部由乱层石墨片层结构和类石墨结构向三维有序的石墨晶体结构演变，微晶缺陷逐渐消失，使其结构趋向于理想石墨结构，炭纤维拉伸模量大幅提升。

炭纤维石墨化技术的核心在于石墨化装备对炭纤维进行超高温热处理的高效性以及石墨化工艺对炭纤维微晶结构择优演变的有效控制。为制备高性能炭纤维，国内外研究人员研制了不同加热类型的石墨化炉，目前有塔姆式电阻炉、感应炉、射频炉、等离子炉等，其优缺点及产业化程度如表4-22[103]所示。工业上已被普遍采用的是石墨体间接加热技术，包括高温管式电阻间接加热技术和电磁感应间接加热技术。随着制造技术的发展，在炭纤维石墨化技术方面也涌现出了催化石墨化等新技术，对炭纤维生产降低成本、提高效率及提升产品性能起到极大的推动作用。

**表4-22　现有石墨化装备的优缺点及产业化程度**

| 名称 | 热源 | 优点 | 缺点 | 产业化程度 |
| --- | --- | --- | --- | --- |
| 塔姆式电阻炉 | 焦耳热 | 温度分布比较均匀 | 受发热体材料限制，加热温度有限；升温时间长，耗电量大；发热体寿命短；成本较高 | 国内外普遍应用，已产业化 |
| 感应炉 | 电涡流加热 | 升温速度快，直接加热避免高温对炉体材料的损伤，减少能量损耗 | 稳定性受纤维本身性能影响较大，炭纤维直径和电阻率不尽相同，产生的感应电流不同，导致加热不均匀 | 尚处于研究开发中 |
| 射频炉 | 高频电磁能 | 温度分布比较均匀 | 受发热体材料限制加热温度有限；耗电量大；发热体寿命短；成本较高 | 日本东丽公司采用此技术 |
| 等离子炉 | 高能等离子体 | 工艺简单，升温速度快，能耗低 | 温度场难以控制，温度分布不均，真空环境下操作较烦琐 | 研究阶段，未工业化生产 |

随着我国经济社会的不断发展，炭纤维在国家战略新型材料中占有越来越重要的地位。我国炭纤维的应用领域已涉及航空航天、文体器材、纺织机械、医疗器械、土木建筑、电子

工程、石油化工、环境保护、劳动保护、原子能工程、汽车、冶金等许多行业。炭纤维的制造技术也有了长足进步，但与美国、日本相比仍存在较大差距，尤其是在高模量、高强度、高导热率的高性能沥青基炭纤维的规模化产品方面存在空白。

国内开发高性能炭纤维在技术上还有难度，主要难点既有设备方面的，也有工艺技术方面的，其中煤沥青与石油沥青、聚丙烯腈相比，生产纤维的难度较大。由于高性能炭纤维及其复合材料属于高科技产品，是发展国防军工、航天航空等尖端技术的关键新材料，国外严格限制相关技术及原料、产品的出口，这也制约着国内高性能炭纤维的开发应用。鉴于沥青基高性能炭纤维优异的力学、导热等性能，可以用于 PAN 基炭纤维性能所不及的高技术领域，也是国家发展国防、航天航空等高端制造领域必需的战略新材料，沥青基高性能炭纤维的原料、纺丝设备及工艺技术方面应该引起足够的重视。

## 4.4.2 酚醛基炭纤维

酚醛基活性炭纤维（ACF）是指以酚醛纤维为前驱体经过炭化、活化得到的活性炭纤维，其原料酚主要来自煤焦油酚油组分的提取。活性炭纤维是一种新型高效吸附材料[104]。它具有比表面积大、微孔丰富、孔径小且分布窄、吸附量大、吸附速度快及脱附再生容易、不影响回收溶剂质量等优异性能，并且在工程应用上具有较大的灵活性，可制成布、毡、纸、纱等形式。活性炭纤维按照前驱体不同可分为沥青基活性炭纤维、PAN 基活性炭纤维、酚醛基活性炭纤维和黏胶基活性炭纤维等[105]。关于酚醛树脂的制备工艺在前文已有叙述，此处仅对酚醛纤维和酚醛基活性炭纤维的特点、应用及制备工艺进行简单介绍。

### 4.4.2.1 酚醛纤维

酚醛纤维是一种具有优异的阻燃、绝热和耐腐蚀等性能的高分子化合物，最早于 1968 年由 Economy 等[106]首次公开。1972 年美国金刚砂公司、日本钟纺和三菱公司联合将酚醛纤维推向产业化，用作航天工业耐烧蚀隔热材料，商品名为“Kynol”。美国、日本、德国先后建立了 Kynol 公司，至目前为止 Kynol 集团仍然是酚醛纤维的唯一生产厂商。国内酚醛纤维的研究工作起步较晚，相关研究也比较少，上海纺织科学研究院和湖南株洲工业所 20 世纪 70 年代曾开展酚醛纤维的研制，后因种种原因而终止。此后，相关研制一直停滞不前。直至 2000 年后，中国科学院山西煤化所采用商用酚醛树脂作原料，利用传统熔融纺丝工艺，再经过固化制备酚醛纤维[107]，并针对制备过程中存在的问题开始了以高邻位、高分子量热塑性酚醛树脂为原料纺制酚醛纤维的研究，同时进行了改性酚醛纤维的研究和用于超级电化学电容器电极材料的酚醛基活性炭纤维的研制[108]。洪磊[109]以射线衍射法确定离心成纤过程中纤维的取向度，并对加工温度对酚醛纤维性能的影响进行了研究，为新型成纤工艺的成熟奠定了基础。马海红等[110]则以甲基酚醛与聚乙烯醇为原液，通过静电纺丝法制备了超细酚醛纤维。2021 年 7 月 30 日，开滦煤化工研发中心研发出一种酚醛纤维的制备方法，该技术是以通用牌号酚醛树脂为原料，通过改性原料、专用熔融纺丝、负压收丝及纺丝、后处理等工艺，改善酚醛树脂可纺性，解决酚醛树脂熔融纺丝效率低、固化交联时间长、工业化困难等问题，开发出了适合工业化生产的酚醛纤维制备技术[111]。

目前酚醛纤维的制备方法主要有熔融纺丝、湿法纺丝和静电纺丝三种[112]。熔融纺丝法是将酚醛树脂加热至熔融状态，在机械力的作用下从喷丝孔拉出丝束，在空气中冷却并卷曲，再采用特定的固化处理得到体型结构的酚醛纤维。其缺点是得到的初生纤维在冷却之后伸缩度小、强度低，后续的拉伸操作存在一定难度。此外，在进行盐酸-甲醛预交联处理时，容易生成致癌的二氯甲醚，工艺周期长，工序难以实现连续化[113]。湿法纺丝法以聚乙烯醇（PVA）为纤维成型载体，与以羟甲基为端基的可溶性酚醛树脂共混形成溶液，然后将酚醛树脂溶液从喷丝孔挤出，在凝固浴中进行脱溶剂处理，最后加热交联得到体型结构的酚醛纤维。该法得到的纤维只需脱水、脱醛就可以完成交联反应，经过多级抽伸能充分发挥聚乙烯醇的潜在强度，制成长丝束，以便进一步热固、取向、卷曲。同时能够大大缩短固化时间，但聚乙烯醇的存在可能会对酚醛纤维的阻燃性、耐腐蚀性、耐烧蚀绝热性能等产生一定的影响[114]。静电纺丝的原理是液体电解质在高压静电场中，随电压升高，针头处的液滴由球形变为圆锥形（泰勒锥），然后从锥体尖端拉伸并延展成纤维细丝，最终固化成直径为几微米到几十纳米的纤维。静电纺丝法可以采用分子量较低的热固性酚醛树脂[115]，也可以采用可纺性更好的热塑性酚醛树脂[116]，Gee 等[117]针对热固性酚醛树脂纤维强度低、热塑性酚醛树脂纤维需要单独的固化程序等问题，以混合的热固性和热塑性酚醛树脂制备酚醛纤维，该法的优点是热固性酚醛树脂中的亚甲基可以促进热塑性酚醛树脂的固化，而热塑性酚醛树脂中添加的固化剂乌洛托品有助于提高纤维的交联度。此外，固化时升温速率较低，从而使纤维在熔融前交联得更充分。总体而言，静电纺丝法具有成本低、装置简易、细度可控、热处理后得到的纤维具有比表面积高和力学性能优异等优点。因此，利用静电纺丝制备酚醛纤维能简化酚醛纤维的制备工艺，还能让制备的纤维的物理和化学性能更优良。

酚醛纤维具有优异的阻燃性能、耐烧蚀性能和耐腐蚀性能[112]，能暴露在 2500℃的火焰中，不延燃且呈现为炭化现象，瞬时耐超高温性好。此外，酚醛纤维的三向交联结构导致其在任何温度下都不会熔融，收缩率很小。酚醛纤维仅含有 C、H、O 三种元素，在高温火焰中发烟量极少且不会放出有毒气体，生成产物主要是 50％～60％的炭纤维、$CO_2$、CO 和 $H_2O$，同时带走部分热量[118]，是一种优良的耐烧蚀绝热材料。Economy 等[119]制备了硅纤维/酚醛树脂、炭纤维/酚醛树脂、酚醛纤维/酚醛树脂三种复合材料，将三种材料分别与 2500℃的火焰接触 60s，测其背面温度，硅纤维增强复合材料的温度为 300～400℃，炭纤维增强复合材料的温度为 700～800℃，酚醛纤维增强复合材料的温度低于 100℃，而且酚醛纤维/酚醛树脂复合材料的密度最小，为 0.5g/$cm^3$。酚醛纤维的主要力学性能见表 4-23[112]。

**表 4-23　酚醛纤维的主要力学性能**

| 指标 | 性能 | 指标 | 性能 |
|---|---|---|---|
| 密度/(g/$cm^3$) | 1.27 | 热收缩率(250℃)/％ | 0 |
| 拉伸强度/(kg/$m^2$) | 15～20 | 极限氧指数/％ | 30～34 |
| 拉伸断裂伸长率/％ | 30～50 | 热膨胀系数 | $10\times10^{-6}$～$30\times10^{-6}$ |
| 比热/[(J/(g·℃)] | 1.6～1.8 | 长期使用温度/℃ | 15～180 |

利用酚醛纤维的阻燃性能，可以纯纺或与其他纤维混纺制作各种防火服（如特种军服和消防服）、绝热服、防寒服、耐酸服、器材的防火罩布和挡火层等，还可以用于制作装饰用阻燃材料，如阻燃窗帘、床上用品、幕布和地毯等，被广泛用于有较高防火等级要求的宾馆、饭店等公共场所。在美国，酚醛纤维已经装备到“北极星”潜艇以及其他许多船只容易

引起燃烧的部位。利用酚醛纤维良好的耐摩擦性能、耐热性以及自润滑性，可以将酚醛纤维与树脂、橡胶等复合制备纤维复合增强材料，替代被限制使用的石棉作为垫片、张力圈等用作摩擦和密封材料。用酚醛纤维制成的密封填料具有耐高温性、自润滑性、耐腐蚀性、密封性和不渗透性，而且使用寿命长，可以广泛应用在机械制造、石油、国防、化工、冶金、发电等行业的旋转泵、往复泵、阀门等需要密封的部位上[114]。此外，由于酚醛纤维具有良好的耐热性、耐磨性以及自润滑性，而且与酚醛树脂的浸润性优良，可以替代石棉与其他无机或有机纤维混合制备摩擦材料[120]。

### 4.4.2.2 酚醛基活性炭纤维

酚醛基活性炭纤维于1966年由美国金刚砂（Carborundum）开始研制，1970年达到量产20t左右[121]，是采用酚醛纤维在900℃左右炭化后获得无定形、玻璃态的炭纤维[118]，具有炭化速度快、污染轻、炭化率高、生产成本低等优点[122]，因此酚醛基炭纤维常常用作耐腐蚀电线原料、复写纸原料、高温炉的隔热保温材料，以及用于特种防化防毒服装中，还可以与聚四氟乙烯混合制成刹车片、密封环等。酚醛树脂经纺丝成纤制得酚醛基初生纤维，原丝经固化、炭化及活化可以得到一种比表面积高、导电性能好的酚醛基活性炭纤维(PACF)[123]。PACF与聚丙烯腈（PAN）、黏胶基等活性炭纤维相比，具有炭化收率高、孔径大、导电性好、机械强度高、易于加工等优良特性，现已应用于环境污染治理、防化防毒服以及超级电容器等领域[124]。

酚醛基活性炭纤维对苯和碘等都具有较好的吸附力，具有超高的比表面积，被应用于环境治理领域[104, 125]。杨凯等[126]以合成的高邻位热塑性酚醛为模板，通过与甲醛的加成反应制备了高邻位热固性酚醛树脂，经溶液静电纺丝、盐酸溶液固化获得了纳米酚醛纤维，最终利用KOH活化获得了高邻位热固性酚醛基纳米活性炭纤维。通过比表面积和亚甲基蓝/碘吸附分析了纳米活性炭纤维的孔结构和吸附性能，亚甲基蓝和碘吸附量分别达到1643.0mg/g和2731.1mg/g。周逸如等[127]以酚醛纤维为原料，采用水蒸气活化法制备了活性炭纤维，并在对亚甲基蓝染料分子的吸附性能方面取得了良好的效果。Srivastava等[128]将多孔酚醛基活性炭纤维用于饮用水中双酚类化合物的吸附分离，实验结果表明，在中性条件下，于15℃下吸附2min，活性炭纤维对双酚A和双酚S的吸附率达到98%～99.9%，在NaCl、$MgCl_2$等无机盐的作用下，活性炭纤维对双酚A和双酚S的最大吸附量可以达到100mg/L。PACF可以将血液在存放和输血过程中加入的添加剂或产生的血清素等成分吸附过滤，而且不会损坏原有的血液细胞；还可用于制作人工器官，如人工肾和人工肝脏等，以去除人体的代谢产物和毒素等[129]。

贺福等[121]对四种前驱体制备的活性炭纤维的性能进行了对比，结果见表4-24。

**表4-24 各种活性炭纤维的性能对比**

| 活性炭纤维 | 沥青基ACF | PAN基ACF | 酚醛基ACF | 黏胶基ACF |
|---|---|---|---|---|
| 原料含碳量/% | 93.1 | 67.9 | 76.6 | 44.4 |
| 纤维直径/μm | 10～18 | 7～15 | 9～11 | 15～19 |
| 外比表面积/($m^2$/g) | 0.2～0.6 | 0.9～2.0 | 1.0～1.2 | 0.2～0.7 |

续表

| 活性炭纤维 | 沥青基 ACF | PAN 基 ACF | 酚醛基 ACF | 黏胶基 ACF |
|---|---|---|---|---|
| 比表面积/($m^2$/g) | 700～2500 | 55～1500 | 900～2500 | 950～1500 |
| 孔容/(mL/g) | 0.3～0.6 | | 0.22～1.2 | |
| 孔径/Å | 约 25 | 20～40 | 18～44 | 10～18 |
| 拉伸强度/(kg/$mm^2$) | 10～20 | 20～37 | 30～40 | 6～10 |
| 弹性模量/(kg/$mm^2$) | 200～1200 | 7000～8000 | 1000～1500 | 1000～2000 |
| 断裂伸长率/% | 1.0～2.8 | 约 2 | 2.7～2.8 | |
| pH 值 | 7 | | 7 | |
| 着火温度/℃ | 460～480 | 470 | 470 | |
| 苯吸附量/% | 22～68 | 17～50 | 22～90 | 30～58 |
| 碘吸附量/(mg/g) | 900～2200 | | 950～2400 | |
| 亚甲基蓝脱色能力/(mg/g) | 约 400 | 约 300 | 约 380 | |

从表 4-24 中可以看出，酚醛基活性炭纤维不仅拉伸强度、断裂伸长率大，而且对苯、碘和亚甲基蓝的综合吸附能力明显优于其他活性炭纤维。

薛荣等[130,131]的研究表明，将酚醛基活性炭纤维应用在双电层电容器（EDLC）中，可极大地提高 EDLC 的工作电压、电容量和稳定性。日本松下电器已经用酚醛基活性炭纤维制备出非水溶液系 EDLC[121]。研究者[132]发现，表面酸性官能团会导致电容器漏电，主要包括羧类、酯类官能团等，同沥青基、PAN 基等活性炭纤维相比，酚醛基活性炭纤维中该类官能团最少，而且电容量最高，漏电流量最小，综合性能明显优于其他电极制备的电容器。

刘双等[133]将 $K_2CO_3$ 和 PVA（其中 PVA 质量分数为 12%，$K_2CO_3$ 质量分数为 0.5%）加入热固性酚醛树脂的纺丝溶液中进行静电纺丝，得到复合纳米纤维，再经过固化、炭化和水洗处理除去其中无机物后得到了多孔纳米纤维。加入 $K_2CO_3$ 的多孔炭纳米纤维的比表面积和总孔容积比未加入 $K_2CO_3$ 制得的纤维提高了 18% 和 15%，分别可达 688$m^2$/g 和 0.3$cm^3$/g，而且功率密度、比电容也有所提高。

此外，酚醛基活性炭纤维作为多孔的黑色纤维，具有超高比表面积（约 3000$m^2$/g），易捕集太阳光，同时热传导率大，可把捕集和蓄存的太阳光能高效地传递给介质水，达到能量转换的目的。PACF 的密度比金属的小很多，应用于高效集热领域可大大减轻装置质量，易于架设安装。

酚醛基活性炭纤维[105,121,134]通常采用数均分子量为 1500 的热塑性酚醛树脂，经熔融纺丝、固化和炭化反应（850～1500℃）制备酚醛基炭纤维。然后将炭纤维置于活化炉的恒温区内，在 $N_2$ 保护下升温至 800～900℃，通入水蒸气进行活化从而制备得到。具体制备过程示意图见图 4-24。

酚醛纤维具有独特的结构和良好的耐火性特征，故不用进行预氧化处理即可直接炭化。炭化过程在氮气气氛保护下进行，400～600℃温度范围为酚醛纤维分子热解的主要阶段，酚醛分子中的芳环在炭化时其取代基逐渐地热解脱落，交联程度不高的亚甲基也会不断地断裂分解，最终形成稠环结构的芳烃结构；随着温度的升高，会有 $H_2O$、$H_2$、CO 及 $CH_4$ 气体

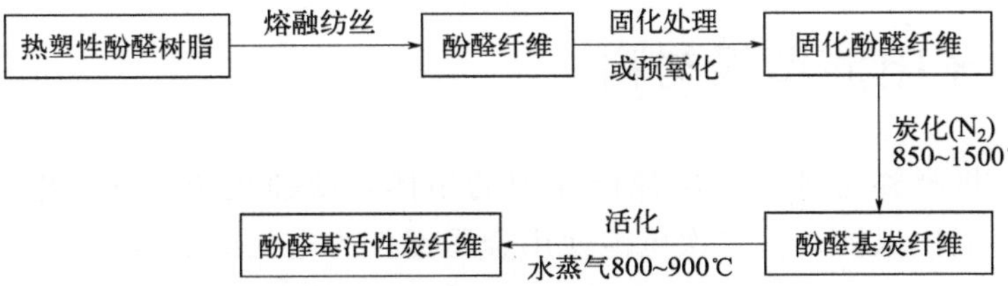


图 4-24 酚醛基活性炭纤维制备工艺流程

分子生成并逸出，从而产生了以微孔为主的孔道结构。温度继续升高，稠环芳烃发生缩聚反应，氢原子脱落，其内部碳结构向 $sp^2$ 杂化转变，成为具有六方晶系的碳结构，即酚醛纤维由三维交联结构逐渐转为无定形碳结构[129,135]。

酚醛炭纤维的活化方法可分为物理活化、化学活化和物理-化学耦合活化，活化的目的主要是利用气体（水蒸气等）或化学试剂（氯化锌等）对酚醛基炭纤维进一步处理，在形成更优的微孔结构的同时形成新孔，改善酚醛基炭纤维的内部结构，从而增大孔体积、扩大比表面积，并增强吸附性能。物理活化法是利用空气、二氧化碳、水蒸气等氧化性气体在高温下与炭材料内碳原子反应。活化气体与无序碳原子及杂原子发生反应，将其孔隙打开，将基本微晶表面暴露出来，同时创造出新孔，形成更发达的孔隙结构。活化时间、活化剂种类、原料性质、活化温度和气体流量等是影响物理活化效果的主要因素[135]。

化学活化法是通过化学试剂如 KOH、$ZnCl_2$ 等与炭材料发生一系列的交联或缩聚反应，嵌入炭纤维内部结构进而创造出丰富的微孔。在活化过程中，炭化过程和活化过程同时进行、同步完成。常用的活化剂有磷酸、氯化锌等，活化过程中材料与活化剂或其溶液混合，放置一段时间后将溶液过滤，再加热使酚醛纤维[136]热解，再经洗涤即得到 PACF。化学活化的优点是活化时间短、活化温度低。但是，大量化学试剂的使用提高了制备成本，而且高温对设备有较强的腐蚀作用，在洗涤过程中还需要大量水，不仅影响了纤维的外观和性能，而且产生的废水需要经过复杂的处理工艺后才能达到环保排放要求。

代晓东等[137]针对物理活化法和化学活化法制得的活性炭吸附性能上的缺陷与制备工艺上的弊端，创造性地提出了物理-化学耦合活化法制备活性炭纤维。采用该方法制备的活性炭纤维，化学活化剂的用量减少、制备条件温和、比表面积更大、孔隙结构丰富、吸附性能好，因此，该方法在活性炭制备方面具有很大的潜能。

# 4.5 储能材料

储能是实现“双碳”目标的重要支撑技术之一，储能产业的发展与成熟对加快构建以新能源为主的电力系统具有重要意义。但是“双碳”的实现终究离不开煤炭。人们在促进煤炭资源可持续利用方面做了大量工作，以煤为原料开发出多种新型煤基炭材料，在储能领域已得到广泛的应用。煤衍生的炭材料因具有结构多样、导电性和稳定性好等优异的物理化学性质，被认为是电化学储能装置的理想电极材料。新能源储能器件中，锂离子电池和超级电容器是应用最广泛的，并且得到世界关注和国家大力支持。本节以煤基炭材料在储能领域的应用为出发点，重点介绍煤基炭材料作为电极材料在锂离子电池和超级电容器领域的应用。

## 4.5.1 锂离子电池负极材料

锂离子电池负极材料是锂离子电池储存锂的主体，使锂离子在充放电过程中嵌入与脱出。在锂离子电池诞生以前，锂二次电池使用金属锂作为电池的负极，由于金属锂在电池充放电过程中产生锂枝晶，导致电池短路等安全问题，直到人们发现了较为理想的炭负极材料，锂离子电池才得到大规模的应用。

### 4.5.1.1 概述

锂离子电池的前身最早追溯到1975年，三洋公司开发了$Li/MnO_2$电池，负极材料通过锂金属来完成电池的工作，经过一段时期的发展，这种电池的缺点逐渐显现出来，即易造成电池短路，进而引发电池爆炸等安全性问题[138]。这个问题一度制约了锂电池行业的发展，锂电池行业的发展进入近乎停滞状态。1980年，Armand等提出了摇椅式电池的概念，锂元素以离子状态在电池中穿梭，提出了正负极作为嵌入化合物这一设想，通过取代锂金属来避免因枝晶效应而产生的电池安全问题[139]。正极中的锂离子在电池充电时脱离，通过电解液到达负极并嵌入，而放电过程与之相反，即整个电池的充放电过程可以理解为锂离子的“嵌入”与“脱嵌”过程。这一概念的提出加速了锂离子电池行业的发展，各大企业的研发方向转变为探索合适的正负极材料。

在锂离子电池发展中，出现了三位锂电池之父，分别为美国科学家约翰·古迪纳夫(John B. Goodenough)、斯坦利·威廷汉（Stanley Whittingham）以及日本科学家吉野彰(Akira Yoshino)，他们创造了一个可充电的世界，获得了2019年诺贝尔化学奖。20世纪70年代早期，威廷汉致力于研制替代化石燃料的能源，他通过研究超导体发现了一种高能量材料，首次发现插层储锂化合物$TiS_2$，并以此为正极构建了金属锂二次电池原型。随后，古迪纳夫在威廷汉的研究基础上继续研发，于1980年证明了嵌入锂离子的氧化钴可以产生多达4V的电压，这一项重要发现将锂离子电池的电位翻了一番，这样电池的体积更小、容积更大、使用方式更稳定，从而实现商业化，同时开启了电子设备便携化进程。20世纪80年代后期，吉野彰研制出了第一款可商用锂离子电池。首次在有机液体电解液中实现了炭材料（石油焦）的电化学可逆性，并且以此为基础与索尼公司的科学家合作完成了世界上第一个商业化的锂离子电池[140]。1991年，日本一公司将锂离子电池首次投入市场，这种电池就彻底改变了我们的生活。它奠定了无线、无化石燃料社会的基础，造福人们的日常生活，对后续锂离子电池的发展做出了极大贡献，推进了锂离子电池产业化的加速进行。1991年，日本SONY公司开始商业化生产以$LiCoO_2$为正极，以石墨为负极的锂离子电池[141]。电极材料的这种组合标志着二次电池发展到了新阶段，由于锂离子的转移无需化学转化即可进行，这使得电池特性稳定[142]，使用寿命长，循环耐久寿命较高，并且工作电压高，使用温度范围宽，高温下放电性能较好，环境友好。目前，锂离子电池在便携式电子设备、储能、电动汽车、航空航天和国防等领域得到广泛的应用。

锂离子电池负极材料是锂离子电池的重要组成部分，负极材料的性能是影响锂离子电池性能的关键因素之一。随着科技的发展，人们对锂离子电池性能的要求越来越高，对负极材料提出了更高的要求。

负极材料的选择应满足以下条件[143]：

① 锂离子嵌入反应具有低的电位，以保证锂离子电池具有较高的输出电压；

② 高度可逆的嵌入-脱嵌反应，以满足锂离子电池高能量密度的需求；

③ 脱嵌锂离子过程中结构稳定性好，以使电池具有较高的循环寿命；

④ 负极表面应能生成致密稳定的固体电解质膜（SEI），从而防止电解质在负极表面持续还原，不可逆地消耗来自正极的锂；

⑤ 比表面积小，不可逆损失小，保证电池有较高的充放电效率；

⑥ 充放电后材料的化学稳定性好，以提高电池的安全性、循环性，降低自放电率；

⑦ 环境友好，制造过程及电池废弃的过程不对环境造成严重污染和毒害；

⑧ 制备工艺简单，易于规模化，制造和使用成本低。

自锂离子电池诞生以来，负极材料已有种类繁多的家族成员，主要分为炭素材料和非炭素材料，如图 4-25 所示。锂电池的负极材料经过 20 余年的迅猛发展，炭材料代替金属锂既保持了锂离子电池高电压的优势，又大大提高了锂电池的循环性能和安全性能。炭负极材料具有比容量高、循环性能良好、化学稳定性好、价格低廉等优点，是市场上较成熟的负极材料。

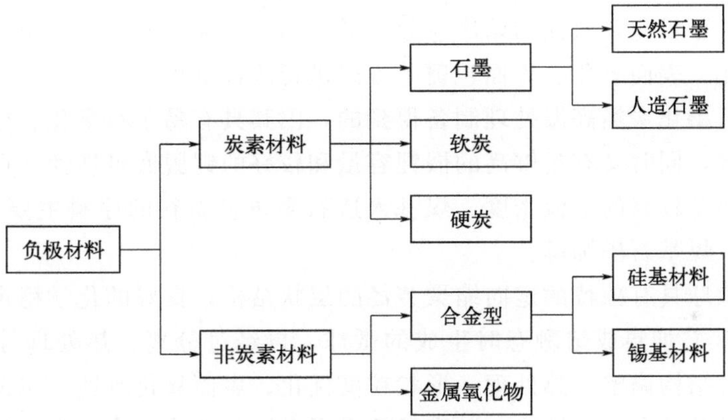


图 4-25　负极材料的分类

炭负极材料又分为石墨类负极材料和非石墨类负极材料，其中石墨类负极材料的研究最多、应用最广泛，包括天然石墨、人造石墨和各种石墨化炭，如中间相炭微球和炭纤维等。非石墨类炭材料根据热处理过程中易于结晶的程度分为软炭和硬炭。非炭类负极材料目前处于研究阶段，主要是合金型和金属氧化物，非炭类负极材料尽管容量较高，但仍有很多问题需要解决，如体积膨胀、成本问题。最有可能取得技术突破的是硅基材料，国内一些厂家在硅基负极材料方面已经取得一些技术突破。

(1) 石墨类负极材料

石墨类负极材料分为天然石墨、人造石墨和改性石墨，石墨化炭的嵌锂原理为锂离子进入石墨化层之间，形成一种石墨的插层化合物，其理论式为 $LiC_6$，这与石墨化后炭的结构有关，石墨化后炭具有层状结构，如图 4-26 所示，其层与层之间由范德华力来维持。正是由于其具有稳定的充放电曲线、较高的可逆容量以及较低的成本等特性，石墨类材料是目前商业化程度最高的负极材料。

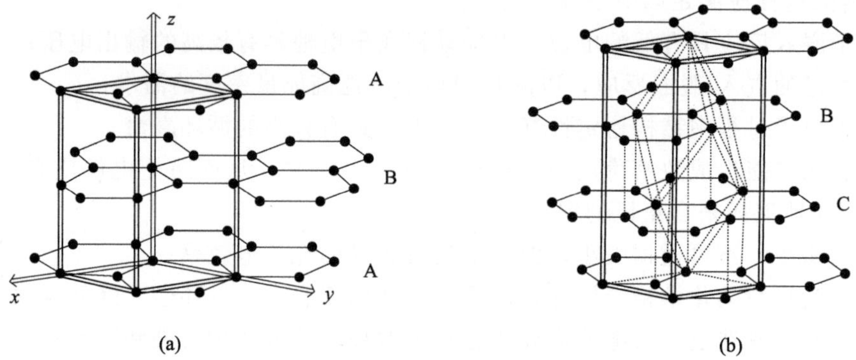


图 4-26 石墨片层堆叠结构示意图
(a) 六方石墨晶胞；(b) 菱方石墨晶胞

天然石墨存在于地壳中，储量丰富，无需高温处理，成本低。天然石墨有无定形石墨和鳞片状石墨两种。天然石墨虽然价格便宜，容量较高，但是循环过程膨胀较大，尤其是循环性能较差。天然石墨粉末的颗粒外表面反应活性不均匀，晶粒粒度较大，对电解液比较敏感，在充放电过程中表面结构容易被破坏，易与电解液形成 Li-GIC 层间化合物，导致石墨层膨胀、剥落，甚至粉化，致使初始库仑效率低、倍率性能不好。为解决上述问题，目前对天然石墨采用球化、表面氧化、表面包覆等方式进行改性处理。

人造石墨是石墨化炭经高温处理制备得到的，因其具有易于石墨化、电导率高、价格低廉、灰分低等特点，同时又有足够高的嵌锂容量和较好的锂脱嵌可逆性，可保证高电压、大容量、长循环寿命及较高的电流密度。煤基人造石墨负极材料的原料主要有中间相炭微球、针状焦、沥青焦、煤基石墨烯等。

煤中间相炭微球具有独特的定向缩聚芳烃的层状结构，良好的化学稳定性和导热性，是煤沥青在 400～450℃加热成熔融态时生成的微球，再经过分离、热处理等工艺后作为负极材料，可通过微观结构调整、热处理、形状粒度优化、表面氧化改性、包覆掺杂及与其他材料复合等方法来提升其电化学性能，以满足锂离子电池的性能需求。中间相炭微球由日本大阪煤气公司最先开发、生产，用作锂离子电池负极材料[144]，是 20 世纪 90 年代使用最多的负极材料。2000 年之后，锂电池的应用领域转向手机和笔记本电脑，对电池能量密度的要求也随之提升，比容量低、价格昂贵的中间相炭微球不能满足需要，提高其能量密度、循环性能和动力电池性能等仍需研究者进行深入研究[145]。

为了避免中间相炭微球的缺陷，以焦炭为原料制备负极材料逐渐发展起来，如针状焦、石油焦、沥青焦、冶金焦等焦炭材料经高温石墨化处理，部分产品也经过表面改性，得到电化学性能较好的负极材料，特别是针状焦，具有易于石墨化、灰分低、电导率高、电化学性能优良等特点，是优良的负极材料原料。2009 年，中钢集团鞍山热能研究院建成年产 4 万吨煤系针状焦的生产装置，上海杉杉科技以针状焦为原料成功开发了人造石墨负极材料新品 FSN-1 系列，该产品一举奠定了杉杉科技在人造石墨负极领域的泰山北斗地位，后来江西紫宸开发二次颗粒技术，将负极材料的性能进一步提升，此工艺锂离子迁移通道多、路径短、倍率性能好。此外，在重新造粒的过程中，尽量实现各向同性，这样锂离子可以从多个方向嵌入，应力也向各个方向去分散，实现了高压实、低膨胀和长循环寿命。用此工艺生产的负极材料容量达到 350mA·h/g 以上，杉杉科技典型的负极材料 FSN-1 和紫宸科技典型的负极材料 G1 的物性指标见表 4-25。人造石墨由于内部结构致密，性能优于天然石墨，如图 4-27 所示。图 4-27（a）为天然石墨，其内部孔隙较多；图 4-27（b）为人造石墨，其内部结构致密。人造石墨逐渐占领负极材料市场。

**表 4-25　FSN-1 和 G1 负极材料的物性指标**

| 项目 | FSN-1 | G1 |
| --- | --- | --- |
| $D_{50}/\mu m$ | 15.0±3.0 | 20.0±2.0 |
| 比表面积/($m^2/g$) | ≤2.0 | 1.50±0.30 |
| 振实密度/($g/cm^3$) | ≥1.0 | 0.90±0.10 |
| 容量/(mA·h/g) | 340.0±5.0 | 355.0～362.0 |
| 首效/% | ≥91 | 94.0±2 |

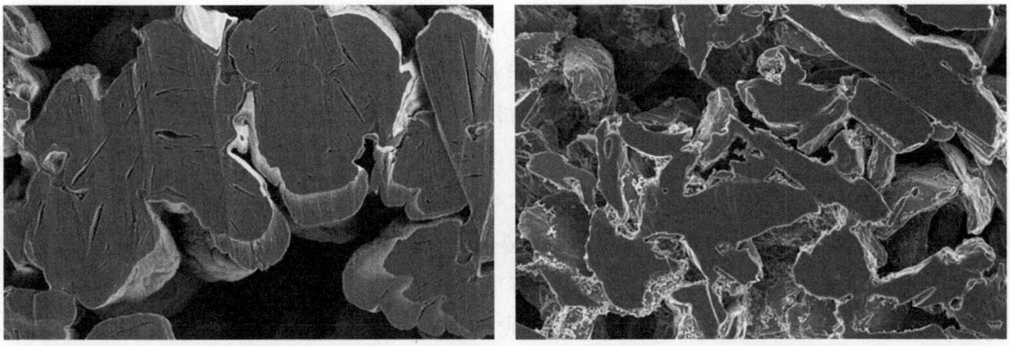

(a) 天然石墨　　(b) 人造石墨

图 4-27　石墨颗粒横断面 SEM 图

煤基石墨烯主要是对粉煤进行酸化或高温炭化除杂去灰。采用改良的 Hummers 法制得煤基石墨烯，其中煤炭的预处理和石墨化工艺是影响煤基石墨烯形成的主要因素。石墨烯作为锂离子电池的负极材料，具有较高的比容量、高导电导热性能、高充放电速率和良好的机械性能，在负极材料中占有绝对优势，但是纯的煤基石墨烯表现出较差的循环稳定性和首次库仑效率较低的问题，将石墨烯与其他负极材料复合可有效发挥煤基石墨烯的优良性能。

（2）非石墨类负极材料（软炭、硬炭）

部分软炭和硬炭产品是以煤沥青为原料制备的。软炭是经 2000℃以上温度处理可以转化为石墨的一种炭材料，软炭通常在 1000℃左右处理后得到。软炭与石墨相比，碳微晶呈现出短程有序和长程无序的状态。软炭石墨化度低，晶粒尺寸小，与电解液相容性好，但首次充放电的不可逆容量较高。

硬炭是难以石墨化的炭，即使在石墨化高温下炭化也很难得到结晶性很好的炭，其储锂机理主要有炭层间储锂、炭层边缘储锂和炭层表面储锂三种类型[146,147]。由于硬炭的层间距大，理论上提供了更多储锂空间，有较高的比容量，目前部分负极材料厂商品化硬炭材料的性能指标如表 4-26 所示，容量在 320～520mA·h/g 之间。但明显缺陷是首效较低，一般低于 85%，这就意味着将消耗大量的锂离子正极材料。

表 4-26　市售硬炭材料物性指标

| 公司 | 产品名称 | 原料 | 粒径 $D_{50}/\mu m$ | 比表面积/($m^2/g$) | 容量/(mA·h/g) |
|---|---|---|---|---|---|
| 成都佰思格 | 硬炭 | 植物原料 | 7.0～10.0 | 2.0 | 320 |
| 日本可乐丽 | Type-1 | 植物原料 | 9.0 | 4.0 | 405 |
| 日本住友 | LBV-9002E1 | 树脂类 | 9.1 | 3.0 | 480 |

硬炭材料作为锂离子电池负极时，具有比容量高、使用寿命长、倍率性能较好以及生产成本较低等优点，但同时也有一些缺点，如首次不可逆容量大、电压滞后效应明显以及振实密度低等，所以商业化进程比较艰难。

除了上述炭材料类负极材料外，还有非炭负极材料。消费者总是更倾向于购买续航里程更长的电动汽车或续航时间更长的手机等。因此，更高容量的负极材料被相继开发和应用到锂离子电池中，硅（Si）被视为最有希望替代商业石墨的材料之一。首先，Si 是地壳中第二丰富的元素，而且具有成本效益和生态友好性[148]。其次，Si 具有最高的理论比容量（约 4200mA·h/g），是石墨的 10 倍，比 $Li_4Ti_5O_{12}$ 高 20 倍[149]。最后，硅与 $Li^+/Li$ 相比，在 0.4V 左右具有中等工作电位，就安全性和能量密度而言，优于商用石墨和 $Li_4Ti_5O_{12}$[150]。硅的所有这些优点使得它优于其他材料[151]。硅电极面临的主要挑战是体积的巨大变化，巨大的体积膨胀会产生强大的机械应力，导致硅电极的破裂和粉碎[152]。此外，与体积膨胀/收缩过程相关的形态变化直接导致在整个电极水平上电子离子传输路径的破坏。循环过程中反复变化会导致固体电解质中间相 SEI 膜的断裂-重整无法保留和稳定，并导致锂离子和电解质的快速消耗。这会导致电导率的下降和电解质的耗尽，这也会引起快速的容量损失和库仑效率下降。因此，从工业的角度，已开展 Si 或 $SiO_x$（高容量）和石墨（优异的容量保持能力和库仑效率）的复合研究[153]。就 $SiO_x$ 基复合材料而言，它们受到行业青睐并具有以下优势：首先，$SiO_x$ 的充电容量高，但体积膨胀相对较小，循环性能更长。其次，Si—O 键比 Si—Si 键更牢固、更稳定，因此 $SiO_x$ 在循环过程中可以表现出更高的结构稳定性。但其容量较低，为了解决此问题，硅/碳/石墨复合材料具有很大的潜力能够在未来几年占据市场份额。同时，石墨的参数可以为研究人员设计基于 Si/石墨的复合材料提供很好的参考，以使其将来会超过石墨负极的性能[154]。

#### 4.5.1.2　锂离子电池负极材料的生产工艺

(1) 天然石墨负极材料的生产工艺

天然石墨负极材料的生产工艺较人造石墨简单，其原材料主要为石墨矿石，经浮选、球化、提纯、包覆改性、炭化、筛分等工艺，制成天然石墨负极材料。其工艺流程见图 4-28。

① 球化工序是天然石墨负极材料生产中的重要工序，采用浮选后的鳞片石墨作原料，通过串联多个机械设备进行整形和分级，便可得到正态分布的球形石墨粉。球化后，改善了天然石墨的各向同性性能，提高首次效率，有利于锂离子进出；振实密度得到提高，有利于锂离子电池负极片浆料加工。

② 炭包覆是天然石墨负极材料改性的有效方法，通过将球形天然石墨与沥青均匀混合，再将混合物装填入石墨坩埚中，经炭化炉高温炭化。目前工业上高温炭化炉以辊道窑为主，其设备示意图如图 4-29 所示，辊道窑可分区设定不同温度，温度曲线可分为升温、恒温、

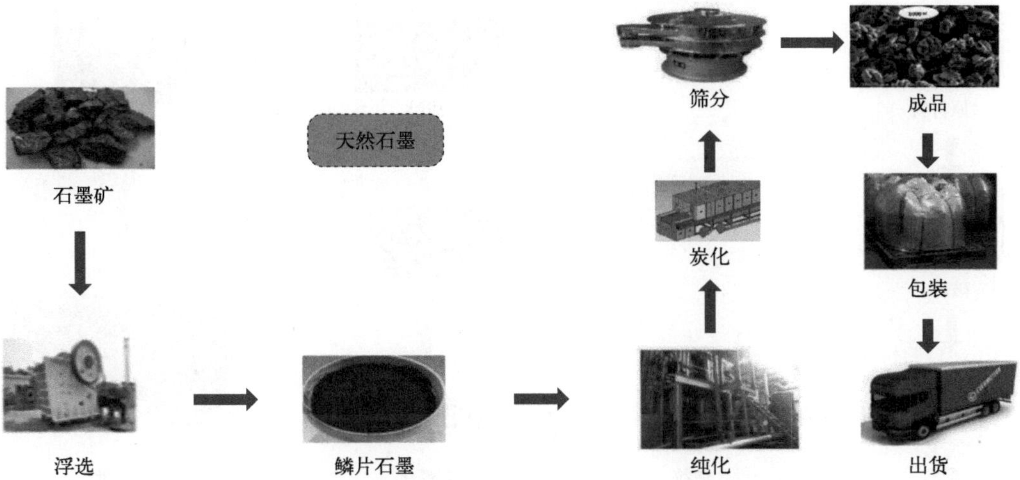


图 4-28　天然石墨负极材料生产工艺流程

降温等阶段，经过辊轮推动已装入物料的坩埚，物料经过每个温区后完成炭化过程。当前工业炭化过程已实现自动化生产，通过自动计量、机械手臂等设备完成坩埚装填和出料。经过炭包覆改性后，无定形碳壳对有机溶剂不活泼，它的乱层结构可以使有机溶剂小分子很难共插到片层中，而且无定形碳的层间距比石墨大，锂离子在其中扩散性能较好，倍率性能提升明显。经炭包覆后天然石墨负极材料的性能得到极大改善，材料具有首次效率高、循环性能好、动力学性能佳等特点。

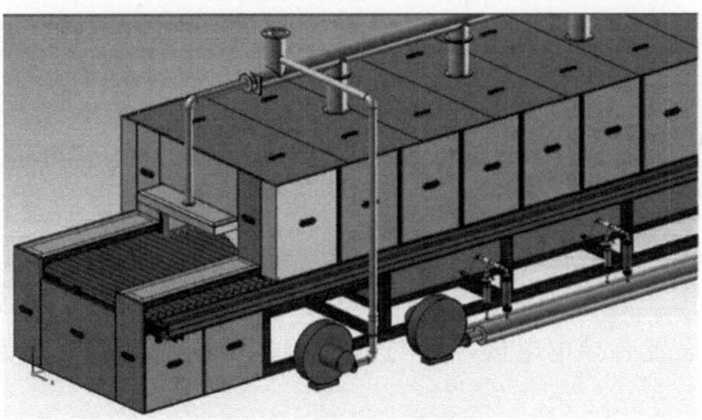

图 4-29　辊道窑示意图

（2）人造石墨负极材料的生产工艺

人造石墨负极材料的生产工艺包括原料预处理、造粒、石墨化和筛分等工序，其工艺流程如图 4-30 所示。

① 原料预处理工序　根据产品不同，将人造石墨原料与沥青按相应要求粉碎至目标粒径，再按不同比例混合，物料通过上料机投入混料设备，通过混料设备将二者混合均匀。

② 造粒工序　造粒过程可改变材料的颗粒结构，骨料通过黏结剂黏结作用成为二次颗粒结构，如图 4-31 所示。二次颗粒结构使负极材料具有循环寿命长、膨胀低、动力学性能好等特点。造粒过程为将预处理物料投入密闭反应釜中，按照特定的温度曲线进行，降温后出料，完成造粒过程。

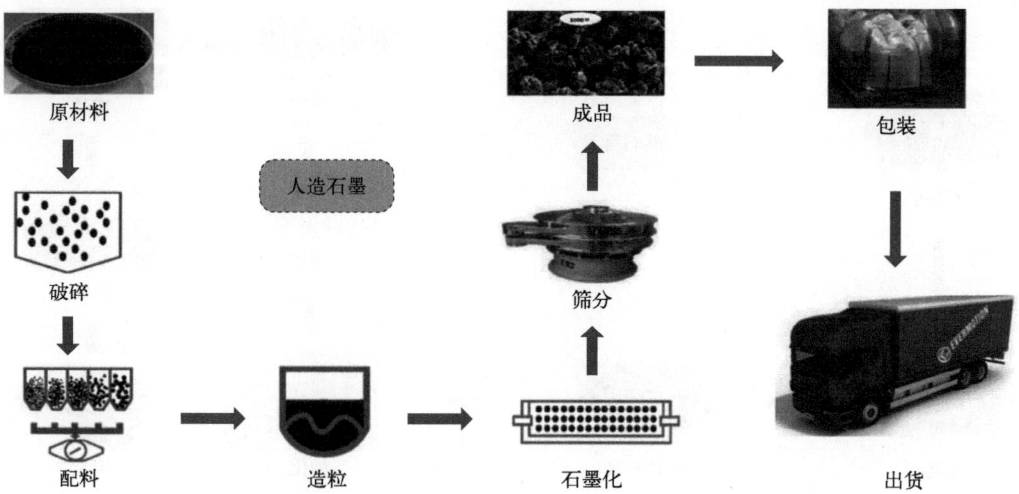

图 4-30　人造石墨负极材料的制备工艺流程

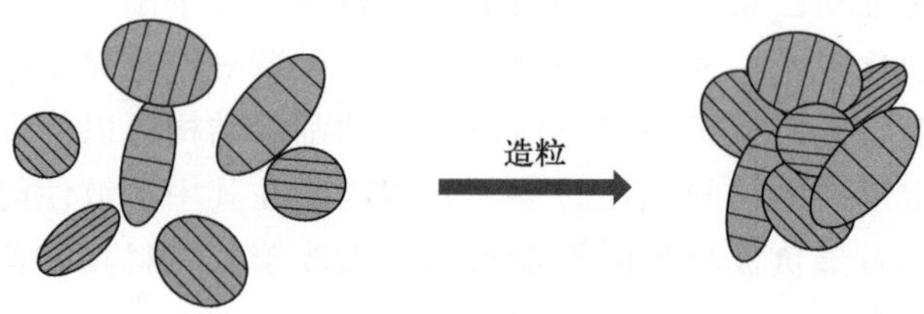

图 4-31　造粒颗粒变化

③ 石墨化工序　石墨化是人造石墨负极材料生产过程中最重要的工序，通过石墨坩埚装料方式，将材料置于艾奇逊电阻炉中，在 3000℃左右进行热处理。在石墨化过程中材料的晶体结构发生变化，通过 XRD 分析可知材料从无定形碳结构转变成石墨结构，微晶尺寸增大，碳的网状平面层间距缩小，从杂乱的叠合状态转变成有序的叠合状态[155]。工业上采用的石墨化炉是耐火砖堆砌的长方形炉子，如图 4-32 所示[156]，石墨坩埚竖直放置，四周充满电阻料，外层为炭黑、焦粉等保温料。石墨化工序通电时间约 2～7 天，冷却时间约 14 天。炉头的两端墙上设置有导电电极，并与电源相连接，构成通电的回路。当电路接通后，

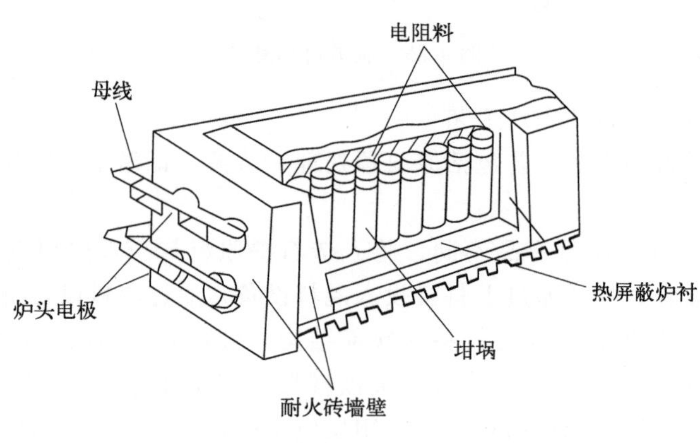

图 4-32　艾奇逊石墨化炉结构

炉芯由于电阻的作用即发热升温，使坩埚内物料在≥2800℃的温度下，经高温热处理而转变为人造石墨。根据石墨化原材料种类和制备工艺不同，人造石墨负极材料的石墨化度可达90%～95%。

④ 筛分工序　石墨化后的物料真空输送至混料机进行物理混合，使用≥270目的筛网进行筛分，筛下物进行检验、计量、包装入库。对磁性异物要求严格的物料可在此工序中加入除磁机，进行物料的除磁。

（3）硅碳类负极材料的生产工艺

目前比较常见的硅碳负极材料主要有以下几类：碳包覆纳米硅（nano-Si@C）；氧化亚硅碳复合材料（SiO@C）；硅纳米线（Si nanowire/SS）；变氧型氧化硅碳复合材料（$SiO_x$@C）无定形硅合金（amorphous SiM）。

碳包覆纳米硅是以纳米硅为原材料，表面包覆炭层的结构。其中硅材料的粒径为30～200nm，炭层多采用煤沥青高温炭化处理后形成的软炭。其单体容量一般为400～2000mA·h/g，成本较低，首效较高，但电池膨胀较大，长循环稳定性较差。

氧化亚硅碳复合材料是以氧化亚硅材料为核，这里的氧化亚硅一般是采用化学气相沉积法将2～10nm的硅颗粒均匀分布在$SiO_2$的基质中。其单体容量一般为1300～1700mA·h/g。由于硅材料颗粒更小、分散更加均匀且材料结构更加致密稳定，该材料膨胀较低，具有非常好的长循环稳定性。但是由于$SiO_2$首周与锂发生不可逆反应，该材料的首效一般较低，而且成本较高，一定程度上限制了其在全电池中的使用。

硅纳米线指的是通过特殊的工艺，制备出严格控制长径比的圆柱状纳米硅颗粒，再在颗粒表面包覆炭层。这种结构的材料比容量和首效都较高，但是需要配合成熟的预锂化技术才能满足SEI膜对锂的不断消耗，以确保长循环稳定性，工艺还存在一定难度。

变氧型氧化硅碳复合材料是在碳包覆氧化亚硅的基础上，通过对原材料的特殊处理，改变原材料中氧元素的含量，从而达到提升材料首效或者改善材料循环性能的目的。该材料同时可以具有较高的首效和较好的长循环稳定性，是目前比较高端的硅碳材料之一。

无定形硅合金指的是在高温条件下将纳米硅与金属单质（如铁、铜等）复合，再在颗粒表面包覆炭层得到的材料。这种制备工艺得到的结构中硅材料是无定形的，因此材料的循环性能理论上较好。而且由于单质金属不与金属锂发生化学反应，该材料的首效一般也较高。但是该材料的制备难度较大，制备成本较高，而且炭化过程易使硅颗粒结晶析出，目前还不适合规模化生产。

### 4.5.1.3　锂离子电池负极材料质量影响因素

（1）粒径分布

负极材料的粒径分布影响锂离子电池电芯制备工艺、能量密度和电化学性能。在相同的体积填充量情况下，材料的粒径越大，粒度分布越宽，浆料的黏度就越小，有利于提高固含量，减小涂布难度；材料的粒度分布较宽时，体系中的小颗粒能够填充在大颗粒的空隙中，有助于增加极片的压实密度，提高电池的体积能量密度；粒径较大时，材料首次效率高，电芯的常温循环和高温循环性能好，但是材料的动力学性能较差，不利于电芯的低温循环，粒径越大，材料嵌锂膨胀越大，粒径太大时，材料结构会因嵌满锂的体积膨胀太大而遭到破坏，影响电池性能。材料粒径越小，材料的首次效率越低，动力学性能越好，膨胀小，但是不利于常温循环和高温循环，影响压实密度。

(2) 压实密度

压实密度的测试是在有外力的压缩过程中，随着粉末的移动和变形，较大的空隙被填充，颗粒间接触面积增大，使原子间产生吸引力且颗粒间的机械楔合作用增强，形成具有一定密度和强度的压坯，得到压实密度。锂离子电池在制作过程中，压实密度对电池性能有较大的影响。一般来说，压实密度越大，电池的容量越高，所以压实密度也被看作材料能量密度的参考指标之一。

(3) 振实密度

振实密度的测试是将一定量的粉末填装在量筒中，通过振动装置不断振动，直至样品的体积不再减小，最后用样品质量除以振实后体积即得振实密度。振实密度越大，材料的加工性能越好，负极片剥离强度越高。

(4) 比表面积

负极材料的比表面积对浆料制备和电化学性能都有重要影响，比表面积的波动，导致浆料的黏度波动，影响涂布效果。比表面积太高，浆料黏度升高。比表面积主要是影响材料的动力学性能和首效，比表面积大，形成SEI膜所消耗的锂离子较多，材料的首效降低，锂离子进出通道增加，材料的动力学性能得到改善。

(5) 石墨化度与层间距

石墨化度反映了石墨晶体结构的完善程度，即石墨结构中碳原子排列的规整程度。石墨负极的石墨化度主要和原料及石墨化工艺相关，石墨化度越高，晶体结构的有序程度越高，材料的容量和压实密度越高。炭材料XRD图谱中（d002）层间距，完全未石墨化炭层的间距是0.3440nm，理想石墨的层间距为0.3354nm。石墨层间距越小，其石墨化程度就越高，锂在石墨层中的迁移动力学越差，材料的倍率性能越差。材料石墨化度的选择取决于对电芯性能的要求。

(6) 颗粒结构

负极材料的颗粒结构包括单颗粒和二次颗粒。相同粒径大小时，单颗粒的优点是容量高、首效高、高温循环好。一次颗粒端面少，锂离子只能从端面嵌锂，嵌锂通道少，动力学性能相对较差，颗粒膨胀相对较大。二次颗粒由小颗粒通过黏结剂黏结成大颗粒，材料的端面多，嵌锂通道多，动力学性能相对较好，颗粒各向同性好，膨胀低；缺点是高温循环差。

(7) 真密度

粉体真密度是粉体质量与其真体积之比，其真体积不包括存在于粉体颗粒内部的封闭孔洞。石墨材料的真密度范围在2.20～2.26g/cm$^3$，材料的真密度可以间接反映材料的石墨化程度，通常真密度越高，材料的石墨化程度也越高，材料的容量、首效和压实密度均表现良好。

(8) 筛上物含量

筛上物含量（筛分剩余量）是指物料经一定目数筛网筛分后未通过筛网的数量占比，以质量分数表示。反映了材料中大颗粒的含量，主要影响浆料的过筛、涂布及辊压。筛上物过多，浆料过筛时会堵住筛网，浆料过滤不下去；涂布时，大颗粒会导致极片有划痕和针孔露箔，在嵌锂时，露箔区域会析锂；辊压时，大颗粒过辊后形成亮点，严重时会造成断带。

（9）灰分

灰分是石墨灼烧后留下的无法燃烧的成分。灰分的含量反映了材料中杂质的含量。灰分对材料的电化学性能有重要影响，增大材料的欧姆阻抗，降低电子导电性；在电池循环过程中，灰分会催化电解液分解，影响电芯的电化学性能，一些不能嵌锂的杂质会影响材料的容量。

（10）磁性物质

磁性物质一般包括铁、铬、镍、锌、钴，磁性异物严重影响电芯的电化学性能和安全性能。磁性物质会催化电解液分解，导致电芯自放电大，电芯胀气。磁性物质还可能刺穿隔膜，造成电芯短路，引发安全事故。材料中的磁性物质主要来源于原料和制备过程，在最后的除磁工序基本能够控制。

（11）首次放电比容量和首次库仑效率

负极材料的首次放电比容量指的是首周脱锂容量，而首次库仑效率指的是首周脱锂容量与嵌锂容量的比值，它们可以在很大程度上反映电极材料的电化学性能。石墨负极在首周嵌锂的过程中电解液会发生分解，生成SEI膜，它允许锂离子通过，阻碍电子通过，可以防止电解液的进一步消耗，拓宽电解液电化学窗口。首次放电比容量和首次库仑效率影响电芯的能量密度，在一定程度上反映材料在后续循环中的稳定容量。

总之，材料各项技术指标对电芯的电化学性能和能量密度具有重要影响，每项技术指标对电性能的影响不同。因此，在材料的选择上，需要利用电芯对各性能的优先顺序进行综合考虑，进行材料设计。

#### 4.5.1.4 锂离子电池负极材料的发展趋势

锂离子电池负极材料是锂离子电池的关键材料之一，是新能源高速赛道产业的核心材料，对国家实现“双碳”目标具有重要意义。国家对新能源、新材料的鼓励政策不断实施，激励了负极材料技术的发展及产能的快速释放，同时也加剧了市场竞争。

锂离子电池根据应用领域的不同，分为动力电池、消费电池和储能电池，不同类型的锂电池其成本构成也有一定差异。消费电池主要用于手机、笔记本电脑和平板电脑等消费电子产品中；动力电池主要用于新能源汽车和电动自行车中；储能电池主要用于移动基站电源、家庭储能和电网储能等中。随着5G时代的到来，以柔性电池、高倍率数码电池、高端数码软包电池等为代表的高端数码电池领域呈现蓬勃发展的态势。人们对电池容量的需求逐步提高，期望有更长的运行时间、更低的成本和更高的安全性。在全球汽车电动化、智能化的发展趋势下，新能源汽车产业仍将延续良好的发展态势。为了满足电动汽车跑得更远、更快、更加安全便捷的需求，进一步提高比能量和比功率、延长使用寿命和缩短充电时间、提升安全性和可靠性以及降低成本是动力电池技术发展的主题和趋势。储能电池系统具备削峰填谷、负荷调节的功能，能够有效提高发电效率，降低用电成本。在日渐兴起的能源互联网中，由于可再生能源与分布式能源在大电网中的大量接入，结合微电网与电动车的普及应用，电化学储能技术将是协调这些应用至关重要的一环，储能环节将成为整个能源互联网的关键节点，能源互联网的兴起将显著拉动储能的需求。

为了满足高能量密度和快充等方面的需求，锂离子电池负极材料将继续朝低成本、高比能量、良好的动力学等方向发展，行业快速发展，负极材料出货量高速增长。从负极材料结构来看，人造石墨占比逐年提升，以沥青为原料制备焦炭再形成石墨类材料仍然是当前锂离子动力电池的主流选择。受石墨化加工费用上涨的影响，人造石墨负极材料企业的生产成本压力上升。人造石墨负极材料领域内具备一定资金实力的企业逐步自建石墨化产能，降低对石墨化外协加工的依赖。随着中国锂电池负极材料行业的不断成熟，自主建立加工配套、降低外协加工依赖成为负极材料厂商进一步发展的重要举措。建设由原料端至负极材料产品端的全技术链、全创新链、全产业链一体化运营是发展趋势，负极材料企业努力实现产业竞争力、核心技术竞争力的融合，引领负极材料产业高质量发展，支撑和服务我国新能源汽车、储能等新能源产业领域发展，助力国家实现“双碳”战略的实施。

随着数码电子产品的升级和新能源纯电动汽车对续航里程提出更高的要求，石墨负极材料的比容量性能逐渐趋于理论值，如石墨的理论克容量为372mA·h/g，目前部分厂家的产品可以达到365mA·h/g，基本达到极限值。发展新型负极材料，突破传统负极材料性能理论极限成为中国锂电池负极材料企业占据未来市场领先地位的战略目标，未来硅基材料等新型大容量负极材料将逐步成熟，硅碳复合材料或将替代其他负极材料。另外，金属锂负极的研究也将是各国学者重点关注的内容。新材料、新技术持续开发为新能源产业的扩张提供坚实的壁垒。

## 4.5.2 超级电容器电极材料

### 4.5.2.1 概述

随着信息技术、便携式电子设备、能源存储等市场的快速增长和混合动力汽车的发展，人类对环境友好型大功率电源的需求日益迫切，超级电容器作为储能器件扮演着越来越重要的角色[157,158]。超级电容器又称电化学电容器、法拉第准电容器或超级电容，其因脉冲电源、循环寿命长、电荷传播快速，作为一种新型储能器件而备受关注。此外，超级电容器的工作温度范围宽，环境友好，比能量和比功率高，与常规电容器相比，具有较高的功率容量和较大的能量密度，其容量可达到几百法拉甚至上千法拉[159,160]。与二次电池相比，超级电容器的最大优点是充放电速度快，能够在数十秒至几分钟内完成充放电过程，而蓄电池完成充放电需要几小时。目前，超级电容器广泛应用于消费电子、智能电网、存储系统、风力和太阳能发电系统、工业电源、新能源汽车中，最重要的应用是超级电容器在低排放混合动力汽车和燃料电池汽车上的应用。超级电容器与高能电池或燃料电池相结合，作为一种临时的能量储存装置，在制动时具有高功率能力，因此，超级电容器在未来的储能系统中与电池同等重要。

超级电容器按照不同的分类标准，有以下四种分类方法。

① 按照电极材料的种类分为炭电极电容器、金属氧化物电容器、导电聚合物电容器。

② 按照储存电荷的机理分为：双电层电容器，其电荷储存主要来自电极和电解液离子之间形成的双电层静电吸附效应；赝电容电容器，是由电活性离子在电极表面发生的表面及体相的氧化还原反应或发生的欠电位沉积，称为法拉第准电容。

③ 按照正负极的构成和发生反应不同分为：对称型，即两个电极的组成相同，而且发生相同的反应；非对称型，两个电极的组成不同，发生的反应不同。

④ 按照电解液不同分为水系电容器、有机系电容器。

(1) 双电层电容器 (EDLC)

由于电荷存储区域的限制和两个充电极板之间距离的限制，传统电容器只能存储很少的能量，而双电层电容器具有较大的界面面积，高比表面积的活性炭材料将电解液中的离子可逆地吸附至其表面，通过静电作用存储电荷，可以存储较大的能量，如图 4-33 所示。EDLC 的概念早在 19 世纪就由 Von Helmholtz 在研究胶体粒子界面上相对电荷的分布过程中首次描述和建模。1957 年，通用电气公司的 H. I. Becker 在实际应用中用双电层电容器存储电荷，才使得 EDLC 得到应用[161]。Helmholtz 的双电层模型指出，在电极/电解液界面上形成两种带相反电性的电荷，并被原子尺寸的间距隔开［图 4-33(a)］，该模型与传统的双极板电容器相似。之后 Gouy-Chapman 模型［图 4-33(b)］考虑到电解液溶液中离子（阳离子和阴离子）在热运动的驱动下连续分布。然而，Gouy-Chapman 模型高估了 EDLC 的电容，两个分离的电荷阵列的电容值与它们的分离距离成反比，因此当点电荷靠近电极表面时，电容值会非常大。后来，Stern 将 Helmholtz 模型与 Gouy-Chapman 模型结合起来，明确指出离子分布的两个区域，称为致密层和扩散层［见图 4-33(c)］，在致密层中，离子（通常水合）被电极强烈吸附，因此被称为致密层。此外，致密层由特定吸附的离子（在大多数情况下，它们是阴离子，而与电极的电荷性质无关）和非特定吸附的反离子组成。利用内部的 Helmholtz 平面（IHP）和外部的 Helmholtz 平面（OHP）区分两种吸附离子。扩散层区域如 Gouy-Chapman 模型所定义的那样。EDLC 的电容（$C_{dl}$）可以看作是来自两个区域的电容的组合，即 Stern 致密层电容（$C_H$）和扩散区域电容（$C_{diff}$），可以表示为：$1/C_{dl}=1/C_H+1/C_{diff}$。决定平面电极表面 EDLC 性能的因素包括电极上的电场、电解质离子的类型、溶解电解质离子的溶剂以及被吸附离子与电极表面之间的化学亲和力。图 4-34 是由多孔炭电极制成的 EDLC 的示意图。

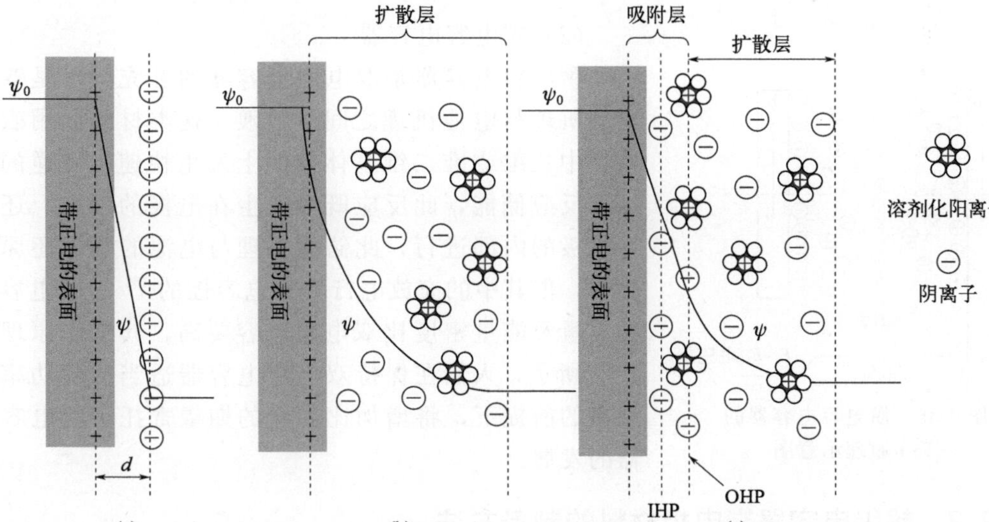


图 4-33　双电层电容器模型

(a) Helmholtz 模型；(b) Gouy-Chapman 模型；(c) Stern 模型

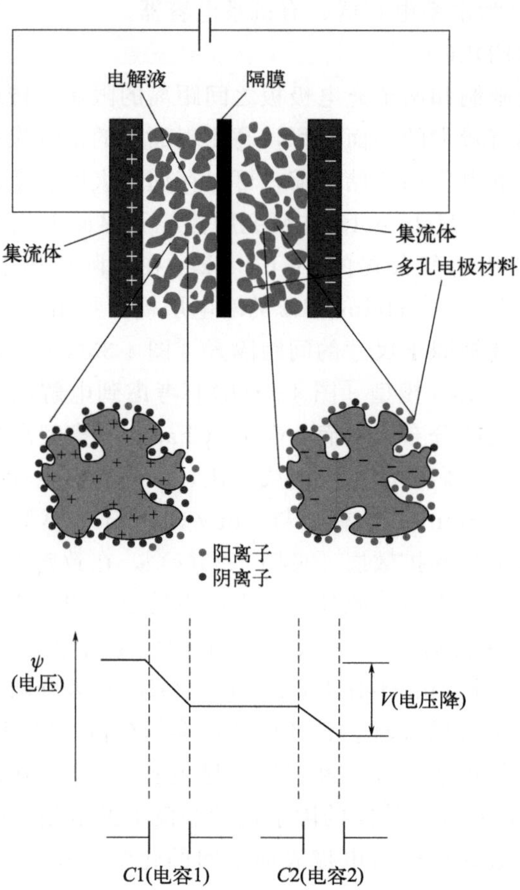


图 4-34　多孔炭电极制成的 EDLC 的示意图

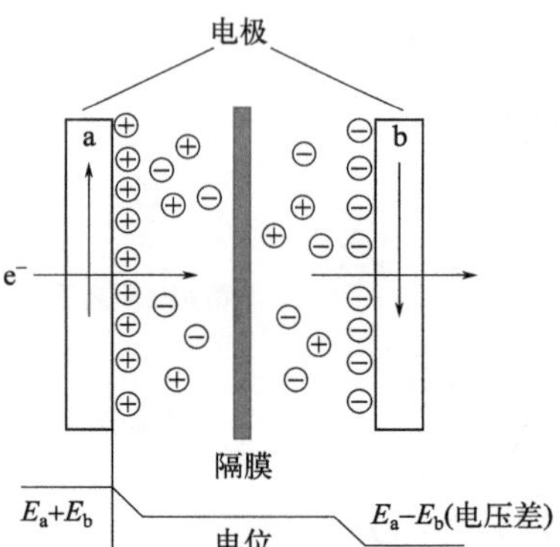


图 4-35　赝电容电容器的工作原理示意图

(2) 赝电容电容器

赝电容电容器是双电层电容器的补充，也是双电层电容机理与电池机理之间的过渡，这类材料利用表面或体相中二维或准二维基体空间上发生快速、可逆的氧化还原反应储能，此反应既可发生在电极的表面，还可以在电极的内部进行，此储能机理与电池的氧化还原反应类似，但其中的充放电行为是电容性的[162]。赝电容产生的容量及能量密度比双电层电容要高，其工作原理如图 4-35 所示，人们在保持双电层电容器适当的高功率和长寿命的前提下，将增加比容量的期望寄托于赝电容电容器的发展。

### 4.5.2.2 超级电容器炭电极材料的制备方法

超级电容器的炭电极材料主要有双电层电容器电极材料和赝电容电容器电极材料[163-166]。双电层电容器的电极材料以炭材料为主，如活性炭、碳纳米管、模板炭、炭气凝胶、炭纤维、介孔炭、炭黑、石墨烯等。这些炭材料可以通过煤及煤沥青制得，经过处理后都有较大的比表面积，物理化学性质稳定，导电性良好，分布广泛，廉价易得。

目前国家大力提倡煤炭资源高效利用，煤基活性炭已成为煤化工中的一种重要产品，以煤为原料制备的活性炭在超级电容器领域已被广泛应用，碳含量高、灰分低、来源稳定，并且热塑性良好，非常适合于作超级电容器的电极材料，以煤和煤沥青为原料制备活性炭（ACs）、碳纳米管（CNTs）、石墨烯等应用于超级电容器具有重要的商业价值和战略意义。

超级电容器用炭电极材料形式多样，有粉状、纤维、气凝胶、复合材料、薄片、块状、管状等，特别是以煤或煤沥青制备的 ACs 和 CNTs，因易于加工、物理和化学性能好、孔隙率可控以及拥有丰富的氧化还原反应电催化活性位点等特征得到广泛应用。在 EDLC 的发展过程中，电极材料比表面积和孔径的控制，电极材料与电解质溶液在界面、电子对偶极矩和亲核性的匹配度，对于保证超级电容器在功率输出速率和储能能力方面的良好性能至关重要。由于 ACs 具有较高的表面积和相对可控的孔径，常被认为是良好的 EDLC 电极材料。另外，CNTs 由于其独特的管状多孔结构和优越的电学性能，有利于离子和电子的快速传输，在超级电容器电极的发展中也具有特殊的意义。近年来，石墨烯作为一种新型的二维碳纳米结构，具有较大的比表面积和极高的电子性质，如果石墨烯能实现大规模生产，将是最具发展潜力的超级电容器的电极材料。表 4-27 为超级电容器炭电极材料的主要物性和电容性[163]，总结了各种炭基电极材料的物理性质和电容性质，可以看出，高比表面积的电极材料和具有赝电容性质的活性材料是保证高导电性（即快速的电荷传输）以及电解液传输能力的必要条件。因此，在超级电容器的发展中，一个最关键的方面就是在不影响高功率能力的前提下优化能量密度，这两个参数决定了超级电容器的最终性能。下面将对几种具有代表性的炭基电极材料进行论述，这些电极材料都可以煤或煤沥青为原料制备成多种规格。

**表 4-27 超级电容器炭电极材料的主要物性和电容性**

| 电极材料 | | 比表面积/($m^2$/g) | 密度/(g/$cm^3$) | 无机电解液 | | 有机电解液 | |
|---|---|---|---|---|---|---|---|
| | | | | F/g | F/$cm^3$ | F/g | F/$cm^3$ |
| 炭材料 | 商用活性炭(ACs) | 1000～3500 | 0.4～0.7 | <200 | <80 | <100 | <50 |
| | SiC/TiC 炭粒子 | 1000～2000 | 0.5～0.7 | 170～220 | <120 | 100～120 | <70 |
| | 功能化多孔炭 | 300～2200 | 0.5～0.9 | 150～300 | <180 | 100～150 | <90 |
| | 碳纳米管(CNT) | 120～500 | 0.6 | 50～100 | <60 | <60 | <30 |
| | 模板多孔炭(TC) | 500～3000 | 0.5～1 | 120～350 | <200 | 60～140 | <100 |
| | 活性炭纤维(ACF) | 1000～3000 | 0.3～0.8 | 120～370 | <150 | 80～200 | <120 |
| | 炭布 | 2500 | 0.4 | 100～200 | 40～80 | 60～100 | 24～40 |
| | 炭气凝胶 | 400～1000 | 0.5～0.7 | 100～125 | <80 | <80 | <40 |
| 炭基复合材料 | TC-$RuO_2$ 复合材料 | 600 | 1 | 630 | 630 | — | — |
| | CNT-$MnO_2$ 复合材料 | 234 | 1.5 | 199 | 300 | — | — |
| | AC-聚苯胺复合材料 | 1000 | — | 300 | — | — | — |

（1）ACs 电极材料的制备方法

ACs 是目前应用最广泛的电极材料，具有表面积大、电性能好、成本低等优点。ACs 的主要成分是碳，结构复杂，通常认为 ACs 是由类似石墨的碳微晶结构组成，按“螺层形结构”排列，而且具有大的比表面积和发达的孔隙结构。在 EDLC 中活性炭巨大的吸附电荷的能力来源于 ACs 中发达的孔隙结构提供的高比表面积，在 ACs 中，大孔结构可以进行多层吸附，但大孔结构数量较少，所以大部分大孔结构主要是提供电荷通路，是影响吸附速度的重要因素，并且对不能进入微孔的电荷起到吸附作用。ACs 的吸附作用主要是由微孔结构来完成的，容量主要靠有效的微孔结构来支配，ACs 微量的质量损失就可以形成大量的微孔结构，从而实现非常大的比表面积，而比表面积是衡量 ACs 性能的一个重要指标。

ACs 活化后产生的多孔结构具有宽的孔径分布，包括微孔（<2nm）、中孔（2～50nm）和大孔（>50nm）。研究表明，电容与比表面积之间并不呈正相关，有些材料具有 $3000m^2/g$ 的高比表面积，但是电容 $<10\mu F/cm^2$，远小于 EDLC 理论电容（$15\sim25\mu F/cm^2$），这表明材料中的孔隙不都是有效孔隙。因此，虽然比表面积是 EDLC 性能的一个重要参数，但炭材料的孔径分布、孔的形状和结构、电导率和表面性能等一系列因素在很大程度上影响其电化学性能。在活化过程中，如果活化强度过高，过度的活化会导致孔容增大，导致材料密度低、导电性差，反过来会导致材料低的体积能量密度和功率。此外，高活性的表面积可能会增加悬键位处电解质分解的风险。在有机电解液中，ACs 表面酸性和水分的存在是导致超级电容器电极老化的原因。很多研究报道不同电解液中 ACs 的纳米孔结构与电容性能之间的关系，一般来说 ACs 在水系电解液中的容量（100～300F/g）大于有机电解液中的容量（<150F/g），原因是有机溶液中电解质离子的有效尺寸比水中的离子大，使用有机电解液增加了比离子小的孔隙的数量，因此对电荷存储没有贡献的孔隙数量增加了，所以在有机电解液体系中容量较水系容量小。有机电解质对炭表面的润湿性是由两者之间的化学亲和力决定的，这可能是另一个导致容量小的原因。Largeot 等[167]的研究已经证明了使用碳衍生化合物（CDCs）的 EDLC 的离子尺寸和孔径之间的关系，当孔径与离子尺寸匹配时，EDLC 电容达到最大，如图 4-36 所示。

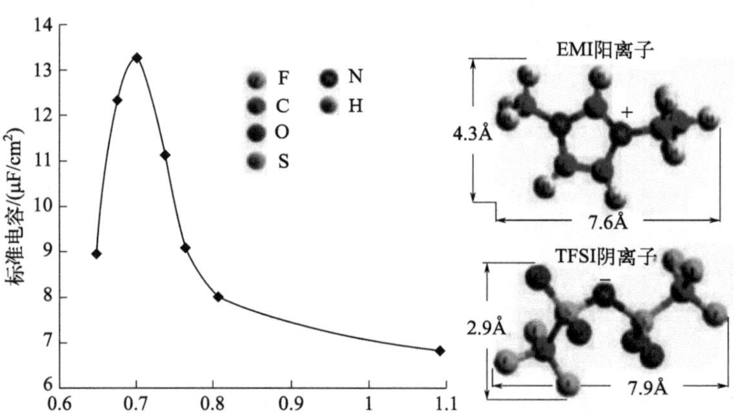


图 4-36　碳衍生化合物（CDCs）的 EDLC 的离子尺寸和孔径之间的关系

（2）CNTs 电极材料的制备方法

碳纳米管的发现极大地推动了炭材料科学与工程的发展，其因独特的孔结构、优异的电学性能、良好的机械稳定性和热稳定性，成为超级电容器电极领域的研究热点。碳纳米管作为一维纳米材料，主要的制备原料是煤、焦化苯，加二茂铁催化而得。CNTs 可以分为单壁碳纳米管（SWNT）和多壁碳纳米管（MWNT），两者都已广泛用作储能电极材料。图 4-37[163] 是不同类型碳纳米管的原子结构。由于其良好的导电性和易于获得高表面积，碳纳米管通常被认为是一种高功率电极材料理想的选择。此外，高机械回弹性和碳原子排列的网格结构使其成为活性材料的良好支撑。但是，用 CNTs 作为超级电容器电极材料，也有一定弊端，与 ACs 相比 CNTs 本身的比表面积较小（通常＜500$m^2$/g），所以能量密度较低。CNTs 的微孔体积较小，电容值不高，仅有 20～80F/g。并且很难在宏观尺度上保持单个碳纳米管的固有特性，CNTs 的高纯度也限制了其与电解液的相容性。可以通过氧化处理引入赝电容的方式解决上述问题，表面功能化 CNTs 能够大大提高电解液溶剂中的电容值，但是这样循环寿命会受到一定的限制。Niu 等[168] 报道了一种 MWNT 基超级电容器电极材料，比表面积 430$m^2$/g，在酸性电解液中，比电容 102F/g，功率密度 8kW/kg。研究表明，卷绕的 CNTs 由于不规则的孔结构，比排列整齐的 CNTs 离子运输效率低，所以排列整齐的 CNTs 有较高的功率密度。

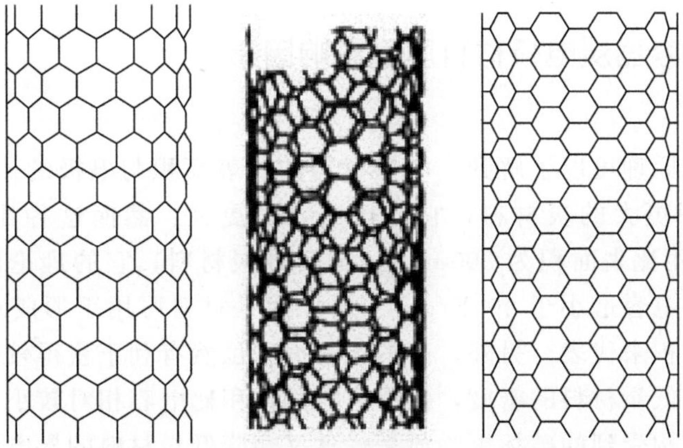

(a) 锯齿状碳纳米管　(b) 手性碳纳米管　(c) 摇椅状碳纳米管

图 4-37　不同类型碳纳米管的原子结构图

(3) 模板炭模板法

模板法是采用硬模板法和软模板法合成多孔炭材料，达到对炭材料形貌、孔结构以及元素掺杂等方面进行调控，并制备具有介孔、微孔多层次孔的多孔炭材料的目的。硬模板法是利用一些无机物（如沸石、蒙脱石、带云母等）作为模板，这些模板具有纳米孔隙结构，再对其进行高温炭化，除去模板后即可得到具有模板无机物网络结构特征的多孔炭材料[169]。

通过选择合适的模板材料，可以制备出微观结构从一维到三维的炭材料。例如，用氧化铝薄膜作为模板[170]，可以制备出一维的炭纳米纤维，而且通过改变薄膜的维度尺寸，可以控制纳米纤维的直径和长度。成会明等[171] 提出制备同时具有高功率密度和能量密度电容特性的多层次孔的方法，通过液相无机模板法制备具有微孔、介孔、大孔层次多孔结构和局域石墨片层结构的材料，研究发现，相比活性炭和有序介孔炭材料，此模板法制备的材料具有高的存储与转换能力。

软模板法采用具有软结构的有机分子或超分子，与碳源进行相互作用，通过这种作用力，形成复合介观结构，脱除模板后即可产生介孔。赵东元等[172] 采用软模板法制备炭基材料，进一步通过活化处理，制备了介孔、微孔组合的炭材料，比表面积由 $600m^2/g$ 增大到 $1410m^2/g$。该炭材料具有非常好的电化学性能，主要表现为具有优异的高倍率电化学能量，电流密度为 0.5A/g 时，比容量高达 200F/g。

(4) 石墨烯电极材料的制备方法

石墨烯是碳原子经紧密堆积形成单层二维蜂窝状晶体结构的一种新型炭材料。还原氧化石墨烯具有高导电性，各种类型的高比表面积还原氧化石墨烯有快速的离子扩散孔道，使得还原氧化石墨烯材料成为一种优异的双电层电容材料。而通过赝电容材料修饰获得的石墨烯基复合材料，包括石墨烯/金属氧化物复合材料和石墨烯/导电聚合物复合材料，是具备高比容量、高倍率和长寿命的超级电容器电极材料。以煤为原料制备石墨烯可降低石墨烯生产成本，提升煤的综合利用率。张亚婷[173]将煤经过不同石墨化工艺过程进行结构调控后，进一步采用氧化法和低温等离子体还原法实现了煤基石墨烯的制备，并与 $MnO_2$ 复合用作超级电容器的电极材料，由于石墨烯片层结构与 $MnO_2$ 产生强烈的协同作用，复合材料展现出优异的性能。

### 4.5.2.3 超级电容器炭电极材料质量影响因素

(1) 比表面积

通过双电层储能原理可以了解到，电极材料的比表面积与电极的比电容成正比[174]。正常情况下，比表面积更大的炭材料，它的比电容也更大。然而这种比例关系并不是线性的[175,176]。例如，采用比表面积为 $3000m^2/g$ 的活性炭材料，它的理论比电容应为 400F/g，但实际上所测得的比电容远小于 400F/g。主要原因是材料可用于形成双电层的有效面积并不能用自身的比表面积来代表。另外，高的比表面积虽然有利于获得较高的质量比电容，但过高的比表面积会降低炭材料的密度，使得材料的体积比电容相对较小。当炭材料的比表面积过高时，其晶体结构受到的破坏更为显著，这又会降低炭材料的导电性。

张传祥[177]使用氢氧化钾作为催化剂，以神华烟煤为前驱体，以 4∶1 的碱炭比，通过常规加热制备出比表面积为 $3134m^2/g$ 的活性炭电极材料，它的比电容只有 $281m^2/g$，但是采用快速加热工艺制得的活性炭电极材料的比表面积为 $1950m^2/g$，远低于前者，比电容却高达 370F/g。根据上述研究可以发现，不同前驱体经不同工艺制备的活性炭材料，即使比表面积相近，由于表面化学性质及孔径分布的差异，其比电容会相差很大。所以要想提高超级电容器的比电容，应结合材料其他物理化学性质来提高可用于形成双电层的有效面积。

(2) 孔结构

国际纯粹与应用化学联合会（IUPAC）规定孔径小于 2nm 的孔为微孔，孔径在 2～50nm 之间的孔为介孔或者中孔，孔径大于 50nm 的孔为大孔[178]。从超级电容器的工作原理上来看，电极材料应吸附电解液离子到其孔隙中。不同电解液所要求的电极材料的孔径大小并不相同。通常认为孔尺寸与电解质离子大小相吻合时，会获得最高的比电容。

Chmiola 等[179]发现孔径小于 1nm 的炭材料，电容值异常增大。这一结论挑战了“溶剂化离子不能进入较小孔”的传统理论。这一现象的产生是由于溶剂化电解质离子在进入比自身要小的孔之前发生去溶剂化过程。孔径较大的微孔及中孔，电解质离子可以轻松地在其内部快速转移，形成双电层电容也比较简单。孔径过小会导致电解质溶液难以进入这些微孔，不利于超级电容器电荷的储存。

(3) 表面化学性质

多孔炭电极材料的表面化学性质是影响 EDLC 的重要因素，表面化学性质主要以两种方式存在，即杂原子和边缘悬键。多孔炭的表面性质对 EDLC 具有正反两方面作用。正面作用包括：一方面可以改善活性炭的表面润湿性，使电解液离子在活性炭孔隙中扩散所受到的阻力降低；另一方面用一些氧化剂（$O_2$、$HNO_3$、KOH）化学氧化或电化学氧化获得的含氧官能团中有一部分具有电化学活性，可在电解质溶液中发生法拉第反应贡献赝电容。反面作用是表面官能团在改善电极材料的表面润湿性产生赝电容效应的同时，也可能会导致超级电容器发生漏电现象从而降低其稳定性，如何克服超级电容器电极材料表面官能团所带来的负面效应仍有待研究。

通常，水系电解液中多孔炭表面的羰基与醌基含氧官能团能够改善材料的浸润性，随着氧官能团含量的增加，漏电流与自放电增大；含有吡咯氮与吡啶氮（或吡啶酮）的含氮官能团能够改善水系电解液的浸润性，通过赝电容提高材料的比电容；含磷官能团能够提高材料的导电性、浸润性和电压窗口；含硫官能团能提高水系电解液的浸润性，并参与赝电容反应提高材料比电容；含硼官能团能提高材料的导电性。多孔炭表面的化学性质可优化材料的合成过程，制备性能更加优异的电极材料。

(4) 导电性

多孔炭电极材料的导电性影响电子在材料内部的移动速率、进入孔隙的速度，还对 EDLC 的倍率性能有显著影响，并直接关系到电容器等效串联内阻的大小，进而影响电容器的功率密度。多孔炭材料的导电率随材料比表面积的增加而降低，炭材料的比表面积越高，其晶体结构越趋于无定形结构，因此在活性炭制备过程中在追求高比表面积的同时还应关注由此产生的导电性下降的问题。

### 4.5.2.4 超级电容器电极材料发展现状与展望

超级电容器作为一种新兴的储能器件，它在功率密度、倍率充放电、循环能力上比电池有显著的优势，而且在能量密度方面明显优于电容器。从小容量的特殊储能到大规模的电力储能，从单独储能到与蓄电池、锂电池或燃料电池组成混合系统储能，超级电容器都展示出了独特的优越性。

20 世纪 80 年代，日本 NEC 公司研制的超级电容器应用于电动汽车的启动系统，松下公司研究以活性炭为电极材料、有机溶剂为电解质的超级电容器，超级电容器得到规模应用。目前日本 Elna、Panasonic、Nec-Tokin，韩国 Korchip、Ness 及美国 Maxwell、Tecate 在国际超级电容器市场上占有很大份额。国内起步较晚，在国家对新能源产业的政策支持下，超级电容器产业得到快速发展。国内有北京合众汇能、北京集星、上海奥威、东阳光科、锦州凯美能源等，其技术水平与国外技术的差距正逐渐缩小[180]。

超级电容器电极材料是超级电容器的关键，目前市场上应用最广泛、销售量最大的双电层超级电容器的电极材料是活性炭材料。需要满足比表面积大、孔径分布合理、纯度高、堆积密度高等多种苛刻要求，才能发挥出高的能量密度、高的功率密度、长的使用寿命等优点。这种高品质要求使得其技术攻关的门槛高，同时产品均一性与低成本的需求，又要求必须建立大型、连续化的制备生产线。技术与规模的双重瓶颈，使得高品质的有机体系超级电容器用活性炭长期被日本、韩国等公司所垄断，成为我国超级电容产业发展的“卡脖子”材料。全球80%以上的高性能电极活性炭材料被日本可乐丽所垄断。可以说，超级电容器技术在一定意义上是高性能活性炭和新型炭材料的科技，因为它是超级电容器最核心也是成本占比最大的关键材料。近年来，国内也致力于超级电容器电极材料的研究，成立中国超级电容产业联盟，依托超级电容产业领域的上、中、下游企业，在为用户提供产品与服务，满足用户需求的同时，积极开展该领域的技术创新、产品研发、产品应用、服务推广，搭建国内、国际交流平台，构建符合我国超级电容技术产品与服务标准体系，引导产业和市场向着良性健康的方向发展。中国科学院山西煤炭化学研究所研究员陈成猛及团队对超级电容器电极材料基础研究及产业开发做了大量工作，实现基于自主材料的器件组装及应用示范。北海星石碳材料科技有限公司于2021年建成2000t/a超级电容器用活性炭生产线并正式投料试产，这意味着我国超级电容核心电极材料大规模量产取得重大突破，为我国新能源产业和超级电容行业的高速发展奠定了坚实的基础。

超级电容器的出现，填补了传统电容器和电池间的空白，随着技术的不断成熟，超级电容器在工业（新能源发电系统、分布式电网系统、节能建筑、工业节能减排、智能仪表、电动工具）、消费电子（运动控制领域、玩具）、通信（数码产品）、医疗器械、国防军事装备（高功率武器）、交通（电动汽车、混合电动汽车）等领域呈现出越来越广泛的应用前景。

世界各国对超级电容器技术发展与市场推广给予了高度重视，特别是对发展混合动力或纯电动汽车领域的应用给予高度关注，已成为各国的重点战略部署和开发项目。将超级电容器与电池配合，可以同时提高功率和能量输出，既延长了电池的寿命又减小了电源的体积。开发具有高比电容、大功率、高工作电压及长循环寿命的复合电极材料以提高混合型超级电容器的能量密度和功率密度是今后努力的方向。

## 4.6 煤基炭质吸附材料

早在18世纪末期，人们就开始采用木炭和沸石作为吸附剂分离纯化物质，例如糖浆脱色和气体吸附。21世纪初高分子科学的发展促进了吸附分离材料的进步，酚醛树脂的功能基化开创了人工合成高分子吸附分离材料的时代。分离科学的发展是现代工业的基础，冶金、化工、医疗等工业领域都涉及形形色色的分离技术。因此，吸附分离材料与吸附分离技术的发展长期以来受到各个领域的重视。吸附分离材料从化学结构角度可分为无机吸附材料、有机吸附材料、炭质吸附材料三类[181]。

无机吸附材料是指具有一定晶体结构的无机化合物，往往具有离子交换性质，通常称为无机离子交换剂，包括沸石、膨润土、蒙脱石、凹凸棒石、活性氧化铝和硅胶等。

有机吸附材料，也称高分子吸附材料，包括天然高分子吸附材料和合成高分子吸附材料（吸附树脂）。天然高分子吸附材料指以内含交叉立体三维网络空间大分子聚合物结构，并且结构单元中存在芳香基、羟基、羰基、甲氧基及酚羟基等化学功能基团的天然纤维素和木质素等为原料，通过化学方法改性等得到的吸附材料。吸附树脂是一种具有立体网状结构，呈多孔海绵状的新型有机高分子吸附剂，可通过选择单体原料制备出从非极性到强极性的一系列表面特性不同的吸附树脂，一般可分为以下四类：

① 非极性　不带任何功能基，如苯乙烯-二乙烯苯共聚物。

② 中极性　一般带有酯基，如聚丙烯或甲基丙烯酯类与甲基丙烯酸乙二酯等交联的共聚物。

③ 极性　指带有极性功能基的聚丙烯酚胺类的共聚物。

④ 强极性　为交联的聚乙烯吡啶或苯乙烯类弱碱性阴离子交换树脂经过过氧化氢或次氯酸盐氧化后得到的，含有氧化氮基团的树脂。

炭质吸附材料一般指经过高温处理得到的吸附材料，其特点是此类吸附材料以碳元素为主，一般占90%以上，如活性炭、活性炭纤维、炭分子筛、炭化树脂等。随着纳米材料技术的发展，具有优异吸附性能的石墨烯、碳纳米管等受到越来越多的关注。煤基炭质吸附材料是指以煤为原料制备的炭质吸附材料[182]。中国煤炭资源相对丰富、品种齐全，随着我国经济进入高质量的发展阶段，煤基炭质吸附材料将迎来更为广阔的发展空间。

## 4.6.1 活性炭

### 4.6.1.1 概述

活性炭（activated carbon，AC）是一种孔隙发达、比表面积大、吸附能力强的炭质吸附材料[183]。一般活性炭的比表面积在500～1800$m^2/g$，特殊的超级活性炭的比表面积可达3000～4000$m^2/g$[184]。其微晶结构单元类似石墨的微晶结构，尺寸为15～20nm[185]，微晶结构中每个碳原子与另外三个碳原子通过$sp^2$杂化轨道重叠形成σ键，含有一个电子的p轨道以肩并肩形式重叠形成离域π键，形成六边形平行排列的石墨片层，不同石墨片层之间通过范德华力连接。与石墨相比，活性炭微晶结构中的碳网平面之间排列不整齐，称为“乱层结构”（图4-38）。除碳元素外，活性炭中还有少量氧、氢、硫、氮等杂原子，一般以官能团的形式存在于碳结构中。由于其表面官能团很少，化学稳定性好，极性弱，具有疏水性，特别适合于吸附非极性或弱极性有机物。

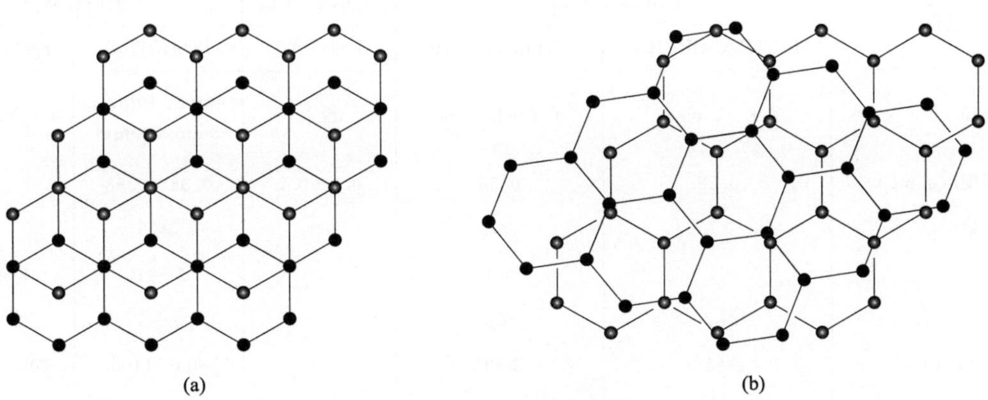

图4-38　石墨与活性炭的微晶结构[186]

（a）石墨微晶；（b）活性炭微晶（乱层结构）

由于外观形状、应用场合和制备原料不同，活性炭的种类很多，约有上千个品种。在此简单介绍几种分类。按外观形状分为粉状活性炭、无定形活性炭、柱状活性炭、球形活性炭、其他形状的活性炭。按照应用场合分为气相吸附用活性炭、液相吸附用活性炭和催化用活性炭。按制备原料分为以木屑、木炭等为原料制成的木质活性炭，以椰子壳、核桃壳、杏核壳等为原料制成的果壳活性炭，以褐煤、泥煤、烟煤、无烟煤等为原料制成的煤质活性炭，还有石油类活性炭（例如以沥青等为原料制成的沥青基球状活性炭）和以用过的废炭为原料经再活化处理形成的再生活性炭。任何含碳物质都可作为活性炭的制备原料，科研工作者仍在不断研究采用可再生、廉价的原料制备活性炭的方法，例如以污泥活性炭、稻草秸秆和城市固体有机废弃物等为原料制备活性炭，使活性炭能更好地服务于生产、生活领域。

*Activated Carbon Chemical Economics Handbook* 统计显示[187]，2020 年全球水处理和气体净化消耗活性炭分别占活性炭总消耗量的 38%和 23%，食品行业消耗 20%，化工、制药和采矿行业消耗 15%。中国、美国和日本是活性炭的主要生产和消费大国，中国活性炭主要用于水处理、食品和气体净化，其消费量分别占活性炭总消费量的 32.4%、27.5%和 14.1%；美国活性炭主要用于饮用水处理、燃煤电厂废气脱汞和废水处理，其消费量分别约占活性炭总消费量的 31%、26%和 9%；日本活性炭主要用于水处理和气体吸附，其消费量分别占活性炭总消费量的 54%和 33%。

### 4.6.1.2 煤基活性炭制备工艺

（1）原料

活性炭生产原料的选择需考虑成本和可获得性、收率和无机物含量以及活化容易程度。泥炭、褐煤、次烟煤、烟煤、无烟煤均可作为活性炭的制备原料。国内常用的是无烟煤、不黏或弱黏煤，灰分一般要求在 6%以下。原料煤的性质直接影响活性炭的质量。一般低变质程度煤，如褐煤、次烟煤，制备的活性炭中孔结构发达；高变质程度煤，如无烟煤和烟煤，制备的活性炭微孔结构发达。目前国内外几种煤基活性炭产品的特性指标见表 4-28。

**表 4-28　国内外大型活性炭生产企业的几种煤基活性炭的特性指标**

| 项目 | Calgon Carbon | | ADA Carbon | 大同金鼎 | |
|---|---|---|---|---|---|
| | FILTRASORB100 | Centaur12×40 | Fast PAC | 压块活性炭 | 粉状活性炭 |
| 有效粒径 | 0.8～1.0mm | 0.9～1.1mm | 粉末 | 4mm×10mm；8mm×30mm | 200 目；352 目 |
| 充填密度/(g/mL) | 0.58 | 0.56 | 0.4～0.7 | 0.36～0.58 | |
| 耐磨指数 | ≥75 | ≥75 | | ≥75 | |
| 灰分/% | | ≤7 | | 5～20 | 8～30 |
| 水分/% | ≤2 | ≤3 | | 2～5 | 3～8 |
| 碘值/(mg/g) | ≥850 | ≥825 | | 800～1100 | 500～1000 |
| pH 值 | | | 5～12 | | |
| 亚甲基蓝值/(mg/g) | | | | 120～280 | 80～260 |

单种煤生产活性炭是我国最早采用的一种工艺，这种工艺至今仍被大部分活性炭厂采用。为弥补单种煤生产活性炭时产品性能上的缺陷，采用配煤这种工艺，把性质不同的煤按一定比例混配后生产活性炭，可在一定范围内改善、提高产品性能。目前，已有许多生产企

业采用这种新工艺。

（2）制备工艺

煤质活性炭的制备基本可分为原料的预处理、炭化、活化及产品后处理等工序。煤质活性炭以特定煤种或配煤为原料可制成定形活性炭（成型活性炭）、无定形活性炭（破碎活性炭）和粉状活性炭。粉状活性炭主要是作为副产品生产，基本由原煤破碎活性炭、成型活性炭产生的筛下物磨粉制成。不同类型的活性炭，其预处理工艺有所不同，见图4-39。原料煤经破碎、磨粉后加入23％～50％黏结剂（煤焦油、煤焦油沥青、石油沥青、木质素配制的水溶液及亚硫酸盐纸浆废液等），经混合和混捏后挤压成型，制成炭块、炭条或炭球等。无定形活性炭的预处理工序只需将原料煤破碎筛分得到符合粒度要求的颗粒煤，不用磨粉、成型工序。对于黏结性煤需要在成型前采用预氧化工艺将煤氧化或者与无黏结性煤等惰性物配合。

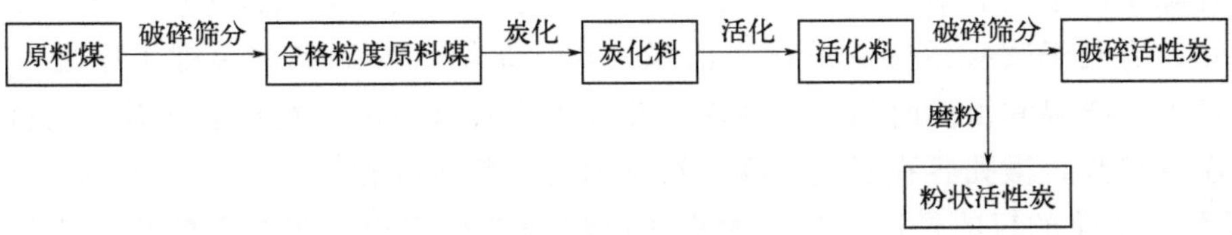

(a)

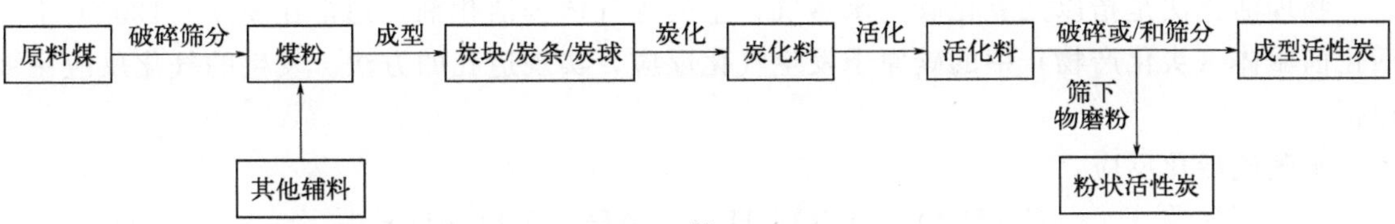

(b)

图4-39 煤质活性炭制备工艺

① 破碎　破碎就是将粒度较大的原料煤粉碎成小颗粒的过程。生产原煤破碎活性炭时原料煤应破碎至一定粒度后进行炭化。生产成型活性炭时原料煤破碎至一定粒度后要进行磨粉。

② 磨粉　磨粉就是煤的细粉碎，原料煤粉的细度直接影响其成型性及其制成产品的强度。对于柱状活性炭，一般要求煤粉的细度为95％以上通过180目筛网；对于压块活性炭，一般要求80％以上通过325目筛网。

③ 成型　成型就是将煤粉用成型造粒设备制成具有一定形状和强度的型块。可采用模压法制造块状或饼状等压块炭，也可采用挤压造粒方法制造柱状或煤球状成型炭，或转盘造球后生产球形活性炭。

压块炭成型若将煤粉无黏结剂成型，则要求原料煤具有一定的黏结性，只有少量变质程度较低的烟煤能满足要求；也可加入一定量的黏结剂（一般是煤沥青）解决原料煤黏结性差的问题。

柱状活性炭的原料煤粉成型过程包括混料、捏合、挤条及风干。生产柱状活性炭一般采用煤焦油作为黏结剂。煤粉、黏结剂、水在一定温度下经搅拌设备、捏合设备混捏成膏状物后，经压条机制成湿煤条。刚成型的湿煤条温度高于常温，而且含有一定水分，质软、强度差，需要进行风干，提高其强度，便于进入炭化工序进行下一步加工。风干一般采用自然堆放法，铺放厚度为3～5cm，风干时间为4～8h。大型煤基活性炭生产企业为了使生产流程更加顺畅，节省人力、时间，使用干燥设备对其进行干燥。

球形活性炭采用团球设备（盘式造球机）制成炭球，需经干燥及约300℃的低温热处理。在煤基活性炭生产工艺中球形活性炭生产工艺较为复杂，国外有规模化工业生产且较成熟，国内只有小批量的生产，尚未形成规模。由于这种工艺涉及磨粉直接成球性，而且炭化、活化过程不能对球状度造成影响，不仅对生产的工艺控制要求较高，对原料煤的选择也较苛刻，只有极少量的烟煤适用[188]。

④ 炭化　炭化的目的是使炭化物形成一定的有序结构及一定的孔隙率，这两方面的结构因素对炭化物后期的活化将产生极其重大的影响。炭化物的反应性随其有序度的增大而减小，随其孔隙率的增大而增大。大的孔隙率将有利于活化气体向内部扩散，并提高气化反应场所的面积，有利于改善活性炭的比表面积。炭化是活性炭制备的关键工序之一，炭化温度、升温速度、终温和恒温时间对活性炭的孔径大小均有影响。炭化温度对炭化料性质的影响很大，温度过高，微孔容积明显下降。炭化温度一般选择在500～600℃左右。

⑤ 活化　活化的目的是进一步扩大炭化产物的细孔容积，调整孔径及孔隙分布。活化方法主要有物理活化法、化学活化法和物理化学活化法三类。

物理活化法是指以二氧化碳、水蒸气、空气等气体为活化剂，通常在600～ 1200℃下与活化前驱体（炭化产物）中的碳原子发生气化反应，实现造孔的方法。发生的气化反应主要包括：

水蒸气活化反应：

$$C+H_2O \longrightarrow CO+H_2 \qquad \Delta H=+117kJ/mol$$

$$CO+H_2O \rightleftharpoons CO_2+H_2$$

$$C+CO_2 \longrightarrow 2CO \qquad \Delta H=+159kJ/mol$$

二氧化碳活化反应：

$$C+CO_2 \longrightarrow 2CO \qquad \Delta H=+159kJ/mol$$

在上述活化剂中加入空气，还将发生的反应有：

$$CO+1/2O_2 \longrightarrow CO_2 \qquad \Delta H=-285kJ/mol$$

$$H_2+1/2O_2 \longrightarrow H_2O \qquad \Delta H=-238kJ/mol$$

加入空气后，发生的上述两个反应可以增大活化剂的有效分压，同时还可以降低产物分压，减少产物的抑制作用。物理活化法通常在活化前要对原料进行炭化处理，制备的活性炭比表面积可达1000$m^2/g$以上。

化学活化法是在原料中加入化学药品，在惰性气体介质中加热，将炭化和活化一步完成。常用的活化剂有含碱金属（KOH、NaOH、$K_2CO_3$、$Na_2CO_3$等）、碱土金属（$MgCl_2$、$ZnCl_2$）和一些酸（$H_3PO_4$）等，其共同的特征是影响热分解过程的脱水作用，即原料里的H和O以水的形式释放出来，从而形成孔隙结构。化学药剂不同，活化温度不同，活性炭产品的结构性能也有差异[189]。$H_3PO_4$活化温度较低（400～500℃），得到具有丰富中孔结构的活性炭；用$K_2CO_3$在800℃下可得到比表面积超过3000$m^2/g$的活性炭。目前KOH是最常用的活化剂之一，据文献报道[190]其活化机理如下：

$$6KOH+2C \longrightarrow 2K+3H_2+2K_2CO_3 \quad (1)$$

$$K_2CO_3 \longrightarrow K_2O+CO_2 \quad (2)$$

$$CO_2+C \longrightarrow 2CO \quad (3)$$

$$K_2CO_3+2C \longrightarrow 2K+3CO \quad (4)$$

$$C+K_2O \longrightarrow 2K+CO \quad (5)$$

温度高于400℃时，发生反应（1），形成$K_2CO_3$，温度高于600℃时，KOH基本被消耗掉；温度高于700℃时，$K_2CO_3$分解，生成的$CO_2$、$K_2O$以及未分解的$K_2CO_3$都会被碳还原。KOH活化中除了碳被氧化还原刻蚀以外，反应（4）和（5）中生成的K会插入碳晶格中间，引起膨胀，活化后移除钾和含钾物质之后便产生发达的微孔孔隙[191]。

与物理活化法相比，化学活化法活化温度较低，活性炭收率、比表面积较高，孔隙发达。但化学药品腐蚀性强，对设备要求高，需要除去活性炭中残留的化学试剂。

物理化学活化法是将化学活化法和物理活化法结合的方法。首先在原料煤中加入一定量的化学药剂，再依次进行炭化和物理活化。化学活化时往往控制步骤为碳与活化剂之间的反应，反应在类石墨微晶内发生，主要生成微孔和介孔；物理活化时控制步骤往往是活化剂进入炭质基体的扩散过程，反应多发生在无定形区，此时常伴随大孔的生成。少量化学药品化学活化得到的活性炭，微孔孔径分布窄且材料密度没有明显降低，后期的物理活化能够使初期化学活化产生的孔径继续发展，两者结合可以调节活性炭的比表面积和孔隙结构[192,193]。

⑥ 后处理　产品后处理是根据市场需求，调节活性炭的孔隙结构、粒度、灰分、pH值等，或采用浸渍、加载化学药品等方法改善其物理化学性能，以及产品筛分所得筛下物回收的工艺过程总称[183]。

（3）再生技术

活性炭在使用过程中会逐渐失去吸附能力，必须通过经常更换来达到使用效果。再生就是使失去吸附能力的活性炭的性质得到恢复，以便重新用于吸附操作的过程。该技术可解决废吸附材料的二次污染，降低运行成本，具有很强的经济效益、环境效益。

再生方法种类很多，如热再生法、化学再生法、生物再生法、超临界萃取再生法、光催化再生法、微波辐射再生法、超声波再生法等[194]。热再生法再生效率高、再生时间短。大部分气相吸附和液相吸附的活性炭均可通过此方法再生。化学再生法中的酸碱再生法、溶剂再生法有成功应用案例。生物再生法、超临界萃取再生法等多处于研发阶段。

热再生法主要经历三个阶段[187]：干燥、脱挥发分和活化。干燥阶段（大约100℃）包括脱出水分和挥发性较强的有机物。脱挥发分阶段（650～760℃），部分有机物裂解成可挥发的碳氢化合物，剩余固体残炭通常留在活性炭的气孔中。活化阶段（约930℃），挥发分裂解得到的固体残炭和少量活性炭与氧化性气体反应，恢复其孔隙结构及吸附特性。

#### 4.6.1.3　煤基活性炭质量影响因素

煤基活性炭生产的关键是原料煤，原料煤不仅决定了活性炭孔隙的发育状况，而且还影响活性炭产品的强度、漂浮率等应用指标也与原料煤的性质密切相关。在活性炭的生产中一般选用变质程度较低的无黏结性煤作原料，如褐煤、不黏煤、弱黏煤等，在生产过程中不需特别加工。年轻的无烟煤，具有含碳量高、挥发分适中、加热不产生煤焦油，以及物料不黏结、不膨胀、不易形成微晶规则排列的石墨化结构等优点，也是制备活性炭的优质原料[183]。

另外，灰分也是选择活性炭原料方面的一个重要指标，原料中的无机成分在炭化过程中几乎不减少而残存于炭化料中，不利于孔隙结构发育，因此要求原料中的灰分尽可能少。一般柱状活性炭还要求煤的成型性能好，以保证活性炭产品的强度；原煤破碎炭要求原料煤的热稳定性要好；压块破碎炭要求原料煤有较好的黏结性[195]。

除了原料外，制备工艺也是调控活性炭性质的有效方法，主要包括炭化温度、活化温度、活化剂种类。除此之外，还有升温速率、活化剂用量、改性方法等。炭化温度[183]直接影响炭化料的孔隙结构和强度，即影响活性半焦性质。温度过低[195]，炭化产物的机械强度变差；温度过高，则会促使炭化产物中石墨微晶的有序程度发生变化，减少微晶之间的空隙，影响活化造孔过程。神华新疆能源有限责任公司活性炭分公司研究得出最佳炭化温度为 600℃。

在不同的活化温度下，生产的活性炭的孔隙结构不同。随着温度升高，反应速率加快，烧失率增加，炭得率降低。活化温度过高，微孔减少，吸附能力下降。一般水蒸气活化法的活化温度控制在 800～950℃，烟道气活化的温度控制在 900～950℃，空气活化的温度控制在 600℃左右[195]。应综合考虑煤的反应性、活性炭的用途及采用的活化剂确定活化温度。

在相同温度下，不同活化剂的化学性质不同，与炭的反应速度也不同。对于物理活化法，碳和氧的反应速度较快，活化温度只需 600℃左右即可，而用水蒸气则需 800～950℃。

#### 4.6.1.4 煤基活性炭发展现状及未来趋势

活性炭是 1900 年 Raphael Von Ostrejko 发明的，1911 年在维也纳附近的工厂首次用于工业生产。*Activated Carbon Chemical Economics Handbook*[187]显示，经过一个世纪的发展，2020 年世界活性炭产能约 230.7 万吨，全球各地区活性炭生产能力分布不均，亚洲地区活性炭年生产能力最大，约 188.4 万吨，占世界活性炭总产能的 81.7%，其次是北美洲地区，活性炭的年生产能力约 28.8 万吨，西欧的活性炭年生产能力位居第三位，约 9 万吨/年，亚洲地区是活性炭的主产区。预计到 2025 年三个地区活性炭总产能将达到 281.8 万吨，约占全球活性炭总产能的 98%。全球活性炭供需情况见表 4-29。

**表 4-29 全球活性炭供需情况**

| 地区 | 2020 年产能/万吨 | 2020 年产量/万吨 | 2020 年进口量/万吨 | 2020 年出口量/万吨 | 2020 年消费量/万吨 | 预计 2025 年产能/万吨 |
|---|---|---|---|---|---|---|
| 北美洲 | >28.8 | 29.4 | 11.4 | 7.7 | 33.1 | 31.8 |
| 西欧 | >9.0 | 6.0 | 18.4 | 4.2 | 24.7 | 9.0 |
| 亚洲 | >188.4 | 131.1 | 28.4 | 57.4 | 102.1 | 241 |
| 全球 | >230.7 | 170.1 | 71.3 | 69.7 | 176.2 | >286.3 |

中国是活性炭第一生产大国，2020 年活性炭产能约 128.6 万吨，约占全球活性炭总产能的 55.7%。活性炭生产能力排名第二位和第三位的分别是美国和日本，约占全球活性炭总产能的 11.6%、4.2%。2021 年中国活性炭的产量约 98 万吨，2023 年约 115 万吨，预计 2025 年仍将超过 100 万吨。

中国最大的活性炭生产企业是大同煤业金鼎活性炭公司和府谷三联煤电化工有限责任公司，生产煤基活性炭，生产能力均为 10 万吨/年。中国木质活性炭生产能力最大的企业是元力公司（含子公司），生产能力 6.5 万吨/年。中国具备 5 万吨以上的活性炭生产能力的企业有 10 家，约占全国总产能的 59%，见表 4-30。

**表 4-30　中国大型活性炭企业产能情况**

| 公司名称 | 年产能/万吨 | 原料 | 产品类型 |
| --- | --- | --- | --- |
| 大同煤业金鼎活性炭公司 | 10.0 | 煤 | 粉炭、颗粒炭 |
| 府谷三联煤电化工 | 10.0 | 煤 | 粉炭、颗粒炭 |
| 福建元力活性炭公司 | 6.5 | 木屑 | 粉炭、颗粒炭 |
| 宁夏净源活性炭公司 | 5.0 | 煤 | 粉炭、颗粒炭 |
| 宁夏绿源恒活性炭公司 | 5.0 | 煤 | 粉炭、颗粒炭 |
| 宁夏银龙活性炭公司 | 5.0 | 煤 | 颗粒炭 |
| 神华宁夏煤业集团太西炭基活性炭公司 | 5.0 | 煤 | 粉炭、颗粒炭 |
| 山西新华活性炭公司 | 5.0 | 煤 | 粉炭 |
| 山西华青活性炭集团公司 | 6.6 | 煤 | 粉炭、颗粒炭 |
| 新疆美景天成环保科技公司 | 5.0 | 煤 | 粉炭、颗粒炭、球炭 |
| 新疆菏合环保科技有限公司 | 5.0 | 煤 | 粉炭、颗粒炭、球炭 |

目前美国最大的活性炭生产企业 ADA Carbon Solutions 的年生产能力约 9.0 万吨，见表 4-31。Calgon 公司，是美国第二大活性炭生产企业，活性炭年生产能力约 7.4 万吨。排在第三位的是 Cabot 公司，年生产能力 5.0 万吨。排在前三位的活性炭生产企业的活性炭产能占美国活性炭总产能的 80.1%。

**表 4-31　美国大型活性炭企业产能情况**

| 公司名称 | 年产能/万吨 | 原料 | 生产工艺 | 产品类型 | 主要应用领域 |
| --- | --- | --- | --- | --- | --- |
| ADA Carbon Solutions | 9.0 | 褐煤 | 物理活化 | 粉炭 | 烟气脱汞 |
| Cabot | 5.0 | 褐煤、烟煤、次烟煤、泥炭、木材 | 物理活化、磷酸活化 | 粉炭、颗粒炭 | 糖和甜味剂精制、高果糖玉米糖浆加工、化学提纯、水处理、制药、工业气净化 |
| Calgon | >7.4 | 烟煤、木炭 | 物理活化 | 粉炭、颗粒炭 | 水处理、糖精制、工业气体净化 |
| Ingevity | 2.3 | 木屑 | 物理活化、磷酸活化 | 粉炭、特殊颗粒炭 | 汽车工业、化学提纯、糖粉精炼、制药、食品、水净化、电容器炭、蜂窝炭、房间净化 |
| Wickliffe, KY | 2.3 | 木材 | 物理活化 | 粉炭 | 空气、水、土壤治理 |
| Atlas Carbon | 0.7 | 褐煤 | 物理活化 | 粉炭、颗粒炭 | 饮用水净化、脱汞 |

日本活性炭生产企业的规模较小，多数企业年产能低于 2 万吨，总产能约 9.8 万吨，以生产高质量、高档次的活性炭产品为主。西欧地区 2020 年活性炭的总产能约 9 万吨，其中

最大的生产企业 Cabot Norit Nederland BV 的活性炭年生产能力为 3.6 万吨，约占该地区的 40%。

活性炭作为一种孔隙结构发达、比表面积大、选择性吸附力强的炭质吸附材料，在液相吸附、气相吸附、作为催化剂及催化剂的载体等领域已广泛应用。环境问题一直是促进活性炭行业发展的主要驱动力。

（1）美国

21 世纪初至今，美国活性炭产量从 15.1 万吨增长到 28.6 万吨，平均年增长率为 4.4%，在此期间活性炭产量年增长率出现三个峰值，分别在 2007 年、2011 年和 2015 年（图 4-40）。其主要原因是：a. 2005 年美国环保署发布永久性减少燃煤发电厂汞排放的联合法规（《清洁空气汞法案》），2011 年明确提出燃煤和燃油电厂要减少 80%～90%的汞排放，燃煤电厂脱汞消耗了大量的活性炭。b. 2005 年 12 月，美国环保署制定了进一步改善和保护饮用水的新规定，例如限制消毒副产物的数量，进一步刺激了活性炭在饮用水净化方面的消费。

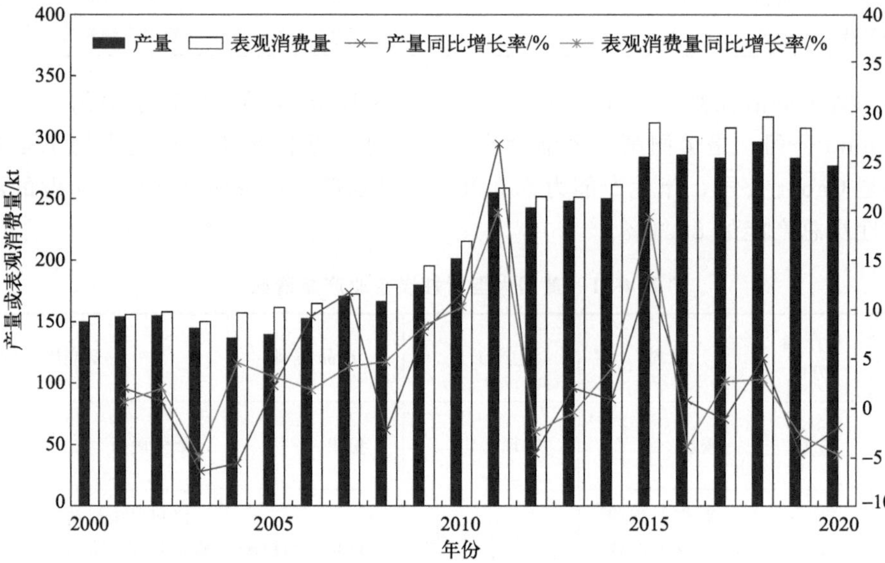


图 4-40　美国活性炭供给和消费情况

2020 年，美国活性炭在液相吸附领域消费约 17 万吨，约占美国活性炭消费总量的 58%，其中水处理消耗活性炭排在第一位。随着环境治理力度的加大，水处理消费的活性炭数量逐年递增，目前活性炭在水处理方面的消费量约占美国活性炭消费总量的 40%，预计到 2025 年水处理消耗的活性炭可能仍以 3.1%的年平均增长速度增长（表 4-32）。

2009～2016 年美国气相吸附用的活性炭消费量也呈逐年递增趋势，2015 年达到峰值。2016 年，由于天然气价格较低，一些燃煤电厂改用天然气或被淘汰等原因，活性炭的消费量有所降低，约消耗 14.6 万吨，占其消费总量的 48%，其中烟气脱汞的活性炭消费占比高达 71.9%。受美国严格的环境法影响，预计到 2025 年，美国气相吸附消费活性炭的年平均增长率约为 2.4%。

**表 4-32　美国活性炭应用领域和消费量单位**

| 应用领域 | | 2012 年/kt | | | 2016 年/kt | | | 2020 年/kt | | | 2020～2025 年增长率/% |
|---|---|---|---|---|---|---|---|---|---|---|---|
| | | 颗粒炭 | 粉炭 | 合计 | 颗粒炭 | 粉炭 | 合计 | 颗粒炭 | 粉炭 | 合计 | |
| 液相 | 饮用水 | 41 | 26 | 67 | 50 | 25 | 75 | 62 | 30 | 92 | 3.1 |
| | 废水 | | | | | | | | | | |
| | 工业废水 | 9 | 14 | 23 | 9 | 14 | 23 | 9 | 14 | 23 | 3.1 |
| | 生活废水 | 1 | 3 | 4 | 1 | 3 | 4 | 1 | 3 | 4 | 0.1 |
| | 糖脱色 | 5 | 7 | 12 | 4 | 7 | 11 | 3 | 6 | 9 | 1.4 |
| | 地下水 | 7 | 3 | 10 | 8 | 3 | 11 | 8 | 3 | 11 | 1.8 |
| | 家庭应用 | 3 | 4 | 7 | 3 | 5 | 8 | 3 | 5 | 8 | 3.0 |
| | 食品饮料和油 | 1 | 6 | 7 | 1 | 7 | 8 | 1 | 7 | 8 | 2.3 |
| | 采矿 | 3 | 1 | 4 | 4 | 1 | 5 | 4 | 1 | 5 | 3.4 |
| | 制药 | 1 | 2 | 3 | 1 | 2 | 3 | 1 | 2 | 3 | 1.8 |
| | 干洗 | 1 | <1 | 1 | 1 | <1 | 1 | 1 | <1 | 1 | 0.0 |
| | 电镀 | <1 | <1 | 1 | <1 | <1 | 1 | <1 | <1 | 1 | 0.0 |
| | 化工及其他 | 4 | 2 | 6 | 3 | 2 | 5 | 3 | 2 | 5 | 0.0 |
| | 合计 | 77 | 68 | 145 | 85 | 70 | 155 | 97 | 73 | 170 | 2.7 |
| 气相 | 气体净化 | | | | | | | | | | |
| | 脱汞 | — | 70 | 70 | — | 105 | 105 | — | 77 | 77 | 1.3 |
| | 其他 | 10 | 6 | 16 | 10 | 8 | 18 | 11 | 12 | 23 | 1.8 |
| | 汽车 | 7 | — | 7 | 8 | — | 8 | 9 | — | 9 | 7.3 |
| | 溶剂回收 | 4 | — | 4 | 4 | — | 4 | 4 | — | 4 | 1.2 |
| | 香烟 | 2 | — | 2 | 2 | — | 2 | 2 | — | 2 | −0.7 |
| | 其他 | 7 | 1 | 8 | 8 | 1 | 9 | 8 | 1 | 9 | 2.7 |
| | 合计 | 30 | 77 | 107 | 32 | 114 | 146 | 34 | 90 | 124 | 1.9 |
| 总计 | | 107 | 145 | 252 | 117 | 183 | 300 | 130 | 163 | 294 | 2.4 |

(2) 日本

21 世纪至今，日本活性炭产量从 7.7 万吨下降到 4.1 万吨，呈逐年下降的趋势，但其表观消费量从 12.3 万吨先增加到 15.9 万吨（2003 年），然后逐渐减少，目前其表观消费量下降至 10.8 万吨，预计到 2025 年日本活性炭消费量基本维持不变，其表观消费量约 11.4 万吨，主要用于水处理、气体吸附、化工、制药、采矿、食品等行业（图 4-41）。

(3) 中国

21 世纪以来，由于国内和海外市场的消费增长受到日益强化的环境政策的影响，活性炭产量逐年递增，从 2000 年到 2020 年，中国的活性炭产量以年均 8.6%的速度稳步增长，2003 年产量增长速度达到高峰，同比增长 21.3%。活性炭的消费量同样也呈逐年递增的趋势，以年均 13.6%的速度增长，2009 年消费增长速度最快，同比增长 56.7%（图 4-42）。

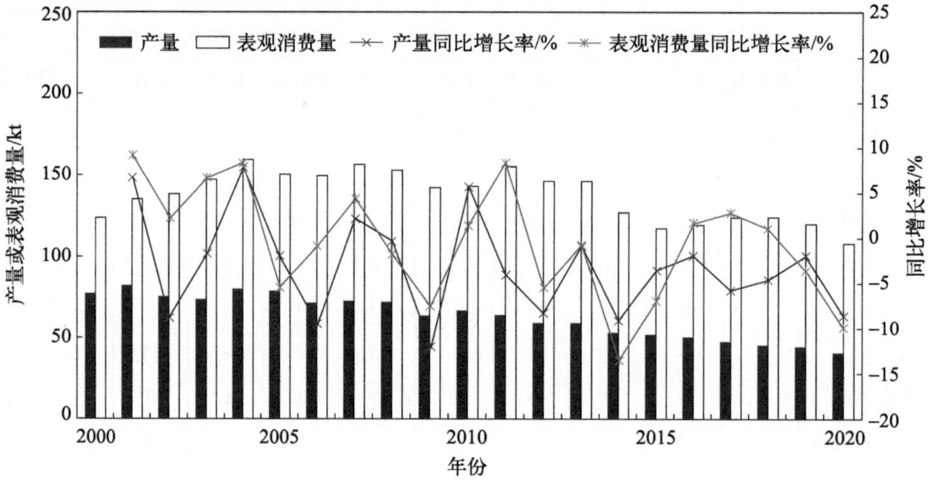


图 4-41 日本活性炭供给和消费情况

2000 年以来，中国活性炭供给量明显大于自身需求量，中国海关总署数据显示，2024 年进口活性炭 4.82 万吨，其中木质活性炭 1.40 万吨，均价 32 元/kg；出口活性炭 31.69 万吨，其中木质活性炭 5.85 万吨，均价 13 元/kg。中国进口高性能活性炭用于特定领域，如超纯水和饮用水净化、生活污水处理、空气清洁剂和除臭剂、防毒面具和过滤器等。

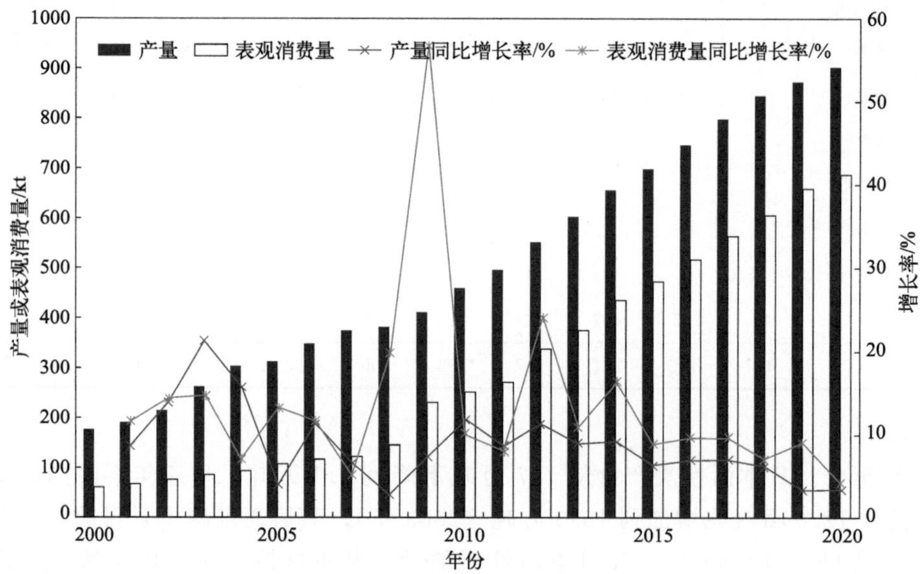


图 4-42 国内活性炭供给和消费情况

中国活性炭主要用于水处理、食品、气体净化、化工、医药、采矿行业，2023 年中国活性炭表观消费量约为 89 万吨（表 4-33）。对于发展中国家，尤其是快速发展的中国，未来一定时期内，环境问题将进一步促进活性炭行业的发展，预计到 2025 年中国活性炭消费量将达到 94.7 万吨。

表 4-33　中国活性炭应用领域和消费量

| 应用领域 | 2020 年 | | 2025 年（预计） | 2020～2025 年增长率/% |
|---|---|---|---|---|
| | 消耗量/kt | 比例/% | 消耗量/kt | |
| 水处理 | 222.4 | 32.4 | 316.3 | 7.3 |
| 食品 | 188.4 | 27.5 | 261.4 | 6.8 |
| 气体净化 | 96.8 | 14.1 | 130.8 | 6.0 |
| 化工溶剂、重金属回收 | 76.6 | 11.2 | 99.5 | 5.7 |
| 制药 | 73.2 | 10.7 | 101.3 | 6.7 |
| 其他 | 28.2 | 4.1 | 37.5 | 5.9 |
| 总计 | 685.6 | 100 | 946.8 | 6.7 |

## 4.6.2　活性炭纤维

### 4.6.2.1　概述

活性炭纤维（activated carbon fiber，ACF）是以高聚物纤维为原料，经高温炭化和活化制备而成的一种纤维状高效吸附分离材料。活性炭纤维是活性炭和炭纤维的结合体（图 4-43），开发于 20 世纪 70 年代后期，是继颗粒状活性炭和粉末活性炭之后的第三代活性炭材料。1972 年，由 Arons 和 Mcnair 采用酚醛前驱体制得活性炭纤维及织物以来，还陆续制得了黏胶基、聚丙烯腈基活性炭纤维，而煤沥青基活性炭纤维直到 1985 年才由大阪煤气公司制得。

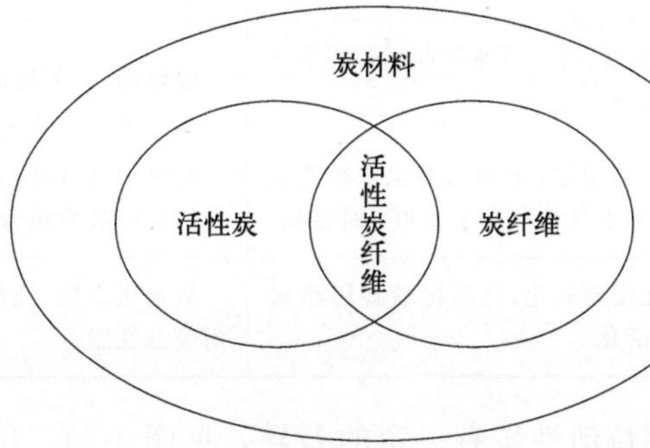


图 4-43　活性炭纤维在炭材料中的分类[196]

活性炭纤维主要由碳原子组成，一般碳元素含量在 90%以上，氢元素约 0.4%～1.9%，氧元素约 2%～10%，可能还含少量 N、S 等杂原子。活性炭纤维中的碳元素除了表面部分形成 C—O、C—N、C—H 等结构外，绝大部分在体相构成了纤维的骨架。体相的碳原子主要以类石墨平面片层的大共轭结构形式存在，这些平面碳片层乱层堆叠成类石墨微晶，微晶的三维有序性较差。微晶非常小（石墨微晶层面堆叠的平均厚度约为 1.0～1.5nm，石墨微晶平面的平均宽度约为 3.0～5.0nm），而且是乱层堆叠。

在活性炭纤维的表面，C 和 O 元素结合形成了一系列表面含氧官能团，物理活化法制备的活性炭纤维表面的含氧基团含量不大，酸式含氧基团的主要形式有羟酚基、醌基、酮基、羧基、酸酐、内酯基等。氮元素主要以氨基、亚氨基和类吡啶等结构存在。

活性炭纤维产品可按如下方法分类[184]：

① 按照产品的原料分为黏胶基活性炭纤维、聚丙烯腈基活性炭纤维、沥青基活性炭纤维、酚醛基活性炭纤维等。不同原料制备 ACF 的工艺路线及特点见表 4-34。

② 按照产品的外形分为活性炭纤维纸、活性炭纤维毡、活性炭纤维丝束、活性炭纤维布、活性炭纤维块等。

③ 按照产品的孔径（借鉴 IUPAC 对孔径的分类），将活性炭纤维分为超微孔型（孔径<0.7nm）、亚微孔型（孔径 0.7～2nm）、中孔型（孔径 2 ～ 50nm）、大孔型（孔径>50nm）。

活性炭纤维在制造过程中，各种尺寸孔径的孔会同时出现，只是比例不同。目前市场上常见的是微孔 ACF，孔径集中在 1～2nm，中孔所占体积分数一般<5%。从研究报道看，中孔活性炭纤维的中孔比例一般为 20%～60%。基本上还没有出现中孔活性炭纤维的批量产品，更没有大孔活性炭纤维的相关报道。

④ 按照产品的比表面积（SA）分为低比表面积（SA<$800m^2/g$）、中比表面积（SA 为 $800\sim1500m^2/g$）、高比表面积（SA>$1500m^2/g$）。

⑤ 按照产品的厚度或轻重来分：轻薄型，厚度<1mm，或重<$100g/m^2$；适中型，厚度 1～5mm，或重 $100\sim250g/m^2$；厚重型，厚度>5mm，或重>$250g/m^2$。

**表 4-34　不同原料制备 ACF 的工艺路线及特点[197]**

| 种类 | 化学式 | 工艺路线 | 制备的 ACF 的特点 |
|---|---|---|---|
| 黏胶基 | $(C_6H_{10}O_5)_n$ | 催化浸渍→炭化→活化→表面处理 | 以微孔为主，对有机饱和蒸汽有良好的吸附性能 |
| 沥青基 | $(C_{124}H_{80}NO)_n$ | 熔融纺丝→石油沥青→纺纤维→炭化→活化 | 收率高，工艺简单，所得 ACF 比表面积高 |
| PAN | $(C_3H_3N)_n$ | 先将 PAN 原丝预氧化→在低于700℃下炭化→高于 700℃时活化 | 纤维中含有氮，对硫系化合物和氮系化合物具有特殊的吸附能力 |
| 酚醛基 | $(C_{63}H_{55}O_{11})_n$ | 无需预氧化，直接将酚醛树脂炭化、活化 | 炭化速率快，纯度高，具有优异的阻燃性能和耐腐蚀性能 |

活性炭纤维的孔分布与颗粒活性炭有一定的差异，见图 4-44。按 IUPAC 孔径分类，活性炭纤维的微孔占总孔体积的 90%以上，有少量中孔，没有大孔，孔径均匀，其呈纤维状，外表面积较大，而且大部分孔直接裸露在纤维表面上。而颗粒活性炭的孔径分布范围宽，吸附质进入微孔前要先依次通过大孔、中孔，吸附质与其接触性较差，使这些孔基本上不发挥作用，因而活性炭纤维的吸附能力一般比颗粒活性炭高 1～10 倍。

活性炭纤维具有较大的比表面积，具有吸附速度快、吸附能力强等优势。另外，其耐强酸、强碱，不溶于有机溶剂，而且热稳定性强，并具有氧化还原特性、导电性、生理相容性，再加上可以编织成布、带、毡等多种形式使用，为工程应用提供了一定的灵活性，解决了颗粒活性炭无法解决的问题，是十分优良的新型吸附材料，被广泛应用在环境保护、医疗、电化学应用、催化剂载体等领域。

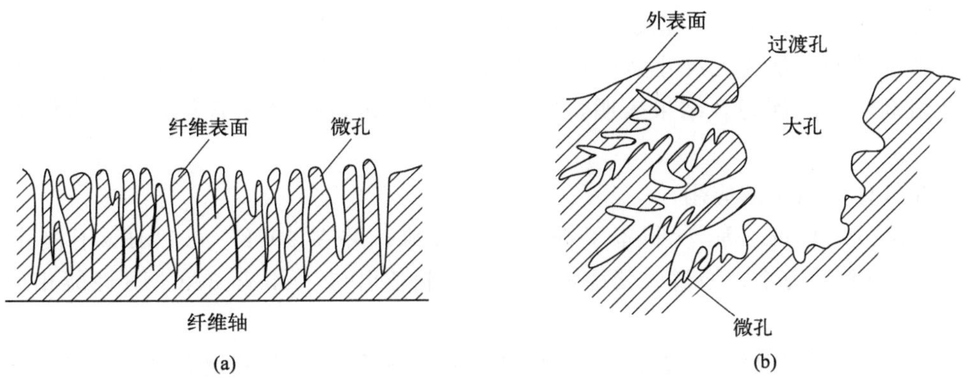


图 4-44 孔径分布图
(a) 活性炭纤维；(b) 颗粒活性炭

(1) 在医疗领域的应用

活性炭纤维以其良好的吸附性，常与铜、锌和银（Ag）等低毒性纳米颗粒结合，制得一种有效时间长且抗菌性能好、高效吸脓吸臭的新型医用敷料。

Ashfaq 等[198]利用化学气相沉积法制备了负载着铜、锌纳米颗粒的活性炭纤维/碳纳米纤维复合材料，双金属呈非对称分布，能够抑制革兰氏阳性金黄色葡萄球菌、耐甲氧西林金黄色葡萄球菌菌株和革兰氏阴性大肠杆菌的生长，无毒，溶血率满足正常要求，可用作伤口敷料，起到保护伤口、促进愈合的作用。

Park 等[199]研究了浸渍硝酸银的活性炭纤维对金黄色葡萄球菌和大肠杆菌的抗菌活性，结果发现，随着硝酸银浓度的增加，活性炭纤维对金黄色葡萄球菌和大肠杆菌的抑制能力得到提高，但微孔结构稍微降低。

刘维春[200]通过离子交换法将 Ag、AgO 纳米颗粒附着在活性炭纤维上，制成抗菌材料，这种敷料的杀菌性能明显提升，在遇到直径较小的细菌时同样具有优良的杀灭效果。

目前的研究表明[201]，活性炭纤维敷料有很多传统敷料所不具有的优点：a. 有效期长，在 3～5 天内仍有抗菌作用；b. 有较高的远红外线放射率，促进了胶原蛋白的形成以及生长因子的分泌；c. 有一定的吸水性，可以保持适宜的含水量，给伤口提供适宜生长恢复的湿度，符合伤口治疗对潮湿环境的要求和发展；d. 足够大的机械强度，克服了传统医用敷料的缺陷。活性炭纤维敷料对未来医用敷料的发展具有重要的意义。

(2) 在工业废水处理中的应用

炼油厂、石油工业和纺织工业产生的大量废水中含有高浓度的石油、有机废物和染料，吸附法是去除有机物质和其他污染物（如重金属）的有效方法。活性炭纤维经济环保，研究表明，活性炭纤维孔隙较小（10～40μm），孔隙率高，可有效去除水中有机物、重金属污染物，被认为是最有潜力的吸附材料之一。吸附主要受活性炭纤维的孔径分布的影响，同时还受活性炭纤维的表面电荷、废水的 pH、接触时间、温度、污染物的初始浓度和分子尺寸的影响。

Wang 等[202]采用 KOH 活化法制备出煤沥青基活性炭纤维，孔径分布为 0.7～4.0nm，比表面积最高可达 $2672m^2/g$，对水中 $Cd^{2+}$、小分子有机物的吸附能力强，并发现活化温度对活性炭纤维的孔结构、比表面积和表面官能团有显著影响。

Hsiu-Mei 等[203]研究了菊花酚（chrysophenine）和橙Ⅱ（orange Ⅱ）在 ACF 与污泥吸附剂上的吸附特性，认为大尺寸染料分子进入微孔 ACF 的转运受到抑制，导致吸附能力低于介孔吸附剂的吸附能力。结果表明，吸附剂孔径分布与吸附分子大小对吸附能力有重要影响。

(3) 在气体分离中的应用

E. Vilaplana-Ortego 等[204]制备了沥青基炭纤维，并在 298K、0.1MPa 下测定了其对 $CH_4/CO_2$ 的吸附动力学，通过改变稳定化时间，制备出与 Takeda 3ACMS 性能相似的沥青基炭纤维。

Kawabuchi 等[205]以沥青基活性炭纤维为原料，采用化学气相沉积法在 727℃下以苯蒸气为碳源对纤维的孔径进行了调控。结果表明，沥青基活性炭纤维经过炭沉积调孔后对甲烷和二氧化碳的选择性明显提高。另外，De La Casa-Lillo 等[206]以普通炭纤维为原料，通过适当的处理后发现石油沥青基炭纤维对二氧化碳表现出较高的吸附容量和选择吸附性，在分离二氧化碳和甲烷方面具有很大的潜力。大连理工大学在活性炭纤维基复合分子筛制备方面开展了研究工作[207,208]，以活性炭纤维为原料、酚醛树脂为黏结剂，采用真空法成型，在 $N_2$ 气氛中于 700～750℃下炭化，在 $CO_2$ 气氛中于 750～850℃下活化，制备柱状或管状的活性炭纤维基复合分子筛，对 $CO_2$ 的吸附和脱附速度很快，在电振荡吸附装置中，电能输入可以有效地加速 $CO_2$ 的脱附。

活性炭纤维的加工成本是纤维加工成本和活化成本的结合，与活性炭相比，其加工成本相对较高。为降低活性炭纤维的制备成本，研究人员提出以农业废弃物为生产活性炭纤维的前驱体，但由于纤维加工成本较高和制备所需形状的纤维的工艺困难，生物质制备的活性炭纤维的应用和制备受到一定的限制。

### 4.6.2.2 煤沥青基活性炭纤维制备工艺

煤沥青含碳量高，价格相对低廉，资源较为丰富，已成功用作活性炭纤维的制备原料。煤沥青基活性炭纤维的制备包括预处理、炭化和活化三个主要阶段，其中预处理工艺包括煤沥青调制、改性、纺丝和不熔化处理（图 4-45）。

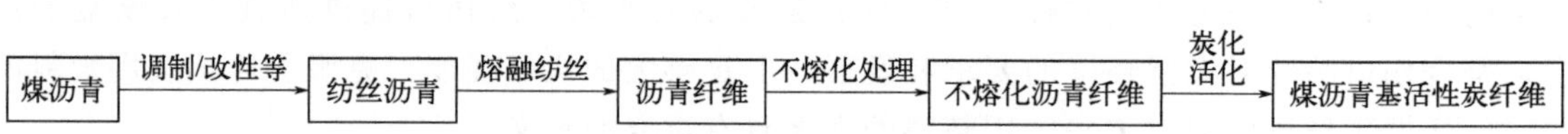


图 4-45　煤沥青基活性炭纤维制备工艺

在生产煤焦油时沥青中会混入游离炭和固体杂质，而且其软化点低，因此要经过除杂、精制、调制改性等前处理过程才能得到理想的沥青。

纺丝是活性炭纤维制备的关键。纺纱技术可分为干法纺丝、湿法纺丝、熔融纺丝、静电纺丝等。熔融纺丝技术适用于高温下不降解的材料。对于沥青基活性炭纤维来说，熔融纺丝工艺简单、经济，被广泛应用。

煤沥青的熔融纺丝方法还可细分为离心法、熔喷法、涡流法等。离心法是将熔融状态的沥青借助离心力从喷丝孔甩喷出去，丝条在冷气流的作用下拉伸成型。熔喷法将熔化的沥青液体从喷丝头的小孔压出，丝条被高速度气流冷却成纤维丝。涡流法是当熔融沥青从喷丝头挤出来时，热风从不同的几个方向同时喷射到纤维丝上，这样不但能有效地拉伸丝条让其变细，也顺便使其断裂成短纤维。

不熔化处理的目的是使煤沥青纤维在高温炭化时不发生黏结变形，保持纤维状，同时改善产品的性能和提高产品的收率。一般采用低温预氧化法，温度控制在200～400℃。

活性炭纤维的炭化和活化方法与颗粒活性炭的炭化和活化方法相似，只是控制的工艺参数有所不同。

活性炭纤维的炭化温度一般控制在800～1000℃之间。该过程分为两个重要的阶段，对产物的性质起着重大的作用。第一个阶段是软化期，在这个时期，温度的控制主要对所得产物的形态起重要作用。第二阶段，纤维开始硬化和收缩，此时，温度的控制将影响纤维的收缩，并进一步影响孔的形成。因此对不同的原材料，需要根据其特殊的性质，适当地控制炭化的升温速度，使纤维的强度和孔隙率得到适当的平衡。一般炭化过程的低温阶段（约400℃以前）要求升温速度较慢，而高温阶段（约400℃以上）升温速度可以适当加快。在炭化过程中，原材料的有机成分被破坏，含碳量不断升高，孔结构初步形成。随炭化温度的升高，孔体积略微升高，在更高的温度下，形成孔的分支，但是在这个阶段形成的孔非常小，也非常少。

物理活化法是在高温下用氧化性气体刻蚀炭化纤维，生成多孔的活性炭纤维。活性炭纤维的活化剂主要有水蒸气和$CO_2$，活化温度一般控制在800～1200℃。活化剂浓度可结合活化温度、活化时间调节到合适的数值。

化学活化法通常指将化学药剂浸渍或混入纤维中，然后在惰性气体中加热，同时进行炭化和活化的方法。化学活化法制备活性炭纤维温度一般控制在400～700℃。化学活化法是制备活性炭的常用方法。20世纪80年代中期，美国阿英卡公司以KOH为活化剂，采用化学活化法，制得比表面积大于$2500m^2/g$的活性炭。日本大阪煤气公司以中间相沥青微球为原料，也采用KOH化学活化制得比表面积$4000m^2/g$的活性炭。这种高比表面积的活性炭因优异的性能和良好的应用前景，从而引起了研究人员的关注，并用于活性炭纤维领域中。目前人们探索了KOH、$ZnCl_2$、$H_3PO_4$及硼酸活化法制备活性炭纤维的技术。研究表明：KOH是制备高比表面积煤沥青基活性炭纤维的优质活化剂。

#### 4.6.2.3 煤沥青基活性炭纤维质量影响因素

煤沥青基活性炭纤维与煤沥青原料和制备工艺有关。原料的软化点、喹啉不溶物含量是影响纺丝质量的关键因素。在保证纺丝稳定的情况下，较高的软化点是可取的，因为这样的沥青前驱体可以在较高的温度下稳定，在短时间内完成稳定。另外，沥青必须完全各向同性，因为任何与各向同性部分黏度-温度关系大不相同的中相球的污染都会严重恶化整个沥青的可纺性[209]。

Vilaplana-Ortego等[210]采用软化点在543～583K之间、喹啉不溶物在87%～94%的4种煤沥青作为原料，首先通过热处理（623K，773K），过滤去除喹啉不溶物，得到可纺丝的煤沥青，然后经过热固化（最高温度573K）、炭化（1273K）及$CO_2$活化（1140K）工艺得到活性炭纤维。控制活化率在50%左右时，活性炭纤维的比表面积分别为CFA50 $1280m^2/g$、CFB52 $1555m^2/g$、CFC43 $1300m^2/g$、CFD48 $1150m^2/g$。

Bo-Kyung Choi 等[211]以软化点 280℃、喹啉不溶物 19%～24%的煤焦油沥青为原料，经过熔融纺丝、水和 $CO_2$ 混合气氧化、固化（180～360℃）、炭化（1000℃）和物理活化（水蒸气 900℃/$CO_2$ 1000℃）方法制备了活性炭纤维。活化 60min 时，采用水蒸气和二氧化碳活化法制备的活性炭纤维比表面积分别为 1635$m^2$/g 和 1233$m^2$/g。

Ryu 等[209]将煤沥青的四氢呋喃（THF）可溶馏分与 10%的对苯醌通过聚合改性，得到软化点 271℃的改性各向同性沥青，再经过熔融纺丝、固化（330℃）、炭化（1000℃）和水蒸气活化（900℃）得到活性炭纤维，其中最大比表面积为 2131$m^2$/g。

Derbyshire 等[212]采用 1 个褐煤和 2 个烟煤煤焦油沥青为原料，经过蒸馏、过滤得到软化点分别为 225℃、240℃、245℃，喹啉不溶物小于 0.5 的沥青，再经过纺丝、固化、炭化（1100℃）及蒸汽活化（877℃）后得到活性炭纤维，其中以烟煤煤焦油沥青为原料制备的活性炭纤维的比表面积为 284$m^2$/g 和 1324$m^2$/g，以褐煤煤焦油沥青为原料制备的活性炭纤维的比表面积为 1475$m^2$/g。

煤焦油沥青的性质与制备工艺直接决定活性炭纤维的质量，可根据原料的性质优化制备工艺，改善活性炭纤维质量。

#### 4.6.2.4 发展现状及未来趋势

活性炭纤维具有改进和可调的微孔与介孔，其可应用于主流研究领域，如天然气储存、重金属工业吸附剂、水和空气的处理和净化、作为燃料的氢储存以及超级电容器等电化学应用中。同时，其在纺织工业广泛应用，包括个人防护服、家用织物、医用口罩、过滤和催化载体[213]。恒州博智（QYR）公布了全球活性炭纤维的核心厂商，包括 Toyobo、Kuraray、Unitika 等。前三大厂商占全球约 70%的份额。亚太地区是最大的市场，份额约为 78%，其次是北美和欧洲，份额分别为 9%和 8%。就产品类型而言，纤维素纤维基是最大的细分，占有大约 40%的份额。同时，就下游来说，空气净化是最大的下游领域，占 31%的份额。2022 年，全球活性炭纤维（ACF）市场销售额达到了 3.8 亿美元，预计 2029 年将达到 4.9 亿美元，年复合增长率（CAGR）为 4.6%（2023～2029）。

### 4.6.3 炭分子筛

#### 4.6.3.1 概述

炭分子筛（carbon molecular sieves，CMS）是一种微孔结构较为均匀的炭质吸附材料，广泛应用于气体分离中。CMS 的孔隙以微孔为主，微孔孔径分布集中在 0.3～1.0nm 的狭窄范围内，孔容一般为 0.25$cm^3$/g，其中，微孔体积占 CMS 全部孔隙体积的 90%以上。理想的 CMS 应全部为微孔，其具体的尺寸大小因分离目标的不同而有所差异，空分用 CMS 产品的孔径应集中在 0.4～0.5nm。而普通活性炭除微孔外还含有大量中孔和大孔，平均孔径高达 2nm，其孔容较大，通常可达到 0.4～1.0$cm^3$/g。

CMS 的研究始于 1984 年，当时 Emmet 发现热解 Saran 树脂（氯乙烯和偏二氯乙烯的聚合物）的炭化物具有筛分作用，自此各国开展了大量的工作。随后，欧洲、日本及中国相继进行了这方面的研究。20 世纪 70 年代初，德国采矿研究公司（BF）率先开发出用于变压吸附空分制氮的 CMS。日本 Takeda 化学工业公司，Kurauay 化学品公司，美国的 Calgon 等公司均成功实现 CMS 的工业化生产。我国从 20 世纪 70 年代末开始了对 CMS 的研究，初期的 CMS 工业化制备技术是以无烟煤为原料。20 世纪 80 年代初期大连理工大学系统研究了空分 CMS 制备理论和技术，1992 年将煤基炭分子筛制造技术转让给中国首家炭分子筛生产企业长兴化工总厂，使其产品质量明显改善，达到德国 BF 炭分子筛的水平。

炭分子筛的孔隙发达，孔径分布相对集中，吸附选择性强，被广泛用于气体分离和纯化、催化等领域。在诸多应用领域中，气体的分离与纯化一直是 CMS 的主要应用领域，如空气分离、$CO_2$ 的捕捉与分离，以及 $CH_4$、$H_2$ 的富集等。

（1）气体分离和纯化

变压吸附与深冷法相比，其动力消耗小，在分离氧、氮和甲烷与二氧化碳，焦炉气中氢的回收与精制等方面得到了广泛的应用。CMS 分离气体的方式主要有以下三种：a. 利用平衡吸附量差异，即利用 CMS 对不同气体的平衡吸附量的差异实现气体分离纯化；b. 利用动力学差异，即利用气体分子在 CMS 中的扩散速率不同实现气体分离纯化；c. 利用位阻效应，即利用只有分子形状与 CMS 的孔隙相当的分子才能被吸附而形状不符的分子不能被吸附的原理进行气体分离。

利用 CMS 进行变压吸附制取高纯 $N_2$ 的技术最为成熟，以其为例介绍炭分子筛的吸附分离作用。与沸石分子筛利用 $N_2$ 和 $O_2$ 的平衡吸附量差异来分离空气不同，CMS 分离 $N_2$（分子动力学直径 0.364nm）和 $O_2$（分子动力学直径 0.346nm）主要是利用动力学差异，即利用二者在 CMS 孔隙结构中的扩散速率差异，在较短的吸附时间内，使得 CMS 可以吸附更多的 $O_2$，实现 $N_2$ 和 $O_2$ 的分离。而 CMS 对 $N_2$ 和 $O_2$ 的平衡吸附量相差较小，通过平衡吸附的方法难以将 $N_2$ 和 $O_2$ 分离。

（2）催化剂及其载体

炭分子筛具有独特的孔隙结构、表面、机械特性及化学稳定性，因而可以直接用作催化剂，如以炭分子筛膜作催化剂用在精细化工生产中可以有效地合成 $\alpha$-不饱和腈和 $\beta$-不饱和腈。工业上的反应例如光气的合成，磺酰氯、氯化烯烃以及烯烃的合成等也可以采用炭分子筛为催化剂。炭分子筛还可作为负载酸、金属等催化剂的载体。

Li 等[214]以商业炭分子筛为原料，经酸化或氧化处理制备了一系列微孔炭基催化剂，用于苯酚与 $H_2O_2$ 羟基化反应。研究发现，酸性官能团对 CMS 的催化性能有重要影响，同时考察了溶剂、反应温度、苯酚/催化剂比、苯酚/$H_2O_2$ 比和反应时间对反应的影响。在最佳反应条件下，表面酸性最强的 CMS 对苯酚的转化率、对二羟基的选择性和 $H_2O_2$ 的有效利用率分别达到 29.6%、85.1%和 80%。该催化剂在循环利用试验中性能稳定。此外，微孔 CMS 具有易物理分离、环境友好、成本低廉等优点，具有广阔的工业应用前景。

以 CMS 作择形催化剂的载体早在 20 世纪 70 年代初就已提出。将 1%Pt 负载在复合 CMS 上其择形能力与载体本身一样，用 1-丁烯和 3-甲基-1-丁烯竞争加氢时，由于支链烯烃不能与 CMS 孔隙内的 Pt 接触，故 3-甲基-1-丁烯基本上不转化，而 1-丁烯可加氢。若将 Pt 负载在普通 AC 上则两者均能加氢。

孙新等[215]以大庆石油焦为原料，采用物理化学联合活化法制备炭分子筛，通过研究碱炭比、活化温度、活化时间对炭分子筛吸附性能的影响，找到了最佳工艺条件，得到比表面积近 $3000m^2/g$ 的炭分子筛。再通过热处理、表面氧化方法得到孔径均一、表面酸度适宜的催化剂载体。

炭分子筛作为催化剂载体归纳起来有以下优点：a. 炭基体本身具有很强的耐酸碱性。b. 炭的耐温性好，即使在高温下仍可保持其结构形态不变，可以避免活性位的缩聚，有利于反应的进行。c. 炭分子筛的孔径可以根据实际需要，通过选择合适的前驱体和制备方法进行调整，而且炭分子筛可以制成不同的形状。d. 通过控制制造工艺，赋予其离子交换特性，进而改善其吸附能力以及对活性相的分散能力。e. 其亲水性、疏水性可根据需要调节。f. 通过燃烧炭分子筛载体可将贵金属从废旧催化剂中回收。

### 4.6.3.2 煤基炭分子筛制备工艺

用于制造炭分子筛的原料非常广泛，从天然产物到合成的高分子聚合物均可用来制造炭分子筛，如煤、木材、果壳、聚酰亚胺、酚醛树脂等，而且炭分子筛可以制成不同的物理形状，如粉状、柱状、球状等。由于原材料的不同，产品外形不同，炭分子筛的制备工艺也存在差异。

煤基炭分子筛的制备一般要求原煤具有较高的孔隙率，煤的灰分含量低，固定碳含量高。制备炭分子筛所用原料煤质不同，选用的制备工艺也不同。如褐煤的挥发分含量高，受热时析出的挥发性物质有造孔作用，可不采用活化步骤，而仅进行炭化即可制得 CMS。对于黏结性烟煤，在细粉碎前需先进行预氧化，预氧化有破黏、扩孔、增大比表面积的作用。预氧化的时间和温度根据煤样的粒度和黏结性而定。对于高变质程度的无烟煤，预氧化也有利于改善产品的空分性能。褐煤和无烟煤因其孔隙结构发达，被广泛应用于制备 CMS。制备煤基粒状炭分子筛的基本工艺路线见图 4-46。

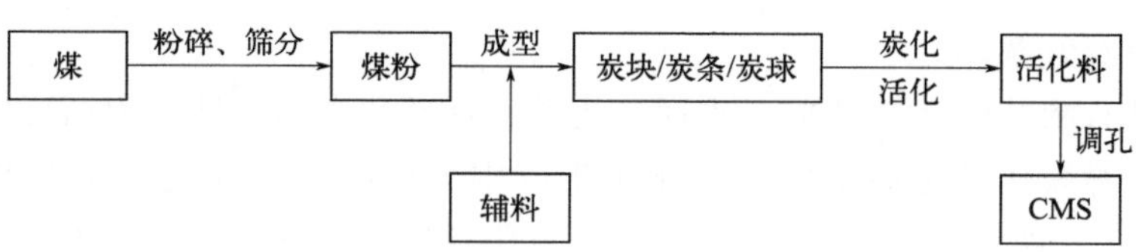


图 4-46 制备煤基粒状炭分子筛的基本工艺路线

煤基炭分子筛是一种微孔分布均匀的特殊活性炭，其制备工艺与煤基活性炭相似，但通常情况下需增加孔结构调节工序，使其孔径分布更加均匀，提高气体分离能力。调节孔结构的方法主要有碳沉积法、热收缩法。

热收缩法是将炭分子筛置于惰性气氛中，在适宜的高温条件下煅烧使孔收缩。碳沉积法是在适当的温度下使有机高分子物质、烃类气体裂解析出游离碳，并沉积在 CMS 的大孔和中孔孔隙的入口，从而使 CMS 孔径缩小、孔隙均一化。有机高分子物质包括沥青、煤焦油、纤维素、酚醛树脂等；烃类气体包括甲烷、乙炔、丙烯、苯、甲苯、异丁烯等。由于碳沉积剂来源广，易于选择，针对不同气体分离所用的炭分子筛，使用碳沉积方法有利于调整 CMS 到所需的孔径范围，增强炭分子筛分离气体的性能。因此，碳沉积调孔方法在当前炭分子筛制备过程中应用较为广泛。

为了提升 CMS 吸附剂产品的吸附性能，可以从以下两方面控制 CMS 的研制：a. 先根据产品性能选择适合相应活化工艺的活化剂，再通过调节活化过程的活化温度、活化时间以及活化剂用量等参数来发展微孔结构；b.碳沉积过程中，选择合适的沉积时间、沉积温度以及沉积剂浓度等参数，尽量使沉积发生在孔口，以在不降低吸附容量的同时达到筛分的目的[216]。

#### 4.6.3.3 煤基炭分子筛质量影响因素

原料煤和制备工艺与煤基炭分子筛质量密切相关。通常情况下煤的灰分是不利因素，适宜选择低灰煤作为原料。不同的研究者采用不同原料煤制备了煤基炭分子筛。大连理工大学徐绍平等[217]制备了用于变压吸附空分制氮的煤基炭分子筛，经过多年研究得出挥发分较高的煤，可以通过简单炭化的方法获得具有发达微孔结构的炭前驱体，进一步通过碳沉积调孔制得炭分子筛。具备发达的微孔结构是碳沉积调孔的先决条件，同时，原料煤在炭化时的适度失重和适量焦油的产生，保证了产品炭分子筛具有足够高的机械强度。不黏煤或长焰煤具备上述特征，适宜作为炭分子筛的原料，并开发了由不黏煤或长焰煤制备炭分子筛的工艺路线，用于工业生产，氮气纯度>99.0%（体积分数）时，产气率达 110～140L/(h·kg)。

刘高旗[218]选用变质程度较高的无烟煤作炭质原料，以 $CO_2$ 为活化剂制备了成型炭分子筛，比表面积为 195.92$m^2$/g。西安科技大学王德超[219]采用 KOH 作活化剂，以无烟煤为原料制备了炭分子筛，其比表面积达到 1847$m^2$/g。

#### 4.6.3.4 发展现状及未来趋势

根据 QYR（恒州博智）的统计及预测，目前炭分子筛主要用于氮气变压吸附（PSA）系统和沼气升级。全球炭分子筛主要厂商有 Osaka Gas Chemical、Kuraray、浙江长兴县海华化工有限公司、长兴山立化工材料科技有限公司、湖州强大分子筛科技有限公司等，全球前五大厂商共占大约 60%的市场份额。目前美洲是全球最大的炭分子筛市场，占超过 35%的市场份额，之后是欧洲和亚太地区市场，共占大约 60%的份额。2021 年，全球炭分子筛市场销售额达到了 1.2 亿美元，预计 2028 年将达到 1.6 亿美元，年复合增长率（CAGR）为 3.7%（2022～2028）。

### 4.6.4 炭膜

#### 4.6.4.1 概述

炭膜（carbonmembrane，CM）是指由碳素材料构成的分离膜，属于无机膜的范畴。炭膜这个术语的出现可追溯到 20 世纪 60 年代，Aylmore 和 Barrer 首先研究了气体通过炭膜的表面扩散过程。此后，人们对炭膜的制备及透过性能进行研究，展开了用不同原料制备炭膜的探索性实验。据报道，1974 年，聚偏二氟乙烯及其共聚物经热压成型，控制合适的预处理条件、热解温度（400～500℃）和升温速率，制成具有一定分离能力的炭膜；1978 年，以煤粉、木炭、天然焦、煤焦和其他含碳物料为原料，加入天然或合成橡胶以及热塑性聚合物作黏结剂挤出圆管，经一定温度热处理后制备出煤基管状炭膜，膜孔径在 0.1～3.0μm 之间，并测定了其气体渗透速率和透水速率。20 世纪 80 年代，以中空纤维有机膜为原料制备炭膜的研究逐渐开展。Koresh 和 Soffer 等首次选用纤维素作原料，通过优选炭化条件和活化条件，制得具有分子筛功能的中空纤维炭膜。

炭膜[220] 主要分为两种，分别是支撑炭膜和非支撑炭膜。从结构上看，支撑炭膜一般由两部分构成：起机械支撑作用的多孔支撑体和涂覆在其表面的起分离作用的有机聚合物炭化膜。支撑体有管状和平板状两种形状，支撑炭膜按照支撑体的形状分为管状炭膜和平板状炭膜。管状支撑体有多孔铝管和炭支撑管等；平板状支撑体有不锈钢板和炭支撑板等。将有机聚合物涂覆在支撑体表面，然后选定适当的条件进行炭化、活化及调孔可得到支撑炭膜。

将有机聚合物涂覆在支撑体表面上的方法有浸涂法、旋转涂覆法、喷涂法、气相沉积聚合法以及超声波沉积法等。浸涂法，即将支撑体浸在有机聚合物溶液里，使其能渗透到支撑体的表面孔隙中，并在表面形成液膜，经干燥后，支撑体表面就形成了有机聚合物膜的工艺过程。一般管状支撑体用此法涂覆。旋转涂覆法，即将支撑体固定在可旋转的圆盘上，在支撑体上移取定量的有机聚合物溶液，通过圆盘旋转的离心力将有机聚合物溶液均匀地附着在支撑体上的工艺过程。一般平板状支撑体采用该法。喷涂法，即利用喷枪等高压气体雾化设备将有机聚合物溶液雾化后，附着在支撑体上，经干燥后形成有机聚合物膜。气相沉积聚合法是将担载了催化剂的支撑体放置在聚合物单体的蒸气中，使其在支撑体表面充分附着和扩散，加热至一定的温度，使聚合物单体在催化剂的作用下聚合成膜，附着在支撑体表面。超声波沉积法，即通过超声波的高频振荡作用使有机聚合物溶液雾化，雾滴由载气吹出，轻柔地飘落到支撑体表面成膜。

非支撑体炭膜包括平板状、管状、中空纤维状和毛细管状四种形状。平板状非支撑炭膜是指将前驱体聚合物溶液直接在平板上流延成膜，干燥后经炭化而制成。平板状非支撑炭膜比较脆，易裂，机械强度差，在加工和操作时难度较大，因而在实际中很少用。

管状炭膜是指以煤等含碳物质为前驱体，通过加入一定量的黏结剂、造孔剂等，经混匀、成型、炭化后制成。由于管状炭膜有较好的机械强度，因而也可用作支撑炭膜的支撑体。

中空纤维状炭膜是指将前驱体聚合物溶液由内插式喷丝头挤出，经短时间蒸发后，进入凝胶浴，凝胶后的中空纤维膜经洗涤、干燥后炭化制成。但因机械强度较差，中空纤维状炭膜的发展与应用受到了限制。

毛细管状炭膜是指将前驱体聚合物溶液涂在细的聚四氟乙烯（PTFE）管上，通过特定装置控制 PTFE 管以一定的速率通过一定直径的孔(通过孔的直径来控制涂层的厚度)，放到恒温水浴中使其凝结，干燥后将毛细管薄膜从 PTFE 管上取下，经炭化后得到毛细管状炭膜。

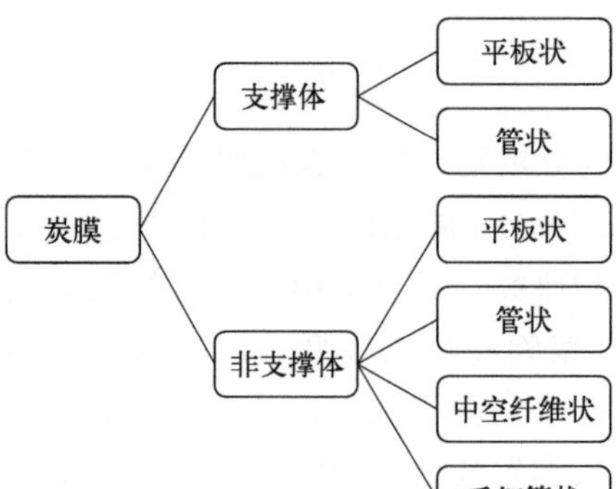

图 4-47　炭膜的分类

炭膜的分类见图 4-47。

对炭膜的性能起决定性作用的是前驱体有机聚合物的化学结构和空间构型，这些有机聚合物主要是一些热固性聚合物或是经过预处理后具有不熔融性质的聚合物，主要有聚酰亚胺、酚醛树脂、聚糠醇、聚偏二氯乙烯-聚氯乙烯、聚丙烯腈、沥青、纤维素等。制备高通量、高选择性炭膜的前驱体聚合物一般具备以下特性：较高的热稳定性、较高的残炭量、较大的自由体积和具有一定的刚性结构等。

炭膜由于具有分离效率高、耐酸碱、耐腐蚀等优点，在气体分离纯化、水处理等领域得到了广泛关注。用于气体分离纯化的炭膜，即炭分子筛膜，在中国“双碳”背景下，近年来，在 $CO_2$ 的捕集利用技术、储氢、煤层气及各种燃料气的富集利用等领域备受关注。

(1) 在气体分离方面的应用

Hou 等[221,222]以不同高分子聚合物为原料，通过控制热解温度和气氛，使其发生分解、缩聚、重组，制备了炭分子筛膜。通过改变热解条件和聚合物前驱体可调控炭膜孔结构，制备出适宜吸附 $CO_2$ 的炭分子筛膜。研究表明，6FDA/BPDA-DAM{5,5′-[2,2,2-trifluoro-1-(trifluoromethyl) ethylidene] bis-1,3-isobenzofurandione (6FDA)；2,4,6-trimethyl-1,3-phenylene diamine (DAM) 和 3,3′,4,4′-biphenyl tetracarboxylic dianhydride (BPDA)} 基分子筛的开口孔更多，在 7170bar (1bar$=10^5$Pa) 下 $CO_2$ 的渗透系数是 Matrimid 基炭分子筛膜的 7 倍。聚醚酰亚胺基炭膜在 10000bar 下 $CO_2$ 的渗透系数高，$CO_2/N_2$（或 $CH_4$）的选择系数超过 30。

Xu 等[223]将酚酞基 Cardo 聚合物（PEK-C）在 700～900℃下热解，制备了具有超高氢选择性的炭分子筛膜。在 700℃条件下制备的 CMS 膜具有无定形碳乱层结构，$H_2/CH_4$、$H_2/N_2$ 和 $H_2/CO$ 的选择系数分别为 311、142 和 75。在 900℃下炭化，由于形成了致密有序的碳结构，获得了 $H_2/CH_4$ 选择系数为 1859 的炭分子筛膜。具有超高的介电选择性的炭分子筛膜在氢气提纯方面具有广阔的应用前景。

Lei 等[224]制备了中空纤维炭分子筛膜，平均孔径 0.49～0.6nm，孔容 0.17～0.22$cm^3/g$。研究发现，随着孔径的降低，$CO_2$ 的吸附活化能从 29.4kJ/mol 增加到 33.2kJ/mol，这表明炭表面与 $CO_2$ 之间的吸附质-吸附剂相互作用随着孔隙尺寸和微孔体积的减小而减弱，同时 $CO_2$ 的渗透性减弱，其主要通过机械填充而不是通过多层吸附机制填充。制备的炭膜在 2bar 压力下对 $CO_2/CH_4$ 的选择系数为 917。

(2) 在水处理方面的应用

Song 等[225]用孔径为 1.0μm 的炭膜处理含油废水。最佳操作条件为跨膜压力 0.10MPa、横流速度 0.1m/s。含油废水经煤基微滤炭膜处理后，废油系数可达 97%，渗滤液含油浓度小于 10mg/L，可达到国家污水排放标准。

潘宗林等[226]以粉煤为原料制备管状炭膜，通过添加造孔剂来调控炭膜的孔结构，粉末状造孔剂在炭膜中主要形成海绵状孔，纤维状造孔剂主要形成隧道状直通孔。随造孔剂添加量的增加，炭膜的孔隙率和孔径增大，但导电性和机械强度下降。在水处理过程中，炭膜对罗丹明 B 的去除率均达到近 100%，但不能完全去除 COD，造孔剂添加量较大的炭膜 COD 去除率相对较低，渗透通量较高。

惠洪森等[227]以酚醛树脂和活性炭为主要原料，采用压膜成型及一步炭化法成功制备出高比表面积 PRCM，并采用溶胶-凝胶法制备 $TiO_2$/PRCM（酚醛树脂/活性炭基炭膜）复合膜电极。与 $TiO_2$/CM（煤基炭膜）和 $TiO_2$/ACM（煤沥青基炭膜）复合膜电极相比，$TiO_2$/PRCM 复合膜电极具有更高的比表面积（370.2$m^2/g$）、较高的石墨化程度以及更加优异的电化学活性，作为阳极处理苯酚废水（10mmol/L），其 COD 和苯酚去除率高达 86.5%和 94.6%，电催化性能优异。

Pan 等[228]以山西贫煤和焦煤为原料，采用羧甲基纤维素、聚乙烯醇缩丁醛作为添加剂制备了电化学过滤炭膜，其孔隙率 51.83%，平均孔宽 0.88μm，机械强度 78.8N，电阻率 33.91mΩ·cm，电阻系数 33.91mΩ/cm，电化学氧化活性优异，对苯酚、双酚、四环素、罗丹明的去除率可达 97%～100%。

辛红等[229]研究了电场强化煤基炭膜处理含酚废水，得出处理高浓度废水会加速膜的失活。采用溶剂清洗和电化学原位清洗的方法无法将煤基炭膜表面的聚合物完全脱除，难以实现完全再生，证明热解处理是有效的再生方法，当热解温度达到 600℃时，能够将附着在炭膜表面的聚合物脱除，再生炭膜的性能恢复到与原膜相当，在运行 3h 内对苯酚的去除率均可达 97%以上。电场强化煤基炭膜实现了电化学氧化与膜分离技术的一体化耦合，在有机废水处理领域展现出良好的应用前景。

### 4.6.4.2 煤基炭膜制备工艺及影响因素

煤基管状炭膜制备的工艺流程：以煤或煤基含碳物质为前驱体，通过加入一定量的黏结剂、造孔剂等，经混合、成型、炭化后制成。煤基炭膜制备工艺流程见图 4-48。

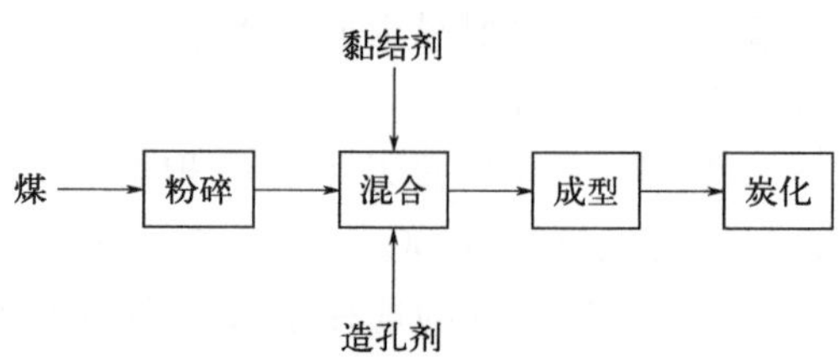


图 4-48 煤基炭膜制备工艺流程

Song 等[225]采用宁夏无烟煤，首先将煤粉碎，然后加入黏结剂，混捏、挤压成 10mm 炭管，在空气中干燥后，于 900℃下炭化制成炭膜。炭膜的孔径可通过调节煤的粒度来控制。随着煤粒径的增大，炭膜的平均孔径增大，孔径分布变宽，孔隙率降低。

潘宗林等[226]将一定比例的原料煤、黏结剂、造孔剂充分混合后，经过混捏、成型、干燥和高温（950℃）炭化得到煤基管状导电炭膜，他们研究了造孔剂的形状和添加量对炭膜孔结构的影响。结果表明，粉末状造孔剂在炭膜中主要形成海绵状孔，纤维状造孔剂主要形成隧道状直通孔；随造孔剂添加量的增加，炭膜的孔隙率和孔径增大。

惠洪森等[227]以酚醛树脂和活性炭为主要原料，以甲基纤维素为黏结剂，以聚乙烯醇缩丁醛（PVB）为造孔剂，经压模成型后，在 850～1150℃下炭化制备了酚醛树脂/活性炭基微孔炭膜。酚醛树脂在高温裂解条件下发生交联键的形成与断裂、芳香环的重组与消除，形成大分子稠环芳烃结构和炭化微晶，致密的稠环芳烃结构与活性炭颗粒黏合成块，形成具有良好机械性能的平板膜结构。而炭膜的孔结构是由粉料和造孔剂等在炭化过程中热分解产生的气体析出时留下的孔和炭化微晶无序堆积形成的缝隙等构成的。因此，通过调控酚醛树脂加入量、炭化温度和 PVB 的加入量等会改变炭膜的孔结构和物理化学性能。

Pan 等[228]以山西贫煤和焦煤为原料，粉碎后与黏结剂羧甲基纤维素和造孔剂聚乙烯醇缩丁醛混捏、真空挤压成型，干燥后，在 $N_2$ 保护下于 950℃下炭化得到电化学过滤炭膜。通过研究黏结性煤、无黏结性煤、炭材料制备炭膜的强度发现，采用无黏结性煤及炭材料制备的炭膜强度低（见图 4-49），采用黏结性煤制备的炭膜强度高，但孔隙不发达，采用黏结性煤的自交联作用与无黏结性煤混合制备的膜材料性能更优。

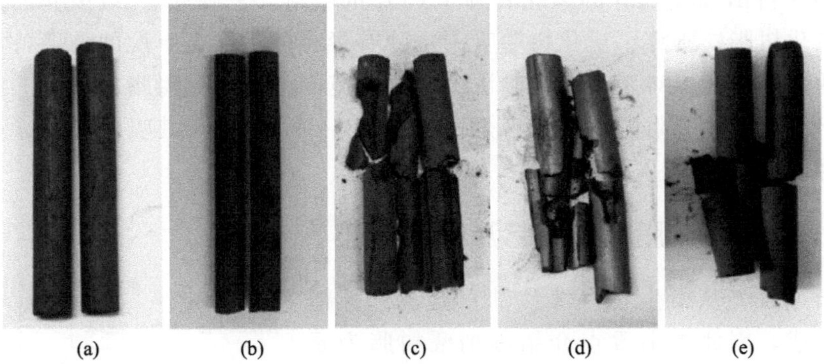

图 4-49 不同炭材料制备的炭膜

(a) 贫煤；(b) 焦煤；(c) 无烟煤；(d) 石墨粉；(e) 活性炭

## 4.6.5 炭化树脂

### 4.6.5.1 概述

炭化树脂（carbonized resin，CS），一般以球形体应用，又叫球形炭化树脂或球形活性炭，可由球形高分子树脂经炭化得到。这种树脂是不带离子交换功能基的，具有大孔型离子交换树脂骨架的结构，基本结构骨架与活性炭近似，比表面积可达 1000～1600$m^2/g$。炭化树脂的孔结构、比表面积由共聚物和制备工艺决定，可通过调整聚合条件和原料配比得到不同孔径结构和不同性能的炭化树脂。作为炭化树脂的炭化原料包括聚苯乙烯-二乙烯基苯共聚物、聚偏氯乙烯、聚氟乙烯、聚乙烯醇、酚醛树脂、糠醛树脂、糠醇树脂以及废离子交换树脂和废吸附树脂等[230]。

炭化树脂均匀的球形外表使得它具有其他形状活性炭所不具备的特点，球体有良好的滚动性，所以在固定床使用时填充密度均匀，对气体或液体等流体阻力小，表面光滑，形状规整，机械强度高，在使用中掉屑少。南开大学余仲建等在 1985 年研发了色谱固定相用炭化树脂。此外，其在医疗、环保等领域也受到关注。

在医疗方面用于制造人工器官，如：人工肝，治疗急性肝功能衰竭，进行血液解毒净化；人工肾，治疗肾功能衰竭，进行血液解毒。Yang 等[231]制备了适用于 $VB_{12}$（维生素 $B_{12}$）的炭化树脂。

在环保领域，张玺等[232]在分散剂聚乙烯醇用量 1%、搅拌速率 550r/min、成球终温 130℃、酚醛树脂浓度 60%的条件下得到粒径分布较窄、平均粒径 4$\mu$m 的酚醛树脂球；以水蒸气作活化剂，900℃下活化 90min 后得到比表面积 1545$m^2/g$、孔容 0.84$cm^3/g$ 的酚醛树脂基球形活性炭；其对 $CO_2$ 的饱和吸附容量可达 2.49mmol/g，发现孔径小于 1nm 的孔对 $CO_2$ 吸附量的影响显著。Wickramaratne 等[233]略微调整 Stöber 方法制备酚醛树脂微球，经过炭化和 KOH 活化，得到含有大量 0.8nm 以下微孔的炭化树脂，比表面积高达 2400$m^2/g$，在常温常压下表现出优异的 $CO_2$ 吸附能力。在 0℃和 1bar 条件下，$CO_2$ 吸收量可达 8.9mmol/g 左右，高于报道的大多数 MOF（金属有机框架材料）、炭质材料样品的

$CO_2$ 吸附能力，得出<0.8nm 的微孔有利于 $CO_2$ 的吸附。王辉等[234]以废弃的大孔吸附树脂为原料制备炭化树脂，研究了炭化树脂吸附去除有毒有机物二氯甲烷的效果，并和水处理中常用的商用活性炭进行了对照，在实验浓度和温度范围内，炭化树脂对水中二氯甲烷的静态吸附能力优于活性炭的吸附能力（前者是后者的 1.7～2.7 倍），其吸附处理量和吸附处理效果都优于活性炭。

### 4.6.5.2 煤基炭化树脂制备工艺及影响因素

酚醛树脂可由煤基衍生物（煤焦油）经提纯、精细加工制备而成，因此本书重点介绍以酚醛树脂为原料的炭化树脂的制备工艺，其工艺流程见图 4-50。

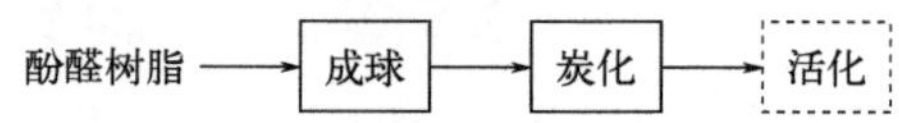


图 4-50 炭化树脂制备工艺流程

炭化树脂制备的关键是制备球形树脂。球形树脂的制备方法有悬浮聚合法和喷雾干燥法两种。悬浮聚合法的原理是当一相分散于不相容的另一相时，由于界面张力的作用，二者趋向于变为球形。在原料树脂中添加固化剂，温度升到固化剂分解温度以后酚醛树脂开始固化，分子链交联形成网状体型结构，黏度逐渐增大，流动性降低，酚醛树脂结构实现线性—分子链—体型的转变，最终形成不溶不熔的酚醛树脂球。

喷雾干燥法是将喷雾与干燥两个工艺结合。喷雾是将物料液（溶液、乳液、悬浮液等）通过雾化器分散成极细的雾状液滴，干燥是雾状液滴在与热空气均匀混合后，瞬时进行热质交换，使物料液溶剂快速蒸发的过程。通过控制原料液的类型、加入辅助物料、改变喷雾工艺条件可得到球形颗粒。

张玺等[232]以聚乙烯醇为分散剂，利用悬浮法成球，制得酚醛树脂基球形活性炭。其工艺流程是将固化剂六亚甲基四胺与线性酚醛树脂按比例混合后，溶于无水乙醇中，得到线性酚醛树脂乙醇溶液。将聚乙烯醇配成一定浓度的水溶液。将线性酚醛树脂乙醇溶液加入聚乙烯醇水溶液中，加热、搅拌，制得酚醛树脂球。以酚醛树脂球为原料在 $N_2$ 气氛下升温至 800～900℃进行炭化，炭化产物再通入水蒸气活化 30～90min 后制得酚醛树脂基球形活性炭。

Yang 等[231]以线性酚醛树脂为原料，以六亚甲基四胺为固化剂，分别采用聚乙二醇(PEG)、聚乙烯醇缩丁醛（PVB）和二茂铁作为造孔剂，以乙醇为溶剂，采用十二烷基硫酸钠作为乳液剂进行球化，制成酚醛树脂球。在 $N_2$ 保护下，于 800℃下炭化；随后采用水蒸气作为活化剂在 800℃下进行活化，制备出酚醛树脂基球形活性炭。聚乙二醇和聚乙烯醇缩丁醛作为成孔剂蒸发，在基体中留下少量残炭，改变了树脂的炭化和活化行为，形成了 3～5nm 的介孔。二茂铁对酚醛树脂炭化过程的影响不大，但对活化过程的影响较大，生成(3～5nm)～(10～90nm) 的中孔和大孔。

Wickramaratne 等[233]首先采用间苯二酚和甲醛制成酚醛树脂球，然后分别在 600℃和 300℃下进行炭化，再在炭化后产物中分别采用浸渍法加入活化剂 KOH，干燥后在 700℃下活化，并用 HCl 清洗，得到以微孔为主的炭化树脂。

### 4.6.5.3 炭化树脂发展现状和趋势

炭化树脂属于高端球形活性炭产品。据广州环洋市场咨询《全球与中国球形活性炭市场现状及未来发展趋势（2022～2028）》报道，2020 年，全球球形活性炭市场销售额达到了

9538 万美元，预计 2027 年将达到 13508 万美元，年复合增长率（CAGR）为 4.51%（2021～2027）。2020 年，全球球形活性炭的销售量为 1363t，其主要的消费地区为日本和欧洲。

球形活性炭属于技术密集型行业，全球只有少数几家企业涉足这个行业，其中，具有相当规模的企业仅有吴羽和 Blücher GmbH。由于球形活性炭的价格相当高，其潜在的挑战是找到合适的下游客户。而对于吴羽和 Blücher GmbH 而言，其产品大部分或者全部自用，吴羽的球形活性炭主要用于自身 KREMEZIN 产品，此外，吴羽的球形活性炭也大量用于自身设备中。恒州博智预测，全球球形活性炭产量和需求保持稳定增长的趋势，尽管球形活性炭表现出优异的性能，但是其价格限制了其应用。球形活性炭的应用多为特种应用，其需求呈现温和增长的趋势。

## 4.7 热管理炭材料

热管理，包括热的分散、存储与转换，正在成为一门横跨材料、电子、物理等学科的新兴交叉学科。热管理系统广泛应用于国民经济以及国防等各个领域，控制着系统中热的分散、存储与转换，热管理材料构成了热管理系统的物质基础[235]。

炭材料是由六角碳网状面积层体“微晶”构筑的多晶体，其中晶格振动对炭材料的热性质起主要作用[236]，“微晶”大小、取向性、堆积形式等方面的多样性使各种炭材料具有不同导热性、热膨胀系数、耐热冲击性、导电性等物理特性。

21 世纪以来，高效导热、散热及热防护材料成为众多领域热管理的热点问题。如航天器、卫星、大型计算机、笔记本、手机及民用电器装置的性能不断提升，电子元件集成度提高，各种器件小型化和高功率密度化，使设备内部散热空间狭小、废热聚集、局部温度过高；飞行器端部或表面进行热防护或热疏导；核聚变堆用等离子体材料在运行过程中聚集大量热需及时导出。上述这些领域需要热膨胀系数更低、热导率更高的材料作为散热构件或封装基板材料[237-239]。在高温隔热领域，除航天飞行器热防护外，在碳化硅炉、特种钢炉等工业高温炉窑的隔热、节能方面也需要高温热稳定性好、抗腐蚀、耐烧蚀、抗疲劳、耐热冲击的保温材料[240]。

由煤及煤深加工副产物沥青、芳烃类等原料制造的各种炭材料由于优异的热性质，成为众多热管理场合不可或缺的导热、隔热材料，本书主要介绍煤基热管理材料高导热炭纤维、C/C 复合材料、泡沫炭。

### 4.7.1 高导热炭纤维和 C/C 复合材料

关于导热材料的分类，目前国内外尚无统一标准。郭全贵等[241] 参照常用金属散热器材料（如铜、铝等）的热导率，按材料室温热导率大小将其分为五类，如表 4-35 所示。Zweben[242] 则将导热材料分为两类：热导率大于或等于 300W/(m·K) 且小于 400W/(m·K) 的为高导热材料；热导率大于 400W/(m·K) 以上的为超高导热材料。另外，认为比热导率远大于传统金属散热材料的材料也可称为高导热材料。在本书中将热导率大于 200W/(m·K)

或比热导率大于传统金属散热材料的材料统一称为高导热材料。

表 4-35 导热材料的分类

| 材料 | 超高导热材料 | 高导热材料 | 一般导热材料 | 导热性能较差材料 | 隔热材料 |
| --- | --- | --- | --- | --- | --- |
| 热导率/[W/(m·K)] | >400 | 200～400 | 50～200 | 1～50 | <1 |

目前常用炭材料的常温热导率仅为 70～150W/(m·K) 左右[243]，石墨材料单晶面向热导率为 2200W/(m·K)[244]，而垂直于石墨片层方向的热导率仅 6W/(m·K)，石墨化程度越高的炭材料，其晶格发育越完善，微晶尺寸越大，沿轴向取向度越高，热导率也就越高。易石墨化的中间相沥青等更容易获得晶格缺陷少、较大微晶尺寸且沿纤维轴向高度取向的纤维，具有更高的热导率；而各向同性沥青、PAN 基炭纤维、酚醛等，炭化后具有 Franklin 难石墨化模型结构[245]，微晶尺寸较小，沿轴向取向度也很低，从而得到的炭纤维的热导率较低，即使石墨化温度超过 3000℃也难以得到高导热炭纤维。因此，中间相沥青基炭纤维是国际公认的高导热纤维材料之一，另外两种纤维材料是气相生长炭纤维和碳纳米管。

中间相沥青基炭纤维是目前应用最广泛的高导热材料之一。国际上高导热炭纤维技术主要被美国 Amoco（现 Cytec）、日本三菱、日本石墨纤维公司掌握，他们采用的原料分别为石油系中间相沥青、萘系中间相沥青、煤系中间相沥青。煤系中间相沥青基炭纤维兼具高模量、高强度、高热导率的优点，是工作环境苛刻领域最具潜力的高导热炭材料之一。鉴于航空航天、国防、高端装备制造、高功率密度电子设备等行业对高导热炭纤维的迫切需求，我国的科研人员正在加紧进行高导热炭纤维的开发。

沥青基高导热炭纤维最重要的应用方式是用于制造 C/C 复合材料。C/C 复合材料是由炭纤维和基体炭组成的新型高温导热材料，具有高强高模、比重轻、热膨胀系数小、抗腐蚀、抗热冲击、耐摩擦性能好、化学稳定性好等一系列优异性能，制造工艺主要包括坯体的预成型、浸渍、炭化、致密化、石墨化和抗氧化涂层等。C/C 复合材料自 1958 年诞生以来，被广泛应用于火箭发动机喷管、航天飞机结构部件、飞机及赛车的刹车装置、热元件和机械紧固件、热交换器、航空发动机的热端部件、高功率电子装置的散热装置和撑杆等方面，在军工、航空航天、民用等越来越多领域的热管理环境中发挥着重要作用[246-248]。

C/C 复合材料的热导率取决于原料炭纤维本身的传导性能、基体炭的石墨化难易程度及其制备工艺。目前对于高热导率 C/C 复合材料的研制主要集中在高热导率的高性能炭纤维的 C/C 复合方面。美国以一维、二维和三维织物制备出的 C/C 复合材料的热导率分别达到 851W/(m·K)、460W/(m·K)、350W/(m·K)[249,250]，一维复合材料的热导率最具吸引力，但其较低的力学性能限制了其应用，三维复合材料的成本偏高，因此高导热二维 C/C 复合材料成为最佳候选材料。法国研究人员以热核试验反应器壁材料为研究对象，对比了不同原材料及制备工艺的情况，发现采用中间相沥青制备的 C/C 复合材料的热导率最高[251]。马兆昆等[252]采用日本三菱萘系中间相沥青作前驱体，通过纺丝中间相沥青炭纤维，然后对纤维进行氧化处理，通过热压工艺对氧化中间相沥青纤维进行无黏结自烧结成型，由于没有作为黏结剂的第二相炭的引入，高温处理后的材料中晶格缺陷少，并且带形截面的纤维压制成材料后的空隙率较小，经 2800℃左右石墨化处理制得热导率 830W/(m·K) 的高密度、高抗弯强度的高导热炭材料。采用化学合成的萘系中间相沥青比煤/石油液相炭化合成中间相沥青有更好的线性芳香环结构，最后形成的纤维更容易石墨化，降低了石墨化工序的工艺成本，石墨微晶也更完善[253]。

中间相沥青基炭纤维是适应航天、航空、原子能等高端制造业发展的一种理想的热管理材料，其原料中间相沥青及其炭纤维生产技术的开发尤为重要。近年来我国科研人员在高导热炭纤维及其复合材料的应用研究方面取得了很大进展，但在合成中间相沥青及高导热炭纤维生产技术方面还需要做大量工作。

## 4.7.2 煤沥青基泡沫炭

泡沫炭是一种具有大孔径的网状功能型炭材料，由孔泡和相互连接的孔泡壁组成，依据其孔壁的微观结构，可以分为石墨化泡沫炭和非石墨化泡沫炭[254]。泡沫炭作为一种新型炭材料，除具有炭材料的常规性能外，还具有耐高温、耐腐蚀、密度小、抗氧化、抗热震、易加工等特性，以及良好的导电、吸波等物理和化学性能，通过与金属或非金属复合，可以获得高性能的结构材料。泡沫炭无论在航空航天方面，还是在其他高新技术领域都具有十分诱人的应用前景[255-257]。

泡沫炭最早是在 1964 年由 Walter Ford 通过热解热固性酚醛泡沫获得的，其开孔率很高，孔壁呈非石墨化状态，具有良好的绝缘、隔热的功能，热导率很低，小于 1W/(m·K)，在惰性气体中可以承受 6000℉（约 3300℃）的高温，又被称为网状玻璃体泡沫炭（reticulated vitreous carbon foam，RVCF）[258,259]。在 20 世纪 90 年代之前，泡沫炭大都采用聚合物作原料，无法进行石墨化，机械性能较差，热导率低，一般用作绝热材料、电极材料和催化剂载体等。

采用煤系中间相沥青制备的泡沫炭可以形成高度有序的石墨结构，这是其具备高导热性能的前提条件[260-262]。这种泡沫炭克服了以高聚物为原料制备的泡沫炭力学强度差的缺点，而且经过处理后可以炭化、石墨化，可以作为建筑材料、太阳能吸收的保温或者表面收集材料、催化剂载体、腐蚀物品的过滤材料等[262]。

网状泡沫炭的典型结构见图 4-51（a）[263]，中间相沥青基泡沫炭的结构见图 4-51（b）[264]。

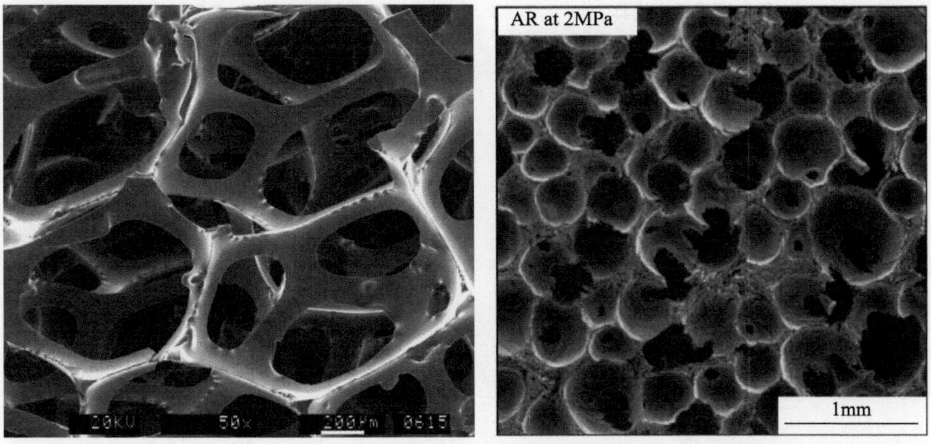

(a) (b)

图 4-51 网状泡沫炭典型结构（a）[263]和中间相沥青基泡沫炭结构（b）[264]

### 4.7.2.1 沥青基泡沫炭的制备方法

（1）高压渗氮法

1992 年，美国空军材料实验室的 Hager[265] 以萘系中间相沥青为原料，采用高压渗氮法制备泡沫炭，此方法是沥青基泡沫炭材料采用的一种制备方法。高压渗氮法制备泡沫炭的过程如图 4-52（a）所示：利用高压使气体（$N_2$）渗入沥青中，然后将原料置于模具中，放置在高压炉内，以惰性气体（一般为氮气）为保护气，随着温度的升高压力逐渐升到 5～10MPa，熔化的沥青从高压区流向低压区，由于动力学不稳定性膨胀发泡，形成沥青泡沫。沥青发泡后还需要在空气或者氧气中加热固化较长时间，使其形成网状交联结构，这样沥青在后续的炭化和石墨化等热处理过程中才不会熔化。固化后的沥青泡沫在惰性气体中加热到 1100℃左右炭化，在 2400～3000℃下石墨化，产生高热导率的石墨状结构。高压制备条件使得泡沫炭具有较高的气孔率和规则的韧带炭层排布。但由于发泡过程中前驱体中间相沥青的高芳香度分子结构与氮气的相容性较差，制备的泡沫炭的孔泡直径的分布均匀性比较差，一般在 200～600μm。高压渗氮法对工艺条件控制和设备方面的要求较高，工艺过程耗时耗能，成本较高，工业化难度很大。

（2）自发泡法

美国橡树岭实验室 Klett 等于 2000 年提出了“自发泡法”[259,266]，以三菱公司牌号为 ARA-24 的萘系中间相沥青为原料制得生泡沫炭，经炭化、石墨化后得到整体热导率高达 180W/(m·K)、孔径分布均匀的泡沫炭。自发泡法工艺过程如图 4-52（b）所示：将中间相沥青置于反应釜中，充入氮气等惰性保护气体，加压至一定发泡压力，然后加热至发泡温度并恒温一定时间。在升温的过程中，沥青受热先软化熔融，黏度降低，轻组分挥发出来，在熔融沥青基体中形成微小的气泡（气核）。温度继续升高，中间相沥青发生热分解释放出分解气体，这些裂解气会在气核周围不断聚集和膨胀为气泡，温度进一步升高后，沥青黏度

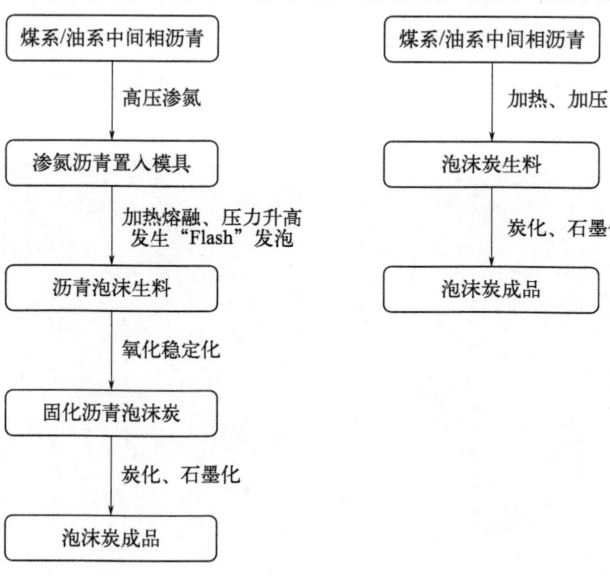


图 4-52　两种发泡工艺过程

（a）高压渗氮法工艺；（b）自发泡法工艺

增大，逐渐固化，气泡被固定在沥青内形成泡孔结构，经过炭化和石墨化等热处理工艺后得到泡沫炭。该方法制得的泡沫炭孔径、结构较为均匀。由于在气核聚集、气泡膨胀的过程中，外界气体压力、沥青黏度、发泡温度、升温速度等会对泡沫炭的孔结构、孔密度、韧带结构等产生影响，因此通过调节中间相沥青的组成、发泡压力、升温速率、发泡温度等工艺参数都能调控泡沫炭的孔结构。自发泡法不需要对初生泡沫炭进行氧化固化步骤，缩短了泡沫炭的生产周期，降低了其生产成本，很快得到推广应用[267]。自发泡法对原料中间相沥青的要求较高，其中萘系合成中间相沥青是综合性能最优异的前驱体之一。

(3) 超临界流体发泡法

超临界流体是指温度和压力处于临界温度（$T_c$）和临界压力（$P_c$）之上的流体。其物理和化学性质介于液体和气体之间：黏度接近气体，密度类似液体，扩散系数比气体小，比液体高，而且压力或温度的改变均可导致其发生相变。超临界法就是利用这些特殊性质，选择超临界温度与沥青的黏弹温度范围相一致的溶剂，在超临界状态下就可以与沥青达到近乎分子水平上的均匀混合，再通过卸压使超临界流体挥发发泡，炭化、石墨化后生成泡沫炭。超临界法制得的泡沫炭泡孔结构发达，孔径分布均匀、孔尺寸小[268,269]，但该方法成本较高，工艺流程如图 4-53 所示。王鹏[268]以各向同性的煤焦油沥青和各向异性的萘系中间相沥青为原料，对高压渗氮法和超临界流体法制备的泡沫炭进行了对比研究，发现超临界发泡法由于溶剂与前驱体沥青相溶性良好，分布均匀，因此制备出的泡沫炭孔壁较薄，泡壁拉伸充分，孔道发达且开孔率高，孔径分布均匀。

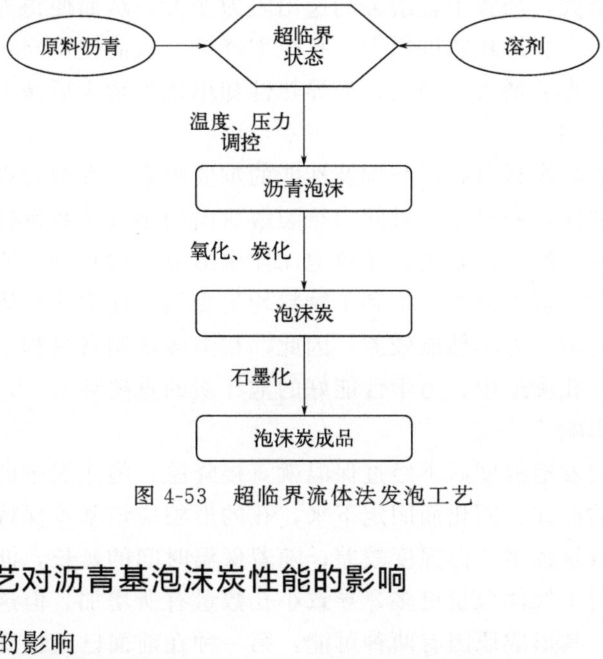

图 4-53　超临界流体法发泡工艺

### 4.7.2.2　制备工艺对沥青基泡沫炭性能的影响

(1) 预发泡温度的影响

沥青发泡过程中，随着温度逐渐升高，当温度达到软化点以上时，沥青开始软化熔融，由固态变为熔融态，黏度急剧下降，此时沥青中的轻组分会慢慢逸出，并成为气泡核，之后产生的大量挥发性气体都是聚集在之前形成的气泡核周围形成微泡，微泡形成后在气泡内外压力和表面张力的共同作用下逐渐长大成大气泡。因此，预发泡温度对整个发泡过程有决定性的影响。

若成核温度较高，沥青的裂解加速，产生的气体的量增加，而此时气体在沥青熔体中的溶解度下降，到达饱和度的时间缩短，扩散系数增大，成核率增加。但是由于温度的升高，沥青熔体的黏度下降，气泡核长大的阻力减小，相邻的气泡核融并的机会增加，因此孔径变大，孔泡数量减少。随着成核温度的进一步升高，溶解度继续下降，扩散系数不断增大，同时沥青黏度急剧下降，熔融沥青较易流动，气体逸出对液体沥青产生的向上拉力使得孔泡呈椭圆形。

（2）发泡温度的影响

发泡温度既要保证沥青熔融发泡，又要避免轻组分过分挥发，是制备整体孔径均匀的炭泡沫体的关键因素。发泡温度过低，沥青热解不彻底，炭化和石墨化过程中会产生较多轻组分，使得泡沫炭中出现较多裂纹，影响泡沫炭的导热和力学性能；发泡温度过高，会导致沥青分子间的缩聚反应过于剧烈，使得炭泡沫体内部夹杂大的空隙缺陷，难以获得结构均匀的炭泡沫，同时高温使设备的设计、制备及维护变得更困难。

（3）发泡压力的影响

在泡沫生长过程中，发泡压力对泡沫炭的作用产生两个主要结果[270]：一是对少数大气泡，气泡内外压差接近平衡，外压的出现打破原有平衡，使周围压力可能大于气泡内气压，导致大泡破裂，形成孔径相近的气泡；二是减小内外压差，也就减弱了气泡膨胀的动力，限制和减缓了气泡生长，导致闭孔产生。所以通过调节发泡过程中的发泡压力可以调节原料中轻组分的逸出速度和逸出量，实现对产物泡沫炭的密度、泡孔孔径、孔隙率等性能指标的调控。随着发泡压力的增大，沥青中轻组分的逸出阻力变大，从而使得泡沫炭的孔径变小、孔壁变厚、韧带增宽，泡沫炭体积密度增大，孔隙率降低，从而使得炭化和石墨化后的泡沫炭材料的压缩强度也随压力的增大而增大，而导热性却出现先增大后减小的趋势。

（4）升温速率的影响

升温速率是影响泡沫炭材料孔径结构及性能的重要因素。发泡过程中，升温速率慢，中间相沥青的缩聚程度加深，同时单位时间内热裂解放出的小分子数量较少，不易克服黏稠沥青所造成的阻力，致使分解气体聚集，导致泡沫体中形成大的孔洞，所制备的泡沫炭孔隙率较低，密度较大；但发泡速率过快，不利于物料均匀受热，使泡沫炭体中出现缺陷孔，使所制备的泡沫炭孔径不均匀，力学性能较差。因此，在泡沫炭制备过程中，选择适当的升温速率是制备孔径均匀、开孔率适中、力学性能好的泡沫炭的重要环节[271]。

（5）保温时间的影响

若熔融态沥青达到发泡温度后不经过保温就直接降温，泡沫炭中的气泡来不及运动、长大、融并就因为沥青的冷却、固化而固定下来，孔的形貌应该基本保持了预发泡温度保温时的形貌，孔径较小，数量较多，但强度较差；随着保温时间的延长，沥青分子交联反应的进行程度增加，产生的新生气体数量更多，导致小孔数量有所增加。但这种小孔呈现出在局部区域集中产生的趋势，其形成原因有两种可能：第一种在前面已经提到过，即可能是由于此时沥青的黏度过高，新生成的小孔难以运动、长大或融并而形成大的孔隙；第二种可能是此时沥青由熔融态转变为半固态，沥青的流动性差，因而此时整个半固态的多孔体中的温度场分布也不均匀。部分靠近容器壁区域的沥青容易受热，此区域温度高，交联反应容易发生，即此区域容易产生小孔偏聚。而由于这种半固态多孔体的导热能力差，远离容器壁区域的沥青难受热，此区域温度低，交联反应难发生，那么此区域产生的小孔就很少。总体而言，过长的保温时间不利于制备孔隙分布均匀的泡沫炭。

（6）加压方式的影响

在泡沫炭的制备过程中，随温度的升高，釜内气体会发生膨胀，另外沥青中的部分轻质相气体会逸出，因此会造成釜内压力的上升。在升温过程中，如果维持高压釜的密封状态，使釜内压力随温度升高而升高，这种加压方式称为自升压；如果通过充/放气的方式在整个升温过程中维持釜内压力为初始压力，这种加压方式称为恒压。

陈峰[272]通过分析发现，自升压下得到的泡沫炭的孔径比恒压下的孔径小，而且孔的数量也更多一些，但恒压下得到的孔径分布范围更窄，孔的分布也更均匀；自升压下得到的韧带大多数呈现为杂色区，导致形成分子排列有序度低的韧带，恒压下得到的韧带基本呈现为亮白或者亮黄色的单色区，形成分子排列有序度高的韧带。由此可以看出，在发泡过程中维持恒定的压力有利于得到均匀的孔隙结构，并且有利于提高韧带结构。因此，采用恒压的加压方式有利于在较低的压力下制备更高性能的泡沫炭，这对降低设备要求、减少能耗等具有重要意义。

### 4.7.2.3 沥青基泡沫炭在热管理领域的应用

泡沫炭不同于其他炭质多孔材料，它的孔径在几百微米范围内可调，孔与孔之间相通，因此该材料的密度低，整体结构性好。采用中间相沥青作原料可制得热导率高、电导率高、吸波性能好以及抗热震性能好的功能性泡沫炭。上述诸多优点使泡沫炭在新能源、航空航天、环保、节能建筑以及化工等领域有着广泛的潜在应用前景。尤其在热管理方面，不同原料、工艺制成的泡沫炭可以用作隔热材料或导热材料，也可以用作催化剂载体、生物固菌载体材料、减震材料、轻质和高精度太空舱反射镜的基本材料以及金属、气体等的过滤材料等。

目前的轻质隔热材料通常都是泡沫材料，如泡沫塑料、泡沫玻璃、泡沫水泥等。泡沫炭也是泡沫材料，却又不同于其他泡沫材料，它在力学性能、抗氧化性能、抗燃烧性能、耐酸、耐碱以及抗腐蚀方面有明显的优势。此外，如果对煤沥青基泡沫炭进行石墨化处理，还可制成高导热性的泡沫材料。该材料不仅热导率高，而且密度小、质量轻、强度高，因此在航天航空、军事等领域也具有明显的优势。对高导热性材料而言，由于泡沫炭经过石墨化处理后，基体炭的石墨化程度较高，热量可以在石墨层间进行快速传递，因此单位面积的泡孔密度或韧带结构的占有率以及基体炭的石墨化程度对泡沫炭的导热性能的影响很大。

泡沫炭还有一个特点，就是耐热性好。在无氧环境下，泡沫炭可以耐 3000℃的高温而不熔化，同时还具有较好的抗热震性能和热稳定性能。泡沫炭进行复合增强后，压缩强度可达 30MPa，但它的密度却很低，因此是很好的轻质隔热材料或轻质导热材料。对于泡沫炭的强度而言，炭化温度越高，压缩强度越高；但石墨化温度越高，泡沫炭的压缩强度却反而降低，这是由于热应力的产生导致在石墨化过程中孔壁产生微裂纹。至于泡沫炭是用作隔热材料还是导热材料，主要取决于泡沫炭基体炭的石墨化程度。无论作为隔热材料还是导热材料，都要求泡沫材料具有很好的整体结构，而泡沫炭可以采用自发泡法制得所需要的任何结构，因此在可加工性或可成型性方面也有优势[273]。

泡沫炭在隔热/导热方面的具体应用主要有以下几个方面。

① 节能建筑用隔热材料　随着煤炭、石油等一次能源的日益枯竭，建筑供热问题逐渐

凸显，使建筑隔热材料的市场需求快速增长。为避免建筑材料造成的火灾，民用建筑外保温材料必须是不燃材料，而且材料的密度、隔热性能、力学性能、吸水性能、施工性能等都必须满足建筑材料及制品燃烧性能分级标准（GB 8624—2012）规定的 A 级标准，泡沫炭材料则兼具上述要求的性能，是节能建筑隔热材料中最具潜力的候选材料[274]。

② 军用隔热材料　在航空材料领域，人们一直在努力寻找合适的轻质保温隔热材料。先进的热防护系统（TPS）对航空器所起的主要作用为：a. 防止相关器材的底层结构受剧热。b. 包覆在飞行器的外层，防止其外部表面受损害。TPS 需在飞行器执行整个任务的过程中维持其可接受的表面轮廓，而泡沫炭因具有极高的使用温度、较好的抗热冲击性能、稳定的尺寸、强度随温度升高等性能，成为未来 TPS 的首选材料。c. 用作轻质隔热材料，固态的火箭发动机靠燃烧推进物产生气体来推进火箭，目前的喷嘴由金属合金制成，耐热温度较低，虽然炭-炭或炭-酚醛复合材料耐高温和耐高压，但密度高、价格昂贵，对此，泡沫炭的一些优异性能就可在固体发动机喷嘴方面显现出来[275]。

③ 散热材料　在电子元器件领域，随着科技的发展，电子元器件集成度越来越高，但由此产生的电子元器件的散热问题也越来越突出，要求集成电路系统具有良好的散热性能，对此可以利用泡沫炭的导热功能进行散热。

④ 电磁屏蔽材料　在电磁屏蔽领域，泡沫炭表面无氧化物等杂质，而且是黑色，可增强辐射冷却效果。另外，泡沫炭还具有良好的导热性能，因此备受重视。

#### 4.7.2.4　沥青基泡沫炭发展展望

泡沫炭具有密度小、强度高、抗热震、易加工等特性和良好的导电、导热、吸波等物理及化学性能。目前关于泡沫炭的研究多集中在工艺改善和性能评价方面，其应用研究和产业化较少。目前只有美国橡树岭国家重点实验室将泡沫炭产业化，并成功地应用于节能建筑等领域。我国仍处在研究阶段，尤其前驱体中间相沥青的制备也是一种较难掌握的工艺，故国内大部分泡沫炭的研究采用日本三菱萘系中间相沥青作为前驱体，价格昂贵，成本高，而且依赖进口，原料供应无法保证。因此，开发低成本中间相沥青前驱体原料，降低对国外进口原料的依赖性及泡沫炭的制备成本，具有重要的现实意义和深远的战略意义。

### 4.7.3　储热材料

#### 4.7.3.1　储热材料简介

随着经济的发展，人类社会对能源的需求日益增大，能源的科学利用对社会经济的快速发展起着巨大的推动作用[276,277]。然而在能源的实际利用中，存在着能源需求与供应的时间性和空间性错位，在很大程度上造成了能源的浪费。为更加科学合理地利用能源并提高能量的利用效率，需要利用一种材料或系统装置，把在一段时间或一定空间暂时不用的多余能量通过某种途径收集并存储起来，在能量需求高峰期再将其释放出来，或者将其输送到能源紧缺的地方再使用。在这个过程中将热量或冷量储存起来并能够将存储的热量或冷量提取出来的材料被称为储热材料。储热材料在整个储热系统中起着决定性作用，受到了国内外研究学者的广泛关注，已逐渐成为当前材料和能源领域的研究热点。

### 4.7.3.2 储热材料的分类与特征

储热材料按储热方式分为显热储热材料、潜热储热（相变）材料和化学储热材料[278]。

① 显热储热材料是基于材料自身温度的变化过程来进行热能的储存或释放，即利用物质的比热容量。此类材料以熔融盐为典型代表，包括碳酸盐、氟化盐、氯化盐、硝酸盐和混合熔融盐等，具有大热容量、较宽的温度范围、低黏度、低蒸气压等诸多优势，已在太阳能热发电领域得到了应用，但其储存和释放热量的过程中不能保持温度恒定，而且储热效率不高，不适合长时间、大容量储热。

② 潜热储热的基本物理化学原理是：两相处于平衡共存状态，当一相变成另一相时，会吸收或释放热量，从而达到热量储存和释放的目的。因此，潜热储热又称相变储热。基于这一原理实现热能储存和释放的功能材料即相变材料。相变材料储能密度高、装置简单，由于储存和释放热量的温度取决于相变温度，所以温度范围小，近似恒温，目前已成为研发和应用最为广泛且最具实际研发前景的储热材料[278-281]。传统相变材料主要包括多元醇、高密度聚乙烯，以及具有层状钙钛矿晶体结构的金属有机化合物等[282]。该材料应用于废热回收、太阳能存储、空调系统、航空航天、发电站等领域[283]。相变材料可分为有机相变材料、无机相变材料和复合相变材料，复合相变材料能有效克服单一有机物或无机物相变储热材料存在的缺点，极大地改善了相变材料的应用效果[284]。为了更好地控制相变材料使用过程中的体积变化，避免其与周围环境发生反应，研究者采用原位聚合法、界面聚合法、乳液聚合法和类悬浮聚合法等将相变材料包裹在由无机材料或高分子材料制成的胶囊内部，制备出绿色环保的微胶囊相变材料，极大地提高了相变材料的稳定性，拓展了储热材料的应用领域[278]。

③ 化学储热是通过可逆化学反应来储存和释放热能的储热方式。其储能密度要高于其他两种储热方式。不仅可以对热能进行长期储存而几乎无热损失，而且可以实现冷热的复合储存，因此在余热/废热回收和太阳能利用等方面具有广阔的应用前景[277]。化学储热主要包括浓度差储热、化学吸附储热和化学反应储热三类。

从储热材料的研究和发展来看，早期应用较为广泛的显热储热材料虽价廉易得，但将逐步被淘汰；化学反应热储热材料由于安全性要求高、技术复杂，距工业化应用尚有距离；相变储热材料因具有储热密度高、相对安全可靠等优点已成为储热材料领域的研究热点[277]。本节主要对炭材料在相变储热材料方面的应用作简单介绍。

### 4.7.3.3 炭材料在储热材料领域的应用

(1) 作为高导热介质

由于石蜡相变过程中热导率低，在 0.2～0.3W/(m·K) 之间，严重制约了其在蓄热系统中的应用。可以在石蜡或水合盐等基材中添加高导热填料制备复合相变材料，以提升材料的导热性能。膨胀石墨、碳纳米管等炭材料作为高导热的介质，可用于提高相变材料的导热性能。

① 膨胀石墨　石墨具有层状结构，层内碳原子之间由共价键相连，层与层之间只由范德华力结合，石墨层之间更容易分离，因此石墨具有可插层的性质。在一定条件下，经氧化剂作用，石墨边缘被破坏，一些离子势小的原子、分子、离子等容易进入石墨层间形成可膨胀石墨即完成插层反应。高温环境下，可膨胀石墨层间物质在瞬间高温作用下会急剧分解和

气化，产生沿 $c$ 轴方向的推力，在推力作用下可膨胀石墨迅速膨胀形成膨胀石墨[285]。膨胀石墨与有机相变材料的浸润性出色、比表面积大、导热性能好，在石蜡、木糖醇、硬脂醇等基材中添加膨胀石墨制备复合相变材料是目前研究较多的方法[286-288]，如张佳利等[289]以石蜡为基材，添加膨胀石墨制备了石蜡/膨胀石墨复合相变材料，其热导率比纯石蜡提高了214.3%。袁维烨等[290]以三水乙酸钠（SAT）为基材，添加具有多孔网状结构的膨胀石墨制备复合相变材料，膨胀石墨虽然未能有效减小三水乙酸钠的过冷度，但可大幅提高材料的热导率，对材料潜热值、相变温度的影响较小，能减轻三水乙酸钠的相分离现象，并且能提高其循环稳定性。对于基材为三水乙酸钠的相变材料来说，膨胀石墨添加量为 7%时，复合材料的吸附情况最好。50 次循环后，相变潜热影响幅度保持在 1.4%以内，循环稳定性较好，具有较好的应用前景。蒯子函等[291]以硬脂醇为基材，以膨胀石墨为高导热性多孔基质，采用吸附定型工艺制备了 16 种复合相变材料，并对其微观结构、储热能力、导热性能、循环稳定性及充放热性能进行研究与分析。结果表明，热导率最高值为 28.58W/(m·K)，比纯硬脂醇提高了 74 倍。另外，在构建的储放热性能试验台上研究了样品中心位置的储/放热性能，固-液潜热吸热和放热阶段所经历的时间分别为 53min 和 20min，验证了样品具有稳定可靠的储/放热性能。

② 碳纳米管[292,293]　碳纳米管主要由呈六边形排列的碳原子构成，呈现为数层到数十层的同轴圆管，其结构比其他碳的同素异形体更加灵活，单个碳纳米管之间可以通过制造互连的碳纳米管框架，形成柔性且形态稳定的宏观结构。此外，碳纳米管还具有许多适合相变领域应用的理想特性，如较高的机械强度、高电容量、高热稳定性和大区间的长径比。因此，碳纳米管与石蜡复合材料的相关研究逐渐成为热点问题之一[294]。如王晓等[295]采用 58～60℃的石蜡作载体相变材料，以多壁碳纳米管为导热强化填料制备了不同质量分数（1%～5%）的纳米复合相变材料，研究发现相变温度几乎不变，而总相变焓随碳纳米管质量的增加呈近似线性下降，热导率则呈线性增长，在质量分数为 5%时，与纯石蜡相比相变焓下降15%，而最大的热导率相对提升率接近 40%，展现了良好的导热强化效果。Wu 等[296]将不同质量分数的碳纳米管与石蜡复合制备相变材料，随着碳纳米管掺杂量的增加，相变复合材料的蓄冷相变温度及潜热值降低，而导热性能逐渐提升。进一步将此相变复合材料应用于立式开放式冷藏展示柜的架子上进行实际应用测试，结果表明，在除霜期间填充相变复合材料的架子降低了柜子的内部温度，并有效平缓了除霜期间的温度波动。

③ 石墨烯　石墨烯由于独特的性能，比膨胀石墨有更高的导热性和比表面积，可以极大地提高材料的导热性能。近几年关于石墨烯增强复合储热材料的研究受到重视[297-303]。如天津大学材料学院封伟教授[304]带领的团队，通过化学结构设计，制备了具有高效光伏化学储热特性的偶氮苯/石墨烯复合材料，克服了传统光伏储热材料与技术存在的存储密度低和装置体积庞大等局限性，为实现高密度、长效循环的太阳能储热提供了可能。该研究小组通过控制分子的取代基团，获得了含不同分子级氢键的偶氮苯/石墨烯复合体。利用紫外线诱导下的光致异构化转变，实现了太阳能的热能存储和可控释放，并通过密度泛函理论计算并验证了复合体的光伏储热效率。实验结果显示，经过分子级氢键的优化，偶氮苯/石墨烯复合体的亚稳态结构的半衰期达到 5400h，比普通偶氮苯染料的半衰期长 10 倍；同时复合材料的光伏储热密度可达 269kJ/kg，是普通偶氮苯染料的 2 倍。白金刚等[305]利用石墨烯气凝胶作为相变材料的载体，分别采用不同比例的癸酸/石蜡进行有机相偶合，制备了一系列高

封装率、低渗漏率的石墨烯定型相变材料。研究发现，当石墨烯气凝胶定型相变材料中癸酸/石蜡为7∶3时，相变焓达到202.91J/g。经过200次循环后复合材料的相变潜热变化量在4.25%以内，渗漏率仅为3.20%。

（2）作为封装载体基质

目前应用最多的固-液相变材料，常常伴随着固液相的转变，体积在熔融前后变化悬殊，而且熔融后具有很强的流动性。为了改善相变材料在固-液相转变过程中的泄漏腐蚀问题，采用合适的载体基质将具有流动性的储热材料封装到形状稳定的多孔支架中是解决复合相变材料制备问题的关键技术之一[306]。

① 粉煤灰　研究表明粉煤灰具有较高的比表面积、孔隙体积、孔径和吸附能力强等特点，可以作为载体基质为复合相变材料起到骨架支撑和提供储存空间的作用。Wang等[307]分别选择了$K_2CO_3$和$K_2CO_3$改性粉煤灰作为相变材料和骨架制备了复合储热材料，发现具有40%（质量分数）改性粉煤灰的复合材料的相变潜热达到了122.1J/g，热导率达到0.45W/(m·K)，并且在150次循环中的质量损失仅为3.95%，热循环前后峰的位置彼此重合没有发现新的相，具有良好的化学稳定性和热稳定性，在兼顾传热和储能密度方面均表现出最佳性能。赖榕永等[308]将粉煤灰在600℃下焙烧，和柠檬酸改性后与混合好的肉豆蔻酸、棕榈酸、硬脂酸形成低共熔物，等比例复合制得改性粉煤灰复合相变材料，相变温度和相变潜热分别是45.8℃、93.58J/g，在经过800次的储/放热循环后相变潜热仅损失了12.9%，相变潜热和热循环次数均得到了提升。

② 煤基泡沫炭　泡沫炭是一类具有高热导率的多孔负载材料，并且具有质轻、化学性能稳定等特点。吴文昊等[309]以煤基泡沫炭作为骨架材料来封装改性固-固相变材料聚氨酯，结果显示煤基泡沫炭可以很好地阻止聚氨酯从复合材料中泄漏。相较于聚乙二醇，复合材料的热导率上升了54%，经过200次热循环，复合材料保持了良好的稳定性，而且其相变主体材料的过冷度降低了10℃以上。基于泡沫炭骨架良好的导电性，加载高于0.8V的低电压就可实现聚氨酯电热相变储能，在1.1V电压驱动下，其电热转换效率可达75%。

③ 多孔炭　共轭微孔聚合物（CMPs）是指具有π共轭的3D微孔网络结构的大分子聚合物。CMPs由于自身独特的共轭结构、稳定且丰富的微孔特性、良好的物理化学稳定性以及较大的比表面积等优点迅速成为研究热点[310]。闫春娜[311]以螺二芴和对苯二胺为单体，在$SiO_2$纳米球表面上进行原位偶联制备共轭微孔聚合物，并在800℃的氩气下处理1.5h，然后在80℃下用1.5mol/L的NaOH溶液洗涤24h去除$SiO_2$模板，制备了一系列不同孔尺寸和壁厚的多孔炭球，并以此为封装载体，制备了1-十八醇/多孔炭球复合相变材料，其潜热能高达184.4J/g，结晶度为98%，经过50次循环潜热焓仍然保持91%，表现出良好的热循环稳定性。

相变储热材料具有可调控温度、提高能源利用率、更有效利用环境能源、应用领域广泛的优点，从而具有良好的发展前景[312]。固液相变技术是目前应用最为广泛的相变储热技术。然而泄漏、腐蚀、吸潮、过冷、相分离等问题是制约固液相变技术应用和发展的主要瓶颈。发展复合相变储热材料新的制备策略与相关理论，研究新型复合相变技术，开发新型封装定型材料，以降低相变材料的过冷、相分离程度，并解决泄漏和腐蚀的问题，继续开发成本低廉、可靠性和耐久性优良的新型复合相变材料是相变储热技术未来发展的重要方向之一[312,313]。目前，多孔复合相变材料的研究取得了一些显著的进步，然而多孔载体的热导率较低、相变材料的掺入时间较长、负载量较低等问题仍有待解决[314]。炭材料具有优异的热性能和耐化学腐蚀性，而且碳纳米管、石墨烯、多孔炭等具有比表面积大、容量大等特点，以其作为导热填充介质或多孔封装载体基质是解决上述问题的重要途径之一。

固固相变可以有效避免固液相变涉及的相变材料液相下的泄漏、腐蚀等问题，是未来的发展方向之一。但目前已研究的固固相变材料种类较少，制备方法复杂，合成原料比较昂贵，而且大部分在制备过程中需使用大量有机溶剂如 DMF 等，不仅提高了成本，还对环境有害。因此，未来应该着眼于解决已有固固相变材料的缺点，大力探索并开发相变潜热值高的固固相变材料[313,315]。

此外，研究相变储热材料的最终目的是将其运用到实际生活中，因此需要其具有应对使用环境变化的能力，使用简单，使用周期长。在提高功能稳定性的基础上应继续探究降低制造成本、增加经济效益的方法，将生产技术投入工业大规模的生产与应用中[312]。

## 参考文献


[1] 张怀平，吕春祥，李开喜，等. 针状焦的结构和原料 [J]. 煤炭转化，2001，24 (2)：22-26.

[2] 白培万，孟双明. 煤沥青针状焦研究综述 [J]. 山西大同大学学报（自然科学版），2007，23 (3)：53-56.

[3] 陶军，单长春，张秀云，等. 针状焦颗粒长宽比与热膨胀系数之间的关系研究 [J]. 炭素技术，2014，33 (1)：13-15.

[4] 李玉财，魏继渊，王强. 我国针状焦生产现状及发展趋势 [J]. 炭素技术，2012，31 (1)：1-4.

[5] 丁宗禹，申海平. 石油针状焦生产技术 [J]. 炼油设计，1997，27 (1)：10-13.

[6] Peters T J，Jenkins R G，Scaroni A W，et al. The importance of carbonization conditions on the character of phenanthrene coke and its graphitizability [J]. Carbon，1991，29 (7)：981-990.

[7] 百川资讯事业二部碳素产业研究院. 中国钢用炭素市场年度报告 [R]. 北京：百川资讯，2018.

[8] Brooks J D，Taylor G H. The formation of graphitizing carbons from the liquid phase [J]. Carbon，1965，3 (2)：185-193.

[9] Mochida I，Fujimoto K，Oyama T. Chemistry in the production and utilization of needle coke [M] //Thrower P A. Chemistry and physics of carbon. New York：Marcel Dekker，1994：111-211.

[10] Marsh H. Introduction to carbon science [M]. london：Butterworth-Heinemann，1989.

[11] White J L，Price R J. The formation of mesophase microstructures during the pyrolysis of selected coker feedstocks [J]. Carbon，1974，12 (3)：321-333.

[12] Mochida I，Korai Y，Oyama T，et al. Carbonization in the tube bomb leading to needle coke：Ⅰ. Cocarbonization of a petroleum vacuum residue and a fcc-decant oil into better needle coke [J]. Carbon，1989，27 (3)：359-365.

[13] 李太平，王成扬. 针状焦技术的研究进展 [J]. 炭素，2004 (3)：11-16.

[14] Mochida I，Oyama T，Korai Y，et al. Study of carbonization using a tube bomb：Evaluation of lump needle coke，carbonization mechanism and optimization [J]. Fuel，1988，67 (9)：1171-1181.

[15] 郭少青，张伟，王桂云，等. 煤系针状焦原料预处理技术进展 [J]. 炭素技术，2011，30 (3)：40-43.

[16] Marsh H，Latham C S，Gray E M. The structure and behaviour of qi material in pitch [J]. Carbon，1985，23 (5)：555-570.

[17] 李玉财，魏中振，苏久明. 针状焦的工业化生产 [J]. 精细与专用化学品，2002 (13)：6-8.

[18] 冯映桐，余兆祥. 离心沉降法净化煤焦油 [J]. 华东冶金学院学报，1992，9 (4)：30-35.

[19] 王纪元，冯质壮，刘宝. 煤系针状焦原料预处理工艺研究进展 [J]. 科技信息，2011 (25)：430，439.

[20] 沈宝依，金文松，洪汉贵，等. 离心法制取针状焦原料的工业试验（煤焦油净化）[J]. 燃料与化工，1994，25 (2)：78-81.

[21] 戴惠筠. 改质法制取煤系针状焦 [J]. 燃料与化工，1990，21 (6)：38-41.

[22] 稻垣道夫. 炭材料炭纤维工学 [M]. 台南：复汉出版社，1986：116.

[23] 张怀平，吕春祥，李开喜，等. 沥青成焦光学结构的研究 [J]. 新型炭材料，2002，17 (2)：45-50.

[24] 张怀平，吕春祥，李开喜，等. 石油渣油空气氧化和氮气热缩聚的比较研究 [J]. 石油炼制与化工，2002，33 (1)：42-46.
[25] Mochida I，Oyama T，Korai Y. Improvements to needle-coke quality by pressure reductions from a tube reactor [J]. Carbon，1988，26 (1)：57-60.
[26] 王亮. 原料组成对针状焦形成的影响 [D]. 青岛：中国石油大学，2009.
[27] 张怀平. 煤焦油和石油渣油共炭化制备针状焦 [J]. 石油炼制与化工，2005，36 (2)：21-26.
[28] 贾昌涛，王素秋. 针状焦成焦机理及其应用条件探讨 [J]. 炭素技术，2000 (3)：37-38.
[29] 王宝金，王明文，刘洪岗. 上海石化焦化装置工业化试生产针状焦总结 [J]. 化学工程与装备，2016 (9)：55-58.
[30] 蔡闯，陈莹，王伏，等. 煤系针状焦行业发展前景 [J]. 燃料与化工，2017，48 (6)：1-3.
[31] 王军. 针状焦生产现状及工艺技术研究 [J]. 化工管理，2017 (21)：63.
[32] 张羽，王宇豪. 煤系针状焦现状与生产工艺 [J]. 广东化工，2017，44 (12)：152-154，180.
[33] 石油焦在线增碳剂煅后焦. 2024 年度报告 | 新鲜出炉！针状焦全年总结与市场展望 [EB/OL]. (2024-10-25) [2025-2-5]. https：//mp. weixin. qq. com/s/HWDTZVRswtaZYYyfglv35w
[34] 程俊霞，赵雪飞，朱亚明，等. 我国煤系针状焦技术发展现状分析 [J]. 洁净煤技术，2022，28 (1)：84-93.
[35] 刘书林，姜辉，武全宇，等. 浅谈各向同性焦的生成机理及制备方法 [J]. 炭素，2014 (1)：30-34.
[36] 杨观章，万红根. 各向同性焦在中国高精尖炭材料领域的应用前瞻 [C]. 全国氧化铝电解铝和铝用碳素技术信息交流会：2009.
[37] 和凤祥，郭明聪，王亮，等. 各向同性石墨原料之各向同性焦 [J]. 炭素，2016 (2)：40-43.
[38] 李四中，段淼. 一种催化炭化制备各向同性焦的方法：CN，104293366 [P]. 2015-01-21.
[39] 杨观章，万红根. 从发展低碳经济角度评价各向同性焦的潜在价值 [J]. 炭素技术，2014，33 (4)：48-51.
[40] 屈滨，和凤祥，郭明聪，等. 一种各向同性焦的制备方法：中国，103849411 [P]. 2014-06-11.
[41] 传秀云，张晓琳. 核石墨材料的性能、类型、制备及其在核反应堆中的应用 [J]. 炭素技术，2009，28 (6)：28-35.
[42] 周湘文，唐亚平，卢振明，等. 用于高温气冷堆的核石墨（英文）[J]. 新型炭材料，2017，32 (3)：193-204.
[43] 陈庆峰，刘琳波，王建洋. 高密度各向同性炭材料的制备及应用概述 [J]. 炭素，2012 (2)：24-28.
[44] 贾文涛，李勋. 高导热石墨砖的研制及其在炼铁高炉上的应用 [J]. 炭素技术，2005，24 (4)：1-5.
[45] 张红亮，白强. 国内石墨化阴极炭块生产情况及标准化现状分析 [J]. 世界有色金属，2018 (2)：4-7.
[46] 夏百元. 使用各向同性焦生产优质石墨化阴极炭块 [C]. 中国金属学会炭素材料分会第二十九届学术交流会：2015，3.
[47] 田誉娇. 中间相小球体源质分离及碳质中间相制备与应用 [D]. 北京：中国矿业大学，2013.
[48] Whittaker M P，Grindstaff L I. Formation mechanisms of selected isotropic petroleum cokes [J]. Carbon，1972，10 (2)：165-171.
[49] Wataru U. Production isotropic of coke：JP 05202363 [P]. 1993-08-10.
[50] Georg K，Ard P G，Ingo R，et al. Method of producing an isotrop iccok e：US4289604 [P]. 1981-09-15.
[51] 马晓龙，马殿宇，张琦，等. 一种制备各向同性焦的方法 [J]. 燃料与化工，2018，49 (4)：46-48.
[52] 凌立成，张怀平，吕春祥，等. 一种制备各向同性焦的方法：CN，1306070 [P]. 2001-08-01.
[53] 王琳，杨晓亮，王利，等. 空气氧化法制备各向同性焦 [J]. 煤炭转化，2015，38 (4)：62-65.
[54] 张怀平，吕春祥，李开喜，等. 氧化沥青化学结构及成焦行为的研究 [J]. 新型炭材料，2001，16 (2)：49-53.
[55] Becraft L G，Nanni E J. Process for producing isotropic coke：US5160602 [P]. 1992-11-03.
[56] Kenichi F，Koichiro M，Kenichi S. Production of coke for isotropic carbon material：JP6270216 [P]. 1978-03-31.
[57] Eguchi J，Miyasaka J，Nose T. Production of isotropic coke：JP02142888 [P]. 1990-05-31.
[58] Hitomi H. Manufacture of optically isotropic coke：JP63015885 [P]. 1986-07-07.
[59] Tillmanns H，Pietzka G，Pauls H. Influence of the quinoline-insoluble matter in pitch on carbonization behaviour and structure of pitch coke [J]. Fuel，1978，57 (3)：171-173.
[60] 王明. 石墨电极市场研究分析 [J]. 化工管理，2018 (25)：29-30.
[61] 许斌，王金铎. 炭材料生产技术 600 问 [M]. 北京：冶金工业出版社，2006.
[62] 王勇. 炼钢用石墨电极 [J]. 钢铁技术，2002 (1)：10-14.

[63] 冯建国. 适用于电弧炉炼钢的 uhp 石墨电极生产技术路径分析 [J]. 炭素技术，2015，34（2）：60-64.
[64] 钱湛芬. 炭素工艺学 [M]. 北京：冶金工业出版社，2013.
[65] 蒋文忠. 炭素工艺学 [M]. 北京：冶金工业出版社，2012.
[66] 赵修富. 缩短电极焙烧时间提高产能的探讨 [J]. 炭素技术，2009，28（2）：49-51.
[67] 路培中，娄卫江，于嗣东，等. 超高功率石墨电极均质性研究 [J]. 炭素技术，2013，32（2）：33-35.
[68] 王彦伟，张述，华泽友. 浅谈 $\phi$600mm uhp 电极焙烧工艺优化控制 [J]. 炭素技术，2011，30（2）：48-50.
[69] 冯勇祥，陆木林，梁若清，等. 国内改质沥青的现状及其发展 [J]. 炭素技术，1999（4）：26-30.
[70] 李圣华. 均质石墨电极与均质化生产 [J]. 炭素技术，2001（1）：33-37.
[71] 潘三红，魏中静. 双轴搅拌混捏机与逆流高速混捏机混捏凉料技术性能比较 [J]. 炭素技术，2012，31（3）：59-62.
[72] 王志强，刘运平. 两种混捏系统在石墨电极生产中的比较 [J]. 炭素技术，2019，38（3）：54-57.
[73] 薛殿贵，顾伟良. 车底式炉在石墨电极二次焙烧中的应用 [J]. 炭素技术，2013，32（5）：86-89.
[74] 肖劲，吴胜辉，邓松云，等. 炭素制品的混捏工艺改进研究 [J]. 炭素技术，2012，31（4）：43-46.
[75] 万芳. 石墨电极的市场预测 [J]. 炭素技术，1988（1）：31-33.
[76] 傅征蔚，桂竞先. 国际石墨电极品种质量发展趋向——浅谈我国发展高、中档出口品的潜力 [J]. 炭素技术，1983（2）：1-5.
[77] 贺福. 碳纤维及其应用技术 [M]. 北京：化学工业出版社，2004.
[78] 周婧，袁观明，林剑锋，等. 各向同性煤沥青制备炭/石墨纤维的研究 [J]. 武汉科技大学学报，2012，35（5）：386-390.
[79] 韩嘉. 沥青基碳纤维研究进展 [J]. 山东化工，2016，45（13）：54-56.
[80] 王志忠，靳英，巩志坚. 煤沥青利用的新途径——制造碳纤维 [J]. 山西化工，1991（3）：25-26.
[81] 江镇海. 沥青碳纤维生产、应用与市场发展 [J]. 中国建材，2000（12）：64-65.
[82] 罗益锋，罗晰旻. 世界高科技纤维正迎来重大创新期 [J]. 高科技纤维与应用，2016，41（2）：1-13，31.
[83] 山村茂和. 通用级沥青碳纤维 [J]. 高科技纤维与应用，1998，23（4）：20.
[84] Fu X，Lu W，Chung D D L. Ozone treatment of carbon fiber for reinforcing cement [J]. Carbon，1998，36（9）：1337-1345.
[85] 赵稼祥. 日本三菱化学公司沥青基碳纤维的进展——国外碳纤维进展之六 [J]. 高科技纤维与应用，2001，26（3）：10-14，48.
[86] 史景利，马昌. 沥青基碳纤维的研发及产业化 [J]. 高科技纤维与应用，2014，39（3）：7-14.
[87] Watanabe F，Ishida S，Korai Y，et al. Pitch-based carbon fiber of high compressive strength prepared from synthetic isotropic pitch containing mesophase spheres [J]. Carbon，1999，37（6）：961-967.
[88] Huson M G. 3-high-performance pitch-based carbon fibers [M] //HUSON M G. Structure and properties of high-performance fibers. Oxford；Woodhead Publishing，2017：31-78.
[89] 周嵩林. 碳纤维材料及其市场前景 [J]. 泸天化科技，2012（4）：289-294.
[90] Bermudez V，Lukubira S，Ogale A A. 1. 3 pitch precursor-based carbon fibers [M] //BERMUDEZ V，LUKUBIRA S，OGALE A A. Comprehensive composite materials ii. Oxford：Elsevier，2018：41-65.
[91] Mora E，Blanco C，Prada V，et al. A study of pitch-based precursors for general purpose carbon fibres [J]. Carbon，2002，40（14）：2719-2725.
[92] Frank E，Steudle L M，Ingildeev D，et al. Carbon fibers：Precursor systems，processing，structure，and properties [J]. Angewandte Chemie International Edition，2014，53（21）：5262-5298.
[93] Bahl O P，Shen Z，Lavin J G，et al. Manufacture of carbon fibers [M]. New York：Marcel Dekker，1998：1-83.
[94] Buckley J D. Carbon-carbon materials and composites [M] //BUCKLEY J D. Carbon-carbon materials and composites. Oxford：William Andrew Publishing，1993：29-30.
[95] 任蕊，皇甫慧君，曹晨茜，等. 沥青基碳纤维的制备方法及其产业化研究 [J]. 应用化工，2018，47（10）：216-221.
[96] Prada V，Granda M，Bermejo J，et al. Preparation of novel pitches by tar air-blowing [J]. Carbon，1999，37（1）：97-106.
[97] 高瑞林，李安帮，沈曾民. 沥青碳纤维的制造及其应用 [J]. 碳素，1983（4）：20-30.

[98] Kipling J J, Sherwood J N, Shooter P V, et al. Factors influencing the graphitization of polymer carbons [J]. Carbon, 1964, 1 (3): 315-320.

[99] Ōtani S. On the carbon fiber from the molten pyrolysis products [J]. Carbon, 1965, 3 (1): 31-38.

[100] Kasuh T, Marsh H. Proceedings of the the International Conference on Carbon [J]. Newcastle upon Tyne, 1988.

[101] Singer L S. The mesophase and high modulus carbon fibers from pitch [J]. Carbon, 1978, 16 (6): 409-415.

[102] Lewis I C. Thermal polymerization of aromatic hydrocarbons [J]. Carbon, 1980, 18 (3): 191-196.

[103] 张政和，杨卫民，谭晶，等. 碳纤维石墨化技术研究进展 [J]. 化工进展，2019，38 (3)：1434-1442.

[104] 顾小春，杨庙祥，朱慧健，等. 酚醛活性碳纤维的制备及结构与性能的研究 [J]. 上海纺织科技，1989 (6)：9-14.

[105] 刘春玲，文越华，程杰，等. 酚醛基活性炭纤维孔结构及其电化学性能研究 [J]. 物理化学学报，2005，21 (7)：786-791.

[106] Economy J, Clark R A. Fibers from novolacs: US3650102 [P]. 1968-03-04.

[107] 刘春玲，郭全贵，史景利，等. 用固化反应法制备酚醛纤维 [J]. 材料研究学报，2005，19 (1)：28-34.

[108] 柳春艳，吕华，吕虎，等. 酚醛纤维的研究进展及应用 [J]. 广州化工，2011，39 (2)：40-41.

[109] 洪磊. 离心成纤酚醛纤维取向度与耐热性的研究 [D]. 上海：华东师范大学，2012.

[110] 马海红，史铁钧，宋秋生. 电纺法制备聚合物纳米纤维的研究进展 [J]. 高分子通报，2008 (9)：30-34.

[111] 钱伯章. 开滦酚醛纤维技术获国家发明专利 [J]. 合成纤维工业，2021，44 (5)：1.

[112] 王慧，欧章明，薛奎，等. 酚醛纤维的制备、性能及其应用研究进展 [J]. 天津造纸，2020，42 (3)：16-21.

[113] 杨桂林，于俊荣，王彦，等. 熔融纺酚醛纤维快速交联固化工艺研究 [J]. 合成纤维工业，2019，42 (3)：1-5.

[114] 杨庙祥. 酚醛纤维及其应用研究 [J]. 产业用纺织品，1989 (6)：29-31.

[115] Bafekrpour E, Simon G P, Yang C, et al. A novel carbon nanofibre/phenolic nanocomposite coated polymer system for tailoring thermal behaviour [J]. Composites Part A: Applied Science and Manufacturing, 2013, 46: 80-88.

[116] Hayashi Y, Suzuki K, Jang B, et al. Synthesis and characterization of carbon nanotube grown on flexible and conducting carbon fiber sheet for field emitter [J]. Diamond and Related Materials, 2009, 18 (2-3): 341-344.

[117] Gee D, Wnek G, Layman J, et al. Electroprocessed phenolic materials and methods, EP1603414 [P]. 2017-05-03.

[118] 任蕊，皇甫慧君，王燕，等. 酚醛纤维及其性能的研究 [J]. 应用化工，2013，42 (3)：539-542.

[119] Economy J, Clark R A. Ablative composites containning novolac fibers: US3714111 [P]. 1973-01-30.

[120] 张海娥，付业伟，李贺军，等. 酚醛纤维增强纸基摩擦材料的性能研究 [J]. 摩擦学学报，2014，34 (3)：311-318.

[121] 贺福，杨永岗. 酚醛基活性碳纤维 [J]. 高科技纤维与应用，2003，28 (5)：19-26.

[122] 陈坤，李俊，唐强，等. 酚醛基碳纤维制备方法研究进展 [J]. 应用化工，2017，46 (8)：1624-1626，1634.

[123] Yuan H, Wang C, Zhang S, et al. Effect of surface modification on carbon fiber and its reinforced phenolic matrix composite [J]. Applied Surface Science, 2012, 259: 288-293.

[124] 任东雪，焦明立，郑瑾，等. 酚醛基活性炭纤维的研究进展 [J]. 合成纤维工业，2017，40 (5)：62-67.

[125] An H, Feng B, Su S. $Co_2$ capture capacities of activated carbon fibre-phenolic resin composites [J]. Carbon, 2009, 47 (10): 2396-2405.

[126] 杨凯，贾万顺，焦明立，等. 高邻位热固性酚醛基纳米活性炭纤维膜的制备及吸附性能 [J]. 高分子材料科学与工程，2021，37 (4)：143-150，157.

[127] 周逸如，杨智联，舒雨霞，等. 酚醛基活性炭纤维的制备及其对亚甲基蓝染料溶液的吸附性能研究 [J]. 产业用纺织品，2019，37 (10)：7-14.

[128] Srivastava A, Singh M, Karsauliya K, et al. Effective elimination of endocrine disrupting bisphenol a and s from drinking water using phenolic resin-based activated carbon fiber: Adsorption, thermodynamic and kinetic studies [J]. Environmental Nanotechnology, Monitoring & Management, 2020, 14: 1-10.

[129] 云庆跃. 酚醛基活性碳纤维的制备、改性及其性能研究 [D]. 太原：太原理工大学，2018.

[130] Xue R, Yan J, Liu X, et al. Effect of activation on the carbon fibers from phenol-formaldehyde resins for electrochemical supercapacitors [J]. Journal of Applied Electrochemistry, 2011, 41 (11): 1357-1366.

[131] 薛荣，阎景旺，田颖，等. 酚醛基活性碳纤维双电层电化学电容器的研究 [J]. 电化学，2011，17 (1)：57-62.

[132] Yoshida A, Tanahashi I, Nishino A. Effect of concentration of surface acidic functional groups on electric double-layer

properties of activated carbon fibers [J]. Carbon, 1990, 28 (5): 611-615.

[133] 刘双，宋燕，马昌，等. 静电纺丝法制备多孔纳米炭纤维及其电化学性能研究 [J]. 新型炭材料，2012，27 (2): 129-134.

[134] Salvador F, Sánchez-Montero M J, Montero J, et al. Activated carbon fibers prepared from a phenolic fiber by supercritical water and steam activation [J]. The Journal of Physical Chemistry C, 2008, 112 (50): 20057-20064.

[135] 王慧娟，卢建军，连丹丹，等. 酚醛基活性炭纤维的制备及改性研究进展 [J]. 化工新型材料，2020，48 (10): 236-240.

[136] Zhou H, Huang G, Gao P, et al. Preparation of porous/hollow particles of phenolic resin [J]. Polymers for Advanced Technologies, 2007, 18 (7): 582-585.

[137] 代晓东，刘欣梅，钱岭，等. 物理化学耦合活化法制备活性炭 [J]. 炭素技术，2008，27 (4): 30-34.

[138] 王鹏博，郑俊超. 锂离子电池的发展现状及展望 [J]. 自然杂志，2017，39 (4): 283-289.

[139] Murphy D W, Broadhead J, Steele B C H. Materials for advanced batteries [M]. US New York and London: Plenum Press, 1980.

[140] Mizushima K, Jones P C, Wiseman P J, et al. $Li_xCoO_2$ ($0<x\leqslant1$): A new cathode material for batteries of high energy density [J]. Materials Research Bulletin, 1980, 15: 783-789.

[141] Ozawa K. Lithium-ion rechargeable batteries with $LiCoO_2$ and carbon electrodes: The $LiCoO_2$/C system [J]. Solid State Ionics, 1994, 69 (3-4): 212-221.

[142] Yoshino A. Development of the lithium-ion battery and recent technological trends [J]. Lithium-Ion Batteries Advances and Applications, 2014: 1-20.

[143] Zhou H H, Ci Y X, Liu C Y. Progress in studies of the electrode materials for li-ion batteries [J]. Progress in Chemistry, 1998, 10 (1): 85-92.

[144] 张军，金忠，杨清河，等. 介稳相碳微球嵌锂特性 [J]. 电源技术，2001，25 (6): 398-400，404.

[145] Ahn S, Kim Y, Kim K J, et al. Development of high capacity, high rate lithium ion batteries utilizing metal fiber conductive additives [J]. Journal of Power Sources, 1999, 81: 896-901.

[146] 贺福. 锂离子二次电池负极用碳材料及其储锂机理 [J]. 化工新型材料，2005，33 (8): 41-43.

[147] 金娟. 聚丙烯腈基硬碳的制备及其储锂/钠性能的研究 [D]. 天津：天津大学，2015.

[148] Yim C H, Courtel F M, Abu-Lebdeh Y. A high capacity silicon-graphite composite as anode for lithium-ion batteries using low content amorphous silicon and coMPatible binders [J]. Journal of Materials Chemistry A, 2013, 1 (28): 8234-8243.

[149] Zhang M, Zhang T, Ma Y, et al. Latest development of nanostructured Si/C materials for lithium anode studies and applications [J]. Energy Storage Materials, 2016, 4: 1-14.

[150] Liang B, Liu Y, Xu Y. Silicon-based materials as high capacity anodes for next generation lithium ion batteries [J]. Journal of Power Sources, 2014, 267: 469-490.

[151] Zhang W. Structure and performance of $LiFePO_4$ cathode materials: A review [J]. Journal of Power Sources, 2011, 196 (6): 2962-2970.

[152] Wu H, Cui Y. Designing nanostructured si anodes for high energy lithium ion batteries [J]. Nano Today, 2012, 7 (5): 414-429.

[153] Oumellal Y, Delpuech N, Mazouzi D, et al. The failure mechanism of nano-sized Si-based negative electrodes for lithium ion batteries [J]. Journal of Materials Chemistry, 2011, 21 (17): 6201-6208.

[154] Li P, Zhao G, Zheng X, et al. Recent progress on silicon-based anode materials for practical lithium-ion battery applications [J]. Energy Storage Materials, 2018, 15: 422-446.

[155] 程鸿申. 人造石墨的石墨化度的判断方法 [J]. 碳素，1984 (3): 11，31-38.

[156] 清野定纪，张良年. 第十一讲　人造石墨材料 [J]. 新型炭材料，1988 (4): 42-61.

[157] Simon P, Gogotsi Y. Materials for electrochemical capacitors [J]. Nature Materials, 2008, 7 (11): 845-854.

[158] Chen H, Cong T N, Yang W, et al. Progress in electrical energy storage system: A critical review [J]. Progress in Natural Science-Materials International, 2009, 19 (3): 291-312.

[159] Hu Y, Guo Y, Sigle W, et al. Electrochemical lithiation synthesis of nanoporous materials with superior catalytic and capacitive activity [J]. Nature Materials, 2006, 5 (9): 713-717.
[160] Zhai Y, Dou Y, Zhao D, et al. Carbon materials for chemical capacitive energy storage [J]. Advanced Materials, 2011, 23 (42): 4828-4850.
[161] Howard B I. Low voltage electrolytic capacitor: US2800616 [P]. 1957-07-23.
[162] Conway B E, Birss V, Wojtowicz J. The role and utilization of pseudocapacitance for energy storage by supercapacitors [J]. Journal of Power Sources, 1997, 66 (1-2): 1-14.
[163] Zhang L L, Zhao X S. Carbon-based materials as supercapacitor electrodes [J]. Chemical Society Reviews, 2009, 38 (9): 2520-2531.
[164] Wang G, Zhang L, Zhang J. A review of electrode materials for electrochemical supercapacitors [J]. Chemical Society Reviews, 2012, 41 (2): 797-828.
[165] Zhi M, Xiang C, Li J, et al. Nanostructured carbon-metal oxide composite electrodes for supercapacitors: A review [J]. Nanoscale, 2013, 5 (1): 72-88.
[166] Wei W, Cui X, Chen W, et al. Manganese oxide-based materials as electrochemical supercapacitor electrodes [J]. Chemical Society Reviews, 2011, 40 (3): 1697-1721.
[167] Largeot C, Portet C, Chmiola J, et al. Relation between the ion size and pore size for an electric double-layer capacitor [J]. Journal of the American Chemical Society, 2008, 130 (9): 2730.
[168] Niu C, Sichel E K, Hoch R, et al. High power electrochemical capacitors based on carbon nanotube electrodes [J]. Applied Physics Letters, 1997, 70 (11): 1480-1482.
[169] Kamegawa K, Yoshida H. Preparation and characterization of swelling porous carbon beads [J]. Carbon, 1997, 35 (5): 631-639.
[170] Kyotani T, Tsai L F, Tomita A. Preparation of ultrafine carbon tubes in nanochannels of an anodic aluminum oxide film [J]. Chemistry of Materials, 1996, 8 (8): 2109-2113.
[171] Wang D W, Li F, Liu M, et al. 3D aperiodic hierarchical porous graphitic carbon material for high-rate electrochemical capacitive energy storage [J]. Angewandte Chemie, 2008, 120 (2): 379-382.
[172] Lv Y, Zhang F, Dou Y, et al. A comprehensive study on koh activation of ordered mesoporous carbons and their supercapacitor application [J]. Journal of Materials Chemistry, 2012, 22 (1): 93-99.
[173] 张亚婷. 煤基石墨烯的制备、修饰及应用研究 [D]. 西安：西安科技大学，2015.
[174] Inagaki M, Konno H, Tanaike O. Carbon materials for electrochemical capacitors [J]. Journal of Power Sources, 2010, 195 (24): 7880-7903.
[175] Ghosh A, Lee Y H. Carbon-based electrochemical capacitors [J]. Chemsuschem, 2012, 5 (3): 480-499.
[176] Pandolfo A G, Hollenkamp A F. Carbon properties and their role in supercapacitors [J]. Journal of Power Sources, 2006, 157 (1): 11-27.
[177] 张传祥. 煤基活性炭电极材料的制备及性能 [M]. 北京：煤炭工业出版社，2009.
[178] Sing K S W, Everett D H, Haul R A W, et al. Reporting physisorption data for gas solid systems with special reference to the determination of surface-area and porosity (recommendations 1984) [J]. Pure and Applied Chemistry, 1985, 57 (4): 603-619.
[179] Chmiola J, Yushin G, Gogotsi Y, et al. Anomalous increase in carbon capacitance at pore sizes less than 1 nanometer [J]. Science, 2006, 313 (5794): 1760-1763.
[180] 韩亚伟，姜挥，付强，等. 超级电容器国内外应用现状研究 [J]. 上海节能，2021 (1): 43-52.
[181] 黄文强. 吸附分离材料 [M]. 北京：化学工业出版社，2005.
[182] 陈清如，刘炯天. 中国洁净煤 [M]. 徐州：中国矿业大学出版社，2009.
[183] 梁大明. 中国煤质活性炭 [M]. 北京：化学工业出版社，2008.
[184] 刘桂芳. 常用吸附材料在水处理中的应用 [M]. 北京：化学工业出版社，2016.
[185] 郑旭煦，李然. 化工原理下 [M]. 武汉：华中科技大学出版社，2009.
[186] 蒋剑春. 活性炭制造与应用技术 [M]. 北京：化学工业出版社，2018.

[187] Greiner E, Bland A, Kumamoto T, et al. Activated carbon [M] // Chemical Economics Handbook. S&P Global, 2020.

[188] 蒋煜，刘德钱，解强. 我国煤基活性炭生产技术现状及发展趋势 [J]. 洁净煤技术，2018，24 (1)：26-32.

[189] 解强，张香兰，梁鼎成，等. 煤基活性炭定向制备：原理 方法 应用 [J]. 煤炭科学技术，2020，48 (6)：1-28.

[190] Wang J, Kaskel S. Koh activation of carbon-based materials for energy storage [J]. Journal of Materials Chemistry, 2012, 22: 23710-23725.

[191] Romanos J, Beckner M, Rash T, et al. Nanospace engineering of koh activated carbon [J]. Nanotechnology, 2012, 23 (1): 015401.

[192] 吴明铂，郑经堂，邱介山. 多孔炭物理化学结构及其表征 [J]. 化学通报，2011，74 (7)：43-53.

[193] 徐园园. 煤基多孔炭的温和制备及其在超级电容器中的应用 [D]. 大连：大连理工大学，2014.

[194] 李红霞. 钢铁原辅料生产节能减排先进技术 [M]. 北京：冶金工业出版社，2020.

[195] 李晋，陆晓东，张辉. 煤基活性炭产品质量的影响因素 [J]. 洁净煤技术，2018，24 (S1)：84-87.

[196] Lee T, Ooi C-H, Othman R, et al. Activated carbon fiber-the hybrid of carbon fiber and activated carbon [J]. Rev Adv Mater Sci, 2014, 36 (2): 118-136.

[197] Williams P T, Reed A R. Pre-formed activated carbon matting derived from the pyrolysis of biomass natural fibre textile waste [J]. Journal of Analytical and Applied Pyrolysis, 2003, 70 (2): 563-577.

[198] Ashfaq M, Verma N, Khan S. Copper/zinc bimetal nanoparticles-dispersed carbon nanofibers: A novel potential antibiotic material [J]. Materials Science and Engineering: C, 2016, 59: 938-947.

[199] Park S-J, Jang Y-S. Preparation and characterization of activated carbon fibers supported with silver metal for antibacterial behavior [J]. Journal of colloid and interface science, 2003, 261 (2): 238-243.

[200] 刘维春. 利用纳米银与活性碳纤维的结合制作抗菌材料的方法：CN，021293589 [P]. 2004-03-10.

[201] 赵世怀，杨紫博，赵晓明，等. 活性炭纤维在防护领域的应用进展 [J]. 化工新型材料，2019，47 (2)：15-21.

[202] Wang Z M, Xu Z, Guan Y, et al. Preparation of pitch-based activated carbon fibers with high specific surface area and excellent adsorption properties [J]. Research on Chemical Intermediates, 2022, 48 (4): 1733-1746.

[203] Hsiu-Mei C, Ting-Chien C, San-De P, et al. Adsorption characteristics of orange Ⅱ and chrysophenine on sludge adsorbent and activated carbon fibers [J]. Journal of Hazardous Materials, 2009, 161 (2): 1384-1390.

[204] Vilaplana-Ortego E, Alcañiz-Monge J, Cazorla-Amorós D, et al. Effect of the stabilisation time of pitch fibres on the molecular sieve properties of carbon fibres [J]. Microporous and Mesoporous Materials, 2008, 109 (1-3): 21-27.

[205] Kawabuchi Y, Kawano S, Mochida I. Molecular sieving selectivity of active carbons and active carbon fibers improved by chemical vapour deposition of benzene [J]. Carbon, 1996, 34 (6): 711-717.

[206] De La Casa-Lillo M, Alcañiz-Monge J, Raymundo-Piñero E, et al. Molecular sieve properties of general-purpose carbon fibres [J]. Carbon, 1998, 36 (9): 1353-1360.

[207] 周颖，邱介山，朱盛维，等. ACF 基复合分子筛制备工艺参数对产品性能影响 [J]. 大连理工大学学报，2001，41 (4)：431-435.

[208] 苏金才，邱介山. 炭纤维基复合吸附材料的制备及其气体分离性能研究 [J]. 炭素技术，2001 (3)：1-4.

[209] Ryu J W S S K, Yang K S, Mochida I. Activated carbon fibers from chemically modified coal tar pitches [J]. Carbon Science, 2000, 1 (1): 6-11.

[210] Vilaplana-Ortego E, Maciá-Agulló J A, Alcañiz-Monge J, et al. CoMParative study of the micropore development on physical activation of carbon fibers from coal tar and petroleum pitches [J]. Microporous and Mesoporous Materials, 2008, 112 (1-3): 125-132.

[211] Bo-Kyung Choi J-K K, Soo-Jin Park, Min-Kang Seo. Adsorption characteristics of heavy metals ions by physical activation on coal tar pitch-based activated carbon fibers [J]. Carbon Letters, 2017, 22: 96-100.

[212] Derbyshire F, Andrews R, Jacques D, et al. Synthesis of isotropic carbon fibers and activated carbon fibers from pitch precursors [J]. Fuel, 2001, 80 (3): 345-356.

[213] Hassan M F, Sabri M A, Fazal H, et al. Recent trends in activated carbon fibers production from various precursors and applications——A coMParative review [J]. Journal of Analytical and Applied Pyrolysis, 2020, 145.

[214] Li S, Li G, Li G, et al. Microporous carbon molecular sieve as a novel catalyst for the hydroxylation of phenol [J]. Microporous and Mesoporous Materials, 2011, 143 (1): 22-29.
[215] 孙新，査庆芳，明铂昊，等. 石油焦基炭分子筛的制备及表面表征 [J]. 炭素技术，2004, 23 (2): 14-18.
[216] 袁英，陈禹嘉，贺安平，等. 碳分子筛吸附剂的制备及其应用研究进展 [J]. 天然气化工-C1 化学与化工，2022, 47 (1): 24-32.
[217] 徐绍平，郭树才. 炭分子筛制备技术研究 [J]. 煤炭转化，1995, 18 (3): 43-48.
[218] 刘高旗. 煤基炭分子筛制备及其吸附性能研究 [D]. 郑州：郑州大学，2013.
[219] 王德超. 煤基炭分子筛的制备及其变压吸附分离 $CH_4/N_2$ 研究 [D]. 西安：西安科技大学，2016.
[220] 宋成文，王同华，邱介山，等. 炭膜制备技术的研究进展 [J]. 化工进展，2003, 22 (9): 961-964, 987.
[221] Hou M, Li L, He Z, et al. High-performance carbon molecular sieving membrane derived from a novel hydroxyl-containing polyetherimide precursor for $CO_2$ separations [J]. Journal of Membrane Science, 2022, 656: 120639.
[222] Kiyono M, Williams P J, Koros W J. Effect of polymer precursors on carbon molecular sieve structure and separation performance properties [J]. Carbon, 2010, 48 (15): 4432-4441.
[223] Xu R, He L, Li L, et al. Ultraselective carbon molecular sieve membrane for hydrogen purification [J]. Journal of Energy Chemistry, 2020, 50: 16-24.
[224] Lei L, Lindbråthen A, Zhang X, et al. Preparation of carbon molecular sieve membranes with remarkable $CO_2/CH_4$ selectivity for high-pressure natural gas sweetening [J]. Journal of Membrane Science, 2020, 614: 118529.
[225] Song C, Wang T, Pan Y, et al. Preparation of coal-based microfiltration carbon membrane and application in oily wastewater treatment [J]. Separation and Purification Technology, 2006, 51 (1): 80-84.
[226] 潘宗林，杨佳伟，李琳，等. 造孔剂对煤基管状炭膜的结构和性能影响 [J]. 膜科学与技术，2019, 39 (5): 23-28.
[227] 惠洪森，陈子尚，王崧鸿，等. 酚醛树脂/活性炭基微孔炭膜制备及结构调控 [J]. 膜科学与技术，2020, 40 (1): 131-138.
[228] Pan Z, Yu F, Li L, et al. Low-cost electrochemical filtration carbon membrane prepared from coal via self-bonding [J]. Chemical Engineering Journal, 2020, 385: 123928.
[229] 辛红，潘宗林，徐爽，等. 电场强化煤基炭膜处理含酚废水过程中的失活与再生性能研究 [J]. 膜科学与技术，2021, 41 (6): 138-145.
[230] 钱庭宝，刘维琳，李金和. 吸附树脂及其应用 [M]. 北京：化学工业出版社，1990.
[231] Yang J B, Ling L C, Liu L, et al. Preparation and properties of phenolic resin-based activated carbon spheres with controlled pore size distribution [J]. Carbon, 2002, 40 (6): 911-916.
[232] 张玺，梁晓怿，霍素敏，等. 酚醛树脂基球形活性炭的制备及 $Co_2$ 吸附 [J]. 材料科学与工程学报，2010, 28 (5): 705-710.
[233] Wickramaratne N P, Jaroniec M. Importance of small micropores in $CO_2$ capture by phenolic resin-based activated carbon spheres [J]. Journal of Materials Chemistry A, 2013, 1 (1): 112-116.
[234] 王辉，杨珊珊，刘总堂，等. 炭化树脂对水溶液中二氯甲烷的吸附性能研究 [J]. 分子科学学报，2014, 30 (2): 102-105.
[235] 何鹏，耿慧远. 先进热管理材料研究进展 [J]. 材料工程，2018, 46 (4): 1-11.
[236] 张家埭. 高等学校教学用书碳材料工程基础 [M]. 北京：冶金工业出版社，1992.
[237] 郭全贵. 高导热炭基热管理材料的发展现状与展望 [C]. 第十届全国新型炭材料学术研讨会论文集，2011: 609.
[238] Hino T, Akiba M. Japanese developments of fusion reactor plasma facing components [J]. Fusion Engineering and Design, 2000, 49-50: 97-105.
[239] 郭全贵，刘朗，宋进仁，等. 中国的超导托卡马克装置 ht-7u 用炭基面对等离子体材料的研究 [J]. 新型炭材料，2001, 16 (3): 64-68.
[240] 杨翠微. 浅谈沥青基碳纤维的制备与应用 [J]. 中国石油和化工标准与质量，2015, 35 (23): 25-26, 29.
[241] 郭全贵，刘朗，翟更太. 高导热材料的发展现状及应用 [C]. 卫星热控制技术研讨会，2003: 267-272.
[242] Zweben C. Ultrahigh-thermal-conductivity packaging materials [C]. Proceedings of the Semiconductor Thermal Measurement and Management Symposium, 2005 IEEE Twenty First Annual IEEE, California, 2005.

[243] 李圣华. 炭和石墨制品上册 [M]. 北京：冶金工业出版社，1983：38.
[244] Bokros J C. Chemistry and physics of carbon [M]. New York：Marcel Dekker Inc，1969.
[245] Oberlin A. High-resolution tem studies of carbonization and graphitization [J]. Chemistry and Physics of Carbon，1989，22：1-143.
[246] 李翠云，李辅安. 碳/碳复合材料的应用研究进展 [J]. 化工新型材料，2006，34 (3)：18-20.
[247] 赵凯，陈虹，张婧，等. 碳纤维复合材料在无人机上的应用 [J]. 高科技纤维与应用，2015，40 (4)：39-43.
[248] 陈洪兴，李文龙，梁敏杰. 碳纤维复合材料汽车零部件开发与应用前景 [J]. 中国新技术新产品，2019 (12)：80.
[249] Bowers D A，Davis J W，Dinwiddie R B. Development of 1-d carbon composites for plasma-facing components [J]. Journal of Nuclear Materials，1994，212-215：1163-1167.
[250] Snead L L，Burchell T D. Thermal conductivity degradation of graphites due to nuetron irradiation at low temperature [J]. Journal of Nuclear Materials，1995，224 (3)：222-229.
[251] Bonal J P，Wu C H. Neutron irradiation effects on the thermal conductivity and dimensional stability of carbon fiber composites at divertor conditions [J]. Journal of Nuclear Materials，1996，228 (2)：155-161.
[252] 马兆昆，史景利，刘朗，等. 中间相沥青不熔化纤维自烧结制备高传导性炭材料研究 [J]. 新型炭材料，2005，20 (3)：223-228.
[253] Edie D D，Robinson K E，Fleurot O，et al. High thermal conductivity ribbon fibers from naphthalene-based mesophase [J]. Carbon，1994，32 (6)：1045-1054.
[254] 肖正浩，周颖，肖南，等. 泡沫炭的研究进展 [J]. 化工进展，2008 (4)：473-477，507.
[255] 成会明，刘敏，苏革，等. 泡沫炭概述 [J]. 炭素技术，2000 (3)：30-32.
[256] 曹敏，张书，周建民，等. 炭素泡沫材料的制备和应用 [J]. 材料科学与工程学报，2004，22 (4)：613-616.
[257] 张宏波，罗瑞盈，刘涛，等. 碳泡沫的结构及其性能 [J]. 炭素技术，2005，24 (1)：21-25.
[258] Ford W. Method of making cellular refractory thermal insulating material：US3121050 [P]. 1964-02-11.
[259] Klett J，Hardy R，Romine E，et al. High-thermal-conductivity，mesophase-pitch-derived carbon foams：Effect of precursor on structure and properties [J]. Carbon，2000，38 (7)：953-973.
[260] Hager J W，Lake M L. Novel hybrid composites based on carbon foams [J]. MRS Online Proceedings Library，1992，270 (1)：29-34.
[261] Bonzom A，Sausset-Pins. Process for preparing pitch foam and products so produced：US，4276246 [P]. 1981-06-30.
[262] Sandhu S S，Hager J W. Formulation of a mathematical process model for the foaming of a mesophase carbon precursor [J]. MRS Online Proceedings Library，1992，270 (1)：35-40.
[263] Klett J W. Method for extruding pitch based foam：US，6398994 [P]. 2002-07-03.
[264] Min Z，Cao M，Zhang S，et al. Effect of precursor on the pore structure of carbon foams [J]. New Carbon Materials，2007，22 (1)：75-79.
[265] Hager J W. Idealized ligament formation and geometry in open-celled foams [C]. Proceedings of the Materials Research Society Symposium，California，1992.
[266] Klett J W. Process for making carbon foam：US6033506 [P]. 2000-03-07.
[267] 陈峰，张红波，熊翔，等. Cvd pyc 对炭泡沫结构及性能的影响 [J]. 无机材料学报，2008，23 (6)：1184-1188.
[268] 王鹏. 超临界流体制备沥青泡沫炭及其结构控制的研究 [D]. 上海：东华大学，2008.
[269] 李娟，张翠翠，王灿，等. 超临界发泡制备泡沫炭及其泡孔形成机理 [J]. 材料科学与工程学报，2010，28 (4)：517，544-547.
[270] 肖锋，张红波，熊翔，等. 发泡压力对中间相沥青基泡沫炭结构及性能的影响 [J]. 中国有色金属学报，2010，20 (7)：1346-1352.
[271] 王习林，李铁虎，刘和光，等. 中间相沥青基泡沫炭的研究进展 [J]. 炭素，2013 (3)：9-14.
[272] 陈峰. 中间相沥青基炭泡沫的制备及其性能研究 [D]. 长沙：中南大学，2008.
[273] 王小宪，李铁虎，魏宏艳，等. 泡沫炭的制备和性能 [J]. 材料导报，2005，19 (5)：11-13.
[274] 鲍英. 中间相沥青基泡沫炭的可控制备及若干应用探索 [D]. 上海：华东理工大学，2012.
[275] 王春晓. 泡沫炭的石墨烯改性及大尺寸结构控制 [D]. 上海：华东理工大学，2013.

[276] 冷光辉，蓝志鹏，葛志伟，等. 储热材料研究进展 [J]. 储能科学与技术，2015，4 (2)：119-130.
[277] 闫霆，王文欢，王程遥. 化学储热技术的研究现状及进展 [J]. 化工进展，2018，37 (12)：4586-4595.
[278] 范立群，周利，刘泳，等. 储热材料研究进展 [J]. 枣庄学院学报，2018，35 (2)：101-109.
[279] Fan L，Khodadadi J M. Thermal conductivity enhancement of phase change materials for thermal energy storage：A review [J]. Renewable and Sustainable Energy Reviews，2011，15 (1)：24-46.
[280] Ramakrishnan S，Wang X，Sanjayan J，et al. Thermal performance of buildings integrated with phase change materials to reduce heat stress risks during extreme heatwave events [J]. Applied Energy，2017，194：410-421.
[281] Ahmed S F，Khalid M，Rashmi W，et al. Recent progress in solar thermal energy storage using nanomaterials [J]. Renewable and Sustainable Energy Reviews，2017，67：450-460.
[282] 王轩，朱金华，刘明光. 相变材料的研究与进展 [J]. 广州化工，2013，41 (18)：10-12，15.
[283] 吴会军，朱冬生，李军，等. 蓄热材料的研究进展 [J]. 材料导报，2005，19 (8)：96-98.
[284] 张东，康韡，李凯莉. 复合相变材料研究进展 [J]. 功能材料，2007，38 (12)：1936-1940.
[285] 杨珞，张凌燕，邱杨率，等. 膨胀石墨的制备及应用研究进展 [J]. 炭素技术，2021，40 (4)：20-24.
[286] Lu B，Zhang Y，Sun D，et al. Experimental investigation on thermal properties of paraffin/expanded graphite composite material for low temperature thermal energy storage [J]. Renewable Energy，2021，178：669-678.
[287] Zhang W，Xing E，Hao S，et al. Thermally regulated cotton fabric coated with expanded graphite stabilized paraffin mixture as composite phase change material [J]. Pigment & Resin Technology，2021，50 (4)：293-301.
[288] Zhou H，Lv L，Zhang Y，et al. Preparation and characterization of a shape-stable xylitol/expanded graphite composite phase change material for thermal energy storage [J]. Solar Energy Materials and Solar Cells，2021，230：111244.
[289] 张佳利，丁宇，曲丽洁，等. 石蜡/膨胀石墨复合相变储热单元的放热性能 [J]. 储能科学与技术，2019，8 (1)：108-115.
[290] 袁维烨，章学来，华维三，等. 膨胀石墨/三水乙酸钠复合相变材料储热的性能 [J]. 化工进展，2018，37 (11)：4405-4411.
[291] 蒯子函，闫霆，吴韶飞，等. 硬脂醇/膨胀石墨复合相变材料的制备及储热性能 [J]. 化工进展，2021，40 (S1)：301-310.
[292] Li Jun，Jia Lisi，Li Longjian，et al. Hybrid microencapsulated phase-change material and carbon nanotube suspensions toward solar energy conversion and storage [J]. Energies，2020，13 (17)：4401.
[293] Putraa Nandy，Rawia Stephanie，Amina Muhammad，et al. Preparation of beeswax/multi-walled carbon nanotubes as novel shape-stable nanocomposite phase-change material for thermal energy storage [J]. Journal of Energy Storage，2019，21：32-39.
[294] 戴远哲，唐波，张振宇，等. 碳纳米管/石蜡相变复合材料研究进展 [J]. 材料工程，2021，49 (12)：91-99.
[295] 王晓，丁晴，姚晓莉，等. 石蜡基碳纳米管复合相变材料的热物性研究 [J]. 热科学与技术，2013，12 (2)：124-130.
[296] Wu X H，Wang C X，Wang L Y，et al. Experimental study of themo-physical properties and a pplication of paraffin-carbon nanotubes composite phase change materials [J]. International Journal of Heat and Mass Transfer，2019，140：671-677.
[297] 欧阳兰雄. 石蜡/石墨烯复合相变材料蓄热一体化太阳能集热特性研究 [D]. 南京：东南大学，2020.
[298] 许玲. 填充石蜡/石墨烯复合相变材料的蓄热换热器研究 [D]. 青岛：青岛科技大学，2020.
[299] 冯小江，陆庆秀，赵金平，等. 石墨烯相变储能材料在适老建筑环境中的应用 [J]. 城市住宅，2020，27 (3)：117-120.
[300] 胡旺盛，张少杰，张昌建，等. 基于太阳能供热的石墨烯/石蜡复合相变材料蓄放热特性实验研究 [J]. 化工新型材料，2020，48 (3)：119-124.
[301] Jin W，Jiang L，Chen L，et al. Preparation and characterization of capric-stearic acid/montmorillonite/graphene composite phase change material for thermal energy storage in buildings [J]. Construction and Building Materials，2021，301：124102.
[302] Chen Y，Xu C，Cong R，et al. Thermal properties of stearic acid/active aluminum oxide/graphene nanoplates composite phase change materials for heat storage [J]. Materials Chemistry and Physics，2021，269：124747.

[303] Wang H, Zhang Y, Ci E, et al. An experimental study in full spectra of solar-driven magnesium nitrate hexahydrate/graphene composite phase change materials for solar thermal storage applications [J]. Journal of Energy Storage, 2021, 38: 102536.
[304] Feng Y, Liu H, Luo W, et al. Covalent functionalization of graphene by azobenzene with molecular hydrogen bonds for long-term solar thernmal storage [J]. Scientific Reports, 2013, 3: 1-8.
[305] 白金刚，苑正己，刘雨，等. 癸酸-石蜡/石墨烯气凝胶定型相变材料的制备及热物性分析 [J]. 化工进展，2022: 1-11.
[306] 陈智博，钱艳峰，高美玲，等. 粉煤灰基复合相变材料储热性能的研究进展 [J]. 赤峰学院学报（自然科学版），2021，37（8）：59-66.
[307] Wang T, Zhang T, Xu G, et al. A new low-cost high-temperature shape-stable phase change material based on coal fly ash and $K_2CO_3$ [J]. Solar Energy Materials and Solar Cells, 2020, 206: 110328.
[308] 赖榕永，王温馨，谢雯倩，等. MA-PA-SA/改性粉煤灰复合相变储能材料的制备与性能 [J]. 材料导报，2019，33（S1）：219-222.
[309] 吴文昊，黄心宇，姚锐敏，等. 煤基碳泡沫/聚氨酯相变复合材料的制备及储热性能 [J]. 物理化学学报，2017，33（1）：255-261.
[310] 包璐璐，魏慧娟，孙寒雪，等. 新型共轭微孔聚合物材料的制备及应用 [J]. 化工新型材料，2017（5）：19-21.
[311] 闫春娜. 螺二芴基共轭微孔聚合物及其多孔碳的储电与储热性能研究 [D]. 聊城：聊城大学，2020.
[312] 林浩楠. 相变储热材料的研究进展 [J]. 冶金与材料，2021，41（6）：41-42.
[313] 李昭，李宝让，陈豪志，等. 相变储热技术研究进展 [J]. 化工进展，2020，39（12）：5066-5084.
[314] 王成君，苏琼，段志英，等. 基于多孔支撑体的形状稳定复合相变储能材料的研究进展 [J]. 化工进展，2021，40（3）：1483-1494.
[315] 周四丽，张正国，方晓明. 固-固相变储热材料的研究进展 [J]. 化工进展，2021，40（3）：1371-1383.

# 5 煤基功能材料发展途径

## 5.1 煤炭资源的现状及未来趋势

煤炭资源是一种宝贵的化石能源，长期以来支撑我国经济和社会较快发展，是我国能源安全保障的压舱石和稳定器。在全国已探明的化石能源资源储量中，煤炭占94%左右，是稳定经济自主保障能力最强的能源，是关乎国家经济社会发展全局性、战略性的问题。尤其在外部环境发生变化的情况下，能源安全保障面临的不确定因素增多，把能源安全牢牢抓在自己手中，必要且紧迫。

针对以煤为主的能源结构，我国一直将煤炭清洁高效利用作为国家科技计划重点支持方向和煤炭产业发展方向。目前主要分两大方向：一是立足煤炭资源优势，发展煤制油气、醇类燃料替代，缓解石油资源紧张局面，保障能源安全；二是以煤化工为主要途径深入开展煤炭分质利用多联产技术，生产高附加值材料、煤基特种燃料，促进产业“高端化、多元化、低碳化”发展。随着国家政策调整和科学技术进步，煤炭资源综合利用取得很大进步，但煤炭资源的精细化、高值化和资源化利用还需考虑以下几个方面。

① 煤炭资源的利用理念　中国85%的煤炭资源是通过燃烧使用的，主要包括火力发电、工业锅（窑）炉、民用取暖和家庭炉灶等。随着国家政策的调整和科学技术的发展，煤炭在一次能源消费中的比重将逐步降低，但在相当长的时间内煤炭的主体能源地位不会变化。当前煤炭作为燃料燃烧是资源的极大浪费，因此将煤炭由燃料向燃料和原料并重转变，同时促进煤炭由高碳粗放型的利用方式向清洁高效型转变是主要考虑的问题之一。

② 煤炭资源的利用方式　煤炭资源的高温热解利用是当前的主流利用方式，在热解过程中产生焦炭的同时生成大量的油、气组分，是宝贵的化工原料资源。但通过高温热解，煤炭原有的大芳烃分子遭到破坏，过程中消耗大量的能源并带来一定的环境问题，与当前的“双碳”目标和高质量发展要求还存在一定差距。因此，如何不经高温热解，通过煤化工与精细化工、高分子科学等技术耦合，对煤中大的碳氢分子结构进行有效精细分离与加工利用，是未来的研究方向。

③ 煤炭资源差异化利用　我国煤炭资源丰富，占世界煤炭资源的13%，煤种繁多，煤

的结构和化学组成丰富而多变。理论上来讲，所有的煤都可通过热解、萃取、分离或化学裁剪等物理化学过程来制备功能材料，关键是依据煤的结构及组成，采取适合的工艺技术方法，研发和生产结构新颖、性能独特且具有市场竞争力的功能材料，拓展煤炭资源的最佳应用领域是未来的主要研究方向。

## 5.2 煤焦油资源的现状及发展趋势

煤焦油是煤焦化过程中产生的高附加值产品之一，经分离所获得的轻油、酚、萘、蒽、咔唑、沥青等系列产品是合成塑料、合成纤维、光电材料、染料、医药及精细化工新材料的基础原料，也是冶金、建材、交通等行业的必需原料，具有很强的市场竞争力。2022 年，我国高温煤焦油加工总能力达到 2300 万 t 左右，如何利用宝贵的煤焦油资源是急需解决的行业难题。

煤焦油的获得过程是：煤在炭化室内经干燥、热解形成胶质体，生成半焦后进一步炭化而形成焦炭。在结焦过程中，胶质体内发生剧烈的热解反应，形成大量的初次热解产物，初次热解产物受炉墙、焦饼中心和炉顶空间的高温作用，发生裂解、脱氢、缩合、重排反应，得到煤焦油产品。因此，煤焦油组分的分子结构具有一定的独特性，富含从石油中或人工合成难以获得的特殊芳香结构，在力、热、光、电、磁等方面具有特定功能性，是高性能新材料的重要原料。在煤焦油加工利用过程中，应考虑以下问题。

① 煤焦油组分精细化分离　煤焦油组分大部分是具有芳烃的同系物，彼此间易形成具有高沸点的共沸物和低熔点的共熔物，如何提高各单组分的分离效率及所得产品的纯度依然是煤焦油加工的热点和难题。如用于覆铜板和芯片等高端制造的电子封装材料邻甲酚醛环氧树脂一直受到韩国可隆和台湾南亚等公司的技术封锁和产品垄断，其核心是国内焦化法和磺化法生产的邻甲酚在品质上无法满足电子级化学品的要求，目前工业上采用合成法制备。因此，针对煤焦油中的宝贵资源，创新开展精细化分离研究，解决基础材料的制造受控于跨国公司的“卡脖子”问题。

② 煤焦油组分高值化利用　煤焦油中含量超过 1%的组分只有 12 种，目前基本得到加工利用，但加工利用深度和精细化度还有提升空间。如萘组分国内利用途径是制备水泥减水剂、苯酐等基础化学品，在国外萘系树脂材料可以做出来几十种，应用在新材料领域，大大提高了萘组分的附加值。煤焦油中茚组分的含量为 0.23%～0.3%，国内简单聚合制作 $C_9$ 树脂，国外则利用茚环双键与环戊二烯加成，做出聚烯烃单体，应用在 COC/COP（环烯烃类共聚物）树脂领域。目前，COC/COP 树脂广泛应用于光学材料、医药包装和医疗器械领域，但国内还不能生产，材料全部依赖进口，与其他的产品不同的是，COC/COP 从原料单体降冰片烯到催化剂及材料整条产业链国内都没有完全产业化。

③ 煤焦油组分规模化加工　煤焦油中化合物组分估计有上万种，已被鉴定的约有 500 种，除含量超过 1%的 12 种组分外，还有大量的微量组分（含量<1%），这些微量组分或可称作关键组分，是宝贵的化工原料资源，对解决新材料新能源产业发展基础原料的“卡脖子”难题具有重要意义。因此，煤焦油加工需要考虑一定的规模，只有规模化后关键组分才能通过富集和精细化分离成为具有市场竞争力的工业基础原料，再与精细化工、新材料等产

业进行技术融合，解决制约行业发展的关键基础原料难题。

④ 煤焦油组分差异化利用　我国煤焦油深加工企业技术单一，高品质、高附加值产品较少，应对外界风险的能力较差。国外生产企业生产模式较多：一是全方位型生产，代表企业为德国吕特格，对产品提纯及等级划分精确；二是对小产品进行精细化发展，如喹啉、咔唑等产品的进一步加工，代表企业为日本住金化学；三是注重煤沥青产品的深加工，如生产针状焦、浸渍沥青等高附加值产品。我们应借鉴国外对煤焦油产业的研发及产业化经验，针对不同煤焦油资源，结合自身的技术优势，做到差异化利用，最大限度地提高产品附加值和市场竞争力。

## 5.3 煤基功能材料的现状及发展途径

新材料产业是制造强国的基础，是高新技术产业发展的基石和先导，直接关系着我国战略性新兴产业的发展，关系到我国经济能否满足高质量发展的要求。我国是制造业大国，目前正处在工业转型升级的关键时期，很多领域都离不开材料的支撑。

我国煤基新材料领域已开展大部分工作，围绕煤炭及煤焦油制备新材料设立国家专项课题，但我们的高端新材料的供给率还较低，大部分产品还只做到原料阶段。如己二胺的关键合成原料己二腈属于我国“卡脖子”产品，国内产能发展缓慢，价格居高不下，成为制约尼龙 66 产业发展的一大瓶颈。因此，我们应结合煤基功能材料的特点，聚焦产业中的共性关键科学与工程问题，加强产业链上下游互动，实现融合发展。

① 发挥材料功能优势　煤基功能材料的主要组成为稠环芳烃和杂原子（N、O、S 等）掺杂芳烃，由于π电子效应，材料在力、热、光、电、磁等领域具有特殊的物理和化学特性。如在环氧树脂结构中引入萘、联苯等刚性骨架，对提高耐热性、降低吸水率和降低线胀系数效果明显，在半导体封装材料领域具有应用优势；在聚碳酸酯结构中引入芴、芘等 Cardo 结构，对提高光折射率、提高耐热性和增加透明性效果明显；在材料中引入苝环结构，可提高材料的热稳定性，同时使材料具有很好的光电性质，在可见光区表现出很强的吸收和荧光特性，可广泛应用在太阳能电池、固态光伏器件和场效应晶体管等领域。因此，煤基材料应聚焦力、热、光、电等新兴领域，加大材料的功能性开发，在提高产品附加值的同时解决新材料领域“卡脖子”难题。

② 加强材料产业链延伸　材料科学研究应打通“原料-材料-器件-应用”产业创新链，做到材有所用。在煤基功能材料研究及产业化过程中，我们大部分是做产业链前端，提供原料单体，未制作出真正的材料。产品研发与应用也存在脱节现象，导致新材料推广应用过程缓慢。如光学性能优异的芴系聚碳酸酯、聚酰亚胺和聚醚等高分子材料，我们仅仅是提供聚合单体，还没有做到材料和器件；电子级环氧树脂和动力电池用聚偏氟乙烯隔膜等高端合成树脂则基本依赖进口。因此，煤焦油功能材料在作原料的同时，与高分子科学、精细化工等专业协同，做好产业链延伸，做到煤焦产品高值化、精细化和资源化利用。

③ 聚焦材料行业应用难点　新能源新材料产业发展迅猛，对电化学储能器件提出了更高能量和功率密度、更安全、更长循环寿命的共性需求。在这些应用牵引下，我们需要开发性能更优异的碳基储能材料：在锂离子电池领域，负极材料经历了从天然石墨到人造石墨，

再向硅碳迈进的发展历程，中国占有规模优势，但在如何优化性能和保障安全方面还需加大研发力度；在超级电容器领域，特种活性炭尚待国产化，同时要进一步降低成本，提高超级电容性价比和市场竞争力，促进大规模应用推广；钠离子电池则离不开新型的硬炭负极材料，而当前我们对其认识还有许多盲区，需要进一步研发攻关。总之，面向不同的储能体系，开发结构可控可调、与终端需求更适配、效率和性价比更高的炭基电极材料，是未来煤基功能炭材料领域的主要研究方向。

④ 加大材料自主创新　我国新材料产业整体偏低端化，产品供应存在结构性短缺的问题，在煤基材料研发及产业化过程中，应密切跟踪国际上的行业进展和产业发展的新变化，瞄准产品高端化、差异化、专用化的发展目标，大规模应用自主开发的催化、聚合、加工等关键核心技术；生产具有自主知识产权的高性能产品，如电子级环氧树脂、光学级聚碳酸酯等高端合成树脂材料，逐步实现国内规模化应用。生产企业应加强与科研机构、高等院校、应用终端的交流与合作，针对明确的应用需求，发挥各自优势，构建研究、开发、生产的“利益共同体”，联合开展“卡脖子”技术、补短板技术、颠覆性技术攻关，建设必要的中试装置，提高成果转化效率。